U0387369

《医药玻璃》

编写人员名单

主　编：田英良
副主编：袁春梅
主　审：冯国平　沈长治　蔡　弘　杨会英

参编人员

沈长治　周法田　杨中辰　傅延龄　李德余　杨会英
贺瑞玲　李道国　袁春梅　滕建中　田英良　孙诗兵
刘洪雨　平玉岩　柴　文　王焕一　马继祥

参编单位

北京玻璃集团公司
北京工业大学
济南力诺玻璃制品有限公司
成都平原尼普洛药业包装有限公司
山东省药用玻璃股份有限公司
宁波正力药品包装有限公司
重庆正川医药包装材料股份有限公司
江苏潮华玻璃制品有限公司
肖特新康药品包装有限公司
成都市金鼓药用包装有限公司
濮阳市新和实业发展有限公司
芮城县宏光医药包装业有限公司
北京西普耐火材料有限公司
石家庄陆源机械制造有限公司
北京春天玻璃机械有限公司
北京华宇达玻璃应用技术研究院
北京旭辉新锐科技有限公司
沧州四星玻璃股份有限公司

医药玻璃

Pharmaceutical Glass

田英良　主编

化学工业出版社

·北京·

本书总计 10 章,清晰明了地阐述了医药玻璃发展历史,结合医药玻璃产品特征进行了分类,将医药玻璃标准与检测紧密衔接,按照玻璃生产工艺过程论述了原料、配料、熔化、成型(拉管、管制瓶、模制瓶)、表面处理、质量控制和生产管理。全书内容全面、图表清晰、数据翔实、信息丰富,既有理论知识,又有实践技巧,全文通俗易懂。

本书可供医药玻璃生产企业技术人员参考使用,也可作为药品生产企业技术人员了解药品包装材料的参考书。

图书在版编目(CIP)数据

医药玻璃/田英良主编.—北京:化学工业出版社,
2015.4(2023.8重印)
ISBN 978-7-122-22915-1

Ⅰ.①医… Ⅱ.①田… Ⅲ.①医用玻璃制品-化工生
产 Ⅳ.①TQ171.74

中国版本图书馆 CIP 数据核字(2015)第 020023 号

责任编辑:仇志刚　　　　　　　　　　装帧设计:刘丽华
责任校对:王　静

出版发行:化学工业出版社(北京市东城区青年湖南街 13 号　邮政编码 100011)
印　　装:北京科印技术咨询服务有限公司数码印刷分部
787mm×1092mm　1/16　印张 20¼　彩插 2　字数 514 千字　2023 年 8 月北京第 1 版第 3 次印刷

购书咨询:010-64518888　　　　　　　售后服务:010-64518899
网　　址:http://www.cip.com.cn
凡购买本书,如有缺损质量问题,本社销售中心负责调换。

定　　价:88.00 元

序

药用玻璃包装容器是医药包装产品的重要组成部分。医药玻璃具有悠久的历史，对人类文明和发展作出过重要贡献，至今仍然是发达国家高级药品的包装材料。药用玻璃包装容器是药品的重要组成部分，其性能和质量直接关系到患者的用药安全和生命健康，可满足医药产品的安全性、稳定性、有效性要求，是发达国家公认的不可替代的高级医药包装材料。

随着社会发展和科技进步，分子生物学、纳米技术、基因工程使医药产品进入了新时代，对医药包装产品提出了更高的技术要求。药剂与玻璃包装容器接触的析出物和二者相容性引起了广泛重视，同时医药玻璃的新技术、新材料、新方法、新标准、新规范也在日新月异。

中国医药玻璃发展历史相对短暂，其制造水平与国外发达国家尚有差距。我国在医药玻璃标准建设方面既需要与国际接轨，也要保持中国特色。目前，我国对医药包装产品提出更为严格的监管，中国医药玻璃企业正处于转型升级提高阶段，需要在生产技术、装备、环境、管理等方面作较大改造和提升，《医药玻璃》一书编写出版恰好满足社会和行业发展需要。

几年前，中国医药包装协会玻璃容器专业委员会筹划编写《医药玻璃》一书时，我本人十分支持，同时期盼该书早日与读者见面。2014年金秋十月是个收获的季节，《医药玻璃》书稿全部编写完成。编写组将书稿送给我审阅，看过文稿，百感交集，多年夙愿终于实现。首先感谢各位专家几年来的辛勤劳动；其次国内外尚无医药玻璃方面的专著出版，本书兼收并蓄，不仅广纳国际最新资料，也认真回顾、总结了中国医药玻璃发展历程，将为中国医药玻璃行业发展起到推动作用；再者这些专家基本都是战斗在一线的科技工作者，他们能将所积累的宝贵经验无私奉献给本书，令人十分钦佩。

本书总计10章，首先清晰回顾和阐述医药玻璃发展历史；其次系统介绍了药玻璃产品特性及世界和我国医药玻璃产品分类情况；并且将各国医药玻璃标准与检测方法作了详细介绍；书中不但按照玻璃生产工艺过程论述了医药玻璃的组成、原料、配料、熔化、成型（拉管、管制瓶、模制瓶）及表面处理等技术、还介绍了医药玻璃质量控制和生产管理的最新国际标准。全书内容丰富、图表清晰、数据翔实、信息量大，既有理论知识，又有实践操作，通俗易懂，不仅能满足医药玻璃行业从业人员作为专业书籍使用，也可供政府机关、行业管理、科研院所、制药企业有关人员参考。

冯国平

二〇一四年十月

前 言

FOREWORD

医药玻璃是玻璃家族中的重要一员。自16世纪以来，伽利略发明了温度计，用于患者体温测量。显微镜用于现代医学研究，列文·虎克发现了细菌和细胞，促进了微生物学的发展。1857年，巴斯德使用"仙鹤之首"造型的玻璃瓶进行防腐和灭菌，该玻璃瓶成为了现代安瓿的鼻祖。进入20世纪，现代医学发展促进了医药玻璃的发展，用于盛装各类药品的玻璃瓶也随之诞生。

医药玻璃历经百年应用，证明其是最安全的高级医药包装容器。医药玻璃具有诸多优良性能，例如透明性、光洁性、阻隔性、化稳性、耐温性、遮光性、相容性、再生性。它是某些医药产品和生物制剂不可替代包装容器。

尽管现代医药玻璃发展已有百年历史，但是全球至今尚未有一本医药玻璃方面的专业图书。医药玻璃模制瓶制造普遍借鉴日用玻璃的模制成型技术，而管制瓶制造技术还停留在20世纪80年代水平，与国外制造水平尚存在较大差距。

2008年，基于我国医药玻璃行业整体技术现状和产品质量需要提升的社会背景，中国医药包装协会玻璃容器专委会组织成立专家组，进行医药玻璃生产技术系列讲座和培训。2009年，经专委会主任沈长治提议以讲座和培训资料为基础编写《医药玻璃》专业书籍，马继祥负责组织工作，田英良负责图书编写的筹划和初步整理工作。2010年，报请中国医药包装协会成立《医药玻璃》编写组，编写组集合了我国在医药玻璃领域内具有丰富理论和实践经验的专家，在长达5年的编写过程中，先后召开了12次编写研讨会，专家们集思广益。

本书编写原则为：内容翔实、正本清源、通俗易懂、理论扎实、实践可行。本书编写目的在于推动和促进我国医药玻璃包装材料（容器）制造水平，满足医药玻璃行业管理者和生产技术人员学习和使用。

本书以医药玻璃生产工艺为主线，技术和装备为辅线，理论与实践相结合，按生产工艺过程独立成章。本书共有10章，其中包括：医药玻璃发展沿革、产品分类、标准与检验、原料与配料、熔化与窑炉、玻璃管生产、管制瓶生产、模制瓶生产、表面处理、质量管理与控制。

本书编写特点在于：1）梳理了国内外医药玻璃发展历史；2）介绍了国内外医药玻璃产品分类，阐述了"中性玻璃"和"中硼硅玻璃"概念区别；3）汇总了国内外医药玻璃标准和检验方法，介绍了相关标准组织机构；4）突出了医药玻璃制造技术的理论基础和实践技巧；5）简述了现代医药玻璃质量管理理论和实践要点。

本书编写除了得到编写单位和参编人员的资助和支持之外，北京工业大学田英良和孙诗兵课题组2011～2014级研究生还参与了部分文字加工处理，李宏洲和潘玉昆专家参与了本书部分章节的审阅工作，在此一并表示感谢。

本书受文字篇幅限制和资料收集遗漏等原因，可能会存在疏漏和不足之处，敬请广大读者见谅和指正。

编者

2014年10月

目 录

CONTENTS

第4章 医药玻璃原料与配料

第5章 医药玻璃熔化与窑炉

第6章 医药玻璃管生产

第7章 医药玻璃管制瓶生产

第8章　医药玻璃模制瓶生产

第9章　医药玻璃表面处理

第10章　药用玻璃质量管理与控制

化学元素周期表

玻璃环切分级标准图谱

第 1 章

医药玻璃发展沿革

1.1 医药玻璃发展历史

1.1.1 世界医药玻璃发展

早在公元前 3700 年，玻璃就在美索不达米亚平原（现伊拉克境内，原古巴比伦）被阿拉伯人制造出来，公元 1 世纪罗马人发明了玻璃吹杆，于是出现了玻璃吹制成型技术，使玻璃生产有了重大突破，当时的医学尚处在巫术与神学中探索，玻璃在这一领域尚未得到应用。

16 世纪之后玻璃制造技术的发展促进了科学大发现时代的来临。1677 年，玻璃镜头应用于显微镜，列文·虎克使用可放大 160 倍的显微镜发现了细菌和细胞，促进了微生物学的发展。1768 年，现代化学之父拉瓦锡有一项重大发现，玻璃经过长时间水煮会产生沉淀物，在此之前古希腊"四元素说"（土、气、水、火）统治着整个化学界，该理论根据水经过长时间沸腾所产生沉淀物，认为水加热后会变成土。拉瓦锡重复了这一实验，用玻璃容器将水煮了 101 天，沉淀物终于出现了，但经过精确称重，拉瓦锡证明了沉淀物的重量与玻璃容器失去的重量是相等的，其认为沉淀物来自玻璃，而不是水。这一实验不但推翻了陈腐的"四元素说"，而且证明了古代玻璃耐水性能是很差的。玻璃在上述两项科学研究的重大发现中起到了重要作用，也为现代医药玻璃发展奠定坚实的基础。

1857 年，巴斯德在实验室使用玻璃瓶密封保存经高温灭菌的肉汤，开创了防腐和灭菌技术（消毒）的先河，成功地开辟了微生物学。巴斯德防腐和灭菌实验所用玻璃瓶见图1-1，这个类似"仙鹤之首"的玻璃瓶就是现代安瓿的鼻祖。1885 年，巴斯德成功研制狂犬病疫苗，至此人类创建了免疫学，其后各种可灭菌药物相继诞生。

20 世纪，以狂犬病疫苗为代表的病原体灭活制剂

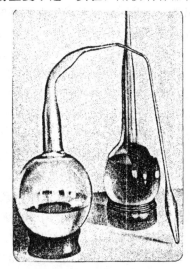

图 1-1 巴斯德实验室的"仙鹤之首"玻璃瓶

疫苗、以磺胺和阿司匹林为代表的各种化学制剂、以青霉素为代表的抗生素药物相继出现。这就迫切需要能够长期保存各种药品且不变质的容器，玻璃容器因其具有优良特性，成功地解决了这一难题，于是药品制作从药剂师的实验室配制，迅速转入工业化大生产，从而推动了制药工业的快速发展。

药物的研发和制造离不开各种玻璃器具，例如医学诊断的体温计、血压计，医学实验室各类玻璃器皿，于是玻璃家族中增添了一个新的玻璃品种——医药玻璃。医学和药学的发展使人类的平均寿命从 18 世纪 35 岁延长到 20 世纪中期的 60 岁以上，21 世纪初期人类平均寿命可达 70~80 岁，其中医药玻璃起到十分重要的作用。

在医药包装领域，钠钙玻璃瓶和硼硅玻璃瓶可用于不同药剂产品的包装。包装的液体药剂与玻璃接触会有析出物产生风险，这会使药液发生变质，变质药物不但会失效，导致无法治病，甚至对人体产生危害，为此从 18 世纪末，玻璃科学家就开始致力于研究"中性玻璃瓶"，即玻璃瓶中盛装 pH 值为 7 的去离子水，经 110℃高温灭菌和长期保存，所盛装水的 pH 值不发生改变，同时无沉淀物出现。为此德国公司进行了各种玻璃成分和化学组成的研究，研究结果发现：玻璃瓶在盛装药剂时还会生成闪亮的颗粒（现称脱片），这些颗粒或药液沉淀物出现在注射剂中会对人体健康造成损害，皮下和肌肉注射会造成结疖和局部肌肉组织硬化，静脉注射会造成血管栓塞，为此要求注射剂瓶的耐水性能和脱片指标都要符合产品质量要求。

1901 年，德国肖特（Schott）公司与药厂合作成功地研制了可满足上述要求的玻璃品种菲奥拉克斯（Fiolax），该玻璃品种的初期化学组成为（质量百分比）：SiO_2 66%、B_2O_3 7%、Al_2O_3 10%、CaO 6%、Na_2O 8%、K_2O 3%，因为该玻璃容器具有盛装 pH 值为 7 的去离子水，经 110℃高温灭菌和长期保存，水的 pH 值不发生改变的特性，所以将其称之为"中性玻璃"。由于菲奥拉克斯（Fiolax）玻璃生产难度大，包括熔解和成型，因此产品合格率低，且性能尚不稳定。

20 世纪 20 年代，医药玻璃中的 B_2O_3 使用量普遍小于 5%，另外 100mL 以上的钠钙玻璃瓶经霜化处理也可以满足盛装 pH 值为 7 的去离子水保持"中性"不变的特性（现称之为医药包装Ⅱ型玻璃瓶），随着医药行业发展和医药产品的丰富化，有更多的偏酸或偏碱的药物出现，于是需要化学稳定性更好的医药玻璃，例如磺胺类注射剂，当 pH 值大于 8 时，医药玻璃表面将产生脱片。因此，在安瓿发展历史中曾出现过"甲级安瓿"和"乙级安瓿"的概念，主要是两者耐碱脱片性能存在差别，两者的耐碱测试液浓度相差 10 倍。

1939~1945 年期间，德国、日本受战争影响，加之两国本土无硼矿，以及进口受限等因素，于是开始致力于研究低硼医药玻璃。美国有丰富的硼矿资源，1943 年，美国肯堡（KIMBLE）公司成功研制了适合于管制瓶生产且 B_2O_3 含量大于 8% 的医药玻璃，这种玻璃能够同时满足"中性"和"脱片"要求，并且易于生产和加工，因此也被称之为"中性玻璃"。该玻璃膨胀系数为 $5.1×10^{-6}$/℃，在该公司 A 炉（该炉结构为双熔化池蛇形炉）投产，故命名为 K-N-51A，该玻璃牌号含义为：K 代表肯堡公司（KIMBLE），N 代表中性玻璃（Neutral Glass），51 代表膨胀系数 $51×10^{-7}$/℃，A 代表炉号，即 A 炉。虽然该玻璃使用性能很好，但是生产工艺十分特殊，直至 20 世纪 50 年代后期，当电助熔和溢流技术应用后，这种玻璃才得以实现大规模生产。在此之后，全球研制开发了一系列医药玻璃品种，比如美国康宁（Corning）公司的 7800，德国肖特的 Fiolax，日本 NEG 公司的 BS，中国的 BJTY、BJ-03，这些玻璃均满足"中性玻璃"要求，其化学组成和膨胀系数见表 1-1，20 世纪 90 年代，由于 3.3 硼硅玻璃的生产技术得到突破，于是该玻璃品种也进入了医药玻璃领域。

在医药玻璃品种中特别值得一提的是 3.3 硼硅玻璃，即高硼硅玻璃，这种玻璃是 1915 年由美国康宁公司发明，当时该玻璃品种以派莱克斯（Pyrex）商标投放市场。由于这种玻璃具有极好的化学稳定性和热稳定性，成为了实验室玻璃仪器的首选。由于 3.3 硼硅玻璃熔化、成型极为困难，合格率很低，价格相对昂贵，仅供顶级实验室使用，素有"玻璃王"之称。其后，世界各国企图发明性能与其相同，但化学组成不同的玻璃，以期打破康宁公司专利保护，均未能取得成功。直至该专利到期解禁之后，其它公司才开始生产这种玻璃产品，并分别冠以不同商品牌号。20 世纪 60 年代随着技术和经济发展，3.3 硼硅玻璃价格逐步被各行业所接受。于是化学、医学、生物学实验室开始进入高硼硅玻璃时代。由于 3.3 硼硅玻璃被各公司分别冠以不同牌号，在市场上极易造成混乱，于是以欧洲国家为主导的国际标准化组织制定了 ISO 3585《硼硅玻璃 3.3》，亦称《3.3 硼硅玻璃》，简称《3.3 玻璃》，我国对应的标准为 HG/T 3115。将符合这一标准的玻璃称之为 3.3 玻璃。这是国际标准化组织对符合一定性能的玻璃规定统一名称的少有范例，足以证明这种玻璃的重要性，但是 ISO 3585 仅对性能作出了明确规定，而对其化学组成，尤其微量成分未提出严格要求。因此，国际知名企业基本是按照美国材料与试验协会标准（ASTM E438）执行，该标准对微量成分要求严格而明确。由于玻璃制造技术的进步，3.3 玻璃已于 2000 年左右在美国用于医药包装的管制瓶，在欧洲 3.3 玻璃模制瓶也开始用于高端药品包装。

表 1-1 世界各国的医药硼硅玻璃化学组成与膨胀系数

国家	玻璃牌号	化学成分(质量分数)/%									膨胀系数 α /(×10⁻⁶/℃)
		SiO_2	Al_2O_3	B_2O_3	Fe_2O_3	TiO_2	CaO	BaO	K_2O	Na_2O	
中国	BJTY	81	2.5	13	—	—	—	—	<0.1	4	3.3
中国	SDYB-52	76	2~3	10~12	—	—	ZnO1	0.5	1	7	
中国	BJ-03	71.0	5.2	6.7	—	—	3.3	2.0	11.8		7.1
美国	Pyrex 7740	81	2.3	13	—	—	—	—	<0.1	4	3.3
美国	KG-N-51A	74.7	5.6	9.6	—	—	0.9	2.2	0.5	6.4	5.1
美国	7800	73.3	6.7	10.0	—	—	0.6	0.2	2.5	6.6	5.0
德国	Fiolax 8412	75.0	5.0	10.0	—	—	1.0	2.5	—	6.0	4.9
日本	BS	72.2	6.8	10.3	—	—	0.8	2.1	1.3	6.4	5.4
印度	（代号S）	72.0	4.0	8.6	—	—	1.0	3.5	2.0	7.5	6.2
德国	Fiolax 8414	70	6	7	1	—	≪1	2	1	7	5.4
美国	KG A-203	71.5	5.3	9.5	1	3	0.9	2.1	9.2		5.0
美国	Weaton Holding	72	2.3	14	0.35	MnO 6	—	—	0.5	4	4.8
德国	Schott India	72	4	8.5	1	MnO 4	1	3.5	2.5	7.0	6.2

19~20 世纪，世界玻璃制造技术发生了一系列技术革新。19 世纪末，西门子热回收装置用于玻璃熔化炉，使玻璃熔化率大幅提高；20 世纪 20 年代，欧文斯发明了自动制瓶机；20 世纪 20 年代，水平（丹纳法）拉管和水平垂直（维洛法）拉管在美国问世；20 世纪 40 年代管制安瓿和小瓶机相继诞生。这使得医药玻璃包装瓶进入机械化大生产时代。

20 世纪 80 年代，国际各国纷纷致力于塑料药包材的发展，21 世纪以来塑料制品出现一系列问题，使其作为药包材受到很大限制，塑料药包材出现的问题包括：①增塑剂等添加剂对药品和人体健康的影响逐步显现。②高分子材料分析检测具有复杂性和不确定性，难于控制和监管。③大部分塑料以矿物（石油）为原料。④能耗高。⑤污染大，废弃物难于降解，对环境损害大。⑥塑料是高分子材料，化学成分和分子结构十分复杂，与药品相容性问题甚多（很多问题未被认识或未被发现）。因此医药玻璃瓶又成为发达国家的高级药品首选包装容器。目前，塑料医药瓶在发达国家主要用于片剂等非液体药品包装，这在欧盟药典和美国药典中均有所反映。

20 世纪 80 年代以后，EP（欧洲药典）和 USP（美国药典）大量增加塑料相关条款，目的在于加强对其监管和控制。在 2013 年 USP 开始对玻璃药包容器也有所关注，新增加了 USP<1660>条款。上述药典所增加的条款说明药包材质量逐步引起医药行业的广泛重视。

21 世纪以来，具有生物活性的生物制剂和分子医学的基因药物大量问世，这些药物除对耐水性和脱片要求严格之外，还对氧化铝析出提出了更为严格的要求，医药玻璃以其优良的性能成为此类药物首选的药包材。3.3 玻璃中的 Al_2O_3 含有量仅为其它耐水一级中硼硅玻璃和低硼硅玻璃的 30%～40%，其 Al_2O_3 析出量会大幅减少，因此，3.3 玻璃在美国成为医药玻璃的新宠，主要用于管制小瓶和 7mL 以上的模制瓶，少量用于安瓿。同时医药玻璃熔化则向电熔化（热顶全电炉）、全氧燃烧、大型炉、计算机控制方向发展。成型机械向高速度、高产量、高精度、高自控方向发展，模制瓶向轻量化方向发展。一次成型企业（玻璃管生产企业和模制瓶企业）向高度集中、大型化，降低生产成本方向发展，二次加工企业（管制造瓶生产企业）趋向分散化、药源地发展，以方便用户，减少运输成本。

随着人口、经济和医药产业的发展，人类对医药产品需求逐步增加，因此推动了全球医药玻璃产业的快速发展，同时医药行业对医药玻璃制造精度提出了更高要求，以满足医药品的快速灌装要求，表 1-2 为 20 世纪 50～90 年代，医药玻璃管制瓶瓶外径尺寸（以 Φ10mm 产品为例）精度从 ±0.30mm 提高到 ±0.10mm，单线灌装产量从 200kg/h 提高到 800kg/h。因此高精度医药玻璃产品成为医药灌装速度和效率的基本保障。

表 1-2　满足高速灌装的医药玻璃瓶尺寸精度要求

比较项目　年代	以 Φ10mm 产品为例公差/mm	单线灌装产量/(kg/h)	比较项目　年代	以 Φ10mm 产品为例公差/mm	单线灌装产量/(kg/h)
20 世纪 50 年代	±0.30	200	20 世纪 80 年代	±0.15	450
20 世纪 60 年代	±0.20	250	20 世纪 90 年代	±0.10	800
20 世纪 70 年代	±0.20	300			

由于医药产品事关人类的生命安全，所以各国对于医药玻璃容器也提出了近乎苛刻的零缺陷要求。2003 年，ISO TC76 技术委员会起草及发布了 ISO 15378 国际标准草案。2011 年 10 月，ISO 15378—2011 标准《药品对主要包装材料的特殊要求》正式公布（以良好制造规范为基准的 ISO 9001 应用），它是 ISO 9001 与 GMP 的综合。由于机器视觉和机电一体化技术的应用，六西格玛（6σ）和统计过程控制 [Statistical Process Control（SPC）] 是一种借助数理统计方法的过程控制工具，其已成为医药玻璃企业管理和控制的主流方法，也是医药玻璃企业占领高端医药包装市场的必备条件。

1.1.2　中国医药玻璃简史

1950 年以前，中国的医药玻璃基本上是使用坩埚炉熔化、手工成型、产量少、质量差，属于手工作坊式生产。

中国现代医药玻璃生产始于第一个五年计划（1953～1957 年），当时北京玻璃厂（北京玻璃仪器厂前身）引进德国管制安瓿硼硅玻璃全套生产技术和设备。华北药厂引进德国含硼钠钙玻璃青霉素瓶生产全套技术和设备。上述引进工作为中国医药玻璃管制瓶技术打下坚实的基础。同时国内各省市都建立了医药玻璃厂生产管制安瓿、小瓶。而模制瓶则与食品瓶厂使用相同的机械设备，增加霜化处理工序。青霉素模制瓶则使用人工挑料、自主开发的制瓶机（解放-20）生产。

20 世纪 60 年代，为了满足国内医药产品包装需求，企业对引进设备迅速国产化，并向高产量、简单化、低成本方向发展并自主研制开发了适合我国使用的低硼硅医药玻璃和含锆低硼硅医药玻璃品种，开始规模化生产。1956 年和 1962 年上海玻搪所和北京玻璃研究所对安瓿脱片进行了理论研究。1980～1983 年原西北轻工业学院和宝鸡医药玻璃厂联合对药用玻璃进行了研究。2003～2009 年北京工业大学对棕色耐水一级、低硼硅玻璃改性、无色中硼硅玻璃化学组成与工艺性能开展相关研究，包括含锂原料在医药玻璃中应用的研究。

20 世纪 70 年代前，中国南方地区（以上海为主）医药玻璃企业主要使用含锆玻璃料方，以提高制品的抗碱性，北方地区（以北京为主）医药玻璃企业使用的玻璃料方中则含硼较高，玻璃料性较好，见表 1-3，这两类玻璃表面耐碱性检测均为二级，直至 2014 年，全球范围内的所有颗粒法和内表面法耐水一级的硼硅玻璃瓶，其耐碱性只能满足二级要求，对于满足更好耐碱性能的医药玻璃品种尚待开发。

表 1-3 20 世纪 70 年代中国安瓿玻璃组成

地 区	玻璃化学组成/%						
	SiO_2	Al_2O_3	B_2O_3	CaO	BaO	ZrO_2	R_2O
上海	74	4.8	6.0	1.2	2.4	0.6	11.0
北京	71.0	5.2	6.7	3.3	2.0	—	11.8

20 世纪 50 年代初，中国从德国引进的药用玻璃管制瓶生产技术，在华北制药厂成立独立分厂，为青霉素生产配套，生产的含硼钠钙玻璃管（B_2O_3 含量小于 5%）作为青霉素瓶原料。北京玻璃厂分别成立硼硅玻璃管生产车间和安瓿生产车间，1964 年该厂响应国家号召成立托拉斯，将几个与硼硅玻璃生产相关车间成立了北京玻璃仪器厂。该厂采用机械化料房，池炉和退火炉使用发生炉煤气使用 АД13 发生炉、立式炼焦炉（所生产焦炉煤气用于管制瓶机）、全分隔马蹄形蓄热室熔化池、双碹顶换热室工作池（无料道），拉管机械等设备完全相同。丹纳拉管生产线仅有机头（丹纳机）和机尾（牵引机），无检测装置、无精切烤口线。管制瓶机分别为 18 头双转盘小瓶机和 16 头连续转盘安瓿机。管制瓶机只有主机，无后处理线，主机制出管制瓶装铁丝框进板带式大退火炉集中退火后包装，当时北京玻璃仪器厂已是亚洲最为先进的管制瓶生产企业。此时国内其它医药玻璃厂采用双碹顶池炉和国内自制拉管机生产玻璃管而北京玻璃仪器厂已经自行研发滚筒式拉丝机制造安瓿，成型后安瓿装铁桶进室式退火炉退火后检验包装，玻璃使用双碹顶烧煤池炉熔化，使用机械供料的半自动解放-20 型制瓶机生产模制医药玻璃瓶。

在 20 世纪 60～70 年代中期，药用玻璃生产向提高产量、操作方便方向发展，玻璃池炉燃料由煤向重油方向发展。拉管生产为了操作简单、调节快，省去马弗板，用喷枪直接加热料带。安瓿机为了省去人工插管工序，北京、宝鸡、石家庄三家医药玻璃厂联合开发了自动插管机械手，结构合理，操作简单、省力，受到操作者的欢迎，迅速在国内推广应用。为了解决片剂药品包装问题，开发了管制片剂瓶机，借鉴引进试管机原理，将间歇跳跃生产改为滚筒式生产，效率极高，可达 10 万支/班（8h）。同时安瓿生产省去曲颈压脖工序，生产直颈安瓿，生产效率大幅提高，由于是双头、双下料，单机产量达到原来的 4 倍，机速达 144支/分钟。由于设置了车间化验室（工厂本身还有中心化验室），对每台机、每班生产的安瓿中性、脱片、爆破等性能进行检测。严格控制安瓿的装药性能，保证了人民用药安全。在此期间，国内其它医药玻璃厂的玻璃管池炉技术也逐步提高，采用马蹄形、蓄热室、花隔墙池炉，其工作池小且无独立加热装置，十分节能，但温度变化大。国内成功仿制的苏式和德式拉管机在各医药玻璃厂推广，小瓶机国内自制成功，安瓿机不但研制 16 头机，还开发 24 头机，生产能力提高 50%。此时，模制小瓶生产逐步从人工挑料、多滴机械供料、半机械化制瓶。大输液瓶开始使用行列式制瓶机生产，并对玻璃瓶在退火炉内采取霜化处理工艺。

20 世纪 70 年代中期，世界卫生组织分别赠送我国江苏南通和上海 MM30 头曲颈安瓿机各一台，由于国产玻璃管外观缺陷多、尺寸公差大，用国内玻璃管生产的管制瓶产品合格率极低，设备无法正常运转，而且国内燃气供给系统也难以满足要求。

20 世纪 70 年代后期，采用茶色直颈安瓿盛装蜂王浆出口后，因安瓿折断时玻璃碎屑落入药液和断面不平造成退货，为此国家决定引进国外先进药用玻璃生产技术和设备，希望迎头赶上世界先进水平。其中包括电子计算机控制自动料房，热顶全电区熔炉、拉管生产线、安瓿生产线（立式、卧式）、小瓶生产线、行列机、退火炉等，这为国产设备制造打下基础，其中在技术和装备引进有三种模式，分别为：

第一种模式，软件引进（简称北玻模式）。北京玻璃仪器厂引进日本 NEG 全部硼硅玻璃（其中包括 3.3 玻璃、中硼硅玻璃）原料、配料、熔化、拉管、吹制成型技术（包括技术秘密、设备图纸、现场培训、技术指导，称为软件引进）。此种引进模式确保了技术输出方对技术输入方开放现有生产线的全部技术，但不保证输入方使用这些技术资料的最终效果。输入方可根据自己企业特点自行应用引进技术设计制造设备和生产线，生产相关产品。20世纪 60 年代初，日本从美国引进的技术基本也采用这种模式。软件引进的优点在于培养输入方的技术工程师和自主设计制造能力、发展有后劲、资金一次投入少，可根据市场变化应用相关技术保证企业经济效益，缺点是输入方要具有相当的技术力量，但见效相对较慢。

第二种模式，成套引进（简称宝鸡模式）。宝鸡医药玻璃厂引进全套管制瓶生产线（其中包括美国康宁公司 7800 中硼硅玻璃、热顶全电区熔炉，维洛拉管、日本卧式安瓿机，德国计算机控制配料），从料房到管制瓶出厂全部为国外 20 世纪 80 年代水平。其优点为可一步达到世界先进水平，时间短、见效快，外方对产品质量、产量、设备寿命作出保证，缺点是主要仅能实现操作工级别的培养，对引进的生产技术原理需长时间认知和理解；生产适应性差，引进产品市场发生变化时改产难，一次性资金投入大。

第三种模式，单机引进（简称上海模式）。上海玻璃厂对关键设备采取单机引进方式，其它自行配套，关键设备引进后进行测绘仿制。优点在于资金投入小、可满足市场急需。缺点是设备基本原理难于掌握，对设备包含对工艺要求难以吃透，仿制装备会丢失关键功能。

20 世纪 80 年代，我国通过引进技术和设备，促进了医药玻璃大发展，在引进和仿制的基础上，我国药用玻璃有了跨越式发展。世界各种先进设备开始在国内生产。上述三种模式的企业相继投产。其中北京玻璃仪器厂先后组织十多个技术团队 100 余人赴日本进行研修，先后在国内自行设计和制造了硼硅玻璃拉管玻璃池炉和全套拉管设备，迅速装备了该厂的15 条拉管生产线，不但使无色安瓿用玻管质量接近世界水平，而生产成本仅有国外的 30%。

20 世纪 90 年代北京玻璃仪器厂在国内输出了 60 多条生产线，为国内玻璃拉管技术进步做出了重大贡献。另外，北京玻璃仪器厂在 20 世纪 80 年代自行设计建造了 3.3 玻璃混合电熔机械化生产线，达到世界先进水平。宝鸡医药玻璃厂引进康宁公司全套医药玻璃生产线，产品质量达到当时世界先进水平。上海玻璃厂引进的意大利玻璃拉管设备正式投产，又引进美国 8 段 4 滴模制小瓶行列机并投产成功。国内多家企业引进日本横式安瓿机顺利投产，北京厂引进意大利 36 头安瓿机，石家庄引进 30 头小瓶机相继投产。国内曲颈易折安瓿逐步淘汰直颈安瓿。但在这一时期，有两个问题妨碍了药用玻璃的发展，一是国内优质气体燃料未能得到有效解决，管制瓶机难于正常运转；其二是低质燃料使药厂无法熔封中硼硅玻璃安瓿产品，阻碍高质量医药玻璃产品的广泛应用。

20 世纪 90 年代，医药玻璃发展的特点是以产品升级和技术换代为核心的大发展。模制瓶和低硼硅拉管熔化炉升级到马蹄形蓄热室池炉，淘汰了双碹顶换热式池炉。AД13 煤气发生炉开始普及，在天然气资源丰富的油田地区开始出现医药玻璃生产。拉管生产全部升级为 20 世纪 80 年代国际通用设备，横式安瓿机取代了老式立式机，北京玻璃仪器厂小瓶生产实现了联机退火，引进 18 头小瓶机，为国内小瓶机技术进步提供了样板。同时口服液的快速增长促进了管制口服液瓶的生产，天津大港地区开始生产棕色和蓝色口服液瓶用玻璃管，并可生产各种耐水二级的口服液用玻璃管。20 世纪 90 年代初，3.3 玻璃维洛法玻璃拉管投产，管制瓶开始投放市场，并在冻干等生物制剂中得到试用。山东药用玻璃厂 6 段 4 滴及 8 段 4 滴模制小瓶开始大量生产。大输液瓶双滴料行列机国产化成功，霜化处理技术成熟。20 世纪 90 年代末，国内药用玻璃产品升级基本完成，与国际技术装备水平差距减小。这一时期我国医药玻璃发展受到国际上塑料代替玻璃的影响，盛装片剂、胶囊等的玻璃瓶基本被塑料等新型包装材料代替。大输液玻璃瓶市场也被塑料软包装挤压。钠钙玻璃大口瓶基本退出药品包装市场。同时这一时期恰逢我国国企改革，国企逐步退出、民企大力发展。原有药用玻璃企业大多处在城市中心，随着城市的药用玻璃企业改制退出，民企在天然气条件好的地方或制药企业附近得到了快速发展。总之为了满足制药行业大发展需要，医药玻璃行业做出了巨大的努力，取得了很大的进步。但是，仍未能达到世界先进水平，尤其是产品尺寸精度低，而且受到低价竞争的影响，各企业在降低成本、提高产量上做了很大努力，但在提高质量方面未引起足够重视。

21 世纪初，模制药用小瓶发展迅速，山东药用玻璃厂上市成功，并研发了全电炉生产中硼硅玻璃模制瓶技术，开始大量生产，各种医药玻璃模制瓶批量出口。北京玻璃仪器厂采用大型全电炉成功熔化 3.3 玻璃，玻璃熔化量可满足一炉三线生产要求，实现了机械吹制、维洛拉管、人工吹制各种生产方式的需要，产品出口美国。河北沧州四星玻璃厂全电炉生产中硼硅玻璃管投产，并对出口国外。北京玻璃仪器厂与国内外知名厂家合作研究了小瓶内表面耐水问题，对管制瓶容器内表面耐水性下降进行了深入探讨。对我国管制瓶技术进步具有重要指导意义。针对笔式注射器套筒（卡式瓶）和预灌封注射器套筒的出现，北京玻璃仪器厂引进生产设备成功生产了玻璃部件，其后山东威高、山东药用玻璃厂开始使用进口设备和进口玻璃管进行生产，同时在山东民康厂研制开发相关生产设备。

由于国内药用玻璃企业管理落后，为解决管理方面问题，国外企业与我国医药玻璃企业合资进入快车道。德国公司先在苏州独资生产，其后与浙江新康厂合资生产管制瓶。日本在四川邛崃、河南安阳、吉林松原先后成立合资安瓿厂和拉管厂。法国在广东、美国在北京先后合资生产模制瓶。合资厂利用国外药用玻璃生产企业的先进管理经验和经营模式进入中国，合资工厂质量管理、现场管理有了较大改善和提高。同时药用玻璃企业出现一批有实力的企业，不但将产品销往国外，同时也聘请了"洋教头"来华开发先进的管制瓶生产设备，其中最有代表性的是北京玻璃仪器厂制造的高速拉管机（牵引速度达 600m/min）出口到日本，另外拉管生产线出口东南亚企业，而且北京制造的 3.3 玻璃模制瓶也开始供应市场。

2006 年之后，山东力诺集团、山东药用玻璃厂、华药集团玻璃分公司、沧州四星公司分别在 5.0 中硼硅玻璃管生产方面进行了大胆工业尝试，对 5.0 中硼硅玻璃管制造技术有了深入理解并进行了产业探索，在此过程中取得的一些技术突破，如全电熔化技术、模制成形技术，但时至今日（2014 年 12 月）5.0 中硼硅玻璃管生产在我国未能取得全面性突破，主要问题在于玻璃外观缺陷、玻璃管尺寸精度、玻璃管亚微观均匀性等方面尚存在较大差距。

综上所述，对我国现代医药玻璃产业发展历程总结为：20 世纪 60 年代开始起步，20 世纪 70 年代初步发展，20 世纪 80 年代快速前进，20 世纪 90 年代进行结构调整，21 世纪后保持稳定增长。

1.2 中国医药玻璃现状

医药行业被国际广泛认为永不衰落的朝阳产业。人类的生存和健康离不开医药产品，近年来，我国医药工业经济年增长速度保持在 10% 以上，人口总量的增长，人口结构的老龄化，城镇化发展等因素为国内医药市场稳步增长创造了前提条件。

截至 2014 年年底，中国现有药用玻璃生产企业达 60 余家，医药玻璃生产企业总计有 145 张注册证，这些生产企业主要分布在西南地区（包括重庆正川、重庆北源、成都平原、成都金鼓）、华东地区（江苏潮华、浙江新康、宁波正力、镇江双峰）、华北地区（北玻集团、山东药玻、山东力诺）。我国药用玻璃年生产规模达 30 万吨，各类药用玻璃瓶产量约 800 亿支，工业产值达 150 亿元，约占整个医药包装行业总产值的 35% 份额，其年均增长速度达 10% 以上。

医药玻璃是医药包装行业的一个重要分支，也是整个医药行业的一个重要组成部分。药品出口日益增多，外商对包装药品用的玻璃质量也越来越重视。改革开放以来，我国的药用玻璃包装行业得到了迅猛的发展，特别是经过"八五"（1991～1995 年）、"九五"（1996～2000 年）时期的努力，基本能够满足医药包装的需求，逐步发展成为一个十分重要的行业，但与国际同类产品质量相比，我国的药用玻璃尚存在较大差距。

2002 年《药用玻璃成分分类及其试验方法》标准发布，基本上建立了我国药用玻璃的标准化体系。多年来，我国药用玻璃主要以低硼硅玻璃为主，该标准中明确提出高硼硅玻璃（3.3 玻璃）和中硼硅玻璃（5.0 药用玻璃），丰富了我国药用玻璃品种，极大地促进了我国与国际药用玻璃品种的接轨。

中国药用玻璃经历 40 年的实践，证明低硼硅玻璃可以满足我国医药包装市场使用，在耐水性方还需进一步提高，如二次火焰加工不当，易出现玻璃脱片现象，致使灌装注射用药剂不能做到万无一失，基于国内中硼硅玻璃（5.0 药用玻璃）品种尚无大规模生产与应用，低硼硅玻璃依然在一定时期内仍将发挥作用，并需要不断地改进与提高。根据北京市玻璃陶瓷质量监督检测中心对国际某公司生产的中硼硅玻璃（5.0 药用玻璃）测试结果表明，98℃颗粒耐水和 121℃颗粒耐水均达到Ⅰ级。国内某厂送检的国产中硼硅玻璃（5.0 药用玻璃）亦能达到耐水Ⅰ级，随着标准的发布，中硼硅玻璃（5.0 药用玻璃）必将得到快速发展，但应加强检测和市场监督，观察其实际应用效果。中硼硅玻璃（5.0 药用玻璃）化学稳定性不仅与玻璃组成有关，还与二次火焰加工艺有较大关系，应引起生产企业的重视，加强质量管理。

20 世纪 90 年代后期，我国 3.3 硼硅玻璃在生产技术和产量上都有较大的进步和提高，为制造高档药品包装容器提供了可能。

此外，由于我国制造中硼硅玻璃（5.0 药用玻璃）的工艺技术还不是很成熟，受到成本及价格双重因素的制约，中硼硅玻璃在国内医药市场的应用相对有限，高档药品（如生物制剂、血液类、疫苗类等制品）包装容器大多数使用进口的中硼硅玻璃管制造的包装瓶。

近年来，国内外一些科技含量高、附加值高的各类新药、特药及各类生物制剂、血液制品、疫苗、冻干制剂等高档药品都对玻璃包装的材质及性能提出了更高的要求，各类水针注射剂耐强酸、强碱的要求，都需要发展中硼硅玻璃（5.0 药用玻璃）来实现药品档次的提高及产品的升级换代。

我国药用玻璃行业与国际的差距主要在材质、尺寸精度、加工质量、生产规模等方面，见表 1-4。在材质方面、玻璃管尺寸精度方面，我国长期受粗放式生产管理影响，在技术、装备和管理方面存在明显不足，因此导致玻璃管尺寸精度相对较差，只能到达国外 20 世纪 80 年代水平，由于玻璃管精度差，见表 1-5，导致管制瓶生产不稳定，影响正常生产，为此一般通过增加火焰强度方式来克服，这就导致玻璃瓶内表面耐水性能大幅下降。在生产规模方面，我国多数企业仅有 1～2 座窑炉，基本都是 1 窑 2 线小型生产线，生产能力大约在 30～36 吨/日，单厂年生产规模达 1 万～2 万吨。而国外多以 1 窑 4～5 线的大型高速生产线，单线生产能力大约在 36 吨/日，单厂年生产规模达 2 万～3 万吨以上。

表 1-4　中国玻璃管现状（2010 年至今）与世界先进水平的差距

项目	中国水平	世界先进水平	项目	中国水平	世界先进水平
单机产量	最大 15 吨/日	最大 36 吨/日	生产企业规模	小，分散	大，集中
尺寸精度	处于国外 20 世纪 80 年代水平	精度高	生产总量	大	低档产品向中国转移
			质量水平	3 西格玛控制	6 西格玛控制
玻璃品种	低硼硅玻璃	中硼硅玻璃	电子控制	初级，很少	大量应用

表 1-5　国内外药用玻璃管质量和价格比较

项　目	价格指数	Φ10mm 公差/mm	$\alpha/(\times 10^6/℃)$	颗粒法耐水级别
国外先进水平	10	±0.10	4.8,5.6	Ⅰ
国内低水平	1	±0.30	6.9～7.2	Ⅱ
国内高水平	2	±0.20	7.1	Ⅰ

根据我国 20 世纪 80 年代从美国康宁公司和日本 NEG 公司引进的中硼硅玻璃管生产经验，我国已经初步获得生产中硼硅玻璃的技术和能力，应该在政府的引导下，通过药用玻璃行业专家支持，药用玻璃企业加大技术和装备投资，必将实现我国中硼硅药用玻璃产品规模化生产。国家相关部门应规范国内药用玻璃包装市场，提高产品质量标准，力促高精度中硼硅玻璃（5.0 药用玻璃）生产技术和产品质量的突破，缩小我国药用玻璃包装行业与世界先进水平的差距。

近年，国家开始加强医药包装产品的抽检力度，意在提高药品质量。在抽检过程中发现一些医药玻璃产品的问题，主要表现在：产品指标低、实物质量差、结构不合理、产品档次低、附加值不高等方面，药用玻璃包装对医药经济的贡献率明显低于发达国家。因此药用玻璃生产应尽快在产品标准水平上与国际接轨，积极采用国际标准，全面提高产品质量，尽快建立并完善我国药用玻璃标准化体系。

1.3 玻璃药包材的优势

玻璃药包材经历近百年的应用与实践，证明玻璃药包材是医药行业首选包装材料和容器。尽管塑料、铝箔等新型药品包装材料不断涌现，但是玻璃药包材依然是发达国家首选的医药包装材料和容器。放眼世界会发现一个特别现象：发达国家主要使用玻璃作为药品包装，发展中国家主要以塑料作为药品包装，欠发达国家几乎全部使用塑料作为药品包装；高端药品使用玻璃包装，低端药品使用塑料包装。为此进一步对各种医药包装进行了研究，发现玻璃作为医药包装容器具有如下优势，见表1-6所示。

表 1-6　各种医药包装材料性能及适用性比较

包装材料\项目	玻璃	塑料	金属	胶囊
透明性	极好	可	不	差
气密性	极好	有透气、渗液	极好	透气大
耐热性	好，最高450℃，最低−150℃	差	好	差
化学稳定性	好	中等	较好	差
生物相容性	好	较好	较好	较好
强度	脆	易刺破	极好	差
柔韧性	差	好	极好	差
能耗	中等(0.3～0.5吨标准煤/吨玻璃)	高(5～8吨石油/吨塑料)	较高	低
环境	友好	污染	好	好
资源可持续性	可回收	资源有限	可回收	生物提取
价格	低	高	中等	中等
可控性	易	难	易	易

（1）最安全

医用玻璃针剂包装已有一百年的历史，既是传统的医药包装材料，又是新型医药包装材料，经历了时间的检验，证明其是优质药品包装材料，上百年使用过程中，对于已经发现的问题正在进行改进和完善，使其安全性不断提高，因此成为医药包装最为安全的医药包装容器。

（2）透明性

玻璃具有透明性，可肉眼观察药液或药品变化，医护人员不借助任何仪器可观察包装内的药品状况，判断其颜色变化、异物混入、数量多少，从而方便、直观地对药物是否变质作出初步判断，确保患者用药安全。

（3）不透气性

玻璃是致密的、不透气、不渗水材料，这对防氧化、防腐败具有重要意义，而且不锈蚀、无老化、不变质，其密封不透气性几乎不发生衰减，这对药剂长期保存极为有利。

（4）可高温消毒

玻璃耐121℃甚至更高温度不变形，其它性质无明显变化，本身无分解或挥发物产生；短时间使用温度可超过450℃，长时间使用温度可达350℃，几乎可以经受装药过程的各种高温及其后的各种加工处理；可耐受−150℃低温，一般硼硅玻璃瓶可经受100℃以上的温差变化不破裂，可以经受冷链运输储藏后快速到达后在室温立即使用。

（5）化学稳定性好

玻璃具有极佳的化学稳定性，几乎与强碱、热磷酸、氢氟酸外的任何物质不发生明显的化学反应，化学相容性极好；无重金属等有害物质析出，生物相容性也很好，对于特别敏感的药物可选择不同组分的玻璃来适应各类药剂的要求。

（6）原料丰富

玻璃组成与地球化学组成类似，玻璃全部成分都来自地球已知矿物。医药玻璃组成是以氧化物为主的多种元素，几乎涵盖了地球中储量最为丰富的前八个元素，所以玻璃原料相对丰富而价廉。

（7）可循环再生

玻璃可以回收经过高温进行循环再生制造，是可持续供应原料和循环使用的物质，其生产过程不产生有害废弃物，废品可通过回收再利用。而医用塑料后期处理十分困难，可能会带来极为严重的环境卫生问题。

（8）能源消耗低

药用玻璃生产制造尽管需要经受1500℃熔化成形，甚至二次成型与处理，每吨药用玻璃容器的能耗仅有0.3~0.5吨标准煤，而同样1t塑料需要5~8t石油。

（9）生产效率高

药用玻璃生产制造技术相对成熟可靠，生产稳定，易于控制，自动检测，单机生产效率高，生产成本远低于塑料产品。

此外，药用玻璃瓶具有光洁透明、易消毒、耐侵蚀、耐高温、密封性能好等特点，目前仍是高端输液剂、抗生素、普粉、冻干、疫苗、血液、生物制剂的首选包装容器，主要是管制的无色、棕色口服液瓶以及模制的棕色药用玻璃瓶。

根据中国人口众多，经济发展相对落后，人均收入水平尚远低于发达国家的特点，在保证用药安全的前提下，经济性是必须考虑的问题。因此玻璃医用输液瓶表现出极大的价格优势。根据湖北玻璃公司对市场100mL、250mL、500mL三种规格的两种医用输液瓶单价和不同包装的葡萄糖输液批发价格的调查，可以看出明显的价格差异，见表1-7和表1-8。

表1-7 塑料瓶和玻璃瓶价格和价格指数

材质	规格	100mL	250mL	500mL
玻璃瓶	元/支	0.22	0.33	0.50
	价格指数	100	150	227
塑料瓶	元/支	0.75	0.95	1.15
	价格指数	341	432	523

表1-8 河北地区葡萄糖输液批发单价及价格指数

材质	规格	100mL	250mL	500mL
玻璃瓶	元/支	1.37	1.59	2.37
	价格指数	100	116	173
塑料瓶	元/支	2.10	2.76	3.12
	价格指数	153	2.15	228

从表 1-7 和表 1-8 数据可以看出，相同规格的医用输液瓶、玻璃瓶与塑料瓶的差价为 0.50～0.65 元；相同规格的葡萄糖输液不同包装的差价也在 0.70～0.75 元。

1.4 药用玻璃发展趋势

当前，药用玻璃行业的技术不断提高，新工艺、新装备不断应用。轻量优质的模制瓶、高档印字管制瓶、易折安瓿、印字安瓿、避光安瓿，优质Ⅱ型输液瓶、优质黄圆瓶、口服液瓶等新产品不断问世并投入生产。现在，除少量高档管制瓶、模制瓶需进口外，国内药用玻璃的生产基本能够满足药品包装发展的需求，并且正在发展成长为一个在药品包装领域举足轻重的产业。

国内外的药用玻璃包装产品主要包括：模制注射剂瓶、管制注射剂瓶、安瓿、药用玻璃管、玻璃输液瓶、玻璃药瓶等。这些产品的主要发展趋势可概括为：

(1) 轻量化。进一步降低模制瓶重量，提高玻璃瓶的均匀度、强度和表面光洁度，实现瓶子的轻量化。

(2) 大规格化。随着制剂分装的大剂量化，大规格管制注射剂瓶的将会逐步增加。

(3) 高档化。发展高档无色和棕色国际通用高硼硅和中硼硅玻璃管制瓶和模制瓶，满足各类生物制剂、血浆、冻干剂等医药的需求。

(4) 高精度化。贯彻 ISO 15378，加强工艺管理和设备升级，提高玻璃管外观尺寸精度，满足管制瓶生产效率和质量提高的要求。

(5) 检测自动化。机器视觉检查逐步减轻人工检验劳动强度，提高生产效率和产品质量。

(6) 包装机械化。逐步推进无菌热缩托盘包装，使用机械手和机械装置完成包装操作。

(7) 安瓿使用安全。提高安瓿制造水平及使用水平，改进折断力指标，使安瓿实现真正易折。

(8) 玻管单/双封口。改善包装环境，提高玻璃管制瓶内表面清洁性和耐水性。

(9) 生产环境洁净化。降低环境粉尘对产品的影响。

(10) 模制瓶小规格化。随着医药工业的发展及用药习惯的改变，模制输液瓶规格不断减少。

(11) 新型包装形式。预灌封玻璃容器作为一种新兴的特殊药用玻璃包装方式也将成为药用包装行业的新趋势。

参考文献

[1] 王承遇，李松基，陶瑛等.玻璃的发展历程及未来趋势 [J].玻璃，2010，4：3-12.

[2] 李新刚，李铮然，赵志刚等.对加强药用玻璃包装注射剂药品监管的思考 [J].药品评价，2013，10 (6)：6-8.

[3] 李道国.我国药用玻璃包装的现状与前景 [J].中国包装，2002，1：37-39.

[4] 王瑾.创新升级推动我国医药包装产业快速发展 [J].中国包装，2014，1：49-52.

[5] 周公.从龙头企业透视六大包装行业发展趋势 [J].中国包装，2010，5：70-73.

[6] 郭卫.国内药用中性玻璃管的制造情况分析 [J].全国玻璃科学技术年会论文集，2013：192-194，208.

[7] 文晖.医药玻璃包装利国利民 [J].轻工标准与质量，2009，5：11-13.

[8] 柳志梅.让两代药玻人梦想成真——国产高精度一级耐水中性硼硅玻璃管的前世今生 [J].中国医药报，2009-09-10.

[9] 沈长治.玻璃管现状和发展 [J].电子玻璃技术交流会论文集，2006：21-29.

[10]　李会．汉代前的中国玻璃工艺 [J]．四川考古，2010，5：88-91.

[11]　发展国际中性玻璃提升药品包装水平 [J]．中国包装工业，2007，11：18.

[12]　杨文展，王恕．药品包装与用药安全性的思考 [J]．中国药房，2000，11 (6)：246-247.

[13]　张晓伟，常卫东．药品包装存在的问题及改进方法 [J]．江苏药学与临床研究，2004，12 (5)：64-65.

[14]　罗鹏，计宏伟．玻璃容器与食品包装的结合——当今美国玻璃包装工业的特点 [J]．食品工业科技，2003，7：72-74.

[15]　孙永泰．国外玻璃包装容器制造技术介绍 [J]．包装世界，2004，(2)：31.

[16]　李茂忠，孙会敏，谢兰桂．中国药包材的监管和质量控制 [J]．中国药事，2012，26 (2)：107-111.

[17]　姜恒．中性硼硅药用玻璃或将提速发展 [J]．中国医药报，2011-05-31.

[18]　莫妍芳，戴国新，曹青山．在改革开放中不断发展的中国玻璃包装工业 [J]．中国包装，1991，(2)：28-31.

[19]　阳康丽，袁志庆，陈洪．论药品包装材料的现状及发展趋势 [J]．包装工程，2006，27 (4)：295-297.

[20]　庚莉萍．我国医药包装行业的现状与发展 [J]．中国包装报，2004-09-13.

[21]　蒋中鳌．我国药用玻璃应与国际接轨 [J]．中国医药报，2007-06-26.

[22]　刘敏．药用玻璃的市场现状和发展前景分析 [J]．机电信息，2004，16：25-26.

[23]　李道国．我国药用玻璃包装的现状与前景 [J]．中国包装，2002，1：12-15.

[24]　郭宏，钟素艳．我国医药包装业的现状及发展对策 [J]．医药工程设计，2007，28 (1)：51-53.

[25]　伍子英，朱桐林．谈硼硅玻璃的应用 [J]．科技向导，2013，17：144.

[26]　廉鲁．盘点医药包装发展更待何时 [J]．中国包装工业，2005，(3)：10-14.

[27]　田英良．呼唤我国医药抗水一级棕色玻璃管制瓶早日面世 [J]．中国医药报，2010-08-17.

[28]　高琳燕．医药包装行业迎来投资机会 [J]．包装财智，2011，11：67-68.

[29]　杨中汉．中国药品包装业的形式与任务 [J]．上海医药情报研究，1995，36 (1)：47-48.

[30]　李道国．国际中性玻璃在药品包装领域的应用及前景 [J]．机电信息，2004，21：19-21.

[31]　庚晋，白木，周洁．我国药品包装综述 [J]．药业包装，2002，3：19-23.

[32]　陈镜波．玻璃包装在欧洲市场仍备受青睐 [J]．印刷技术包装装潢，2012，24：6-7.

[33]　陈晓霞．我国药品包装材料的发展概况及展望 [J]．天津药学，2004，16 (5)：70-73.

[34]　李道国．国际中性玻璃在药品包装中的应用 [J]．中国包装报，2004-01-06.

[35]　彭国勋，许淑惠．中国玻璃包装工业的回顾与展望 [J]．株洲工学院学报，2006，20 (2)：1-7.

[36]　贺瑞玲，赵霞，杨会英等．对《关于加强药用玻璃包装注射剂药品监督管理的通知》的浅析 [J]．医药包装，2013：14-17.

[37]　忆言．药用玻璃材质对药用玻璃包装容器的影响 [J]．医药包装，2011，6：25-27.

[38]　孙会敏，谢兰桂，王峰等．中国药包材的发展历程 [J]．医药包装，2011，2：61-63.

[39]　孙会敏，谢兰桂，王峰等．中国药包材的监管和质量控制 [J]．医药包装，2011，4：12-15.

[40]　忆言．美国FDA队药包材监管的实际情况 [J]．医药包装，2011，2：46-47.

[41]　马晶．选择包装材料应慎重 [J]．医药包装，2011，2：6-8.

[42]　刘洁琼．Crystal全密闭瓶罐装技术 [J]．医药包装，2011，4：22-24.

[43]　一舟．药用包装材料是医药工业发展规划的重点发展领域之一 [J]．医药包装，2012，1：37.

[44]　史福科．高品质直接接触药品的药包材所面临的新挑战 [J]．医药包装，2012，5：12-14.

[45]　蒋琼．玻璃——直接接触药品的包装材料 [J]．医药包装，2010，3：15-16.

[46]　Dr. Michael Roessler. A History of Glass [J]．医药包装：31-35.

[47]　李永安．药品包装实用手册 [M]．北京：化学工业出版社，2003.

[48]　Shelby JE. Introduction to glass science and technology [J]. Royal Society of Chemistry. 2005；72-108.

[49]　Ball D, Tisocki K. PVC bags considerably reduce availability of diazepam [J]. Cent Afr J Med, 1999；45：105.

[50]　Treleano A, Wolz G, Brandsch R et al. Investigation into the sorptionof nitroglycerin and diazepam into PVC tubes and alternative tubesmaterials during application [J]. Int J Pharm, 2009；369：30-37.

医药玻璃产品分类

医药玻璃是指用于医药领域的玻璃容器或器具，通常具有较高的化学稳定性和热稳定性，主要用于制造医疗器械和医药容器，如安瓿、小瓶、注射器、体温计、输液容器等。

医药玻璃依据不同分类标准可分为不同类别。

① 按生产制造工艺分类，一般分为模制瓶和管制瓶两大类。模制瓶又分为大口瓶（瓶口直径在 30mm 以上）和小口瓶两类。前者用于盛装粉状、块状和膏状物品，后者用于盛装液体。

② 按瓶口形式分类，可分为软木塞瓶口、螺纹瓶口、冠盖瓶口、辊压瓶口和磨砂瓶口等。

③ 按盛装物分类，可分为药瓶、试剂瓶、制剂瓶、输液瓶等。

④ 按药品用途的不同，大致可分为：输液剂包装，口服液包装，片剂、胶囊剂包装，粉针剂包装和水针剂包装，输液剂包装特制玻璃输液瓶。

⑤ 按玻璃成分体系分类，可分为硼硅玻璃和钠钙玻璃，硼硅玻璃又分为高硼硅玻璃、中硼硅玻璃、低硼硅玻璃。

⑥ 按用途分类，可分为医用玻璃和药用玻璃。

⑦ 按颜色分类，可分为无色和有色医药玻璃，有色医药玻璃包括白色、棕色、蓝色等。

2.1 医用玻璃

医用玻璃化学稳定性好，膨胀系数小，耐热震性好，可用于制造医疗仪器、医疗器械、医用容器、医药实验器具。按产品类型分类主要包括：体温计、针管、化验用具、玻璃器具、载玻片等。

医用玻璃的化学成分、性能及质量要求都优于普通日用玻璃。按制造工艺过程属于瓶罐玻璃，按性能及用途属于仪器玻璃。另外仪器玻璃在技术上也有几点要求：满足最终用户要求；适合规模化生产并符合劳动卫生和环保要求，即生产过程中不产生有毒有害物质。

2.1.1 体温计

玻璃体温计（以下简称体温计）是具有最高留点结构的医用温度计。它是利用水银或其它液体在感温泡与毛细孔（管）内的热膨胀作用原理测量温度，同时在感温泡与毛细孔（管）连接处的特殊结构能使温度计冷却时阻碍感温液柱下降，保持所测体温值。

体温计是一种测量人体温度、辅助疾病诊断的常用医疗器具。随着现代科技的发展，新材料、新工艺的运用，各式各样的体温计陆续出现，探测方式不断改进，但玻璃体温计因为精确度高、价格低廉且性能稳定，仍为使用最广泛的体温测量工具。

第一个测量温度的科学仪器是伽利略于 1593 年发明的，该测温仪器是一个颈部极细的玻璃长颈瓶，瓶中装有一半带颜色的水，把它倒过来放在碗里，碗里也盛有同样颜色的水。随着温度的变化，瓶中所包含的空气便收缩或膨胀，颈中的水柱就会上升或下降。这台测温仪器可以说是现代玻璃温度计的雏形，如图 2-1 所示。

图 2-1 伽利略测
温器简图

人们最熟悉的玻璃体温计也称体温表，最早由欧洲人桑克托留斯医生发明，他是伽利略的朋友。1595 年伽利略制作出气体温度计后，桑克托留斯按自己的设计进行了改进，将直管改为环状类似蛇形的玻璃管，1611 年，他制作出世界上第一支玻璃管体温计，当时体温计内装的是红色酒精。1714 年，迁居荷兰的德国科学家华伦海特将感温液体改为水银，制作出第一支实用的水银体温计。

上述玻璃体温计体积较大，使用起来非常不方便，测量一次体温一般需要 20min。直到 1865 年，英国的阿尔伯特发明了一种特殊结构的玻璃体温计，这种体温计的感温泡与毛细管之间非常狭窄，在接触人体时，与其它玻璃体温计一样，水银柱会上升到一个固定的位置，当体温计离开人体时，狭窄处以下部分的水银收缩至感温泡内，而狭窄处以上部分用于读数的水银柱不下降，而是在狭窄处断开，这样就可以很容易测得体温的读数，这种体温计一经问世就得到推广和普及，并一直沿用至今。

玻璃液体温度计主要由贮存感温液体（或称"测温质"）的感温泡（也称"贮囊"）、毛细管及标尺等组成，某些玻璃液体温度计还有中间泡和安全泡。感温泡是一内径较大、呈圆柱形或球形的玻璃管，它是由玻璃毛细管经热加工制成的（称"拉泡"），或由一段薄壁玻璃管与毛细管熔接制成（称"接泡"）。

2.1.1.1 体温计测温原理

玻璃体温计是用于测量人体最高温度的温度计，因此属于最高温度计。实现这一功能可以采用两种结构：缩喉结构和玻璃丝堵塞毛细孔结构。

缩喉结构就是通过一定的加工工艺，使感温泡上部一定位置的毛细管孔径缩小变狭窄。图 2-2 就是一种缩喉结构。

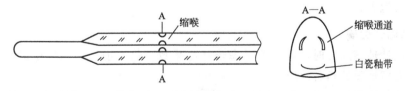

图 2-2 缩喉式结构的体温计

玻璃丝堵塞毛细孔结构，顾名思义，就是用一根玻璃丝，在感温泡封底时，将其一端垂直地熔接在感温泡的底部中心处，另一端伸入毛细孔内，与毛细孔之间形成一圈狭缝，这种结构形式与缩喉结构相似，也是缩小了毛细管的孔径，如图 2-3 所示。

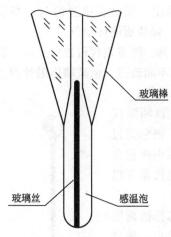

玻璃棒

玻璃丝   感温泡

图 2-3　玻璃丝堵塞毛细孔结构

玻璃体温计的测温原理如下：当体温计接触人体时，温度升高，感温泡内的水银体积膨胀，涌向毛细管，水银克服缩喉部位狭窄通道的阻力，逐渐升高填充毛细管，直至一个固定位置，即水银上端面在标尺上指示所测量的最高温度值。当温度降低时，水银体积要收缩。因为感温泡内的水银体积远远大于毛细管内水银的体积，因此毛细管内的水银向感温泡内收缩。由于缩喉结构的阻碍作用，水银柱便从缩喉部位断开。缩喉部位以上的水银柱单纯依靠自身重力是无法通过缩喉部位的，因此，水银上端面仍停留在所测量的最高温度的位置上。当使用玻璃体温计再次测量体温时，要手握住玻璃体温计的上部，用力甩动几下体温计，在离心力的作用下，停留在缩喉上部的水银柱，便可克服缩喉的阻力流入感温泡内。

玻璃体温计的缩喉通道不能过窄，也不能过宽。若过窄水银通过缩喉所克服的阻力太大，一方面造成体温计的示值滞后于被测介质的实际温度，影响到测温结果的准确性；另一方面，由于阻力过大，会使毛细管内水银很难通过猛甩重新回到玻璃泡内。若过宽，水银通过缩喉所克服的阻力太小，当体温计离开身体，环境温度降低时，水银柱在缩喉部位不能迅速断开导致水银柱冷缩回流，指示温度位置会低于实际最高温度位置。

2.1.1.2　体温计玻璃要求

① 玻璃的热后效应零点上升与零点降低值不大于国家标准规定值　玻璃的热后效应是指玻璃加热后体积发生膨胀，但冷却到原来状态时，玻璃体积却没有恢复到原来状态，如果再经过一段时间以后，玻璃体积反而收缩到比原来状态更小，这种现象称为热后效应。热后效应产生的原因是由于玻璃结构没有达到平衡，玻璃结构的变化赶不上温度的变化。由于热后效应过大，将影响体温计测试温度的准确性。

为了减少玻璃的热后效应，可采用人工老化（陈化）和自然老化（陈化）处理。人工老化即采用热处理方法使玻璃结构达到平衡，自然老化即将已灌入水银或未灌水银的半成品在室温下放置半年或一年，然后再标定温度刻度。

② 玻璃的物理和化学性质符合要求　玻璃的热膨胀系数、热冲击性和化学稳定性（耐水性、耐酸性与耐碱性）符合各类温度计规定的指标以及国家标准的具体规定。

③ 具有良好的灯工性能，灯工时玻璃不会发黑和失透。

④ 玻璃外观质量良好　玻璃应透明、光亮、洁净，不应有影响品质的外观缺陷，如结石、条纹、气泡等。

2.1.1.3　体温计玻璃

确定体温计玻璃成分时，除了要考虑热膨胀系数、热冲击性、化学稳定性和工艺性质外，还必须考虑玻璃的热后效应。

德国柏林标准委员会与耶拿（JENA）玻璃实验室合作进行了 SiO_2-CaO-R_2O 系统中碱金属氧化物含量对热后效应的影响研究。玻璃中含 CaO 7%～14%，R_2O 19%～23%，其余为 SiO_2，热后效应用下降常数 D 表示。下降常数 D 是将温度计升温到 100℃，再按一般的冷却速度降温，此时所产生的零点降低数值，称为下降常数。柏林标准委员会试验的方法是将不同成分的玻璃试样在水中煮沸 1h，再观察其 D 值，其结果见表 2-1 所示。

表 2-1　碱金属氧化物对零点下降常数的影响

Na$_2$O/%	K$_2$O/%	(Na$_2$O/K$_2$O)	(K$_2$O/Na$_2$O)	零点下降常数 D/℃
0.86	20.09	0.04		0.06
1.48	18.89	0.08		0.15
3.75	17.14	0.22		0.38
16.89	3.56		0.21	0.38
15.35	3.92		0.26	0.40
16.15	16.15		0.24	0.44
12.72	10.57		0.83	0.65

从表 2-1 可以看出，在 SiO$_2$-CaO-R$_2$O 系统中 Na$_2$O/K$_2$O 或 K$_2$O/Na$_2$O 的比值越接近于 1，则玻璃的 D 值越大。纯粹的钾玻璃，其 D 值很小，玻璃成分（质量分数，%）只含有一种碱金属氧化物 K$_2$O 时，随着 K$_2$O 含量变化，其 D 值没有发生改变（表 2-2）。

表 2-2　只含有 K$_2$O 玻璃的 D 值

SiO$_2$/%	Al$_2$O$_3$/%	K$_2$O/%	CaO/%	D/℃
65.42	0.93	19.46	13.57	0.09
69.09	0.89	18.52	12.21	0.09

在体温计玻璃中加入其它成分后，对零点下降常数 D 值的影响，见表 2-3 所示。

表 2-3　其它玻璃成分对零点下降常数 D 值的影响

编号	SiO$_2$	Na$_2$O	K$_2$O	CaO	Al$_2$O$_3$	PbO	ZnO	BaO	Li$_2$O	B$_2$O$_3$	D/℃
Ⅳ	70.0		13.5	16.5							0.08
Ⅷ	70.0	15.0		15.0							0.08
ⅩⅫ	66.0	14.0	14.0	6.0							1.05
ⅩⅩⅪ	66.0	11.1	16.9	6.0							1.03
17Ⅲ	69.0	15.0	10.5		5.0						1.06
20Ⅲ	70.0	7.5	7.5	15.0							0.17
Ⅱ	24.0	7.0			16.0			53.0			0.02
Ⅴ	54.0		16.0				30.0				0.09
Ⅷ	51.0				1.8	3.7	27.7		6.5	9.3	0.10
Ⅸ	63.0	15.0		8.0	10.0					4.0	0.08
Ⅹ	46.0	8.0							6.0		0.09
Ⅺ	65.0		18.0		5.0			40.0		12.0	0.09
ⅪⅩ	50.0	15.0					20.0	15.0			0.07
ⅩⅩⅢ	57.0	8.0		20.0	10.0					5.0	0.10
14Ⅲ	69.0	14.0		7.0	1.0		7.0			2.0	0.05
18Ⅲ	52.0		9.0				30.0			9.0	0.05
16Ⅲ	67.5	14.0		7.0	2.5		7.0			2.0	0.05
2950Ⅲ	53.0			5.0	21.0		(MgO) 10.0			10.0	0.03
122Ⅲ	53.7			5.0			4.0	25.0		12.0	0.01~0.02
477Ⅲ	46.9				6.0			33.0		14.0	0.104

从表 2-3 可以看出，对 D 值影响比较大的仍是 Na_2O 和 K_2O 的含量之比，其它成分对 D 值影响不大。不同成分的玻璃存放一段时间后，结构趋向于平衡，D 值也发生变化，除个别玻璃成分外，比如碱金属含量超过 20％以上，会导致 D 值升高，其它情况均为减少。

综合国内外研究试验结果，得出玻璃成分与零点下降存在下列关系。

① 玻璃中含有 K_2O、Na_2O 两种成分时，其零点下降比只含有一种成分时要多，K_2O/Na_2O 的比值愈近于 1 时，零点下降愈多。

② 以 ZnO、BaO 代替 SiO_2，零点下降减少。

③ 增加 CaO 量，零点下降也减少。

④ 以 Al_2O_3 代替 CaO，零点下降增加。

⑤ 以 B_2O_3、ZnO、BaO 代替碱金属氧化物，零点下降减少。

根据以上情况，设计体温计玻璃成分应该考虑以下几点。

① 引入 B_2O_3、ZnO、BaO 代替部分 SiO_2 和碱金属氧化物。

② 应含有适量的 CaO。

③ 碱金属氧化物的总量应尽量减少，不宜超过 20％。

④ 一种碱金属氧化物优于同时引入两种碱金属氧化物的效果。

2.1.1.4　体温计玻璃质量标准及检测

(1) 玻璃体温计的质量标准及检测　现行国家标准 GB 1588—2001 规定了玻璃体温计的分类与命名、要求、试验方法、检验规则、标志、使用说明书、包装、运输、贮存等，新的标准增加了新生儿棒式体温计、元宝型棒式体温计、内标式体温计（大规格、小规格）的型式和技术参数。根据玻璃体温计检定规程 JJG111—2003 计量性能要求，玻璃体温计测量范围在 35～42℃，读数精确到 0.1℃，示值误差为 -0.15℃，+0.10℃。新生儿棒式体温计的示值允许误差限为 ±0.15℃。检定项目包含标度、标志、内标式体温计标度板、感温泡质量、示值、中断、自流等指标。

现行国家标准 GB/T 28215—2011（温度计用玻璃）规定了温度计用玻璃的技术要求、试验方法、检验规则、标志、包装、运输和贮存。

(2) 体温计示值检测方法　示值是体温计的重要性能指标，示值不合格，直接影响体温的测量结果。在《护理学基础》教材中指出：在新的体温计使用前或定期消毒后，应经常进行检查以确保其准确性，检测方法是将体温计水银甩至 35℃ 以下，于同一时间放入 40℃ 以下的温水内，3min 后取出检视，若体温计间相差 0.2℃ 以上者或水银柱有裂隙者不能再使用，即视为不合格。

(3) 体温计检测周期　临床公认体温计在使用 1 年后不合格的发生率较高，故定期检测很有必要。陈嘉凤等调查结果显示：体温计在使用 2 周后合格率为 98.4％，使用 4 周后合格率为 90.7％，使用 12 周后合格率仅为 52.7％。因此为确保临床使用中的体温计合格准确，建议每 2 周检测 1 次。

2.1.1.5　玻璃体温计的优缺点

优点：由于玻璃的结构比较致密，水银的性能非常稳定，所以玻璃体温计具有示值准确、稳定性高的特点，还兼具使用方便、价格低廉、不用外接电源等优点，深受大众特别是医务工作者的信赖。

缺点：易破碎，存在水银污染的可能，测量时间较长，对急重病患者、老人、婴幼儿等使用不便，读数较费事等。

2.1.2 实验用玻璃器具

对于所有的玻璃都要求具有化学稳定性和热稳定性，但是对于化验用具来说，这些性质更为重要。

各种实验用玻璃器具应能耐受住各种酸性和碱性试剂的侵蚀。对于这些玻璃有三个基本的要求：①对各种化学试剂有较好的化学稳定性；②较好的热稳定性；③结晶能力小，可用喷灯吹制和加工。

想要制造出一种对所有物质都有很好化学稳定性的玻璃是极其困难的。通常，对酸很稳定的玻璃，对碱溶液的作用则不够稳定；对碱金属碳酸盐作用稳定的玻璃，对苛性碱溶液的稳定性就差。

实验用玻璃器具就组成来说是复杂的多组分玻璃。除了一般玻璃使用的氧化物以外，生产这些玻璃还经常使用硼酸、氧化铝、氧化锌和氧化钡，也有部分使用氧化锌和氧化钴的。通常，化验用玻璃器具中碱性氧化物的含量低，因此有较高的化学稳定性（特别是耐水性），同时玻璃的热稳定性也很高。

医学上常用医药领域实验用玻璃器具见表2-4所示。

表2-4 医药领域实验用玻璃器具一览表

名称	主要用途	使用注意事项
烧杯	配制溶液、溶解样品等	加热时应置于石棉网上，使其受热均匀，一般不可干烧
锥形瓶	加热处理试样和容量分析滴定	除有以上相同的要求外，磨口锥形瓶加热时要打开塞，非标准磨口要保持原配塞
碘瓶	碘量法或其它生成挥发性物质的定量分析	
圆(平)底烧瓶	加热及蒸馏液体	一般避免直火加热，隔石棉网或各种加热浴加热
圆底蒸馏烧瓶	蒸馏；也可作少量气体发生反应器	
凯氏烧瓶	消解有机物质	置石棉网上加热，瓶口方向勿对向自己及他人
洗瓶	装纯化水洗涤仪器或装洗涤液洗涤沉淀	
量筒、量杯	粗略地量取一定体积的液体用	不能加热，不能在其中配制溶液，不能在烘箱中烘烤，操作时要沿壁加入或倒出溶液
量瓶	配制准确体积的标准溶液或被测溶液	非标准的磨口塞要保持原配；漏水的不能用；不能在烘箱内烘烤，不能直火加热，可水浴加热
滴定管(25mL、50mL、100mL)	容量分析滴定操作；分酸式、碱式	活塞要原配，漏水的不能使用；不能加热；不能长期存放碱液；碱式管不能用于与橡皮作用的滴定液
微量滴定管(1mL、2mL、3mL、4mL、5mL、10mL)	微量或半微量分析滴定操作	只有活塞式；其余注意事项同上
自动滴定管	自动滴定；可用于滴定液需隔绝空气的操作	除有与一般的滴定管相同的要求外，注意成套保管，另外，要配打气用双连球
移液管	准确地移取一定量的液体	不能加热；上端和尖端不可磕破
刻度吸管	准确地移取各种不同量的液体	
称量瓶	矮形用作测定干燥失重或在烘箱中烘干基准物；高形用于称量基准物、样品	不可盖紧磨口塞烘烤，磨口塞要原配
试剂瓶:细口瓶、广口瓶、棕色瓶	细口瓶用于存放液体试剂；广口瓶用于装固体试剂；棕色瓶用于存放见光易分解的试剂	不能加热；不能在瓶内配制在操作过程放出大量热量的溶液；磨口塞要保持原配；放碱液的瓶子应使用橡皮塞，以免日久打不开

续表

名称	主要用途	使用注意事项
滴瓶	装需滴加的试剂	
漏斗	长颈漏斗用于定量分析,过滤沉淀;短颈漏斗用作一般过滤	
分液漏斗:球形、梨形、筒形分液漏斗	分开两种互不相溶的液体;用于萃取分离和富集(多用梨形);制备反应中加液体(多用球形及滴液漏斗)	磨口旋塞必须原配,漏水的漏斗不能使用
试管:普通试管、离心试管	定性分析检验离子;离心试管可在离心机中借离心作用分离溶液和沉淀	硬质玻璃制的试管可直接在火焰上加热,但不能骤冷;离心管只能水浴加热
(纳氏)比色管	比色、比浊分析	不可直火加热;非标准磨口塞必须原配;注意保持管壁透明,不可用去污粉刷洗
冷凝管:直形、球形、蛇形冷凝管,空气冷凝管	用于冷却蒸馏出的液体,蛇形管适用于冷凝低沸点液体蒸汽,空气冷凝管用于冷凝沸点150℃以上的液体蒸汽	不可骤冷骤热;注意从下口进冷却水,上口出水
抽滤瓶	抽滤时接受滤液	属于厚壁容器,能耐负压,不可加热
表面皿	盖烧杯及漏斗等	不可直火加热,直径要略大于所盖容器
研钵	研磨固体试剂及试样等用;不能研磨与玻璃作用的物质	不能撞击;不能烘烤
干燥器	保持烘干或灼烧过的物质的干燥;也可干燥少量制备的产品	底部放变色硅胶或其它干燥剂;盖磨口处涂适量凡士林;不可将红热的物体放入,放入热的物体后要时时开盖以免盖子跳起或冷却后打不开盖子
垂熔玻璃漏斗	过滤	必须抽滤;不能骤冷骤热;不能过滤氢氟酸、碱等;用毕立即洗净
垂熔玻璃坩埚	重量分析中烘干需称量的沉淀	
标准磨口组合仪器	有机化学及有机半微量分析中制备及分离	磨口处无须涂润滑剂;安装时不可受歪斜压力;要按所需装置配齐购置

2.1.3 载玻片

载玻片是显微镜观察试样时,用来盛放试样的普通玻璃片、特殊玻璃片或石英玻璃片,制作样本时,将细胞或组织切片放在载玻片上,将盖玻片放置其上,进行显微观察。

载玻片有不同的分类标准。

① 按化学组成分类　钠钙玻璃与石英玻璃。

② 按货号分类　7101 磨砂边、7102 毛边,7103 单凹、7104 双凹、7105 单头单面磨砂磨砂边、7105-1 单头单面磨砂毛边、7106 双面单面磨砂磨砂边、7107 单头双面磨砂磨砂边、7107-1 双面单面磨砂毛边、7108 双面双头磨砂、7109 彩色蒙砂、7110 单面正面磨砂、7111 双面整面磨砂。

③ 按是否免洗分类　免洗载玻片和未免洗载玻片。

④ 按磨砂角度分类　45°磨边载玻片、90°直角彩色载玻片与八面倒角载玻片。

⑤ 按防脱种类分类　多聚赖氨酸载玻片、硅化防脱载玻片与正电荷防脱载玻片。

⑥ 按包装数量分类　50 片装与 72 片装。

⑦ 按抛光与否分类　抛光边载玻片与未抛光载玻片。

⑧ 按能否作记号分类　记号载玻片和普通载玻片。

⑨ 载玻片的组合数量分类　单个载玻片和复合载玻片。

⑩ 按用途分类　显微载玻片和细胞培养载玻片。

⑪ 按厚度分类　有 1mm，2mm，3mm 等，最厚可以到 8mm。

载玻片的规格：载玻片应无色、无气泡，并具有一定的平整度。载玻片上出现白色云雾状物，是因为载玻片表面发霉，如处理不干净，将会影响透明度，不宜使用。载玻片的规格，一般为 75mm×26mm×(1~2)mm。如制作眼球、脑组织等大型组织标本，可订制 75mm×56mm×1.5mm 的载玻片，或自己选取玻璃裁制。

载玻片的厚度如不超过 2mm，即可在聚光镜的焦距之内，可用于一般病理组织检查。但在某些检查工作中，对载玻片的厚度有较严格的要求。例如，在定量组织学中，要求载玻片厚度在 1.0~1.2mm 之内；相差显微镜用的载玻片，要求厚度在 1mm 左右；暗视野聚光镜检查，要求载玻片厚度在 1.0~1.2mm 之内。

除上述一般的载玻片外，还有特制的专用载玻片。

① 凹面载玻片　在载玻片中央有一圆形凹穴。在进行活体组织检查时，于凹穴中滴加某些盐类溶液或培养液，然后加入生物体或者活细胞进行观察，称为悬滴标本。

② 石英玻璃载玻片　用熔化后的石英制成。它与普通载玻片不同，能透过紫外光线，适用于紫外线显微镜，荧光显微镜也常应用。

细胞黏附过程是生物重要的生理过程，大多数细胞都要依赖表面的黏附、伸展、繁殖行为而进行正常的生理活动。在宫颈癌的筛查方法中，液基细胞学技术是以载玻片作为脱落细胞的黏附基底。研究载玻片的修饰方法，增强细胞在基质上的黏附，在实际疾病诊断中可以提高诊断的准确率。将生物相容性材料修饰到载玻片表面，并在液基细胞学技术中进行应用，使用多聚赖氨酸、壳聚糖、胶原蛋白等细胞相容性材料对载玻片基底进行修饰后，可以增强宫颈脱落细胞在基底上的黏附作用，减少制作细胞涂片过程中及染色过程中的黏附现象，以提高诊断准确性。

生命科学用显微镜也是一种常用的医用显微镜，其盖片玻璃理化性能如表 2-5 所示。

表 2-5　生命科学用显微镜盖片玻璃理化性能

| 玻璃牌号 | 化学成分(质量分数)/% | | | | | | | 密度/(g/cm³) | $\alpha_{0~300℃}$/(×10⁻⁶/℃) | 软化点/℃ |
	SiO_2	Al_2O_3	B_2O_3	TiO_2	ZnO	K_2O	Na_2O			
Corning 0211	64	3	9	3	7	7	7	2.53	7.6	720

这种玻璃 TiO_2 含量较高，并且碱土金属氧化物全部采用 ZnO，主要用作显微镜盖片玻璃及载玻片，目的是为了防止被测生物试样的损伤，并易于制备适合显微镜观察的血液涂片。玻璃中 TiO_2 的作用是防止紫外线对样品的损坏，同时又有较高的可见光透过。玻璃中 ZnO 的作用是防止 CaO 和 MgO 对试样的影响，并改善玻璃表面性质，易于涂片。

2.1.4　医用玻璃器具

医用玻璃器具主要有玻璃注射器、采血管等。注射器与药液接触，但时间很短，所以注射器玻璃对耐碱性和脱片性能的要求不像安瓿那样严格，但是注射器使用前要经高压蒸汽灭菌，重复使用过程中要经反复清洗和高压蒸汽灭菌，所以对耐水性和热稳定性有一定要求。玻璃注射器也像安瓿一样，是由玻璃管经热加工制成的，通常采用铝硼硅酸盐玻璃制造。有些工厂为了简化生产，常使用与安瓿玻璃相同成分的厚壁玻璃管来制造注射器，因此要求玻璃具有良好的热加工性能。玻璃注射器按容量分为 6 种，最小 5mL，最大 31mL。本节主要讲述新型的医用玻璃器具——预灌封注射器。

（1）概述　用于人体注射用的注射器在世界范围内先后经历了四代产品：①多次使用的全玻璃注射器；②一次性使用的无菌塑料注射器；③一次性预灌封注射器；④氮气高压无针注射器。

目前，第一代全玻璃注射器已较少使用。第二代一次性使用的无菌塑料注射器在全世界普遍使用，虽然具有成本低，使用方便的优点，但其自身也有缺陷，如不耐酸碱，不可回收使用，易造成环境污染等。因此，发达国家和地区已逐步推广使用第三代预灌封注射器。第四代产品还处于研制开发阶段。

1984 年，全球第一支玻璃预灌封注射器诞生于美国 BD 公司，当时主要是为急救时能及时用药而开发的。目前，全球年产量接近 20 亿支，BD 公司产量约 14 亿支，BD 公司是目前世界市场该行业的领导者和主要标准的制定者。

中国的第一支玻璃预灌封注射器于 2005 年诞生于山东威高集团，现在年产量达到 1500 万支，占据中国该行业市场的 1/3 份额。预灌封注射器在中国经过十余年的推广应用，对于预防传染病的传播和医疗事业的发展起到了很好的作用。预灌封注射器主要用于高档药物的包装贮存并直接用于注射或用于眼科、耳科、骨科等。

预灌封注射器同时具有贮存药物和注射两种功能，并且采用了兼容性和稳定性良好的材料，不但安全可靠，相比传统的"药瓶＋注射器"的方式，最大限度地降低了从生产到使用中所耗费的人工和成本，给制药企业和临床使用带来许多方面的便捷。目前已经越来越多地被制药企业采用并应用于临床中，未来的几年中必然成为药品的新型包装方式，并逐渐取代普通注射器的地位。

（2）产品特点　预灌封注射器作为一种新型的药品包装形式，其特点是：

①采用高品质的玻璃和橡胶组件，与药物具有良好的相容性，可确保包装药物的稳定性；

②减少药物因贮存及转移过程因吸附造成的浪费，尤其对于昂贵的生化制剂，具有十分重要的意义；

③避免使用稀释液后反复抽吸，减少二次污染；

④采用灌装机定量灌装药液，比医护人员手工抽吸药液更加精确；

⑤可在注射容器上直接注明药品名称，临床上不易发生差错；如果使用易剥离标签，还有利于保存患者用药信息；

⑥操作简便，临床中比使用安瓿节省一半的时间，特别适合急诊患者。

（3）产品分类和结构　预灌封注射器分为带注射针和不带注射针两类，分别见图 2-4 和图 2-5。

①带注射针的为针头嵌入式，由玻璃针管、针头护帽、活塞和推杆组成；目前可以生产的规格有 1mL 标准/25G，1mL 细长/27G，1mL 细长带刻度/27G，2.25mL/27G；

②不带针的分为锥头式和螺旋头式，锥头式由玻璃针管，锥头护帽，活塞和推杆组成；螺旋头式由玻璃针管，螺旋头护帽，螺旋头，活塞和推杆组成；目前可以生产的规格有 2.25mL 锥头式，2.25mL 螺旋头式，3mL 锥头式。

（4）部件与材料　预灌封注射器部件及材料如表 2-6 所示，主要部件包括玻璃针管、推杆、护帽和活塞。

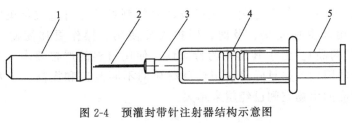

图 2-4　预灌封带针注射器结构示意图

1—针帽；2—针头；3—玻璃针管；4—活塞；5—推杆

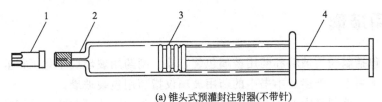

(a) 锥头式预灌封注射器(不带针)

1—护帽；2—玻璃针管；3—活塞；4—推杆

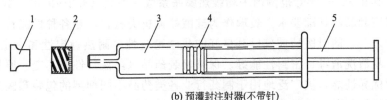

(b) 预灌封注射器(不带针)

1—护帽；2—螺旋头；3—玻璃针管；4—活塞；5—推杆

图 2-5　预灌封不带针注射器结构示意图

表 2-6　预灌封注射器部件与材料

部件名称		材料	部件名称		材料
玻璃针管	带注射针	Ⅰ类中性玻璃/314 不锈钢	护帽	针头护帽	PP/聚异戊二烯橡胶
	不带注射器	Ⅰ类中性玻璃		锥头护帽,螺旋头护帽	丁基橡胶
推杆	无色	PS	活塞	—	氯化丁基橡胶
	有色	PP/PE/色母料			

（5）使用方法

① 制药企业灌装过程　通过灌装机在玻璃针管（带有护帽）内灌装定量的药物，并将活塞压入或旋入，将药液密封，然后加装推杆，进行包装；不带注射针的产品，药厂还应配上相应的冲洗针。

② 最终用户使用

a. 注射使用　取出制药企业供给的预灌封注射器，去除包装后即可直接进行注射，使用方法与普通注射器相同。

b. 手术冲洗　取出制药企业供给的预灌封注射器，去除包装后，将配套的冲洗针安装到锥头上，即可进行手术中的冲洗操作。

最近几年，玻璃预灌封注射器作为一种新型的药品包装形式出现在中国市场，相比其它的包装形式（管制注射剂瓶和安瓿），其显著的特点和优势使其被越来越多的制药企业、临床医生、护士以及病人所接受。

国内外医学专家分析指出，临床上广泛使用的安瓿瓶、管制注射剂瓶，在医院内再次配药可能引起药品污染，切割安瓿瓶时，可能造成玻璃碎屑的污染及血管内壁的损伤

（只是每例的程度不同）；管制注射剂瓶橡胶活塞针刺橡胶也可造成污染等。玻璃预灌封注射器的出现使用药更加安全、及时，医护人员使用、操作更加简便，药液使用率高（尤其高附加值的药品）。由于其结构的特殊性和使用材料的严格要求，避免了用药过程中的许多不安全的因素。并且随着使用玻璃材质的不断改良和提高，丁基橡胶质量的不断完善，该种产品的市场空间已经越来越大。

2.2　药用玻璃

药用玻璃包括制药用玻璃和药用玻璃包装容器。制药用玻璃属于化工行业，相关书籍资料已有著述，本书不再赘述。本书中的药用玻璃仅指药用包装玻璃。

药用玻璃是玻璃制品中的一个重要组成部分，主要用于药品包装，药用玻璃有独特要求及性能优势，其在 $20\sim300℃$ 范围内平均线热膨胀系数一般为 $(3.2\sim9.0)\times10^{-6}/℃$，化学稳定性达到相应制品的标准要求。玻璃作为硅酸盐无机类材料，是各种性能特别是化学性能最稳定的材料之一，同时医药玻璃以其良好的化学稳定性、耐热稳定性和一定的机械强度、光洁、透明、易清洗消毒、密封性能好、保持盛装药品（药液）性质不变、原料丰富、成本低廉等一系列优异性能，被广泛地用于制药行业各类药品不同剂型的包装和医疗器械，如安瓿瓶、抗生素粉针剂瓶、口服液瓶、水针剂包装、输液容器、药剂瓶、储血瓶、体温计、注射器等。医药玻璃品种繁多，本节从化学成分、产品形状、成型方法以及医药玻璃的外观颜色等方面入手，对医药玻璃进行了系统的分类。

药用玻璃材料（容器）的分类是长期困扰行业发展的一个问题。在分类过程中，有监管部门根据药包材的风险进行的分类，分为Ⅰ类、Ⅱ类、Ⅲ类，也有按照药典的分类方式，分为Ⅰ级、Ⅱ级等，见表2-7。诸多的分类方式，目的均是辨别优劣，因此有必要厘清各种分类方式。

表 2-7　各国药典及国际标准对医药玻璃分类

项目	类　型			
ASTM E438	Ⅰ Type Class A	Ⅰ Type Class B	Ⅱ Type Class	Ⅲ Type Class
USP	1	1	2	2
EP	Ⅰ	Ⅰ	Ⅱ	Ⅲ
日本药局方	1	1	2	2
内表面耐水性	1	1	2	3
用途	注射及冻干	注射	口服及试剂	干粉及油剂

我国 YBB 相关标准在 2013 提出分类方法，参考了国际标准 ISO 12775—1997《正常大规模生产的玻璃按成分分类及其实验方法》，从化学成分的角度，将医药玻璃分为钠钙玻璃和硼硅玻璃，见表2-8。

表 2-8　药用玻璃分类与性能　　　　　　　　　　　　　　　　　单位：%

化学组成及性能	玻璃类型			
	硼硅玻璃			钠钙玻璃
	高硼硅玻璃	中硼硅玻璃	低硼硅玻璃	
B_2O_3	≥12	≥8	≥6	<6

续表

化学组成及性能	玻璃类型			
	硼硅玻璃			钠钙玻璃
	高硼硅玻璃	中硼硅玻璃	低硼硅玻璃	
SiO_2	约81	约76	约71	约70
Na_2O+K_2O	约4	约4~8	约11.5	12~16
$MgO+CaO+BaO+(SrO)$	—	约5	约6.5	8~12
Al_2O_3	2~3	2~7	3~6	1~3
121℃颗粒耐水	Ⅰ级	Ⅰ级	Ⅰ级	Ⅲ级

（1）钠钙医药玻璃 钠钙医药玻璃是最古老的玻璃类型，其化学组成为 SiO_2 70%~75%、R_2O 12%~16%、RO 10%~15%、Al_2O_3 0.5%~2.5%、B_2O_3 0~5%。钠钙玻璃的平均线热膨胀系数为 $(7.6~9.0)\times10^{-6}/℃(20~300℃)$。经过内表面处理的钠钙玻璃，其内表面有一层很薄的富硅层，可以提高玻璃的化学稳定性，但清洗和消毒过程中会损伤极薄的富硅层而导致性能下降，形成玻璃脱片，因此经过内表面处理的钠钙玻璃仅适用于一次性使用的输液瓶或口服液瓶。

此处特别需注意之处为：含 B_2O_3<5% 的钠钙玻璃称之为含硼钠钙玻璃。在这种玻璃中 B_2O_3 是作为助熔剂引入玻璃，因此不属于硼硅玻璃。

（2）硼硅医药玻璃 硼硅医药玻璃要求颗粒耐水为Ⅰ级玻璃，其容器贮存去离子水时，所盛装水保持中性，因此亦将此类玻璃称"中性玻璃"，根据 B_2O_3 含量的多少分为高硼硅玻璃、中硼硅玻璃、低硼硅玻璃，其颗粒耐水性在Ⅰ级范围内依次变差。国际相关标准对硼硅玻璃定义和含氧化硼范围均有较大差异，见表2-9。

表2-9 各国际标准对硼硅玻璃和氧化硼含量定义

标准	ISO 12775	ISO 4802	USP 1660	YBB		
玻璃品种	硼硅玻璃	硼硅玻璃	硼硅玻璃	硼硅玻璃		
				高硼硅玻璃	中硼硅玻璃	低硼硅玻璃
B_2O_3/%	8~13	5~13	7~13	12~13	8~12	6~8

① 高硼硅玻璃 高硼硅玻璃平均线热膨胀系数为：$\alpha=(3.3\pm0.1)\times10^{-6}/℃(20~300℃)$，其中尤以3.3玻璃最为著名，其化学组成为：$SiO_2$ 约81%、B_2O_3 12%~13%、R_2O 约4%、Al_2O_3 2%~3%。高硼硅玻璃材质具备优异的抗温度急变性和良好的化学稳定性，但这类玻璃软化点比较高，要求封口时的火焰温度较高，用于盛装水针剂的安瓿封口比较困难，目前国际上这类产品甚少。3.3硼硅玻璃主要用于制作盛装冻干剂用的管制瓶，因为它的耐热冲击性能优于中硼硅玻璃。3.3硼硅玻璃（简称3.3玻璃）是高硼硅玻璃的典型代表，世界各国的3.3玻璃化学组成及性能见表2-10。3.3玻璃具有较好的化学稳定性，它的耐热冲击性能在"中性玻璃"产品中表现最佳，可广泛用于实验室、化学工业、医药工业及生物制品等领域。3.3硼硅玻璃主要用于制作盛装冻干剂用的管制瓶。

表 2-10 世界各国 3.3 玻璃化学组成及性能表　　　　　　单位:%

项目　　牌号	ASTM E438	Pyrex 7740	BE-31	BJTY	Duran 50	Simax
SiO_2	81	80.5	79.6	80.5	80.7	80.44
B_2O_3	13	12.8	13.4	12.9	12.80	12.52
Al_2O_3	2	2.1	2.5	2.4	2.2	2.05
Na_2O+K_2O	4.0	4.5	4.3	4.2	3.7+0.6	3.65+1.08
$As_2O_3+Sb_2O_3$	<0.005	<0.005	<0.005	<0.005	<0.005	<0.005
$\alpha_{0\sim300℃}/(\times10^6/℃)$	3.20±0.15	3.25	3.25	3.2±0.1	3.3±0.1	3.3±0.1
密度/(g/cm³)	2.24±0.02	2.23	2.22	2.23	2.23	2.23
颗粒法耐水	Ⅰ级	Ⅰ级	Ⅰ级	Ⅰ级	Ⅰ级	Ⅰ级

　　3.3 玻璃在熔化过程中容易出现硼挥发,导致 3.3 玻璃表面产生富硅层。在酸、水的侵蚀过程中,玻璃表面形成的富硅层较钠钙玻璃表面更紧密,随着时间的推移,侵蚀层加厚,富硅层足以抑制碱金属离子扩散至介质(水溶液)中。硼硅玻璃易产生分相,分相强烈地破坏其抗水性能,尤其是对抗酸性影响更大。

　　3.3 玻璃耐水性能优良,在 20℃水溶液中不溶解,浸出量微乎其微,可忽略不计;即使进行煮沸实验,玻璃表面的重量损失也非常小,美国 Pyrex 玻璃是最早的 3.3 玻璃品种,在 100℃水中煮沸 6h,质量损失仅有 $10mg/dm^2$。3.3 玻璃置于 pH 值为 6.5～7 缓冲溶液或在 98℃热水中,其表面会产生一层 SiO_2 溶胶,它可抑制 Na^+ 扩散至介质中。3.3 玻璃化学稳定性更好,不易产生脱片,应用于医药和微生物领域时,该玻璃制品在 121℃的高压消毒锅中,玻璃表面碱金属离子的浸出量极小。USP 中将其定为 Ⅰ类"中性玻璃"(贮存水溶液不发生明显 pH 改变,可以维持 pH=7.0),每 $100cm^2$ 玻璃表面积耗用 $C=0.01$ mol/L 硫酸少于 0.28mL。根据 CSN 700530 玻璃颗粒实验法,检测 Simax 玻璃时,只耗用 $C=0.01$ mol/L 硫酸 0.02mL,它仅为 Ⅰ类玻璃上限的 1/10。

　　3.3 玻璃分相控制要求退火温度只能高于转变温度 5～10℃范围,另外玻璃退火次数不超过 3 次,否则将对化学稳定性产生影响,甚至达不到 Ⅰ类耐水玻璃。

　　② 中硼硅玻璃　中硼硅玻璃的线热膨胀系数为:$\alpha=(4\sim5)\times10^{-6}/℃(20\sim300℃)$,其化学组成为:$SiO_2$ 约 70%、B_2O_3 8%～12%、R_2O 4%～8%、RO 5%、Al_2O_3 2%～7%。中硼硅玻璃是"中性玻璃"中非常典型的一类。

　　"中性玻璃"(Neutral Glass)是欧洲首先使用的名词,根据现代玻璃科学理论,这种直译是不确切的,因为在常温条件下玻璃是个稳定的固态材料,化学稳定性极好,不存在所谓酸性、碱性和中性。而且近年研究表明钠钙玻璃制成的玻璃容器装水 pH 值也可以不发生改变,但其颗粒法耐水仅为 Ⅲ级,而由"中性玻璃"制成的容器装水 pH 值变化也可能很大。用容器性质来定义材料名称,显然不够严格。这可能与英文 Glass 可译为"玻璃材料",也可译为"玻璃制品"有关。

　　中硼硅玻璃的平均线热膨胀系数为 $(4\sim5)\times10^{-6}/℃$,因此简称 5.0 医药玻璃,1889 年德国耶拿工厂的肖特发明并开始生产该类玻璃(1901 年命名玻璃牌号为 Fiolax)。其制成的玻璃容器装水 pH 值不发生改变,称之为"中性玻璃"。当时其成分为 SiO_2 66%、B_2O_3 7%、Al_2O_3 10%、CaO 6%、Na_2O 8%、K_2O 3%,如果按 B_2O_3 含量的现代分类标准来说,最初的 Fiolax 也只能算作低硼硅玻璃。1943 年美国肯堡公司发明了 K-N-51A 玻璃,其

含 B_2O_3 达 8％以上，按 B_2O_3 含量的现代分类标准来说属于中硼硅玻璃，美国药典称之为"中性玻璃"。其后德国、日本等国家相继生产这种中硼硅玻璃。这类玻璃以其良好的材质、性能，特别是优异的化学稳定性和热稳定性在药品包装领域得到广泛应用。国内一般将其称为"5.0 医药玻璃"，注意此处不可称为 5.0 玻璃，因为膨胀系数 $5.0×10^{-6}/℃$ 的硼硅玻璃也可能是耐水四级的可伐电子封接玻璃。5.0 医药玻璃可广泛应用于各类针剂、血液、疫苗等药品的包装，是国际上大量采用的医药玻璃材料。

由于 5.0 医药玻璃在国际上的广泛应用，加之一些商业概念的混淆，于是误将"5.0 医药玻璃"认为是"中性玻璃"，实际上两者概念是完全不同的。"中性玻璃"在于表明玻璃的应用特性，主要是化学稳定性，其可满足盛装水溶液 pH 值为 7 的去离子水而保持 pH 值不变，不出现沉淀。而 5.0 医药玻璃在于表明这种玻璃具有膨胀系数为 $5.0×10^{-6}/℃$ 的热学性能。在概念上，5.0 医药玻璃属于中硼硅玻璃中的一个典型特例，如果建立"中性玻璃"、"中硼硅玻璃"、"5.0 医药玻璃"之间的隶属关系，那么"中性玻璃"属于父系，"中硼硅玻璃"属于子系，"5.0 医药玻璃"属于孙系，见图 2-6 所示。

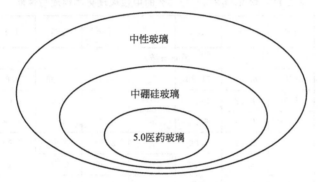

图 2-6　"中性玻璃"、"中硼硅玻璃"、"5.0 医药玻璃"三者之间的隶属关系

在中国"中性玻璃"和"5.0 医药玻璃"概念混淆长达半个世纪，本书在此予以纠正，望能供国家政府机构、相关行业、相关协会、质量监督、标准制定单位作为参考。

③ 低硼硅玻璃　低硼硅玻璃的线热膨胀系数为：$α＝(6.2～7.5)×10^{-6}/℃$，属于中国 20 世纪 60 年代自主研发的医药玻璃品种，已经应用长达半个世纪，为中国医药包装事业作出过巨大贡献。低硼硅玻璃中 B_2O_3 含量为 5％～8％（一般为 6.5％～6.8％），其中尤以 7.0 医药玻璃为典型代表，其化学组成为：SiO_2 约 71％、B_2O_3 6％～7％、R_2O 10％～12％、RO 3％～5％、Al_2O_3 6％～7％。B_2O_3 是提高玻璃热稳定性和化学稳定性的主要成分，而且在一定的范围内，随着其含量的提高，玻璃的性能越好。对于化学稳定性的要求不高，使用低硼硅玻璃安瓿已足够，但对于一些酸性、碱性较强的医药品种，低硼硅玻璃安瓿较很难满足药液稳定贮藏的需求。目前，国内注射剂中低硼硅玻璃包材的应用最为广泛。由于这类玻璃在我国已生产多年，用这类玻璃材质生产的用于普通抗生素粉针的管制注射剂瓶和管制口服液瓶可满足其性能要求。

2.2.1　按性能分类

医药玻璃按性能分类主要分为中性玻璃和非中性玻璃，一般按耐水性进行分级，本节主要中性玻璃的发展演变。

（1）无色中性玻璃　"中性玻璃"原来的含义在于表明某类玻璃容器盛装 pH 值为 7 的

中性去离子水，经110℃高温灭菌和长期保存，所盛装水溶液 pH 值不发生改变，人体的肌肉和静脉 pH＝7.0～7.4，这样可以使药液 pH 值与人体体液具有适用性，满足"中性玻璃"上述含义的玻璃包括高硼硅玻璃、中硼硅玻璃、低硼硅玻璃等。

奥托·肖特最初发明的"中性玻璃"化学组成为（摩尔比）：B_2O_3：Al_2O_3：（Na_2O＋K_2O）＝1：1：1.5。Al_2O_3 的质量分数与碱金属氧化物质量分数基本相同，因为 Al_2O_3 含量较高，所以 SiO_2 的含量相对偏低，仅有 66%。该玻璃料性相对较短，熔化难度较大。它的化学组成为：SiO_2 66.0%，Al_2O_3 10.3%，B_2O_3 7.2%，CaO 6.3%，Na_2O 7.4%，K_2O 2.8%。

为了解决玻璃熔化和成形困难，逐步将 Al_2O_3 降低，优化控制为 Al_2O_3 4.5%～6%。表 2-11 根据 SiO_2 和 B_2O_3 含量列举了 I 级耐水的 5.0 医药玻璃，此类玻璃组成中 Al_2O_3 含量为 5%～6%，SiO_2 含量为 66%～75%，碱金属氧化物的含量为 6%～10%，BaO 含量 3%～4%。而 CaO 含量低于 1%。由于 Ca^{2+} 的静电场强较强，易产生分相，而 Ba^{2+} 对分相的影响则非常弱，所以优选使用 BaO。

表 2-11　含 B_2O_3 8%～11.5% 的中性玻璃化学组成与性能

化学组成＼种类	I-1	I-2	I-3	I-4	I-5	I-6	I-7	I-8	I-9	I-10
质量分数/%										
SiO_2	66.7	68.00	69.85	71.80	72	74.10	74.50	74.64	74.88	75.55
B_2O_3	9.10	11.30	8.12	9.80	10	9.5	9.0	7.67	8.93	8.98
Al_2O_3	9.40	7.50	9.18	6.50	6	5.5	4.6	5.64	4.74	5.04
BaO	3.3	4.10	2.75	3.00	3	2.30	3.90	3.90	4.17	3.76
CaO	1.40	0.80	3.74	0.70		0.90	0.50	1.20	0.82	0.44
Na_2O	7.30	7.60	6.30	7.10	7	6.60	6.30	5.60	5.99	5.15
K_2O	2.80	0.20	0.00	0.50		0.80	0.00	1.29	0.15	1.22
摩尔分数/%										
SiO_2	72.71	73.82	74.77	77.03	78.16	78.58	79.33	79.71	79.84	80.39
B_2O_3	8.55	10.58	7.50	9.07	9.36	8.69	9.09	7.06	8.21	8.24
Al_2O_3	6.04	4.30	5.79	4.11	3.84	3.44	2.88	3.55	2.98	3.16
BaO	1.41	1.74	1.15	1.26	1.27	0.95	1.63	1.63	1.74	1.57
CaO	1.63	0.93	4.25	0.81	0.00	1.02	0.57	1.37	0.94	0.50
Na_2O	7.71	7.99	6.53	7.38	7.36	6.78	6.50	5.79	6.10	5.31
K_2O	1.95	0.14	0.00	0.34	0.00	0.54	0.00	0.88	0.10	0.83
酸性值	6.9	8.25	7.86	9.21	10.58	9.75	10.50	9.33	11.19	11.19
SiO_2/B_2O_3	8.5	6.98	9.97	8.49	8.35	9.04	8.73	11.29	9.75	9.75
Na_2O/Al_2O_3	1.6	1.89	1.13	1.88	1.92	2.13	2.26	1.88	2.08	1.94
Φ	0.42	0.36	0.10	0.40	0.38	0.45	0.40	0.44	0.39	0.36

表 2-12 是含有 B_2O_3 7%～7.5% 的中性玻璃化学组成，这类玻璃在市场上并不常见，它与表 2-11 玻璃化学组成相比，主要是 Al_2O_3 含量相对较高。表 2-12 列举两种"中性玻璃"化学组成，其特点是 Al_2O_3 含量比 B_2O_3 高，其中 II-2 的 K_2O 含量较高，且 Al_2O_3＋SiO_2 总量也比较大。

表 2-12 含 B_2O_3 7%～7.5% 的中性玻璃化学组成

化学组成	质量分数/%		摩尔分数/%	
	Ⅱ-1	Ⅱ-2	Ⅱ-1	Ⅱ-2
SiO_2	70.2	67.0	75.00	71.47
B_2O_3	7.0	7.5	6.45	6.90
Al_2O_3	7.5	8.5	4.72	5.34
BaO	3.0	0.0	1.25	0.00
CaO	1.8	4.0	2.06	4.57
Na_2O	9.5	8.7	9.83	8.99
K_2O	1.0	4.0	0.68	2.72
酸性 A	6.23	5.14		
SiO_2/B_2O_3			11.63	10.36
Na_2O/Al_2O_3			2.23	2.19
Φ			0.9	0.92

表 2-13 是含 B_2O_3 5%～7% 的中性玻璃化学组成，与表 2-12 中两组中性玻璃相比，该组玻璃的 Al_2O_3 含量有所降低，SiO_2 含量较高，然而碱金属氧化物的含量大致相同（10%～12%），大多数玻璃含 3% 左右的 BaO。根据二价金属氧化物的含量又可分为下列三种情况：$CaO+MgO \leqslant 2$%；$CaO+MgO$ 约 4%；$CaO+MgO$ 约 7%。

表 2-13 含 B_2O_3 5%～7% 的中性玻璃化学组成

化学组成	质量分数/%		摩尔分数/%	
	Ⅲ-1	Ⅲ-2	Ⅲ-1	Ⅲ-2
SiO_2	70	70.2	72	75
B_2O_3	5.5	7.5	3.3	4.7
Al_2O_3	5	7	4.4	6.4
BaO	—	3.8	—	1.2
CaO	2.8	—	2.1	—
Na_2O	5.1	1.8	5.6	2.1
K_2O	2.2	—	3.4	—
SiO_2	8.5	9.5	8.5	9.8
B_2O_3	1	1	0.7	1.5
酸性值	3.9	6.2		
Nsi	0.384	0.380		
SiO_2/B_2O_3	16.4	11.7		
Φ	1.34	1		

表 2-14 是含 B_2O_3 2%～4.5% 的中性玻璃化学组成，SiO_2 的含量大多数在 73% 左右，Al_2O_3 含量为 2.5%～7.5%，CaO、MgO、BaO 的含量通常为 7%、1%、0～5%。碱金属氧化物的含量通常为 10%～13%，这类玻璃主要用于生产血液瓶。

表 2-14 含 B_2O_3 2%～4.5%的中性玻璃化学组成

化学组成	质量分数/%		摩尔分数/%	
	Ⅳ-1	Ⅳ-2	Ⅳ-1	Ⅳ-2
SiO_2	73.5	71.3	74.4	72.4
B_2O_3	3.5	2.6	2.1	1.6
Al_2O_3	2.5	4.5	2.2	3.9
BaO	—	1.9	—	0.75
CaO	7.0	5.3	7.6	5.8
Na_2O	1.0	3.7	1.5	5.6
K_2O	11.0	9.5	10.9	9.3
SiO_2	2.0	1.0	1.3	0.7
酸性 A	3.7	3.7		
Nsi	0.410	0.384		
SiO_2/B_2O_3	33.8	18.4		
Φ	4.6	2.13		

符合"中性玻璃"的化学组成具有广泛性,其典型特征是基本含有氧化硼,所以该类玻璃大多属于硼硅玻璃,在第一次世界大战后,德国肖特(Schott)在耶拿(Jena)的工厂开始生产膨胀系数为 $4.8 \times 10^{-6}/℃$ 的玻璃,主要用于生产玻璃仪器。根据其使用目的和年限被命名为 G20,人们一般将其称为 Jena 玻璃。在第二次世界大战之后,G20 玻璃在玻璃仪器领域中的应用逐渐被 3.3 玻璃所取代。

"中性玻璃"具有较高的化学稳定性和维持水溶液"中性"的特性。它被广泛地应用于医药及生物制品领域。以 G20 玻璃为例,它的耐酸、耐碱性能如图 2-7 所示,从图中发现,G20 玻璃耐水性相对较好,而耐碱性相对较差,在碱侵蚀条件下,玻璃表面失重是耐水损失的 20～30 倍。

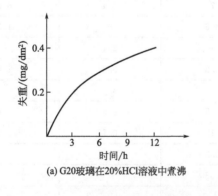
(a) G20玻璃在20%HCl溶液中煮沸

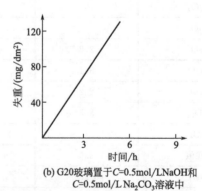
(b) G20玻璃置于C=0.5mol/LNaOH和 C=0.5mol/L Na_2CO_3溶液中

图 2-7 G20 玻璃化学稳定性

中性玻璃的化学稳定性在耐水和耐酸方面非常均衡,该玻璃被广泛应用于微生物化学、比色试验、导热仪、光谱仪等。它还被用于对化学稳定性有特殊要求的领域,例如:微生物细菌的培养、营养介质的制备、安瓿、注射剂针筒、输液瓶等。中性玻璃即使经重复消毒使用,玻璃表面仍是光滑的,没有脱片产生。

中性玻璃在被火焰加热时很容易熔化,接缝的界面易被烧熔,在火焰中加热玻璃不发乌。中性玻璃硬度较高，表面不易被划伤，可长期使用。

（2）棕色中性玻璃　除无色中性玻璃外，有色中性玻璃主要以棕色为主，棕色中硼硅玻璃对短波具有较低的透过率，而对可见光部分具有较高的透过率，其意义在于降低光线对药物的影响，起到遮蔽高能量紫外光线，降低紫外线对药物性能的衰减。

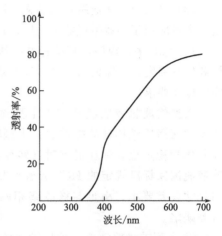

图 2-8　棕色的中硼硅医药玻璃光谱曲线

380nm 以下光线对于某些敏感的注射液而言是有害的，棕色玻璃要求在可见光范围内具有较高的透过性，这样可满足药液检查的可视需要，而小于 380nm 的短波最大不允许超过 60%，在可见光范围内 600nm 时透射率则较高，图 2-8 是一种典型棕色玻璃可见紫外光谱透过率曲线。380nm 以下透过率小于 15%，在可见光范围内，光谱平均透过率小于 60%。

棕色中性玻璃中，除了含有无色中性玻璃的化学成分之外，还含有着色玻璃成分，例如含有 Fe_2O_3 0.5%～1.6%、MnO 3%～5%或 Fe_2O_3 1%～1.5%、TiO_2 3%～5%。一般来说，棕色中性玻璃的化学稳定性低于无色中性玻璃，棕色中性玻璃主要用于满足光谱敏感型药物的遮光贮存需要，并且还能满足医护人员目测药液是否浑浊变质判定。

2.2.2　按产品用途分类

（1）注射剂瓶　注射剂瓶也称抗生素瓶或青霉素瓶，也有的称为西林瓶（因为早期青霉素的英译名为盘尼西林），主要用来盛装注射用抗生素粉剂或油剂，为无色玻璃小瓶，瓶型有 A 型和 B 型两种，容量规格有 5～100mL 数种。成型方法有模制法和管制法。模制法为玻璃液滴直接在模具中一次成型，管制法用玻璃管进行热加工成型。注射剂瓶要求在水溶液条件中 pH 稳定保持在 7，使溶液维持在中性条件，具有一定的抗热震性和机械强度，以保证药物在贮存有效期内不变质、不失效，并适应洗瓶、烘干、装药、封口等方面的操作要求。为了便于抽尽瓶内的药剂，可用硅油处理内表面，使内表面形成一层憎水膜，抽取药液时瓶内就不再残留药液。瓶口的尺寸公差要小，以与橡胶塞相匹配，保证气密性。

（2）安瓿瓶　安瓿瓶是用于灌装针剂或药粉用的细颈薄壁玻璃小瓶，也用于封装疫苗和血清等，常称安瓿。按颜色分为无色透明安瓿和有色安瓿（棕色），有色安瓿用于贮藏需要避光的药剂。形状有直颈、曲颈和双联颈等类型。规格有 1mL，2mL，5mL，10mL，20mL，25mL 等多种，大型安瓿可达 300～1000mL。理化性能有甲级耐碱和乙级耐碱两种。甲级料具有优良的耐碱和抗热震稳定性，是医药玻璃包装材料的必然发展趋势，现在世界上绝大多数国家都使用甲级料，只有中国等极少数国家还在使用乙级料。瓶底有平、圆、微凹、微凸等形状。此外，为避免用锉刀或小砂轮割安瓿颈部时造成的玻璃碎屑，国外在 20 世纪 60 年代已广泛使用在安瓿曲颈的颈槽内涂上与玻璃本身线膨胀系数有差异的色釉、退火后产生预应力的色环易折安瓿或点刻痕的易折安瓿。易折安瓿使用方便，折断时不产生玻璃屑，有利于保障人体健康，我国在 20 世纪 80 年代逐渐推广应用。由于玻璃安瓿的透明度好、绝对的密封性、价格低、使用方便、具有良好的化学稳定性，因此是重要的医药包装容器。

（3）输液瓶　输液瓶是用于盛装注射用药液的，常用于盛装生理盐水、葡萄糖溶液等。由于大量应用于盛装生理盐水，所以俗称盐水瓶，通常为无色，瓶型有 A、B 两种，容积有 50～1000mL 多种规格，瓶身有容量刻度。输液瓶应具有良好的化学稳定性、一定的抗热震性和机械强度，以保证药液在贮存有效期内不变质，并适应洗瓶、装药封口、热压灭菌等方面的操作要求。

根据输液瓶玻璃成分，为Ⅰ型输液瓶和Ⅱ型输液瓶。Ⅰ型输液瓶用硼硅酸盐玻璃，Ⅱ型输液瓶用钠钙硅酸盐玻璃。Ⅰ型输液瓶的耐水性等级为 HC1 级，而Ⅱ型输液瓶为保证其化学稳定性，须在退火时（转变温度区）对瓶内壁进行表面脱碱处理，以达到Ⅱ型输液瓶国家标准规定的 HC2 级耐水要求。Ⅱ型输液瓶仅适合于一次性使用。输液瓶瓶口的尺寸公差要小，满足与橡胶塞相匹配，保证气密性。输液瓶不允许存在细小裂纹、毛口等缺陷。

① Ⅰ型玻璃输液瓶　Ⅰ型输液瓶玻璃由于盛装药液的特殊用途，在理化性能上要求具有耐酸、耐碱、耐热、抗水、无脱片等优良特性，因此，在 20 世纪 80 年代之前，国产的Ⅰ型输液瓶大多采用含硼钠钙玻璃，其中 B_2O_3 含量在 2%～2.5%，$SiO_2 + Al_2O_3 > 79$%，R_2O 12.5%～12.8%，配合料中碎玻璃用量限制在 20% 左右，我国早期的Ⅰ型玻璃输液瓶的化学组成如表 2-15 所示。

表 2-15　Ⅰ型玻璃输液瓶化学组成　　　　　　　　单位：%

序号	SiO_2	Al_2O_3	CaO	R_2O	B_2O_3
1	73.5	5.0	5.7	13.0	2.5
2	74.0	5.0	5.7	12.8	2.0
3	74.8	4.5	5.8	12.5	2.4
4	73.6	5.1	7.5	12.1	1.8
5	74.5	5.0	5.0	12.5	2.0
6	75.0	5.5	4.5	12.5	2.0

随着玻璃材料的发展，国产的Ⅰ型玻璃输液瓶已经逐步向中硼硅玻璃配方方向发展，其中 B_2O_3 含量在 6% 左右，国际Ⅰ型输液瓶的 B_2O_3 含量在 8% 左右。

② Ⅱ型玻璃输液瓶　美国、英国、法国、德国、日本等国家使用内表面"中性化处理"的钠钙玻璃制造输液瓶已有多年历史。为节约硼原料、降低成本、提高熔化率，到 20 世纪 90 年代，我国开始采用少硼或无硼的钠钙玻璃制作输液瓶，其中 B_2O_3 含量降低到 0.6%～0.8%，$SiO_2 + Al_2O_3$ 降到 77%～78%，CaO 上升到 8% 左右，R_2O 提高到 13.0%～13.2%，将这种输液瓶称Ⅱ型输液瓶。Ⅱ型输液瓶除了可以节省价格较高的硼砂外，还可降低熔化温度，节约能源，延长窑炉寿命，可创造较好经济效益与社会效益。为保证Ⅱ型输液瓶理化指标达到国家标准，必须对其内表面采用硫霜化处理。

20 世纪 90 年代末到 21 世纪初，为进一步降低成本，企业开始采用完全无硼的钠钙玻璃制作输液瓶，$SiO_2 + Al_2O_3$ 降到 75%～76%，CaO 上升到 10.0%～11.0%（最高可达 12.8%），R_2O 达到 13.5% 左右。可见，输液瓶玻璃成分在逐渐向普通瓶罐玻璃化学组成玻璃靠近，内表面硫霜化处理是必不可少的工艺过程，同时需加强对其各项性能的检验。少硼和无硼的Ⅱ型输液瓶化学组成如表 2-16 所示。

表 2-16 Ⅱ型输液瓶化学组成 单位:%

序号	SiO_2	Al_2O_3	Fe_2O_3	CaO	MgO	K_2O	Na_2O	B_2O_3	BaO
1	74.1	4.4	0.06	7.3		13.6	13.6	0.54	
2	74.0	4.5		5.8	0.4		13.8	1.0	0.5
3	74.6	4.9	0.2	6.2	0.2	1.7	11.2	0.9	
4	73.4	2.6	0.2	10.6	10.6	13.2	13.2		

无硼Ⅱ型输液瓶玻璃化学组成范围:SiO_2 72%~73.5%、Al_2O_3 2.5%~3.5%、CaO 9%~11%、R_2O 13.5%左右。

(4)口服液瓶 口服液瓶的瓶型有 A、C 两种类型,用于盛装各种口服液,规格有 2~30mL 多种。口服液瓶根据瓶口形状分为缩口瓶、直口瓶、螺纹口。

2.2.3 按成型方法分类

医药玻璃容器按成型方法分为管制瓶和模制瓶,在第 7 章和第 8 章有专论,在此不予展开讨论。

2.2.4 按颜色分类

医药玻璃按颜色可以分为无色和有色,有色如棕色、蓝色等。

(1)无色医药玻璃 医药玻璃容器应清洁透明,以利于检查药液的澄明度、杂质以及变质情况,一般药品应选用无色玻璃,当药品有避光要求时,可选择有色玻璃。

(2)有色医药玻璃 有色医药玻璃的颜色主要包括棕色、蓝色等,其中应用最广泛的是棕色医药玻璃。使用有色医药玻璃需重点考虑盛装药物对光谱敏感程度,采取必要的光谱遮蔽措施,同时要兼顾目视检查药剂变色和异物的可见性。还要重点检验着色离子浸出量变化及对药剂的影响,有色玻璃的颜色设计应考虑着色剂与玻璃体系的适应性。

有些药液或口服液需要避光保存以免变质,这就需要采用具有避光功能的有色玻璃制成的医药包装瓶。棕色玻璃能够有效遮蔽紫外线。图 2-9 是无色医药玻璃和棕色医药玻璃的光透过率曲线。

Fe_2O_3 可使 590~610nm 波段的透过率下降,而 TiO_2 可使 290~450nm 波段透过率下降,这类安瓿玻璃的化学组成见表 2-17。

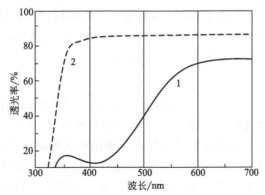

图 2-9 医药玻璃的透过率曲线
1—棕色医药玻璃;2—无色医药玻璃

表 2-17 棕色安瓿玻璃化学组成 单位:%

编号	SiO$_2$	B$_2$O$_3$	Al$_2$O$_3$	CaO	MgO	ZnO	BaO	Na$_2$O	K$_2$O	Fe$_2$O$_3$	MnO	TiO$_2$
No. 1	70.1	9.8	5.3	0.8			2.1	5.9	2.5	0.7		2.8
No. 2	71.5	9.2	5.3	0.8			2.1	6.4	0.8	0.7		2.8
No. 3	79.3	6.7	4.9	0.5			3.1	6.4	1.3	1.4		5.0
No. 4	69.5	6.3	5.8	1.1	1.0		3.1	7.9	3.0	0.12		
No. 5	73.0	3.4	3.6	7.6	0.2	0.9	3.8	11.3		0.23		0.29
No. 6	66.7	6.3	5.5	3.4				9.6	1.4	2.02	2.8	
No. 7	65.4	5.9	5.8	7.5	0.2	2.1	1.7	10.4	2.0	2.8		
No. 8	72.0	14.0	2.3					4.0	0.5	0.35	6.0	

表 2-17 中 No.1 为日本电气硝子（NEG）牌号为 BS-A 的棕色安瓿玻璃化学组成,在 450nm 波段的透过率为 36%～47%,590nm 波段的透过率为 92%,膨胀系数为 5.3×10^{-6}/℃; No.2 为美国 Owins-Illionis（简称 O-I）牌号为 A-203 的棕色安瓿玻璃化学组成,膨胀系数为 5.0×10^{-6}/℃; No.3 为德国肖特（Schott）牌号 Fiolax 8414 的棕色安瓿玻璃成分; No.4 为匈牙利棕色安瓿玻璃化学组成; No.5 为前苏联棕色安瓿玻璃化学组成。以上这些玻璃基本为 Fe$_2$O$_3$-TiO$_2$ 着色。No.8 是 20 世纪 90 年代美国威顿（Weaton Holding）公司铁-锰着色的棕色安瓿玻璃化学组成。

有色安瓿玻璃和无色安瓿玻璃对耐药液侵蚀性能的要求是相同的,日本、德国和美国的棕色安瓿玻璃化学组成中 B$_2$O$_3$ 含量较高,化学稳定性较好。

棕色医药玻璃的着色类型可以分为铁-锰着色、硫-碳着色、铁-钛-碳着色和钴-铜着色四种。

2.2.4.1 铁-锰着色

过渡金属元素铁和锰在玻璃中以离子价态存在,对可见光选择性吸收而使玻璃着色。当引入这两种着色剂的量为 Fe$_2$O$_3$ 2%～5%,MnO$_2$ 3%～10% 时,就可以使医药玻璃着成棕色。

铁和锰混合产生的棕色,主要取决于 Mn^{3+}、Mn^{2+} 和 Fe^{3+}、Fe^{2+} 之间的价态和含量,关系较复杂,主要随着色剂的含量、熔制气氛、熔制时间和熔制温度以及基础玻璃的化学组成等而变化,使得这种棕色的色调比较难控制。

另外,这种玻璃的化学稳定性较差,抗药液的侵蚀性也不够理想。例如着色剂 MnO 在药液中是容易溶出的组分,会在容器中产生沉淀,污染药液,一般用来制造口服药剂和药片的容器。另外,在基础玻璃中引入着色剂 Fe$_2$O$_3$ 和 MnO 后,易使玻璃熔制的热吸收量增大而加大熔化难度,使玻璃产生结石和条纹等缺陷。

2.2.4.2 硫-碳着色

硫-碳着色玻璃的颜色为棕红,色似琥珀。制造硫-碳着色的琥珀色玻璃,常见的问题是气泡和色调不够稳定,尤其在 SiO$_2$ 含量高的中性硼硅酸盐玻璃中,气泡更是常见的缺陷之一。一般抗侵蚀性能要求不高的医药玻璃瓶,多采用钠钙玻璃,使用碳-硫着色,同时采用氯化钠作澄清剂。氯化钠是一种很好的用于碳-硫着色玻璃的高温澄清剂,适合于熔化温度高于 1500℃ 的玻璃。氯化钠用量一般为 1%～1.5%,最高不能超过 3%。用量过大时制品乳浊,同时氯化钠对黏土质耐火材料侵蚀作用大。在 500～600℃ 时又会凝聚而堵塞格子孔或烟道。

2.2.4.3 铁-钛-碳着色

使用铁-钛-碳着色的玻璃具有稳定的光吸收性，而且铁和其它重金属的溶出量也很少，这种玻璃容器可用于盛装注射用药液。

在制备铁-钛-碳着色棕色玻璃时，一般要求 Fe_2O_3、TiO_2 和 C 必须配合使用，缺少任何一种都不能制成符合要求的棕色。着色剂的比例也很重要，一般为 Fe_2O_3 0.5%～2%、TiO_2 1.0%～5.0%、C 0.05%～3%。

当 Fe_2O_3 的含量小于 0.5% 时，光吸收性能不能满足要求，Fe_2O_3 的含量大于 2% 时，则玻璃的热吸收过大，玻璃液传热能力变差，从而使玻璃熔化发生困难，如果用于制造安瓿，会增加铁在药液中的溶出量。

在铁-钛着色时，向配合料中添加碳，能使 $Ti^{4+} + e^- \Longrightarrow Ti^{3+}$ 的平衡反应向右移动，有利于棕色的形成。碳的含量对于玻璃着色有重要的影响，如果在氧化物总量中添加小于 0.05% 的碳时，着色比较困难，而添加量在 3% 以上时，玻璃则极易产生细小的气泡。

与其它种类的琥珀色玻璃相比，铁-钛-碳着色的玻璃热线吸收能力较低，适合于池窑熔化，熔制温度和窑内气氛的变化对着色影响较小，抗侵蚀性能高的中性硼硅酸盐玻璃一般多采用铁-钛-碳着色，铁和其它重金属的溶出量等均较少。

一般棕色医药玻璃多采用铁-钛-碳着色。

2.2.4.4 钴-铜着色

蓝色玻璃瓶广泛用于口服液等，1998 年我国蓝色口服液瓶主要采用钴着色，证明其具有一定的避光作用，可防止口服液变质，延长口服液保质期等。蓝色玻璃瓶具有较好的透明性，对药液中的异物更加容易辨别，由于 CoO 的着色能力很强，其用量仅有 0.08% 便可获得理想效果，因此 Co^{2+} 浸出量十分微小。蓝光位于 440～500nm 的范围，纯蓝光对应于 470nm 的波长，透射光谱小于 470nm，则使蓝色呈偏紫色调，波长越短，越呈现较多的紫色调，如透射光谱大于 470nm，玻璃中同时加入钴离子和铜离子，玻璃颜色从蓝色向绿色方向发展，形成青色。表 2-18 是各种可满足医药行业应用的蓝色玻璃化学组成。图 2-10 是蓝色医药紫外可见光谱透过率曲线，480～700nm 光谱区域内存在 Co 元素典型吸收区域，由于 Co 元素使用量不多，因此吸收强度不大。

表 2-18 蓝色医药玻璃化学组成　　　　　　　　　　单位：%

序号	SiO_2	B_2O_3	Al_2O_3	CaO	MgO	ZnO	BaO	K_2O	Na_2O	CoO	CuO
1	72.28		2.30	6.480	3.87				14.57	0.080	
2	72.93		0.12	8.560	4.10			0.06	12.63	0.050	
3	73.92		0.21	8.560	4.10			0.06	12.63	0.055	
4	72.62		0.11	8.670	4.09			0.04	13.70	0.054	
5	71.20		1.80	7.500	3.50			1.00	14.50	0.0500	
6	71.20	0.50	1.80	7.500	3.50			1.00	15.00		1.5
7	74.00	0.50	1.50	5.000		2.00		4.50	13.00	0.0400	0.2
8	74.00	0.50	1.00	7.500			1.50		15.50	0.0030	0.4
9	76.00			8.500					14.50	0.0800	2.0

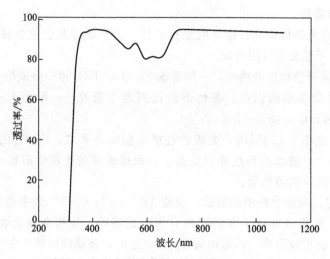

图 2-10　蓝色医药紫外可见光谱透过率曲线

参考文献

[1]　张克，杨俊涛．温度剂量漫谈——玻璃温度计 [J]．江苏现代计量，2011：24-27．

[2]　JJG 111—2003，玻璃体温计 [S]．

[3]　王承遇，陶瑛．玻璃成分设计与调整 [M]．北京：化学工业出版社，2006：325-328．

[4]　程建英，王云娟，李志伟．玻璃体温计测量体温的研究进展 [J]．护理研究，2013，27 (1)：19-27．

[5]　基泰戈罗茨基．玻璃工艺学 [M]．北京：中国工业出版社，1965：264-265．

[6]　王承遇，陶瑛．玻璃材料手册 [M]．北京：化学工业出版社，2008：327-343．

[7]　邹永红．预灌封注射器在中国之路 [J]．现代包装，2008，5：16-18．

[8]　李道国．国际中性玻璃在药品包装中的应用 [J]．中国包装报，2004，4：39-40．

[9]　郭卫．国内药用中性玻璃管的制造情况分析 [J]．全国玻璃科学技术年会论文集，2013：192-194，208．

[10]　李永安．药品包装实用手册 [M]．北京：化学工业出版社，2003：49．

[11]　张军，弋康峰，薛为革．笔式注射器用硼硅玻璃套筒及其制备方法：中国，201210574375．X [P]．2012.12.26．

[12]　W. R. Blevin. Ageing of Neutral Glass Filters [J]. International Journal of Optics. 2010.

[13]　Waller DG，George CF. Ampoules，infusions and filters [J]. Br Med J (Clin Res Ed) .1986；292：714-715.

第3章

医药玻璃标准与检验

3.1 医药玻璃标准

药品是人类用于预防、治疗、诊断疾病的特殊商品，药品关系到广大消费者的用药安全，关系到公众生命健康权益。医药玻璃是一种十分重要药品包装材料（以下简称"药包材"），药包材对药品起着保护作用，在实现药品的安全性和稳定性，运输、贮存、销售和使用等方面起着重要作用。

药包材属于专用包装范畴，除了具有包装的所有属性，还具有特殊性。随着社会经济的快速发展，药品包装行业的发展也越来越成熟。药品种类的多元化，也给药品包装的形式带来多样化，加速了药品包装产业的发展。

根据药包材使用的特殊性，这些材料应具有下列特性：能保护药品在贮藏、使用过程中不受环境的影响，保持药品原有特性；药包材自身在贮藏、使用过程中性质应有一定的稳定性；药包材在盛装药品时，不能污染药品；药包材不得含有在使用过程中对所包装药物有影响的物质；药包材与所包装的药品不能发生化学或生物反应。所以药包材产品的质量需证明该材料具有上述特性，并得到有效控制。

药用玻璃包装材料（容器）是直接接触药品的包装材料，在药品包装材料领域占有很大比重，且具有不可替代的性能和优势。由于药用玻璃要直接接触药品，有的还要进行较长时间的药品贮存，药用玻璃的质量直接关系到药品的质量，涉及消费者的健康和安全。为了确认药用玻璃包装材料（容器）对于包装药品的适用性，需要对药用玻璃包装材料（容器）本身进行质量控制和研究，以确保所包装药品的安全有效。

药用玻璃包装材料（容器）标准对药品包装质量及医药行业发展起着至关重要的作用。药用玻璃包装材料或容器质量标准体系对确保药品的安全性、有效性具有重大意义。药用玻璃包装材料或容器质量标准体系如图3-1所示，其涵盖药典体系、国际标准体系、各国工业标准体系。药典体系是医药行业所重点执行的标准，为保障药品质量而制定；国际标准体系用于规范材料和产品，目的在于指导产品分类、产品质量、检测方法，促进国际贸易和商业活动；各国工业标准体系主要用于指导产品分类、生产控制、质量监督、商贸活动。

工业标准是生产者为了规范生产过程和产品质量所制定的标准，主要内容涵盖产品的技术要求、规格尺寸、检验方法、包装、贮存及运输要求等。而药典中涉及的包装材料标准是药品生产者在生产药品过程中对包装材料的安全和使用上的要求，这两种标准内容上有相同之处，

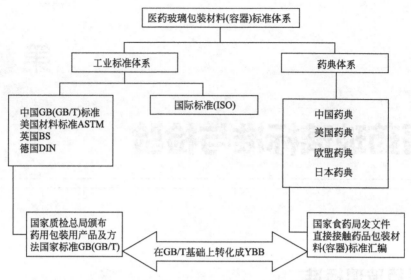

图 3-1　医药玻璃材料（容器）标准体系框架图

也有各自的侧重点，因此，在使用药品包装材料标准时，应首先明确使用标准的目的。

3.1.1　药典体系

3.1.1.1　美国药典（USP）

《美国药典/国家处方集》（简称 USP/NF）。由美国政府所属的美国药典委员会（The United States Pharmacopeial Convention）编辑出版。该药典在 131 个国家进行销售，一些没有法定药典的国家通常都参照、借鉴和引用《美国药典》作为本国的药品法定标准。

USP 于 1820 年出版了第 1 版，其后根据需要进行必要的更新，到 2013 年已出版至第 37 版。NF 于 1883 年出版了第 1 版，1980 年出版了第 15 版时将其并入了 USP，但仍分为两部分，前面的部分为 USP，后面的部分为 NF。

USP 主要分为两部分，各论（Monograph）和通则（General Chapter）。各论正文药品名录包括原料药和制剂，分别按法定药名字母顺序进行排列，各药品条目大都列有药名、结构式、分子式、CAS 号、包装和储藏等一般信息；另外，还包括性状、鉴别、检查、含量测定等质量控制项目。通则中列有详细的各种分析测试方法以及要求的通用章节及对各种药物的一般要求。

目前，USP 使用最为广泛的两个版本是 USP29-NF24（2005 年 11 月发布，2006 年 1 月正式执行）和 USP30-NF25（2006 年 11 月发布，2007 年 1 月开始正式执行）。USP29-NF24 共收载药品各论约 4000 条和超过 180 条的药典附录（General Tests and Assay）。USP30-NF25 收载的药品各论比 USP29-NF24 多 100 条，同时收载了约 200 条的药典附录。USP30-NF25 收载的药品各论涵盖原料药、制剂、医疗设备和营养补充剂。另外，USP 到目前为止确定了 1300 多种标准物质对照品。

目前，USP-NF 有英文和西班牙文两个版本，USP-NF 英文版提供了印刷版、在线电子版和光盘版。USP30-NF25 与 USP29-NF24 相比最大的区别就是从 USP30-NF25 开始 USP 的印刷版将会以三卷一套的形式出版。这个版本在以前的基础上提高了可读性，更容易使用和理解，并为日后内容的修订提供了空间。另外，《美国药典》还与国际上另外两部知名药典《欧洲药典》（EP）和《日本药典》［即《日本药局方》（JP）］进行质量标准的协调性工作，对于标准之间不统一的问题，进行必要的协调工作，并由国际协调大会（ICH）处理这一问题。国际协调大会是欧洲、日本和美国药事管理机构的一项基本工作，目的是协调各国对技术指导原则和药用产品注册要求的理解与应用。无论样品是否合格，只要是按照经协调的质量标准或总则中的操作程序进行检验，结果应该是相同的。

《美国药典》和《国家处方集》的修订，医药卫生从业人员、消费者、科学家或某个组织都可对《美国药典》提出修改建议，经《美国药典》的工作人员评估后提交到相应的专家委员会进行审评，专家委员会对提议审评后，将审评意见发表在药典论坛上，进行公开审评和评论。专家委员会在对反馈意见进行汇总和审评后，批准正式采纳修改意见，再由美国药典会批准正式出版。

USP 通则中的＜660＞为"玻璃容器"，对医药玻璃产品质量控制的项目主要包括：透光率试验、耐水性试验、砷浸出量试验，也对医药玻璃进行了分类。依据耐水性分为三类玻璃，分别为Ⅰ型玻璃、Ⅱ型玻璃、Ⅲ型玻璃，三者的化学稳定性依次下降。按玻璃成分体系分为硼硅玻璃和钠钙玻璃。硼硅玻璃含有较为显著含量的氧化硅（SiO_2）、氧化硼（B_2O_3）、氧化铝（Al_2O_3）、碱金属氧化物（R_2O，包括 Li_2O、Na_2O、K_2O）或碱土金属氧化物（RO，包括 CaO、MgO、BaO 等），由于硼硅玻璃本身的化学组成特性，使其具有较高的耐水性，因此硼硅玻璃为Ⅰ型玻璃。钠钙玻璃含有较为显著含量的氧化硅、碱金属或碱土金属氧化物，其具有适度的耐水性，属于Ⅲ型玻璃，如果钠钙玻璃容器的内表面通过硫霜化处理，其内表面耐水性可提高到Ⅱ型玻璃的要求。

近年来，日益增加的注射药物出现玻屑或脱片问题，已引发了全球诸多药品的召回事件。该问题的症结在于玻璃容器的耐受性不足，由于一些医药玻璃容器的内表面缺乏足够的耐受性，导致玻璃表面产生脱片。影响玻璃耐受性的因素有很多，包括玻璃组成、热加工、热处理、表面处理等，虽然玻璃脱片对患者安全的影响仍存在争议，但这些玻璃脱片产生粒子是一个不争的事实，属于医药玻璃包装容器的质量问题。

2011 年 3 月，FDA 向药品生产企业发布某些注射药物中"玻璃脱片"形成的公告。虽然那时还没有不良事件被报告，但通过静脉注射药物时，这些玻璃碎片（脱片）可能会导致血栓和其它血管病变发生；对于皮下接种，可能会导致异物肉芽肿发展、局部注射部位反应和增加免疫原性。一些情况的高发生率已经和玻璃脱片联系在一起，例如：高 pH 值条件下生成的药物、在某些缓冲液中生成的药物溶液、接受终端灭菌的药物等。鉴于此类突发事件的产生，美国药典委员会的包装、储藏和分销专家委员会发布了一个新的通则，即 USP＜1660＞"玻璃容器内表面耐受性评估"。USP＜1660＞对预测玻璃可能形成的玻屑和脱片提供了推荐的方法。USP＜1660＞涵盖以下内容。

① 良好玻璃供应链规范　通则向正在选择玻璃供应商的药品生产厂家提供了以下方面建议，包括供应商审计、从供应商处获得玻璃组成、选定玻璃的化学组成、确定玻璃管来源、确定容器是否经过硫酸铵或其它方法处理。

② 玻璃表面化学　这部分讨论了玻璃表面在水的作用下发生的化学反应及可增加玻璃稳定性的处理步骤。

③ 影响内表面耐受性因素　这部分提供了可能影响玻璃容器内表面耐受性的因素。这些因素包括玻璃成分、容器生产环境、后续处理、容器内的药物。提出并非所有因素都在相同程度上影响表面耐受性，这些影响是可增加的。

USP＜1660＞还对玻璃容器的筛选方法进行了详细描述，以评估玻璃内表面的耐受性。

目前，药厂也在摸索按照 USP＜660＞玻璃表面测试的要求进行医药玻璃容器的筛选。虽然这个测试能反映玻璃表面耐受性的趋势，但并不代表其与玻璃粒子或玻屑产生存在直接相关。影响玻璃容器内表面耐受性最重要的因素是药物本身（如产品和容器间的相互作用）。玻璃表面测试并没有考虑药物的影响。因此，正如通则所述，这个测试仅是玻璃表面耐受性质量控制的第一步，还需采用其它筛选方法。

预测筛选方法将帮助评估来自于不同供应商、不同玻璃成分和不同成型处理的玻璃容器。通则已经对三个关键参数进行了阐述，筛选方法采用和常规分析方法相同的方法，对这三个参数进行评估。通则指出预测筛选应寻找导致脱片的先兆，并且应能很快提供表面耐受性的判断性指标。通则还详述了其它有效的测试方法，特别是用于评估特殊药物产品间的相互作用。

注射药物中玻屑的形成正在成为一个越来越大的挑战，USP＜1660＞旨在通过预测分离可能产生的推荐方法来增强现行玻璃标准 USP＜660＞，为生产商提供解决方案。美国药典委员会目前正在就这个草案向全球征集反馈意见。

3.1.1.2 欧洲药典（EP）

《欧洲药典》(European Pharmacopoeia，简称 EP）由欧洲药品质量管理局（European Directorate for the Quality of Medicines of European Council，简称 EDQM）下属的职能机构欧洲药典委员（Europeanp Pharmacopoeia Commission）出版。《欧洲药典》委员会成立于 1964 年，负责大量标准品、对照品的制备和供应，保证广大用户的需求。目前，采用《欧洲药典》的国家已达 28 个，除欧盟成员国和其它欧洲国家外，还有亚洲的土耳其和塞浦路斯，中国为欧洲药典委员会观察员国。

《欧洲药典》最大的特点是其各论中只收载原料药质量标准，不收载制剂质量标准。除此以外，《欧洲药典》的附录也独具特色，《欧洲药典》收载的附录，不仅包括各论中通用的检测方法，而且凡是与药品质量密切相关的项目和内容在附录中都有规定。如药品包装容器及其制造的原材料，分别设有两个附录，包括 20 多个小项，内容十分详细，甚至注射用的玻璃容器和塑料容器所用的瓶塞都有规定。另外，在收载的附录中，除了采用通用的检测方法外，收载的先进测试技术也比较多，如原子吸收光谱、原子发射光谱、质谱、核磁共振谱和拉曼光谱测定法等，对色谱法还专门设立一项色谱分离技术附录。从整体上看，《欧洲药典》的附录是几种药典中最全面、最完善、最先进的。《欧洲药典》虽不收载制剂，但制订的制剂通则与制剂有关的检测方法很全面，并具有一定的特点，每个制剂通则总则中包含三项内容：一是定义（Definition）；二是生产（Production）；三是检查（Test）。附录中与制剂有关的专项，根据不同内容和要求分别在三项内容中作出规定。

1977 年出版了第 1 版《欧洲药典》，从 1980 年到 1996 年期间，每年将增修订的项目与新增品种出一本活页册，汇集为第 2 版《欧洲药典》各分册，未经修订的仍按照第 1 版执行。1997 年出版第 3 版《欧洲药典》合订本，并在随后的每一年出版一部增补本，由于欧洲一体化及国际间药品标准协调工作不断发展，增修订的内容显著增多。2002 年 1 月 1 日第 4 版《欧洲药典》开始生效，第 4 版《欧洲药典》除了主册之外，还出版了 8 个增补版。为适应科学技术的发展，及时增补新的内容，剔除过时内容，并尽早公之于众，自 2002 年开始，《欧洲药典》每年出版三部增补本。除印刷版外，还发行光盘版、网络版。

目前，《欧洲药典》最新的版本为第 8 版，即《欧洲药典》8.0，2013 年 7 月出版发行。《欧洲药典》8.0 包括两个基本卷，最初的两卷包括第 7 版完整的内容，以及欧洲药典委员会在 2012 年 12 月全会上通过或修订的内容，共收载了 2224 个各论，345 个含插图或色谱图的总论，以及 2500 种试剂的说明。

《欧洲药典》的第 3.2.1 章节描述了"药用玻璃容器及对药用玻璃容器的质量要求"。药用玻璃容器的几种常见类型描述如下。

根据颜色区别：无色玻璃是指人类肉眼看上去高度透明的玻璃。有色玻璃是指添加少量具有着色能力的金属氧化玻璃，根据需要的吸光率选材制成。

根据材料区别：中性玻璃是一类硼硅玻璃，其中含有大量的氧化硅、氧化硼、氧化铝或碱土金属氧化物，它具有很高的抗热冲击性和耐水性，盛装 pH＝7 的水溶液，水溶液的 pH 值长时间保持不变，一般涵盖高硼硅玻璃、中硼硅玻璃、部分优质的低硼硅玻璃。钠钙玻璃是一种含有碱金属氧化物的硅酸盐玻璃，碱金属氧化物主要为氧化钠，碱土金属氧化物主要为氧化钙。钠钙玻璃的化学成分决定了这类玻璃仅具有中等水平的耐水性。

医药玻璃容器的化学稳定性是通过耐水性来表征的。例如，一种特定的水和玻璃容器内表面接触的条件或粉末状玻璃和水接触时，玻璃所表现出来的抗溶解性。耐水性以滴定法测量溶液碱度进行评价。

《欧洲药典》依据耐水性将玻璃容器分为四种类型（分别命名为Ⅰ型、Ⅱ型、Ⅲ型、Ⅳ型），如表 3-1 所示。Ⅰ型玻璃容器是由硼硅玻璃制造的，具有很高的耐水性，与 USP 中的Ⅰ型玻璃对应；Ⅱ型玻璃容器，是由钠钙玻璃制造的，对其表面进行适当处理后，具有较高的耐水性，与 USP 中的Ⅱ型玻璃相对应；Ⅲ型玻璃容器，是由钠钙玻璃制造的，具有中等耐水性，与 USP 中的Ⅲ型玻璃相对应；Ⅳ型玻璃容器，是由钠钙玻璃制造的，具有较低耐水性（表 3-1）。

表 3-1 EP 根据耐水性将医药玻璃容器分级表

Ⅰ型玻璃容器	"中性玻璃"，玻璃的化学组成决定了玻璃有很好的耐水性
Ⅱ型玻璃容器	一般钠钙硅玻璃，经过表面处理后有很好的耐水性
Ⅲ型玻璃容器	一般钠钙硅玻璃，有限的耐水性
Ⅳ型玻璃容器	一般钠钙硅玻璃，有较低的耐水性

《欧洲药典》的上述分类是依据医药产品的用药方式和药物形态来划分的，相比 USP 而言，考虑更加细致。

《欧洲药典》对于不同类型玻璃容器盛装不同药物的适应性进行了指导，玻璃容器的制造者和药物的生产者应确保选择适当的医药包装容器。指导原则如下。

① Ⅰ型玻璃容器适合于所有的血液和血液制品的包装。

② Ⅱ型玻璃容器适合于酸性和中性非肠道水溶液药物。

③ Ⅲ型玻璃容器适合于非肠道用颗粒状药物和肠道用药物。

④ Ⅳ型玻璃容器适合于肠道用固体药物或某些液体、半固体药物。

⑤ 耐水性很高的玻璃容器也可以用于特殊类型的药物包装。

⑥ 无色或着色玻璃可用于不是非肠道用药物，也可用于一般非肠道用药物。

⑦ 除着色玻璃外的无色玻璃也可以用于对光不敏感性的药物，推荐液体药物用玻璃容器包装。

玻璃容器的内表面可以经过某种处理来改变或改善玻璃容器的耐水性，来满足耐水要求。玻璃容器的外表面可以经过某种处理以降低其表面的摩擦并改善玻璃表面擦伤。

目前，国内药用玻璃行业中采用的内表面或外表面处理方式较多，如：玻璃输液瓶利用硫酸铵高温条件下，分解的硫酸根离子与玻璃表面的钠离子反应，以达到提高耐水性的目的，但是，由于经过这种方式处理的内表面有一层很薄的富硅层，在洗瓶和灌装、消毒过程中会损伤富硅层而导致性能下降，形成玻璃脱片，因此经过内表面处理的钠钙玻璃仅适用于一次性使用的输液瓶或口服液瓶。另外，药用玻璃行业中也有用有机硅或无机硅处理管制注射剂瓶等方式，无论使用何种处理方式，在提高玻璃表面化学性质的同时，也要考虑到长期贮存药品时对药品的安全性影响，因此，建议药品生产企业在选用这类包装材料（容器）时，应进行相容性试验，以确保药品包装的安全。

除了Ⅰ型玻璃容器外，用于药物包装的玻璃容器禁止二次使用，用于血液和血液制品的包装禁止二次使用。

用于药物包装的玻璃容器要符合相关性能测试要求。玻璃容器中非玻璃组成测试只适用于一部分玻璃容器。

《欧洲药典》规定医药玻璃容器必须符合关于耐水性的测试标准或其它相关标准。对于有非玻璃部件的玻璃容器，上述测试标准只适合于玻璃部件。

《欧洲药典》要求医药玻璃测试项目包括：耐水性（包括内表面耐水性、颗粒法耐水性）、砷浸出量的测试、有色遮光玻璃容器的透光性、热冲击性、离心力测试、标签等。

3.1.1.3　日本药典（JP）

《日本药典》(The Japanese Pharmacopoeia，简称JP) 又名《日本药局方》，它是由日本药局方编委会编纂，由日本厚生省颁布执行，分两部出版，第一部收载原料药及其基础制剂，第二部主要收载生药、家庭药制剂和制剂原料。1886年出版第1版，简称JP1，至今已出版16版，2011年4月1日开始执行JP16。

JP15药典收载药品1483种，其中新收载102种，削减8种。日本药典有日文版和英文版两种。与其它药典不同的是，日本药典英文版可以在网站上免费查询和下载。另外日本厚生省还专门出版了一本关于抗生素质量标准的法典《日本抗生物质基准解说》(The Minium Requirement for Antibiotic Products of Japan)，简称"日抗基"。日抗基主要分两个部分：第一部分是基准和检验方法；第二部分是解说。解说主要是对新抗生素药品的有关方面：如药理、毒性、抗菌谱等进行说明。日本抗生物质基准解说相当于厚生省标准，抗生素药品的检验主要依据日本抗生物质基准解说。《日本药局方》也收载抗生素药品标准，但没有具体的检验方法。日本早在1952年3月已颁布过抗生素制剂标准，1969年8月日抗基正式颁布，1998年全面改版。目前有两个版本，日文版和英文版，英文版没有解说，日抗基出版不定期且出版周期很长。

3.1.2　各国工业标准体系

世界各国意识到技术标准在建立共同遵守的规则、保证商品质量、提高市场信任度和维护公平竞争以及加速商品流通、推动全球大市场发展方面具有不可替代的作用。与此同时，标准也是应对市场竞争的有利武器，开发标准同开发产品一样具有战略意义，甚至能决定一个行业的兴衰和影响整个国家的经济利益。各国也相应地建设自身的工业标准化体系，德国建立了DIN体系；日本建立的JIS体系；英国建立了BS体系；美国建立了ASTM体系；法国建立了NF体系，中国建立了GB体系和相关行业标准。这些标准体系中都涉及了药品包装材料（容器）标准。

3.1.2.1 国际标准化组织（ISO）

国际标准化组织（International Standard Organized，简称 ISO）是由各国标准化团体组成的世界性的联合会，制定国际标准工作通常由 ISO 的技术委员会完成。ISO 与国际电工委员会（IEC）在电工技术标准化方面保持密切合作关系。中国是 ISO 正式成员，代表中国的组织为中国国家标准化管理委员会（Standardization Administration of China，简称 SAC）。

ISO 于 1947 年 2 月 23 日正式成立。ISO 负责除电工、电子、军工、石油、船舶制造之外的很多重要领域的标准化活动。ISO 的最高权力机构是每年召开一次的"全体大会"，其日常办事机构是中央秘书处，设在瑞士日内瓦。中央秘书处现有 170 名职员，受秘书长领导。ISO 的宗旨："在全世界促进标准化及其相关活动的发展，以便于商品和服务的国际交换，在智力、科学、技术和经济领域开展合作。"

ISO 通过它的 2856 个技术机构开展技术活动，其中技术委员会（Technical Committee，简称 TC）共 255 个，分技术委员会（Subcommittee，简称 SC）共 611 个，工作组（Working Group，简称 WG）2022 个，特别工作组 38 个。中国于 1978 年加入 ISO，在 2008 年 10 月的第 31 届国际化标准组织大会上，中国正式成为 ISO 的常任理事国。

ISO 标准是国际间贸易顺利进行的技术保障。ISO 标准主要是对产品的材料及形状的技术要求，侧重点是对材料、容器的使用性能进行评价。

医药玻璃在国际标准中没有直接对口的 TC（技术委员会），但与几个 TC 的工作都有着相关性，其中包括：ISO/TC48（实验室玻璃仪器及其相关器具技术委员会）、ISO/TC76（输血、输液和注射器具技术委员会）、ISO/TC63（玻璃容器技术委员会）、ISO/TC166（与食物接触的材料和制品技术委员会）。涉及的相关标准如下。

ISO 7713：1985 一次性血清吸量管等标准

ISO 8362-1 注射剂容器及附件 第 1 部分：管制玻璃注射瓶

ISO 8362-4 注射剂容器及附件 第 4 部分：模制玻璃注射瓶

ISO 8536-1 医用输液器具 第 3 部分：玻璃输液瓶

ISO 9187-1 注射用安瓿

ISO 9187-2 点刻痕安瓿

ISO 11481-1 滴剂用瓶

ISO 11481-2 糖浆用螺旋瓶

ISO 11481-3 固体和液体药品用螺旋瓶

ISO 11481-4 片剂瓶

ISO 8362-3 注射剂容器及附件 第 3 部分：注射瓶铝盖

ISO 8536-3 医用输液器具 第 3 部分：输液瓶铝盖

ISO 8872 输血、输液、注射瓶铝盖 通用要求和试验方法

ISO 8362-6 注射剂容器及附件 第 6 部分：铝塑组合注射瓶盖

ISO 8536-7 医用输液器具 第 7 部分：铝塑组合输液瓶盖

ISO 10985 输液瓶和注射瓶铝塑组合瓶盖-要求和试验方法

ISO 8362-2 注射剂容器及附件 第 2 部分：注射瓶瓶塞

ISO 8362-5 注射剂容器及附件 第 5 部分：冻干注射瓶塞

ISO 8536-2 医用输液器具 第 2 部分：输液瓶瓶塞

ISO 8536-6　医用输液器具 第6部分：输液瓶冷冻干燥瓶塞

ISO 8871　非肠道水制剂用弹性件

ISO 15747：2003　静脉注射用塑料容器

3.1.2.2　美国材料试验学会标准（ASTM）

ASTM（American Society for Testing Materials）系美国材料与试验协会的英文缩写，该技术协会成立于1898年，其前身为国际材料试验协会（International Association for Testing Materials，IATM）。19世纪80年代为了解决采购商与供货商在购销工业材料过程中产生的意见与分歧，有人提出建立技术委员会，由技术委员会组织各方面的代表参加技术座谈会，讨论并解决有关材料规范、试验程序等方面存在争议的问题。当时主要是研究解决钢铁和其它材料的试验方法问题，同时，国际材料试验协会还鼓励各国组织分会。随后，在1898年6月16日，有70名IATM会员聚集在美国费城，成立国际材料试验协会美国分会。1902年在国际材料试验协会分会第五届年会上，宣告美国分会正式独立，取名为美国材料试验学会（American Society for Testing Materials）。

随着ASTM业务范围的不断扩大和发展，协会的工作中心不仅仅是研究和制定材料规范和试验方法标准，还包括各种材料、产品、系统、服务项目的特点和性能标准，以及试验方法、程序等标准。1961年该组织又将其名称改为沿用至今的美国材料与试验协会（American Society for Testing and Materials，ASTM）。

ASTM是美国历史最悠久、最大的非盈利性标准学术团体之一，经过100多年的发展，ASTM现有33669个（个人和团体）会员，其中有22396个主要委员会会员在其各个委员会中担任技术专家工作。ASTM的技术委员会下共设有2004个技术分委员会。有105817个单位参加了ASTM标准的制定工作，主要任务是制定材料、产品、系统、服务等领域的特性和性能标准，试验方法和程序标准，促进有关知识的发展和推广。

ASTM标准制定一直采用自愿达成一致意见的制度。标准制订由技术委员会负责，由标准工作组起草。经过技术分委员会和技术委员会投票表决，在采纳大多数会员共同意见后，并由大多数会员投赞成票，标准才能获得批准，作为正式标准出版。在一项标准编制过程中，对该编制感兴趣的会员和热心的团体都有权充分发表意见，委员会对提出的意见都给予研究和处理，以吸收各方面的正确意见和建议。

ASTM标准尽管是非官方学术团体制定的标准，但由于其质量高、适应性好，从而赢得了美国工业界的官方信赖，不仅被美国工业界纷纷采用，而且被世界各国企业、事业和质量监督部门广泛借鉴和采用，影响着人们生活的多个方面。

ASTM标准分以下六种类型。

① 标准试验方法（Standard Test Method）　为鉴定、检测和评估材料、产品、系统或服务的质量、特性及参数等指标而采用的规定程序。

② 标准规范（Standard Specification）　对材料、产品、系统或项目提出技术要求并给出具体说明，同时还提出了满足技术要求而应采用的程序。

③ 标准惯例（Standard Practice）　对一种或多种特定的操作或功能给予说明，但不产生测试结果的程序。

④ 标准术语（Standard Terminology）　对名词进行描述或定义，同时对符号、缩略语、首字缩写进行说明。

⑤ 标准指南（Standard Guide）　对某一系列进行选择或对用法进行说明，但不介绍具体实施方法。

⑥ 标准分类（Class fication）　根据来源、组成、性能或用途，对材料、产品、系统或特定服务进行区分和归类。

ASTM 标准制定工作是由 132 个主技术委员会以及下设的 2004 个分技术委员会来完成的，总计约有 35000 名技术成员为其工作。

与药用玻璃相关的 ASTM 标准如下。

ASTM C1351M—1996　用固态垂直汽缸黏滞压缩在 10^4 泊（点）和 10^8 泊（点）的玻璃黏滞度测定的标准试验方法；

ASTM C601—1985　玻璃管的压力试验 Pressure Test on Glass Pipe；

ASTM E1044—1996　血清玻璃吸管（一般用途和船形）；

ASTM E961—1997　可重复使用的玻璃血沉管的标准规范 Standard Specification for Blood Sedimentation Tube，Wintrobe，Glass，Reusable；

ASTM E1094—1998　医用玻璃量杯 Pharmaceutical Glass Graduates；

ASTM E714—1994　可处置的玻璃制血清移液管 Disposable Glass Serological Pipets；

ASTM E890—1994　易处置的生物培养玻璃管 Disposable Glass Culture Tubes。

3.1.3　中国医药玻璃标准

控制产品质量最好的手段就是产品标准，药品管理法是从政策法规和政府监管的角度制定药品监管的法律法规，药用玻璃标准是从药用玻璃包装材料生产使用过程角度制定的技术法规。

3.1.3.1　药用玻璃包装材料/容器国家标准（GB）

2002 年以前，我国玻璃药包材没有形成标准体系，当时有《抗生素玻璃瓶》、《安瓿》等 6 个国家标准，标准名称和标准号见表 3-2，这些标准近年已有修订，读者可参阅最新版。

表 3-2　药用玻璃包装材料/容器国家标准（GB）

序号	标准名称	标准号	序号	标准名称	标准号
1	安瓿	GB 2637—1995	4	模制抗生素玻璃瓶	GB 2640—1990
2	玻璃药瓶	GB 2638—1981	5	管制抗生素玻璃瓶	GB 2641—1990
3	玻璃输液瓶	GB 2639—1990	6	药用玻璃管	GB/T 12414—1995

3.1.3.2　药用玻璃包装材料/容器行业标准（YBB）

（1）药用玻璃包装材料/容器行业标准（YBB）由来　根据 2001 年《药品管理法》的要求，在经过部分产品质量调研的基础上，国家药品监督管理局自 2002 年以来分期分批组织制定并发布了 130 项药品包装容器（材料）标准（简称 YBB），其中药用玻璃包装容器（材料）标准总计 50 项，标准数量占全部药包材标准总量的 38%，标准范围覆盖了用于注射粉针剂、水针剂、输液剂、片剂、丸剂、口服液及冻干、疫苗、血液制品等各类剂型的药用玻璃包装容器，标准详细分类见图 3-3～图 3-7，由此出现了中国药用玻璃标准体系由 GB 和 YBB 两部分组成的格局，见图 3-2 所示，并且还存在两部分标准名称相同，而产品性能、规格不同的怪象，GB 主要作为市场监管者执行的标准，YBB 标准主要用于医药监督管理和产品供应所执行的标准。

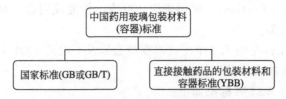

图 3-2 中国药用玻璃包装材料（容器）标准体系结构图

（2）药用玻璃包装材料/容器行业标准（YBB）组成

① YBB 标准分类　按照国家药品监督管理局关于制定药包材标准需按材料划分的原则，因此一种材料就必须制定一个标准。目前按标准类型分为三类，分别为：产品标准、方法标准、基础标准。

第一类产品标准 23 项，按产品类型共分为 8 种，其中《模制注射剂瓶》3 项、《管制注射剂瓶》3 项、《玻璃输液瓶》3 项、《模制药瓶》3 项、《管制药瓶》3 项、《管制口服液瓶》3 项、《安瓿》2 项、《玻璃药用管》3 项（注：该产品为加工各类管制瓶、安瓿的半成品）。按玻璃材质共分为四种材质：高硼硅玻璃、中硼硅玻璃、低硼硅玻璃、钠钙玻璃。

第二类方法标准 17 项，这些检验方法标准基本覆盖了药用玻璃各类产品的性能、指标等各种检验项目，特别是对玻璃化学性能的检测，参照了 ISO 标准增加了新的耐水性能、耐碱耐酸性能的检测，为使药用玻璃的各类产品适应不同性质、剂型的药品，对化学稳定性的鉴定提供了更多、更全面、更科学的检测方法，这些检测方法对保证药用玻璃的质量，从而保证药品的质量都将起到重要的作用。另外还增加了对有害元素浸出量的检测方法，以确保药用玻璃对药品安全性的保证。对药用玻璃的检验方法标准还需要进一步补充完善，例如，安瓿耐碱脱片的检验方法、折断力的检验方法及抗冷冻冲击检验方法等都对药用玻璃的质量和应用有着重要的影响。

第三类基础标准共 3 项，其中《药用玻璃成分分类及其试验方法》是参照 ISO 12775：1997《正常大规模生产的玻璃按成分分类及其试验方法》，为对药用玻璃成分分类及其试验方法标准有一个明确的界定，以区分其它行业对玻璃材料的分类而制定的。另外两个基础性标准分别对玻璃材料成分的有害元素铅、镉和砷、锑进行了限定，以确保盛装各类药品的安全、有效。

② YBB 标准采标依据　正在实施的直接接触药品的包装材料和容器标准（YBB）体系中所有药用玻璃包装产品的分类首先是选择了国际公认的国际标准体系（ISO 体系）作为采标基础，同时参考了各发达国家标准和药典要求，因此 YBB 标准体系的建立具有一定的先进性。

在制定 YBB 标准体系过程中首先是要制定一个玻璃分类的基础标准，参考了《中国药典》编写格式，根据 ISO 12775：1997《正常大规模生产的玻璃按成分分类及其试验方法》以及我国实际生产情况，制定了 YBB00342003《药用玻璃成分分类及其试验方法》，同时，采用并修改了部分 ISO 产品标准，建立了现有的 YBB 标准体系。

将三氧化二硼（B_2O_3）含量和平均线热膨胀系数作为玻璃材质的鉴别项，通过这两项指标的差异将玻璃划分为硼硅玻璃（包括高硼硅玻璃、中硼硅玻璃、低硼硅玻璃）和钠钙玻璃，而国际相关药典是采用了化学稳定性（耐水级别）作为玻璃材质分类依据。三氧化二硼（B_2O_3）含量和平均线热膨胀系数仅能初步判定玻璃材质，为盛装药物的化学稳定性提供一定参考证据，由于药品本身的性质不同，种类繁多，因此需要不同类型的包装物来包装这些药物，比如，包装血液制剂时，就不能选用塑料制品或低品质的玻璃制品，因为这些包装会引起某些药物的不良反应，从而给被输血者的生命安全造成威胁。基于这些原因，现行的标准将药用玻璃包装产品按照材质进行了分类，使得制药企业根据被包装药物本身的要求以及价格等各种因素综合考虑要选择的药包材，从而保证药物的安全性，这些技术依据也是国际间贸易顺利进行的技术保障。

③ YBB 标准体系的特点与作用　药用玻璃标准是药包材标准体系的一个重要分支。由于药用玻璃要直接接触药品，有的还要进行较长时间的药品贮存，药用玻璃的质量直接关系着药品的质量，涉及消费者的健康和安全。所以药用玻璃标准具有特殊、严格的要求，归纳起来有以下特点。

a. 较为系统、全面，提高了产品标准的选择性，克服了标准相对产品的滞后性。标准确定的同一种产品根据不同的材质制定不同标准的原则，极大地拓展了标准覆盖的范围，增强了各类新药、特药对不同玻璃材质、不同性能产品的适用性和选择性，改变了一般产品标准中标准对于产品发展相对滞后的状况。例如，药用玻璃产品标准中，每一种产品的标准都按材质、性能分为四类；第一类为高硼硅玻璃；第二类为中性硼硅玻璃；第三类为低硼硅玻璃；第四类为钠钙玻璃。不同档次、性能、用途和剂型的药品对应不同材质的产品及标准，具有更灵活、更大的选择空间。

明确了硼硅玻璃和低硼硅玻璃的定义。国际标准 ISO 4802.1—1988《玻璃器皿、玻璃容器内表面的耐水性第 1 部分：用滴定法进行测定和分级》将含三氧化二硼（B_2O_3）含量 5%～13% 的玻璃定义为硼硅玻璃，但是 1997 年发布的 ISO 12775《正常大规模生产的玻璃成分分类及其试验方法》中定义硼硅玻璃时，要求三氧化二硼（B_2O_3）含量大于 8%。

按照 1997 年国际标准对玻璃的分类原则，我国药用玻璃行业多年来广泛应用玻璃包装材料的三氧化二硼（B_2O_3）含量约 6.5%，但这类玻璃在我国已生产使用多年，目前，药用玻璃标准保留了这种材质的玻璃并规定其三氧化二硼（B_2O_3）含量应符合 6%～8% 的要求，明确定义了这类玻璃为低硼硅玻璃。

b. 积极采用 ISO 标准，与国际标准接轨。药用玻璃标准全面参照了 ISO 标准及美国、德国、日本等先进国家的工业标准和药典，并结合我国药用玻璃工业的实际，从玻璃类型和玻璃材质两方面达到了与国际标准的接轨。

玻璃材质性能：标准中规定的高硼硅玻璃和中硼硅玻璃两种类型的平均线热膨胀系数和理化性能与国际标准一致。低硼硅玻璃是我国特有的玻璃品种，国际标准没有这类玻璃材质品种。钠钙玻璃的平均线热膨胀系数和理化性能略优于国际标准。

玻璃产品性能：我国标准中规定的产品性能内表面耐水性、抗热震性、耐内压力的指标均与国际标准一致。ISO 标准对安瓿的内应力指标要求为 50nm/mm，其它产品为 40nm/mm，而我国标准的要求均为 40nm/mm（包括安瓿），所以安瓿的内应力指标略高于 ISO 标准。

c. 标准格式向药典靠拢，标准内容向贸易型标准转变　我国标准格式及项目的设立参照了《中华人民共和国药典》的编写格式，标准名称按照材料、应用、形状的顺序格式拟定。项目设立突出了鉴别的内容，以三氧化二硼的含量和热膨胀系数来界定玻璃的材质类型。标准内容主次分明、重点突出，对主要的性能指标和有害元素的限定列入正文，作为强制性指标。对外观指标规定了光洁平整不应有明显的缺陷，对产品具体的外观缺陷如气泡、结石、条纹及表面各种缺陷可由供需双方以协议、标准或合同附件等形式予以确定。新标准还对规格尺寸各项指标列入标准的附录作为推荐性的项目,以满足市场多样化和新品种、新造型的需要,但笔者认为,规格尺寸应该为强制性的,以确保产品规格尺寸的一致性和产品的使用性能。

d. 药用玻璃标准检测项目全面,配套检测标准齐全 我国标准与ISO相关产品标准及国外相关产品标准相比,检测项目较为全面,主要增加了热膨胀系数、氧化硼含量的测定,以鉴别玻璃的材质。由于我国目前多数药用玻璃产品中仍然采用三氧化二砷或复合澄清剂三氧化二锑和三氧化二砷作为玻璃熔制的澄清剂,因此,我国标准中增加了对上述有害元素溶出量的限值要求,以确保被包药品安全有效。

我国标准中为产品标准配套的检验标准较为齐全,产品标准中所有的指标和项目都有相应的检验标准供选用,重要性能的检验方法都采用了ISO标准中的检测方法。

e. 我国药用玻璃标准化体系制定发布和实施的作用 我国药用玻璃标准的发布和实施,对建立一个完善、科学的标准化体系,加快与国际标准和国际市场接轨的步伐,提高药包材质量、保证药品质量、促进行业发展及国际贸易,都将起到积极的推进作用。解决了当时国家标准缺失、标龄超标、标准落后,国家食品药品监督管理局对药用包装材料注册准入审查时无标可依的局面。

新的药品管理法和药品注册审批制度要求药包材的注册审批同药品一样实施准入制,而在当时,注册审批没有系统、完善的标准作为技术支持,药用包装材料标准为国家药包材的准入、日常监督提供了有力的技术支持。为药用玻璃生产厂家提供了生产的依据。

药用玻璃标准化体系的建立为检测机构提供了检测依据。药用玻璃标准化体系的建立对药用玻璃包装容器的更新换代、提高产品质量进而保证药品质量,加快同国际标准和国际市场接轨、促进和规范我国药品玻璃行业健康、有序、快速发展,都起到了举足轻重的意义和作用。

药用玻璃标准化体系重点强调了药用玻璃理化性能,对保证药品质量和使用安全具有重要意义,是我国标准化体系的重要组成部分,也是国家标准和企业标准的重要补充。它可以对药用玻璃制品企业的生产起到引导作用,也可约束企业的生产经营行为,使同类产品的质量水平有可对比性。

④ 药用玻璃标准的应用原则 各类产品、不同材质形成纵横交织的标准化体系,为各类药品选择科学、合理、适宜的玻璃容器提供了充分的依据和条件。不同剂型、性质和档次的各类药品对药用玻璃的选择应用应遵循下述原则。

a. 良好适宜的化学稳定性原则 用于盛装各类药品的玻璃容器同药品之间应具备良好的相容性,即保证药品在生产、贮存及使用中不能因玻璃容器化学性能的不稳定,相互之间的某些物质发生化学反应而导致药品的变异或失效。例如血液制剂、疫苗等高档药品必须选择硼硅玻璃材质的玻璃容器,各类强酸、强碱的水针制剂,特别是强碱的水针剂也应选用硼硅玻璃材质的玻璃容器。目前,我国大量使用的低硼硅玻璃安瓿要逐步向中性玻璃材质过渡,以尽快同国际标准接轨,确保其盛装的药品在使用中不脱片、不浑浊、不变质。对一般的粉针剂、口服剂及大输液等药品,使用低硼硅玻璃或经过中性化处理的钠钙玻璃还是能满足其化学稳定性要求的。药品对于玻璃的侵蚀程度,一般是液体大于固体,碱性大于酸性,特别是强碱的水针剂对药用玻璃的化学性能要求更高。

b. 良好适宜的抗温度急变性 不同剂型的药品在生产中都要进行高温烘干、消毒灭菌或低温冻干等工艺过程，这就要求玻璃容器具备良好适宜的抵抗温度骤变而不破裂的能力。玻璃的抗温度急变性主要和热膨胀系数有关，热膨胀系数越低，其抵抗温度变化的能力就越强。高档的疫苗制剂、生物制剂及冻干制剂一般应选用高硼硅玻璃或中性硼硅玻璃。国内大量生产的低硼硅玻璃经受较大温度差剧变时，往往易产生破裂、玻璃瓶掉底等现象。近年来，我国的高硼硅玻璃有很大发展，这种玻璃特别适用于冻干制剂，因为它的抗温度急变性能优于中性硼硅玻璃。

c. 良好适宜的机械强度　盛装不同剂型药品的玻璃包装容器在包装和运输装卸过程中要求可承受一定的机械冲击作用，药用玻璃容器的机械强度除了和瓶型、几何尺寸、热加工等有关外，玻璃材质对其机械强度也有一定的影响，硼硅玻璃的机械强度优于钠钙玻璃。

（3）药用玻璃包装材料/容器行业标准（YBB）体系分类　中国医药玻璃标准体系见图3-3所示，药用玻璃包装容器（材料）标准包括基础标准、安全卫生标准、产品标准、试验方法标准。其中，基础标准是《药用玻璃成分分类及其试验方法》；安全卫生标准包括《药用玻璃砷、锑浸出量限值》和《药用玻璃铅、镉浸出量限值》；产品标准总计包括23项，受篇幅限制在此不作陈列；试验方法标准总计包括17项，同样受篇幅限制在此不作陈列。

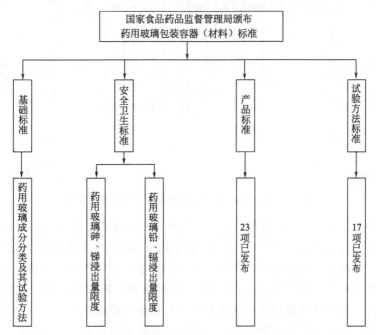

图 3-3　中国医药玻璃标准体系结构图

图3-4为产品标准按玻璃成分体系进行展开，在2002年YBB制定时，将产品分为硼硅玻璃、低硼硅玻璃、钠钙玻璃。硼硅玻璃包括高硼硅玻璃和中硼硅玻璃，高硼硅玻璃产品标准10项，高硼硅玻璃产品标准8项；低硼硅玻璃产品标准包括《低硼硅玻璃安瓿》、《低硼硅玻璃管制注射剂瓶》、《低硼硅玻璃管制口服液瓶》、《低硼硅玻璃管制药瓶》、《低硼硅玻璃药用管》、《低硼硅玻璃模制注射剂瓶》、《低硼硅玻璃模制药瓶》、《药用低硼硅玻璃输液瓶》总计8项；钠钙玻璃产品标准包括未中性化处理钠钙玻璃4项和中性化处理钠钙玻璃6项。从图3-4中可以发现：在中硼硅玻璃和3.3硼硅玻璃之间以及钠钙玻璃中性化处理和未中性化处理之间有重叠标准，因此产品标准（图3-4）多于药用玻璃标准化体系（图3-3）。

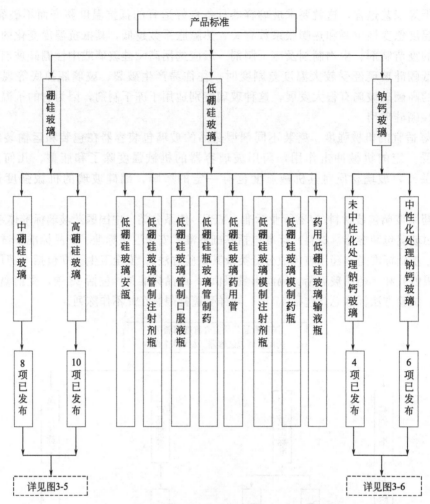

图 3-4　医药玻璃产品标准按玻璃成分体系分类图

　　图 3-5 是硼硅玻璃产品标准分类，其中包括中硼硅玻璃和高硼硅玻璃。中硼硅玻璃产品标准包括《中硼硅玻璃安瓿》、《中硼硅玻璃药用管》、《中硼硅玻璃管制注射剂瓶》、《中硼硅玻璃输液瓶》、《中硼硅玻璃模制注射剂瓶》、《药用中硼硅玻璃管制口服液瓶》、《药用中硼硅玻璃管制固体药瓶》、《药用中硼硅玻璃药瓶》，总计 8 项；高硼硅玻璃产品标准包括《高硼硅玻璃药用管》、《高硼硅玻璃管制注射剂瓶》、《高硼硅玻璃输液瓶》、《高硼硅玻璃模制注射剂瓶》、《药用高硼硅玻璃管制口服液瓶》、《药用高硼硅玻璃管制固体药瓶》、《药用高硼硅玻璃药瓶》，总计 7 项。在图 3-5 中，中硼硅玻璃比高硼硅玻璃产品多 1 项安瓿标准，主要由于中硼硅玻璃除了化学稳定性好之外，而且软化点比高硼硅玻璃（3.3 玻璃）低，所以容易制造和封口。

　　图 3-6 是钠钙玻璃按表面处理方式不同的产品标准分类，由于钠钙玻璃材质必须达到 121℃颗粒法耐水 HGA2 级，灌装药剂和片剂的容器应达到内表面耐水 HC2 或 HC3 级。《钠钙玻璃输液瓶》、《钠钙玻璃管制注射剂瓶》和《钠钙玻璃管制药瓶》均要求内表面耐水 HC2 级，故上述三项标准未列入未中性化处理钠钙玻璃中。通过适当的表面处理工艺，比如硫霜化，将能提高玻璃表面耐水性。因此钠钙玻璃分为表面处理和不处理两类，表面处理主要满足达到"中性"为目标，因此亦称"中性化处理"。

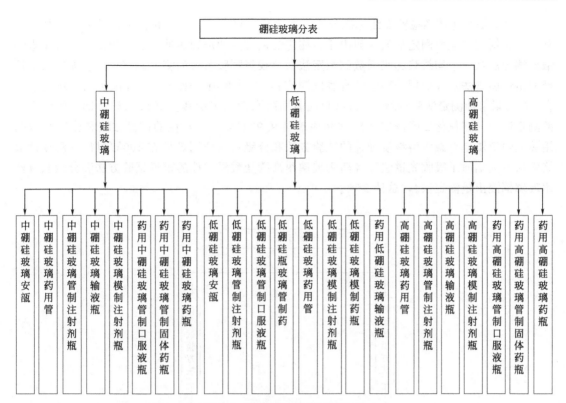

图 3-5　硼硅玻璃产品标准分类

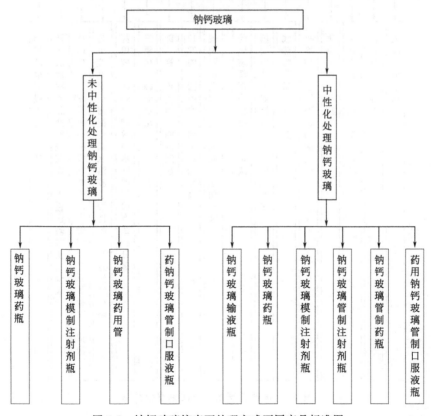

图 3-6　钠钙玻璃按表面处理方式不同产品标准图

    图 3-7 是医药玻璃检验方法标准分类，主要分为物理试验方法和化学试验方法。物理试验方法包括《内应力测定法》、《耐内压力测定法》、《热冲击和热冲击强度测定法》、《垂直轴偏差测定法》、《平均线热膨胀系数的测定法》、《线热膨胀系数的测定》、《药用玻璃容器抗机械冲击试验方法》、《药用玻璃管的直线度测定》，总计 8 项。化学试验方法包括《玻璃颗粒在 121℃耐水性测定法和分级》、《121℃内表面耐水性测定法和分级》、《砷、锑、铅浸出量的测定法》、《三氧化二硼测定法》、《药用玻璃在 98℃颗粒耐水性的试验方法和分级》、《药用玻璃耐沸腾混合碱水溶液浸蚀性的试验方法和分级》、《药用玻璃在 100℃耐盐酸浸蚀性火焰发射或火焰原子吸收光谱法》、《药用玻璃耐沸腾盐酸浸蚀性的重量试验方法和分级》、《药用玻璃镉浸出量测定法》，总计 9 项。

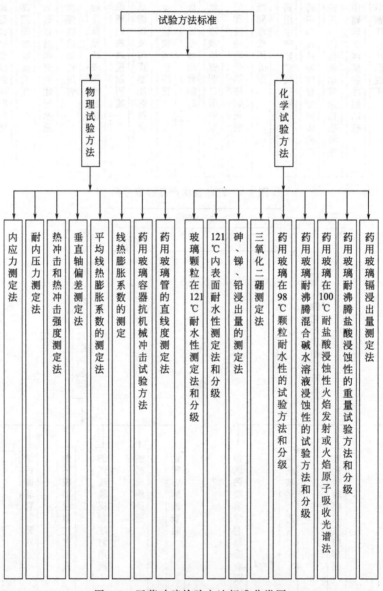

图 3-7   医药玻璃检验方法标准分类图

3.2 医药玻璃理化性能

3.2.1 化学分析基本器具

医药玻璃化学组成对玻璃性能指标影响至关重要，因此，医药玻璃企业、医药企业、科研单位、医药包装检验机构必须配备玻璃成分化学分析实验室。玻璃化学成分分析实验室应配备的仪器设备包括：玻璃仪器、瓷研钵、玛瑙研钵、电热恒温干燥箱、加热电炉、箱式电阻炉、鼓风电热箱、玻璃试样研磨机、标准筛振动机、切割机、冰箱等。在做玻璃化学成分分析时，所需仪器或器具规格数量见表3-3所示。

表 3-3 药用玻璃化学分析基本器具一览表

仪器名称	规格	单位	数量	仪器名称	规格	单位	数量
试管		支	5	称量瓶	高型	个	2
试管架		个	2	烧杯	50/100mL	个	2
玻璃棒		支	10	烧杯	300mL	个	5
毛细吸管	带橡皮乳头	支	5	烧杯	500mL	个	3
洗耳球		个	2	塑料烧杯	1000mL	个	1
量筒	10mL	个	2	锥形瓶	500mL	个	2
量筒	50/100mL	个	1	试剂瓶	500mL	个	3
表面皿	8～12cm	个	4	滴瓶	250mL	个	2
酸式滴定管	50mL	支	1	洗瓶	100mL	个	4
碱式滴定管	50mL	支	1	酒精灯	500mL	个	2
移液管	25mL	支	2	铁三脚架		个	1
移液管	50mL	支	2	石棉铁丝网		个	2
吸量管	10mL	支	2	瓷坩埚	30mL	个	4
吸量管	5mL	支	2	镍坩埚	30mL	个	4
容量瓶	100mL	个	8	干燥器	小型	个	2
容量瓶	250mL	个	4	漏斗	6cm	个	2
容量瓶	500mL	个	2	塑料漏斗	6cm	个	4
称量瓶	扁型	个	1	牛角匙		个	1

3.2.1.1 容器类玻璃仪器

（1）烧杯 常用的烧杯有低型烧杯、高型烧杯和锥形烧杯等三种。烧杯主要用于配制溶液或是煮沸、蒸发、浓缩溶液，进行化学反应以及少量物质的制备等。

烧杯可以短时间承受500℃以下的温度，加热时一般要垫以耐热网，也可选用水浴、油浴或沙浴等加热方式。杯内的待加热液体不要超过总容积的2/3。加热腐蚀性液体时杯口应盖表面皿。

（2）烧瓶 常用的烧瓶可以分成以下四种。

平底烧瓶和圆底烧瓶：平底烧瓶不宜直接用灯焰加热，圆底烧瓶可以直接加热，但两者都不宜骤冷，通常在热源与烧瓶之间垫以耐热网。其内容物不得超过容积的2/3，使用前应认真检查有无气泡、裂纹、刻痕及厚薄不均匀等缺陷。

锥形烧瓶和定碘烧瓶：锥形烧瓶加热时可避免液体大量蒸发，反应时便于摇动。定碘烧瓶也称具塞锥形烧瓶，主要用于碘量法测定中，也可以用于须严防液体蒸发和固体升华的实验，但加热时应将瓶塞打开，以免塞子冲出或瓶子破碎，并应注意塞子保持原配，加热时也应垫以石棉网。

能够蒸馏的烧瓶有蒸馏烧瓶、分馏烧瓶（克氏烧瓶）和刺形分馏烧瓶。蒸馏用烧瓶内容物都不得超过容积的 2/3。

三口烧瓶和四口烧瓶：常用于制取气体或易挥发物质以及蒸馏时作加热容器。

（3）试剂瓶　试剂瓶用于盛装各种试剂。常见的试剂瓶有小口试剂瓶、大口试剂瓶和滴瓶，附有磨砂玻璃片的大口试剂瓶常作为集气瓶用。试剂瓶有无色和棕色之分，棕色瓶用于盛装应避光的试剂。小口试剂瓶和滴瓶常用于盛放液体药品，其中，滴瓶主要用于盛放固体药品。试剂瓶又有磨口和非磨口之分，一般非磨口试剂瓶用于盛装碱性溶液或浓盐酸溶液，磨口试剂瓶用于盛装酸、非强碱性试剂或有机试剂，瓶塞不能调换以免漏气，如果长期不用应在瓶塞与瓶口之间加放纸条，以防开启困难。每个试剂瓶上都必须贴有标签，并标明内存试剂名称、浓度和纯度。

（4）称量瓶　称量瓶主要用于使用分析天平时称取一定质量的试样。称量瓶不能用火直接加热，瓶盖不能互换。称量时不可用手直接拿取，应带指套或垫洁净纸条拿取。

3.2.1.2　量器类玻璃仪器

（1）量筒与量杯　量筒、量杯主要用于量取一定体积的液体。在配制和量取浓度及体积要求不是很精确的试剂时，常用它来直接量取溶液。使用中应选用合适的规格，不要用大量筒计量小体积的液体，也不要用小量筒多次量取大体积的液体。由于量杯的读数误差比量筒大，所以在玻璃检验分析过程中经常用量筒而较少用量杯。

（2）自动滴定管　自动滴定管有开口、磨砂、磨砂（棕色）封闭、全自动、U 形干燥管全自动等多种形式，使用时较为方便。全自动滴定管可自动定零。

（3）移液管　移液管也叫吸管，用于准确转移一定体积的液体。常用的有分度吸量管、单标线吸量管。

（4）其它常用玻璃仪器　除了以上介绍的玻璃量器外，其它常用玻璃仪器有漏斗、玻璃砂芯滤器、过滤瓶、干燥器、洗瓶、冷凝管等。

3.2.2　检测项目及仪器

为了确认药品包装材料是否可被用于包装药品，有必要对这些材料进行质量监控，这些材料应具有以下特性：能保护药品在储存、使用过程中性质的稳定；药品包装材料在盛装药品时，不污染药品和生产环境；药品包装材料不得带有在使用过程中不能消除的对所包装药物有影响的物质；药品包装材料与所包装的药品不能发生化学、生物意义上的反应。化学稳定性较差的药用玻璃包装容器，在盛装、贮存药品时，尤其是在盛装、贮存部分高风险药品时，其化学组成中的某些成分可能被所接触的药品溶出，或是与药品发生反应，或是因药液浸泡、侵蚀而产生"脱片"现象，严重影响药品质量。因此，药用玻璃生产企业在生产玻璃药包材时，应严格按照生产工艺进行生产，确保产品符合标准要求。

药用玻璃的检测项目主要分为理化性能、规格尺寸和外观质量三大类。同国际药用标准及检测方法接轨后，还增加了玻璃的化学成分及有害物质浸出量检测。

　　理化性能是药用玻璃重要的质量指标及检测项目，是产品内在质量的反映和体现，直接影响药品的质量。理化性能检测项目有：耐水性、内应力、耐内应力、抗热震性、耐冷冻性、折断力、耐酸性和耐碱性等，按照标准规定及试验方法要求进行抽样检查判定。

　　(1) 耐水性　耐水性即药用玻璃的化学稳定性，由于药用玻璃是直接接触药品的包装容器，在药品的保质期内，不能因化学性质的变化而导致药品变质或失效，所以化学稳定性的优劣直接关系到药品质量。

　　耐水性的检测分为颗粒法和容器法，其试验原理为使用一定数量的酸溶液中和玻璃容器表面或玻璃颗粒表面析出的碱金属氧化物。颗粒法是对玻璃材质化学性能的检测，检测方法标准为 GB/T12416.2—1990《玻璃颗粒在 121℃耐水性的试验和分级》、GB/T6582《玻璃在 98℃耐水性的颗粒试验和分级》。容器法是对玻璃内表面化学性能的检测，检测方法标准为 GB/T12416.1—1990《药用玻璃容器耐水性的试验方法和分级》，GB/T4548—1995《玻璃容器内表面耐水腐蚀性能测试方法和分级》。

　　另外，为了与国际标准接轨，已经制定国家标准《玻璃制品、玻璃容器耐水腐蚀性能用火焰光谱法测定和分级》。这个标准能对玻璃表面耐水析出物质和析出量进行定量测定。

　　(2) 内应力　内应力即玻璃的退火质量或退火特性。退火质量差的玻璃容器在使用过程中易产生破碎或炸裂，影响药品的盛装和用药安全。检测内应力常用的标准为 YBB60372012《内应力测定法》、GB/T12415—1990《药用玻璃容器内应力检测方法》，其实验原理是以不同波长的光程差来确定玻璃容器中的内应力，目前常用内应力检测仪为 LZY-150D 高精度数显应力测定仪，视域范围大，直径达 150mm，紫红背景颜色均匀一致，其测量精度可达 0.1nm，并且测量高度可以随意调节，满足不同身高测量者使用。

　　(3) 耐内压力　耐内压力是衡量玻璃容器承压能力的指标，玻璃内部结构、壁厚的不均匀及表面外观缺陷均会影响玻璃的耐内压力值。检测方法标准为 YBB60382012《耐内压力测定法》、GB/T4546—1998《玻璃瓶罐耐内压力试验方法》。

　　(4) 抗热震性　抗热震性是检验玻璃容器抵抗温度变化的能力，一般用耐热温差来表示。检测方法标准为 GB4547—1991《玻璃容器抗热震性和热震耐久性试验方法》。

　　(5) 耐冷冻性　耐冷冻性是衡量玻璃低温性能的检测项目，主要用于冻干剂玻璃瓶的检验，检验仪器为：−43℃以下的冰柜。

　　(6) 折断力　折断力检测是安瓿易折性能的重要力学项目，也是衡量玻璃安瓿安全使用性能的重要指标。安瓿折力仪要求测量精度为 0.1N，试验加载速度为 10mm/min，折断力的测量范围为 0～200N。

　　(7) 耐酸、耐碱性能　耐酸、耐碱性能是衡量玻璃化学稳定性的项目，检测方法为 GB/T6582—2007《玻璃在 100℃耐盐酸侵蚀的火焰发射或原子吸收光谱的测定方法》，GB/T15728—1995《玻璃耐沸腾盐酸侵蚀性的重量测试方法和分级》，GB/T6580—1997《玻璃耐混合水溶液的试验方法和分级》。主要的测试仪器有：火焰光度计或原子吸收光谱仪及实验室常规仪器。

　　(8) 玻璃化学成分

　　① 玻璃成分分析　玻璃化学成分与玻璃理化性能密切相关，但是玻璃化学组分测量是一项复杂而系统的工作。化学成分含量检测是提高药用玻璃容器的质量水平，与国际水平接轨的重要检测项目。

　　《药用玻璃成分分类及其实验方法》非等效采用 ISO 12775—1997《正常大规模生产的玻璃按成分分类及其实验方法》，这个标准对各类药用玻璃的成分、材质要求、性能要求及应用范围均作出了明确的分类和规定。药用玻璃组分中的主要氧化物有：SiO_2、Fe_2O_3、

Al_2O_3、CaO、MgO、K_2O、Na_2O、BaO 和 B_2O_3 等，在进行这些元素分析检验时要注意的以下要点，见表 3-4 所示。

表 3-4　药用玻璃化学成分检测方法和要点

待测定氧化物	测定方法	适用范围
SiO_2	HCl 一次脱水重量法加比色法 差减法（$HF+H_2SO_4$） 氟硅酸钾容量法 硅钼兰比色法	作标准法、仲裁法 SiO_2 98% 以上的石英 生产控制 <1%
Al_2O_3	EDTA 容量法 N_2O-乙炔原子吸收光谱法 铝试剂比色法	>1% <20% <1%
CaO	EDTA 容量法 空气-乙炔原子吸收光谱法	<0.5% <15%
MgO	EDTA 容量法 空气-乙炔原子吸收光谱法	>0.5% <15%
Fe_2O_3	EDTA 容量法 CNS^- 比色法 硫代乙醇酸比色法 邻菲罗啉比色法 重铬酸钾容量法	>0.5% 溶于酸而不溶于碱的原料<1% 溶于碱的原料 PbO、Pb_3O_4 中<1% 锆英石等
Na_2O	醋酸铀酰锌重量法 火焰光度法	>0.5% <20%
K_2O	空气-乙炔原子吸收光谱法 四苯硼酸钾重量法 火焰光度法 空气-乙炔原子吸收光谱法	>0.5% >0.5% <20% <20%
BaO	硫酸盐重量法 仪器法	>0.5% <0.5%

② 实验室配置　必须满足基本的实验室配置要求，才能完成玻璃成分或玻璃原料的化学成分全分析，北京华宇达玻璃应用技术研究院可提供如下配置方案和成套分析技术。

最低配置：铂金坩埚、铂金皿、煤气喷灯、自动滴定管、火焰分光光度计、可见光分光光度计各类玻璃仪器，各种试剂。

中档配置：铂金坩埚、铂金皿、煤气喷灯、自动滴定管、火焰分光光度计、国产原子吸收光谱仪、各类玻璃仪器，各种试剂。

高档配置：铂金坩埚、铂金皿、煤气喷灯、自动滴定管、进口原子吸收光谱仪、等离子光谱仪、各类玻璃仪器，各种试剂。

③ 原料检验　工艺质管部门加强对矿点的加工工艺指导和质量检查，特别是对重点矿物如砂岩、长石、硼砂等，从原料的选矿、开采、精选、加工、贮存等环节都要严格把关与控制，确保进厂原料的质量标准。当前原料的运输成本在逐步提高，有的运输费用比原料本身费用还高。如果原料质量不是在源头进行控制，而是原料进厂后进行控制，对于经检验不符合标准的原料，如通过让步接收后在生产中使用，都会造成玻璃生产的不稳定，影响玻璃的产量和质量。

原料均匀性测定：通过原料均匀性的测定发现某一批料出现成分不均匀，可以采取一定的工艺措施加以调整再进行使用。由于重矿物在玻璃熔化过程中，难以完全熔化而被残留在玻璃上，形成固体夹杂物。对难熔重矿物及杂质含量进行检查、测定，这在提高玻璃质量、稳定玻璃生产中非常重要。

原料水分的控制：原料水分波动问题在混合料生产中是一个突出问题，特别是砂岩原料在混合料中占很大的比例，一般又属于湿法加工，一般进厂水分达 5%～10%，水分含量大，波动也大，给混合料的质量造成很大的影响。最有效的办法是在矿山或工厂内采取措施使砂岩水分降低到 5% 以下，经验证明砂岩水分降到 5% 以下后，称量中水分波动已很小，生产稳定性大大提高。

粒度的控制目前国内外尚未有统一的技术标准，对控制粒度的筛网规格也都有不同的技术标准。国际上比较流行用等效体积颗粒计算直径来表示粒径，要使用国家计量认可的生产厂家的筛网作为粒度的生产控制与检验用筛网，确保粒度标准的严格控制与落实。

要认真分析当前混合料质量检验和控制的问题，参照行业标准制定适宜的检验和控制标准，确定严格的考核和控制方法，确保混合料质量的稳定。要制定好混合料检验的指标项目，标准，抽检频次，取样、制样和分析方法等，利用科学的统计方法量化出混合料的质量状况，计算出混合料的优级品率和合格率。

原料成分的控制是必需的，目前对医药玻璃中 SiO_2、Al_2O_3、CaO、MgO、Na_2O 等成分的控制都很重要，应引起充分重视。

医药玻璃原料测试要求见表 3-5。

表 3-5　医药玻璃原料测试要求

序号	原料名称	化学组成		颗粒度	测试方法	误差要求
1	石英粉	SiO_2 ≥98%	Fe_2O_3 ≤0.05%	>450μmm　0 >300μmm　<1% <76μmm　<5%	SiO_2 差减法	SiO_2<0.2%
		不得有 Ni,Cr 等重金属元素			Fe_2O_3 硫代乙醇酸比色法	<0.05%
2	氢氧化铝	Al_2O_3≥60% Fe_2O_3≤0.05%		不得有结块	容量法	<0.2%
3	硼酸	H_3BO_3≥99% Fe_2O_3≤0.01% SO_4^{2-}≤0.1%		粉状	容量法	<0.2%
4	五水硼砂	B_2O_3≥47% Na_2O≥20.5% Fe_2O_3≤0.01% SO_4^{2-}≤0.1%		粉状或粒状	容量法	B_2O_3<0.2% Na_2O<0.2% Fe_2O_3<0.005% SO_4^{2-}<0.005%
5	硝酸钠	$NaNO_3$≥98% Fe_2O_3≤0.01% $NaCl$≤1%		粉状或粒状	容量法	$NaNO_3$<0.2% Fe_2O_3<0.005% $NaCl$<0.005%
6	碳酸钾	K_2CO_3≥96% Fe_2O_3≤0.2% $KCl+K_2SO_4$≤3.5% （其中氯化物 2%）		粉状	容量法	K_2CO_3<0.2% Fe_2O_3<0.05%
7	氯化钠	$NaCl$≥95% Fe_2O_3≤0.05%		粉状	容量法	$NaCl$<0.2% Fe_2O_3<0.05%
8	碳酸钠（纯碱）	Na_2CO_3		粉状	容量法	Na_2CO_3<0.2%

(9) 热膨胀系数　玻璃的热膨胀系数对玻璃的成形、退火及玻璃的热稳定性都有着重要意义。玻璃的热膨胀系数一般采用线膨胀系数来表征，线热膨胀系数是指温度升高 1℃ 时，在其原长度上所增加的长度，一般用某一段温度范围内的平均线膨胀系数来表示，符号为 α，单位为 $10^{-6}/℃$ 或 $10^{-6}/K$，小数点后保留一位小数，医药玻璃的膨胀系数范围为 $(3.2 \sim 9.0) \times 10^{-6}/℃$。医药玻璃的热膨胀系数在很大程度上取决于玻璃的化学成分，通常增加 SiO_2、Al_2O_3、B_2O_3、ZnO、ZrO_2 等氧化物可降低热膨胀系数，而增加 CaO、BaO、Na_2O、K_2O 等可提高热膨胀系数。玻璃热膨胀系数测量方法有仪器法和双丝法，仪器法用于科研和质监，具有定量性好，属于仲裁方法；为生产控制中采用双线法，测量结果为相对值，重复性一般，可靠性差，受操作人员影响较大。

① 仪器法　仪器法是通过卧式或立式膨胀仪进行测量，对试样的要求：直径 4～6mm 玻璃棒，长度 50mm±1mm，无缺陷，玻璃试样经过精密退火。优选并推荐使用北京旭辉新锐科技有限公司的 DIL-2014 型高精度卧式膨胀系数测量仪，见图 3-15 所示。该膨胀仪智能程控，操作简单，人机交互，置入参数，前台实时绘图、后台实时数据采集，最终在界面上完成 $\alpha_{室温 \sim 300℃}$、$\alpha_{50 \sim 300℃}$、$\alpha_{100 \sim 300℃}$、$\alpha_{30 \sim 380℃}$、$\alpha_{50 \sim 500℃}$ 参数测量。

② 双丝法　图 3-8 为双丝法膨胀系数测量原理图，它是用待测玻璃和已知膨胀系数的标准玻璃棒或待测玻璃熔合在一起，拉成一定长度和均匀双股丝。当两种玻璃的膨胀系数有差别时，双玻璃丝冷却后就会弯曲，可通过测定玻璃丝弯曲时的弦长和弦高，计算出已知膨胀系数的标准玻璃试样与待测玻璃的膨胀系数之差，两者之差 $\Delta \alpha = 1.4 h \times \delta \times 10^{-7}$（其中 h、δ 分别为 200mm 双线的弦高和厚度，如果弦高大于 20mm 不宜用此公式），从而获得待测玻璃的膨胀系数。弯曲的双玻璃丝，其内面必然是膨胀系数较大的玻璃。

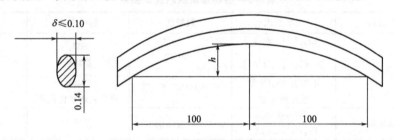

图 3-8　双丝法膨胀系数测量原理图

双丝法用于测定玻璃的线膨胀系数，仅是一种工程现场使用的方法，其精确程度有限，受多种因素影响，并且需采用组分体系十分相近的玻璃，这样的结果才具有参考价值。

(10) 光谱透过率　医药玻璃一般为无色或棕色，无色玻璃占到医药玻璃总量的 95% 以上，棕色玻璃约占不足 5%。

医药玻璃的光谱透过率与玻璃组成、厚度、光谱波长等因素有关。医药玻璃的光谱透过率是指其可见光（380～780nm）和紫外光（200～380mm）两个区域的透过率，可见光透过率可用于医药玻璃的可视性表征，紫外光透过率可用于医药玻璃的紫外遮蔽性表征。

(11) 密度　玻璃的密度主要取决于玻璃组成，也与原子堆积紧密程度以及配位数有关，它是表征玻璃结构紧密程度的一个重要参数。

目前，玻璃密度常用的测量方法为沉浮法和悬浮法。

悬浮法是利用阿基米德排水法原理，其借助分析天平来称量玻璃试样在空气的质量和液体（一般选用纯净水）中的质量，核算玻璃体积，根据已知道空气中的质量，最终获知该温度条件下的密度，该方法测量工具简单，重复性好，测量周期短，仅需 3～5min，液体无毒无害，该方法是一种值得推广和普及的密度测量方法，常用玻璃密度计为 FA-110 电子数显密度计。

沉浮法是选择两种不同密度的有机溶液（如 β-溴代萘、四溴乙烷）按一定比例混合形成不同密度的液体，将玻璃样品漂浮在混合试液上部，随着温度升高，试液的密度下降，当试液的密度与玻璃试样一致时，玻璃试样开始下沉，根据下沉温度和试液的密度温度系数，就可计算出玻璃的密度。这种方法操作复杂，测量时间长，一般需要 15～30min，比重液有一定的挥发性，且为有毒液体，需密闭，另外比重液受光线照射会产生变化，影响比重液密度，因此该比重液建议 2 周标定一次，3 个月更换。

氧化硼和氧化铝对玻璃密度影响较大，主要因为氧化硼和氧化铝均有两种配位状态，因此对其密度也产生明显的影响。

当硼氧三角体［BO_3］转变到硼氧四面体［BO_4］，或者中间体氧化物从网络内四面体［MO_4］转变到网络外八面体［MO_6］(M＝Al、Ga、Mg、Ti 等) 均使密度上升。因此，当连续改变这类氧化物含量到产生配位数的变化时，在玻璃成分-性质变化曲线上就出现极值或转折点。在 R_2O-B_2O_3-SiO_2 系统玻璃中，当 Na_2O/B_2O_3＞1 时，B_2O_3 由三角体转变为四面体，把结构网络中断裂的键连接起来，也就是说单键连接的氧离子被硼与硅两种键所固定。同时［BO_4］的体积比［SiO_4］小，使玻璃结构紧密，密度增大。当 Na_2O/B_2O_3＜1 时，由于 Na_2O 不足，［BO_4］又转变成［BO_3］，促使玻璃结构松懈，密度下降，出现"硼反常现象"。

Al_2O_3 对玻璃密度的影响较为复杂，一般在玻璃中引入 Al_2O_3 会使密度增加，但在 Na_2O-SiO_2 系中 Al_2O_3 取代 Na_2O 时，却出现"铝反常现象"。当 Al^{3+} 处于网络外成为［AlO_6］八面体时，它填充于结构网络的间隙，使玻璃的密度上升；当 Al^{3+} 处于［AlO_4］四面体时，［AlO_4］的体积大于［SiO_4］，导致其密度下降。

在玻璃同时中含有 B_2O_3 和 Al_2O_3 时，他们对玻璃密度的影响更为复杂。由于［AlO_4］比［BO_4］较为稳定，所以 Al_2O_3 引入时，先形成［AlO_4］。当玻璃中含 R_2O 足够多时，才能使 B^{3+} 处于［BO_4］。

对于医药玻璃生产质量控制而言，玻璃制品的理化性能属于必须严格监控的指标，根据企业规模和产品种类，建议将上述理化指标分为三类控制管理指标，分别为初级检测、中级检测、高级检测，见表 3-6 所示。随着国家医药玻璃产品质量要求的提高，企业应该逐步达到高级检测项目要求。其中包括玻璃全分析、原料分析、玻璃膨胀系数、三氧化二硼、内应力、98℃和 121℃颗粒耐水、121℃内表面耐水与分级、耐酸和耐碱、有害元素浸出量。为了实现对医药玻璃理化性能有效的监控，必须对所测试理化项目按时间频次进行测量和统计，将结果用于生产质量管理，表 3-7 是医药玻璃理化性能测试项目和频次及操作时间。

表 3-6 玻璃制品应进行检验项目

检测水平	项目要求	标准依据
初级检测	线热膨胀系数	YBB00212003 QB/T 2298—97
	三氧化二硼	YBB00232003
	玻璃颗粒在 98℃耐水性测定法和分级	YBB00362004 eqv ISO 719:1985

续表

检测水平	项目要求	标准依据
中级检测	线热膨胀系数	YBB00212003
	三氧化二硼	YBB00232003
	玻璃颗粒在98℃耐水性测定法和分级	YBB00362004
	内应力	YBB00162003
	121℃玻璃颗粒耐水性测定法和分级	YBB00162003
	121℃玻璃内表面耐水性测定法和分级	YBB00242003
高级检测	线热膨胀系数	YBB00212003
	三氧化二硼	YBB00232003
	玻璃颗粒在98℃耐水性测定法和分级	YBB00362004
	内应力	YBB00162003
	121℃耐水性测定法和分级	YBB00162003
	玻璃耐沸腾盐酸浸蚀性的测定法和分级	YBB00342004
	玻璃耐沸腾混合碱水溶液浸蚀性的测定法和分级	YBB00352004
	砷、锑、铅、镉浸出量的测定法	YBB00372004
	玻璃全分析	ASTM C169—92

表 3-7 医药玻璃理化性能测试项目和频次及操作时间

测试内容	测试方法标准	测试周期	检测操作时间	配备仪器	技术要求
玻璃的化学成分	ASTM C169—92	每月一次	1.5 天	最低配置： 铂金坩埚、铂金皿、煤气喷灯、自动滴定管、火焰分光光度计、可见光分光光度计各类玻璃仪器，各种试剂	质量分数总和99.3%～100.5%
				中档配置： 铂金坩埚、铂金皿、煤气喷灯、自动滴定管、火焰分光光度计、国产原子吸收光谱仪、各类玻璃仪器，各种试剂	
				高档配置： 铂金坩埚、铂金皿、煤气喷灯、自动滴定管、进口原子吸收光谱仪、等离子光谱仪、各类玻璃仪器，各种试剂	
线膨胀系数	YBB00212003；QB/T 2298—97	每天一次	双线法 2h 仪器法 4h	最低配置：煤气喷灯、千分尺	绝对误差<0.1
				中档配置：卧式膨胀仪 DIL-2014	
				高档配置： 进口膨胀仪	
密度	沉浮法（ASTM 729—75）静水法	每天一次	4h	最低配置：MD-I型密度仪	绝对误差<0.005
				中档配置：国产电子天平 FA-110	
				高档配置：进口电子天平	

续表

测试内容	测试方法标准	测试周期	检测操作时间	配备仪器	技术要求
98℃颗粒耐水	eqv ISO 719:1985；YBB00362004	每周一次	5～6h	最低配置： 淬火钢制研钵和杵、标准筛、98℃水浴锅、国产电子天平天平、玻璃容量瓶、滴定管 高档配置： 淬火钢制研钵和杵、标准筛、数显水浴锅、进口电子天平、玻璃容量瓶、滴定管	绝对误差<0.2
内表面耐水	eqv ISO 720:1985	每周一次	5～6h	最低配置： 121℃高压灭菌器、玻璃容量瓶、滴定管	绝对误差<0.2
耐碱	eqv ISO 695:1991 YBB00352004	隔周一次	5～6h	最低配置： 恒温器、切片机、抛光机、烘箱、电子天平	绝对误差<10%～20%
内应力	YBB00162003	每周一次	4h	最低配置： LZY-150D数显玻璃应力仪	
耐沸腾盐酸浸蚀性	YBB00342004	隔周一次	第一法 5～6h 第二法 16～18h	最低配置： 切片机、抛光机、电子天平、烘箱 高档配置： 切片机、抛光机、电子天平、烘箱、铂金皿、原子吸收光谱仪	绝对误差<10%～20% 绝对误差<10%
砷、锑、铅、镉浸出量的测定法	YBB00372004	每月一次	6～8h	最低配置： 国产原子吸收光谱仪、可见光分光光度计 高档配置： 进口原子吸收光谱仪、原子荧光仪或电感耦合等离子光谱仪	绝对误差<0.005

3.3　医药玻璃工艺性能

玻璃的工艺性能对于玻璃生产控制至关重要，包括玻璃高温黏度（熔化点温度、工作点温度）、液相线温度、软化点温度、膨胀软化点温度、退火点温度、转变点温度、应变点温度、玻璃表面张力、玻璃高温电阻率、玻璃 OH^- 含量等。

3.3.1　玻璃高温黏度

由于玻璃的组成不同，其对应的温度-黏度特性曲线也会不同，目前尚无一套可以精确计算任何玻璃体系黏度的公式，因此在现实科研生产过程中，必须借助于仪器设备来测量玻璃的温度-黏度特性曲线，来指导玻璃生产及加工。

玻璃高温黏度测量一般是指在 $10～10^5$ dPa·s（泊）黏度范围的测量，常用旋转法测定玻璃熔体的内摩擦力，根据内摩擦力计算玻璃黏度值。高温黏度测量可以获知 $10^2～10^{2.5}$ dPa·s（熔化点温度）、10^3 dPa·s（火焰加工温度）、$10^{3.8}$ dPa·s（丹纳拉管供料温度）、

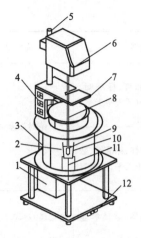

图 3-9 HTV-1600 型玻璃
高温旋转黏度仪

1—底座升降机构；2—控温热电偶；3—加热
炉；4—机头支架；5—机头升降机构；6—黏
度测量仪；7—遮蔽板；8—旋转杆；9—转子；
10—坩埚；11—测温热电偶；
12—底座升降开关

10^5 dPa·s(维落拉管供料温度)。

旋转法能够测量玻璃熔化、澄清、成形初始点等不同黏度对应的温度，此方法是将玻璃熔体充满在同轴的旋转体（转子）与坩埚之间，转子和坩埚一般为纯铂或铂铑材料制作，转子以不同的速度运动，则因转子与坩埚间玻璃熔体的黏滞阻力而产生扭力矩。通过扭力矩测量装置测扭力矩，即可转化为玻璃熔体的黏度。图 3-9 为 HTV-1600 型玻璃高温旋转黏度仪，对于定角速度旋转，熔体黏度符合式（3-1）。

$$\eta = K\Omega/\omega \qquad (3-1)$$

式中　η——运动黏度；

　　　Ω——扭矩；

　　　K——系数；

　　　ω——角速度。

参考 ASTM C965、GB/T 9622.6—1988、SJ/T 11040—1996 中玻璃高温熔体黏度测量方法要求，选取无结石、气泡和条纹等缺陷的玻璃约 300~500g，将其人工锤击或机械破碎成 5~20mm 的颗粒，用水和乙醇清洗、干燥；称取 200~300g 玻璃试样放入坩埚内，置入高温黏度仪的加热炉内，开始升温，根据玻璃品种不同，选取最高温度是不同的，一般药用玻璃的高温黏度测量初始温度设置在 1450~1650℃，建议高硼硅玻璃设置在 1650℃，中硼硅玻璃设置在 1600℃，低硼硅玻璃设置在 1580℃，钠钙玻璃设置在 1500℃，保温 15~30min，将黏度仪的转子下移浸入玻璃熔体中，要求转子完全浸没，待玻璃黏度测量系统稳定后，启动测量软件，建议采用匀速降温法进行玻璃黏度测量，降温速度优选 1~2℃/min，因为玻璃熔体的热导率小，所以降温速率小才能确保坩埚内外温度平衡，实现玻璃高温黏度测量的重复性和精确性，图 3-10 是四类典型医药玻璃的高温黏度曲线。

3.3.2 玻璃液相线

玻璃液相线是指在某一特定温度条件下已经析晶的玻璃试样中的晶体转化成玻璃熔体，此时的温度称为液相线温度。为了简便易行，通常使用析晶上限温度测量方法代替液相线温度测量方法，而析晶上限温度一般比液相线温度低 10~20℃。析晶上限温度测量是将均质透明无析晶的玻璃在某一温度下保温若干小时（原则上大于 72h 以上），当玻璃表面或内部出现析晶的温度即为析晶上限温度。

玻璃液相线温度的测量设备为 TWL-1450 型梯温炉，见图 3-11 所示，梯温炉结

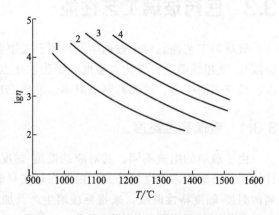

图 3-10 典型医药玻璃品种的高温黏度曲线

1—钠钙玻璃；2—低硼硅玻璃；
3—中硼硅玻璃；4—高硼硅玻璃

图 3-11 TWL-1450 型梯温炉

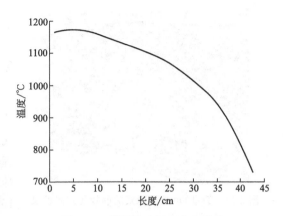

图 3-12 梯温炉内温度分布曲线

晶法亦称强制结晶法，梯温炉内的温度是呈梯度分布的，大多数梯温炉为单温度梯度方式，当将梯温炉升温到设定温度后，恒温 1～2h，通过水平移动式热电偶测量炉内温度分布，根据炉内温度分布绘制梯温曲线，梯温曲线是沿炉长度的温度分布，如图 3-12 所示。

玻璃试样优选直径 5mm±1mm 无缺陷的棒状玻璃，将其依据承载容器尺寸进行截取，或者选取无缺陷（无气泡、无结石、无析晶）的玻璃块，将其破碎成 32～48 目玻璃颗粒，禁止采用研磨方式获取玻璃颗粒，研磨方式会使玻璃表面产生较多划伤，最终影响析晶结果的观察，用蒸馏水和无水乙醇清洗并烘干。可将玻璃试样均匀装入瓷舟或铂金舟内，或者半开放式刚玉陶瓷管内，或者石英玻璃管（≤1200℃）内。

首先，将梯温炉进行升温，达到保温温度后，用水平移动热电偶测量，当炉内同一位置温度差小于 2℃时，将承载玻璃试样的器具沿梯温炉水平送入炉内，标记好相对位置。当保温时间达到后，迅速取出试样进行冷却，在放大镜或正交偏光显微镜下观察，析晶程度可参考图3-13进行判定，根据玻璃表面析晶程度来确定玻璃析晶初始位置所对应梯温炉内部的位置，根据水平移动热电偶所采集并绘制的梯温曲线，参考图 3-13(c) 确认析晶上限温度。

(a) 无析晶

(b) 表面薄层析晶(约0.1mm)

(c) 表面较厚析晶

(d) 内部有个别析晶体

(e) 全部析晶

图 3-13 玻璃析晶失透程度比较图

3.3.3 玻璃浮渣温度

对于硼硅玻璃而言，由于氧化硼和碱金属氧化物的挥发，使玻璃表面形成富硅层物质，导致黏度增大，形成一层硬皮，覆盖在玻璃液表面，这层硬皮称为浮渣，俗称料皮。

测量方法：将玻璃试样破碎成 5mm 左右或使用玻璃棒磨成 10mm×10mm×110mm 方棒；用蒸馏水清洗两次（方棒需先用刷子刷净），再用无水乙醇漂洗两次；放入 110℃烘箱中干燥后置干燥器中保存。利用 TWL-1450 型梯温炉作为测量设备，将控制温度设置在 1250℃，进行升温，保温 30min，待梯温炉内的温度稳定后，测量梯温炉内温度分布，并绘制温度-炉内长度分布曲线。将所制备的玻璃试样盛放在铂金舟内，送入梯温炉保温 48h，取出铂金舟，待样品冷却后，脱出试样，从底部磨去 2mm，直接在显微镜下观察浮渣温度

图 3-14　Ts-1000 型影像式玻璃软化点测量仪

点，做好记号，参考图 3-13 来鉴别浮渣产生温度。

3.3.4　玻璃吊丝软化点

玻璃软化点温度测量亦称 Littleton 吊丝法，常用玻璃软化点测量仪为 Ts-1000 型影像式玻璃软化点测量仪（图 3-14）。软化点测量原理是利用直径 0.65mm±0.1mm、长度 230mm 的玻璃丝悬挂于加热炉腔内，加热炉上部 100mm 高度为加热区域，按 5℃/min 速率进行升温，利用视频图像捕捉技术，跟踪玻璃丝在自重状态下伸长速率，当伸长速率达到 1mm/min 时的温度定义为玻璃软化点温度，简称 T_s，软化点温度所对应的玻璃黏度为 $10^{7.6}$dPa•s。

3.3.5　玻璃膨胀软化点

对于玻璃成形而言，在外力作用下，玻璃可实现大幅变形的初始温度点，就是玻璃膨胀软化点，简称 T_d，该点所对应的玻璃黏度大约为 10^{11}dPa•s。通常用玻璃膨胀软化点 T_d 与玻璃供料温度 T_w 之差来评价玻璃拉管料性优劣，使用 ΔT 来表示，$\Delta T = T_w - T_d$。ΔT 越大，玻璃料性越长，拉管性能越好。

玻璃膨胀软化点测量常常借助于 DIL-2014 型高精度卧式膨胀系数测量仪，该仪器外观如图 3-15 所示。玻璃试样承载负重约 1N，夹持在石英托架上，试样尺寸：断面尺寸 5mm±1mm，长度 50mm±1mm，升温速率 5℃/min。当膨胀曲线的膨胀增量转为负值时，即曲线向下时，膨胀曲线两侧切线交点所对应的温度即为膨胀软化点温度 T_d，如图 3-16 所示。

图 3-15　DIL-2014 型高精度卧式膨胀系数测量仪

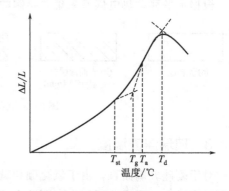

图 3-16　膨胀系数测量曲线

T_{st}—应变温度；T_g—转变温度；T_a—退火温度；
T_d—膨胀转化温度

3.3.6　玻璃应变点、转变点和退火点

玻璃的应变点、转变点、退火点对于玻璃热处理而言具有重要的指导意义。玻璃应变点温度简称 T_{st}，所对应玻璃黏度值为 $10^{14.5}$dPa•s，该温度以下玻璃内部质点不能松弛，玻璃

处于刚性状态，在该温度条件下 3min 内可消除玻璃内部 5% 应力，T_{st} 一般作为玻璃退火温度下限。玻璃退火点温度简称 T_a，所对应玻璃黏度值为 $10^{13.0}$ dPa·s，在该温度条件下 3min 内消除玻璃内部 95% 以上应力，可实现玻璃质点快速移动，T_a 一般作为玻璃退火上限。玻璃转变点温度简称 T_g，所对应玻璃黏度值为 $10^{13.4}$ dPa·s，玻璃状态及性质发生剧烈变化的温度转折点，比如膨胀系数、电导率等性质，玻璃从刚性状态转变成塑性状态。

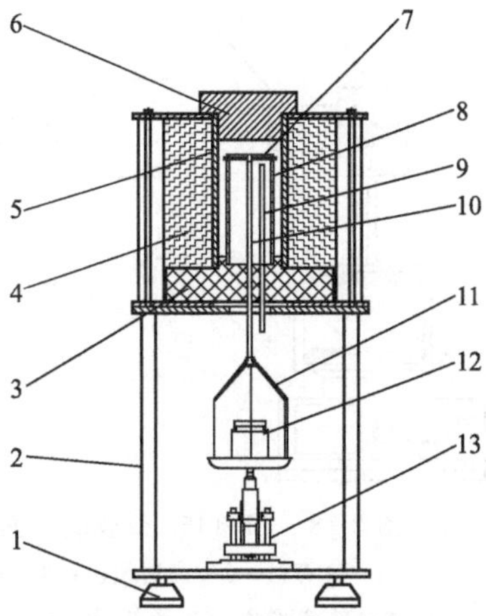

玻璃应变点、转变点和退火点测量方法包括膨胀法（图 3-16）和弯曲梁法（图 3-17）。弯曲梁法是将一个长棒状（圆柱体或则长方体）的玻璃样品放在两个支撑点上，在长棒的中央位置加上一个特定的负荷，在一定的温度下，长棒会发生形变，通过观察和测量其温度变化而产生的位移变化，最终计算出玻璃的黏度值，其黏度符合式（3-2）。

$$\eta = gL^2(M+\rho AL/1.6)/0.24I_c v \qquad (3\text{-}2)$$

式中　η——动力黏度，dPa·s；

$\quad g$——重力加速度，cm/s²；

$\quad I_c$——横截面的惯性力矩，cm⁴；

$\quad v$——长棒中点的变形率，cm/min；

$\quad M$——负荷，g；

$\quad \rho$——玻璃的密度，g/cm³；

$\quad A$——长棒的横截面积，cm²；

$\quad L$——支撑点距离，cm。

图 3-17　弯曲梁法仪器结构图

1—水平调节地脚；2—支架；3—底部耐火材料；4—侧面耐火材料；5—刚玉管；6—顶盖；7—待测试样；8—石英管；9—热电偶；10—石英杆；11—吊篮；12—砝码；13—位移测量装置

3.3.7　玻璃表面张力

玻璃熔体的表面张力是玻璃生产制造过程中的重要参数，特别是在玻璃液的澄清、均化、成型、火焰抛光以及玻璃与耐火材料相互作用等过程中，表面张力的作用都十分重要。玻璃液的表面张力对制品的成形是有利因素，但有时也是降低产量和质量的重要因素。因此研究玻璃在高温条件下的表面张力对其生产过程至关重要。

玻璃表面张力测量常采用座滴法，其优点是测量表面张力的同时可获取玻璃高温密度以及固液之间润湿角。座滴法是根据液滴形状与界面张力的关系，通过图形分析方法来计算玻璃液滴的表面张力，利用数字影像系统将玻璃液滴形态和润湿角进行图像提取，并将图像轮廓进行曲线数字拟合。

TF-1450 型玻璃表面张力测量仪由加热系统、控温系统、光学系统、气氛系统、成像系统、图形处理计算系统组成。光学系统采用平行光源，这样不但保证了形成的图像质量而且无论是在低温还是在高温，都在同一光源下进行拍照，确保了实验结果的稳定性和图像对比度的清晰。成像系统采用高清相机和专业微距镜头，图 3-18 为 TF-1450 型玻璃表面张力测量仪系统示意图，图 3-19 为高温条件下的玻璃液滴形貌图。

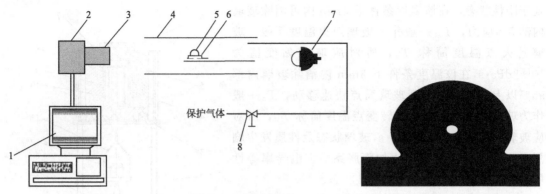

图 3-18　TF-1450 型玻璃表面张力测量仪系统图　　图 3-19　高温玻璃液滴形貌图
1—计算机；2—高清相机；3—摄像头；4—加热炉；
5—玻璃试样；6—承托板；7—光源；8—气体流量计

3.3.8　玻璃羟基含量

羟基（OH⁻）是在玻璃熔化过程中所生成的，它较好地连接在玻璃结构中，主要以替代网络外体的形式进入到玻璃空间网络结构中。玻璃羟基（OH⁻）具有很好的红外吸收能力，对于石英玻璃和光纤玻璃而言，属于须严格控制的指标，石英玻璃有专用的羟基（OH⁻）测量方法标准。羟基具有降低玻璃低温黏度和表面张力，并且提高红外吸热能力和灯工加工特性。适量的羟基（OH⁻）有助于玻璃的熔化与澄清，其原理是羟基（OH⁻）在高温条件下稳定性不足，容易脱离硅或硼的束缚游离出来，与 H^+ 结合形成 H_2O，H_2O 以气体形式溢出玻璃液，在溢出过程中与玻璃液中气泡相遇，可加速气泡上升速率，促进玻璃液澄清。

玻璃中的羟基（OH⁻）范围一般为 0.1～0.8 之间，是一个相对比值，羟基（OH⁻）含率最佳范围为 0.2～0.5。由于玻璃羟基（OH⁻）导致红外吸收，当进行光谱测量时，玻璃在 3840cm⁻¹ 附近存在最大透过率，在 3560cm⁻¹ 附近存在极小透过率，利用光谱透过率变化，可以了解玻璃的羟基（OH⁻）含率，羟基（OH⁻）含率公式，如（式 3-3）所示。

玻璃羟基（OH⁻）含率测量一般借助于红外光谱仪，波谱测量范围 400～4000cm⁻¹ 为佳。

$$X = [\log(T_{3840}/T_{3560})]/d \tag{3-3}$$

式中　X——羟基（OH⁻）含量；

T_{3840}——在 3840cm⁻¹ 附近存在最大光谱透过率，%；

T_{3560}——在 3560cm⁻¹ 附近存在极小光谱透过率，%；

d——被测玻璃试样厚度，mm。

3.3.9　玻璃高温电阻率

玻璃在常温条件下属于电绝缘材料，当玻璃温度超过转变温度（T_g）之后，玻璃的电阻率将快速下降，达到熔融状态时将成为良导体。医药硼硅玻璃中含有大量 SiO_2 和 Al_2O_3，致使该类玻璃的熔化温度相对较高。采用传统表面火焰辐射加热方式，氧化硼挥发较大。利用玻璃液在高温条件下优良导电特性，以玻璃液作为导体，利用焦耳热效应来熔化玻璃配合料，可减少玻璃液的表面挥发，提高热利用效率。

玻璃电熔技术发展至今已有几十年历史,从玻璃的电助熔到全电熔。玻璃在高温条件下呈现出离子导电特性,玻璃的导电能力与玻璃中的碱金属含量、玻璃液温度密切相关,只有掌握医药玻璃的高温电阻特性,才能更好地将全电熔和电助熔技术应用于医药玻璃熔化生产。

玻璃导电是由离子运动所引起,导电最活泼的离子是 Na^+ 和 K^+。玻璃的高温电阻率与玻璃组成密切相关,其电阻率主要受玻璃中的 Na_2O 和 K_2O 的含量影响。由图 3-20 可以看出,保持 Na_2O 与 K_2O 总含量为 11.5%,改变 K_2O 含量变化,发现随着 K_2O 增加玻璃电阻率增加。

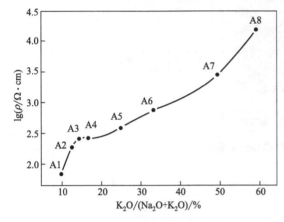

图 3-20 K_2O 对玻璃高温电阻率变化影响规律

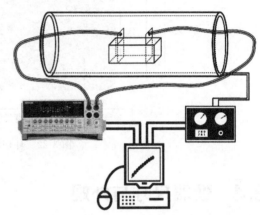

图 3-21 GHTR-1600 型高温玻璃电阻测量系统

高温玻璃电阻测量装置如图 3-21 所示。将待测玻璃破碎至 1~5mm 颗粒,去离子水清洗,干燥,将玻璃颗粒添加到瓷舟内,颗粒高度控制在瓷舟高度的 80%~90%;将铂金电极置入测试瓷舟两端,将瓷舟水平移入管式高温电炉中,将电极引线引至高温电炉之外,测量不同温度条件下的电阻值,待测量完成后,降温,测量瓷舟内玻璃液凝固的玻璃断面尺寸和铂金片之间的间距,可计算出相应温度条件的玻璃电阻率。1625℃时玻璃电阻率仅有 4~6Ω·cm,1100℃时电阻率提升到 7.5~23.0Ω·cm,而当温度下降到 600℃时,电阻率迅速上升到 10^4~10^5 Ω·cm。

3.3.10 玻璃均匀性检测

玻璃熔化均匀性将影响玻璃管外观质量、尺寸精度、力学性能、光学性能、热学性能。评价玻璃产品均匀性一般采用环切检测法。

玻璃环切检测方法是利用正交偏振光透过端面平行的玻璃试样,观测玻璃试样内所存在热应力和结构应力的严重程度及所处位置,以不同等级来评价玻璃化学成分和结构的均匀性。

硼硅玻璃熔化温度高、耐火材料侵蚀大、氧化物密度差大、氧化硼挥发大,因此容易出现玻璃化学成分不均匀,在没有相应技术手段(底放料、表面溢流、机械搅拌)保障的前提下,容易出现玻璃液分层的现象,密度大的氧化铝、氧化锆等沉积在底部,而密度小的氧化硼、氧化硅等则浮于表面。

GB/T 29159—2012 附录中提供了玻璃管环切检测方法,目前,玻璃管类制品一般采用HQ-2012 型玻璃环切均匀性检测系统。环切图像导读示意图如图 3-22 所示,它是玻璃环切定级的基础，观察者应以玻璃环断面的干涉色与视场背景色的差别来判定其内部存在热应力的严重程度；以玻璃环断面中干涉条纹所处位置、粗细程度、颜色及深浅等判定结构应力大小，综合考虑干涉色和干涉条纹情况，最终根据环切标准图谱（参见附录二玻璃环切分级标准图谱）。

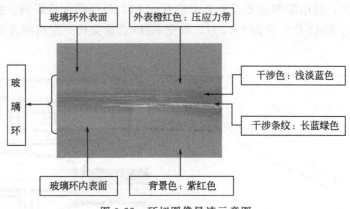

图 3-22　环切图像导读示意图

3.4　玻璃尺寸与外观

3.4.1　规格尺寸

规格尺寸是药用玻璃主要的成型工艺质量指标，一致性及良好稳定的规格尺寸是药瓶包装生产的基础，对药品的罐装，密封及贮存使用均有很大影响。检验的项目主要有瓶子各部位的尺寸精度，按照标准规定进行抽样检验判定。

几何尺寸：瓶口、瓶身各部位的几何尺寸一般采用数显电子卡尺、游标卡尺或高度尺等量具检测。瓶壁、瓶底、瓶口、瓶身各部位的几何尺寸一般采用数显电子卡尺、游标卡尺或高度尺等量具检测。

垂直轴偏差：瓶子垂直度的。检测方法标准为 GB84—1987《玻璃容器-玻璃瓶垂直轴偏差测试方法》，测量仪器为 ZPY-10 型数显轴偏差测量仪。

直线度：直线度是判断玻璃管弯曲程度的参数，常用测量仪器为 LSR-1000 型玻璃管直线度仪。

重量、容量：重量、容量检测是用称重法及滴定法测量瓶子的重量和容积。

3.4.2　外观质量

外观检验是产品制造工艺水平的综合体现，产品外观质量不仅仅会影响美观，而且会影响药品的质量。外观质量是检测玻璃容器各类表面缺陷的项目，主要有：结石、气泡、条纹、气泡线、裂纹、合缝线等，按照标准规定进行抽样检验判定，一般采用目测或带刻度的放大镜测量方法。

在线自动检测是在玻璃冷端配置自动检测装置，对瓶子的尺寸及外观缺陷按设定的标准进行全方位检测，对有缺陷的产品予以剔除。

这种检测方式在国际上已经普及，但国内同类产品基本都是人工目检，劳动强度大、漏检率高，这也是导致国内药用玻璃容器产品质量水平低、不稳定的一个因素。因此，加快引进、消化、吸收安装使用在线自动检测设备，将成为我国药用玻璃容器与国际水平接轨，进步产品质量水平的发展方向和有效途径。

3.5 介质对化学稳定性的影响

玻璃的侵蚀介质通常是碱、水（包括潮湿的大气）、酸、盐等，对药用玻璃来说，尽管它盛装的药液种类繁多，而且有的成分复杂，但是对它产生侵蚀的依然是上述介质。药用玻璃的耐蚀性主要与其化学组成有关，不同化学组成的药用玻璃，抵抗侵蚀介质的能力各不相同，早期的药用玻璃组成为普通的钠钙硅玻璃，其化学稳定性较差。随着玻璃材料的不断发展，药用玻璃化学稳定性已有很大的提高，其中含锆药用玻璃还具有较好的耐碱性。

药用玻璃的化学稳定性除了与化学组成有关外，还与侵蚀溶液的浓度以及所作用的温度和时间有关，一般来说温度越高。时间越长，则溶液对玻璃的侵蚀作用也越大。一些研究者曾用五种不同的玻璃盛装蒸馏水，在121℃的压力锅内保持30min，所得出的pH增值以及总固体含量数值相当。同一侵蚀介质的不同浓度对药用玻璃有不同的影响，化学耐蚀性与侵蚀浓度之间的关系随侵蚀介质的不同而不同，例如，玻璃对稀碱溶液及浓碱溶液的耐受能力不存在线性相关，耐浓碱侵蚀的玻璃不一定可耐受稀碱侵蚀。对于酸液（HF除外）高浓度的酸对玻璃不起侵蚀作用。药用玻璃受侵蚀介质侵蚀后，注射剂里会出现脱片、乳浊悬浮物、结晶物、沉淀物，甚至会使针剂变质。

3.5.1 碱对玻璃的侵蚀

在所有的侵蚀介质中，碱侵蚀硅酸盐玻璃的能力最强，众所周知，碱质能使难溶于水和不溶于酸的二氧化硅溶解。目前药用玻璃灌药后出现的脱片，绝大部分是由于碱的作用造成的。

脱片，就是通常所说的悬浮在药液中的闪光薄片，碱液侵蚀出来的脱片，在单偏光下观察，形状不规则，大小、厚薄也不一致，较大的脱片有卷边，较厚的脱片卷边后常折断，表面凹凸不平有"麻点"，在较高倍数的镜头下观察时可发现每一脱片皆被侵蚀成空洞，而且有的空洞已连通。

研究表明：在侵蚀介质的侵蚀下，玻璃表面某些组分被浸出，产生很多空洞，溶液沿此空洞向更深的内层侵透（扩散），继续作用使空洞逐渐连成针孔，最后使整个玻璃表面在一定厚度内形成疏松的多孔层，经过进一步作用使针孔连通，当受到机械外力或冷却后，疏松多孔而薄弱的表面层部分整块地脱落下来，形成闪光的薄片即脱片。

碱质对硅酸盐玻璃的侵蚀能力较强是由于碱中的 OH^- 是一种亲核剂，而玻璃主体结构的网络部分硅原子较容易受到亲核侵蚀，导致硅氧键的断裂。

碱液中大量的 OH^- 会使与其接触的玻璃层的基本骨架破坏，最后导致玻璃中的 SiO_2 连通 Na_2O 甚至其它氧化物脱离玻璃主体，一起转入到溶液中去，成为客观所能看到的闪光薄片—脱片，玻璃脱片的化学组成见表3-8。

表 3-8　药用玻璃与玻璃脱片化学组成　　　　　　　　　　　单位：%

氧化物	药用玻璃(1)	玻璃脱片(2)	侵蚀的百分比(2)/(1)
SiO_2	70.63	45.72	64.7
Al_2O_3	6.60	3.88	58.8
CaO	3.03	34.75	1146.0
B_2O_3	6.87	0	0
R_2O	11.90	2.02	16.97
ZnO	1.74	2.45	140.8

从表 3-8 中可以看出，尽管玻璃脱片的化学组成与药用玻璃不一样，但硅酸盐玻璃中的 SiO_2、CaO、R_2O 这些基本成分在脱片中均存在。北京玻璃研究所还结合岩相分析和 X 射线衍射在单偏光，正交偏光下观察，证实了脱片是玻璃体而不是晶体，是一种或几种成分的浸出物，当然脱片毕竟是浸出物，它绝不是原玻璃，这从它的组成与基本玻璃不同就可看出来。

一般来说，碱液浓度越大侵蚀越剧烈，但是当这个浓度增加到一定限度以后，侵蚀程度会达到极值，浓度再增加侵蚀能力反而下降。以 NaOH 为例，NaOH 溶液浓度提高至 0.5mol/L 时侵蚀增进速度最大，以后则减缓；2mol/L 时 NaOH 侵蚀作用最大；超过 2mol/L 后侵蚀作用将会下降。

3.5.2　水对玻璃的侵蚀

早期的药用玻璃，即使中性溶液的侵蚀也会产生脱片或出现浑浊，甚至产生沉淀，这类脱片的形状尽管与碱液的侵蚀出来的有所不同，但其实质是一样的，都属于非晶体的玻璃体。

水对药用玻璃的侵蚀过程是较为复杂的。水是弱电解质，电离时能产生微量的 H_3O^+ 与 OH^-。因此能同时供给亲电与亲核两种侵蚀剂。一般认为，硅酸盐玻璃与水相遇时，玻璃表面的硅酸盐发生水解，生成金属氧化物和硅酸凝胶：$Na_2SiO_3 + 2H_2O \rightleftharpoons 2NaOH + H_2SiO_3$，这层凝胶保留在玻璃表面，形成一层具有较好化学稳定性的保护膜，这里必须指出，水解形成的这层保护膜是很薄的，而且是多孔性的，在水解过程中，水溶液中的 H^+ 与 Na^+ 进行交换，使 Na^+ 不断扩散到溶液中去，如果玻璃含碱较多，沥滤的结果就容易造成碱的高集，NaOH 的侵蚀能力将使硅酸凝胶保护膜失去作用，不仅可以造成保护膜的剥落，而且使玻璃主体也受到侵蚀，从而引起脱片，后者的侵蚀情形跟碱对药用玻璃的侵蚀差不多。所不同的是由于水中的 OH^- 浓度比碱液中低，因此它的侵蚀速率也不如碱液，水造成的脱片现象之所以没有碱那么严重，原因也在于此。有理由认为：浑浊的沉淀或乳浊悬浮物是属于保护膜脱落下来的，鳞状的闪光薄片则是在 NaOH 溶液侵蚀下从玻璃主体剥落下来的。

3.5.3　酸对玻璃的侵蚀

众所周知，硅酸盐玻璃的抗酸（HF 酸除外）能力比抗水和抗碱能力要强。早期的药用玻璃不仅经受不起碱和水的侵蚀，而且抗酸的能力也较差。当用它盛装酸性较强的药液，经热压灭菌后，药液中出现乳浊悬浮物（统称为白点）或浑浊沉淀，这是由于酸对药用玻璃侵蚀的结果。

除氢氟酸外，酸并不直接侵蚀玻璃，而是通过水与玻璃作用而进行侵蚀。水侵蚀玻璃的情形上面已谈过，即水在硅酸盐玻璃表面发生水解，一方面形成一层硅酸凝胶保护膜，另一方面碱被 H^+ 置换出来，溶解在水中，由于酸溶液中 H^+ 的大量存在，它将与玻璃表面的 Na^+ 进行交换。这种交换是相当频繁和激烈的，内层的 Na^+ 也因此扩散到表面来。一般认为这时的交换是不平衡和杂乱无章的，它极容易使保护膜产生应力。当药用玻璃受到外力作用时，存在内应力的保护膜就容易掉下来。热压灭菌时的情形有所不同，一方面，上述的离子交换仍在进行；另一方面由于玻璃主体与保护膜的热膨胀系数不同，产生热应力，当受到外力作用或冷却下来后，就容易使保护膜从玻璃表面崩裂下来。从而形成的乳浊悬浮物或浑浊沉淀。

借助于光线，悬浮物或沉淀也能发出闪光，通常人们也把它称为脱片，但这种脱片的化学组成与碱和水侵蚀出来的脱片是不一样的，它的成分一般是 Si 和一些金属氧化物，而不像碱和水引起的脱片的成分那么复杂。

酸对药用玻璃的侵蚀也随温度增高和时间延长而愈激烈，对于 HCl、H_2SO_4、HNO_3 来说，pH 为 1.5 时，侵蚀最严重，超过这一浓度，侵蚀速率下降。

3.5.4 盐对玻璃的侵蚀

注射剂中，无机盐及某些有机盐对药用玻璃也具有较为显著的侵蚀作用，近年来这类侵蚀也越来越引起人们的注意。

调研发现钠钙药用玻璃容器所存放的一些针剂，例如酒石酸锑钾，乳酸钠，枸橼酸钠，葡萄糖酸钠等，均会不断有白点状脱片产生。因此许多药厂在生产维生素 C（抗坏血酸）的时候也遇到此类现象，给药品生产造成很大的影响。

产生这些白点或沉淀的主要原因是由于上述那些药液对药用玻璃具有一种特殊的侵蚀作用。众所周知，强酸和无机酸的阴离子（Cl^-，NO_3^-，SO_4^{2-}）都是弱亲核剂，而有机酸、弱酸的阴离子却是强亲核剂，上述的有机酸根的阴离子即属于后一类。强亲核剂对玻璃的侵蚀一般发生在网络的硅原子上，在中性溶液中枸橼酸盐及其它具有类似结构的有机阴离子与玻璃作用后，形成了硅络合物，而且与钠，铝形成络合物。形成络合物的过程也就是对玻璃的侵蚀过程。在这种侵蚀下玻璃中的 SiO_2、CaO、Al_2O_3、MgO 以乳浊悬浮物（白点）或脱片的形式剥离下来。

这类有机酸盐的阴离子侵蚀作用是相当显著的，实验表明：用 pH 值为 7 的 4％枸橼酸钠溶液分别灌装在钠钙硅，硼硅酸盐，含锆和高硅氧等不同组分的玻璃中，然后在 111℃热压 35min，结果是各种玻璃的 pH 值和二氧化硅的含量都不同程度地增加了，还有人用 3％枸橼酸钠灌注在钠钙硅玻璃瓶内，并在 121℃加热 2h，再与相同条件下用水作为侵蚀介质进行比较，结果是 3％枸橼酸钠剥离氧化钙的浓度比水要浓的多。

常见的有机酸盐对玻璃侵蚀的强弱程度按如下顺序：

枸橼酸钠＞氟化物＞葡萄糖酸盐＞草酸盐＞酒石酸盐＞苹果酸盐＞抗坏血酸盐＞琥珀酸盐＞醋酸盐＞苯甲酸盐＞乳酸盐。为了解决这类问题，人们采取了不少措施：其一是改变药用玻璃的化学组成，目前国外盛装维生素 C 的药用玻璃，设计成分中 CaO 的含量控制在 1％以下，R_2O 的含量小于 7％，与我国的药用玻璃相比硅和硼的含量高一些；其二是调整 pH 值，盛装枸橼酸的时候，有人把 pH 值从 7 调到 5，从而避免枸橼酸的有机阴离子对侵蚀作用的促进效应。

中国药典（1963年）规定维生素C的pH值在4.5～7的范围，药厂正常生产的pH值一般在6.02左右，当把维生素C pH值从6.02调到4.6时，热压灭菌后药液里的白点可显著地减少，澄明度大大提高，良品率由原来的89%提高到98%，但pH值降低后药物的稳定性相应受到影响。

3.6 有害物质浸出量

医药玻璃材料和容器必须保证盛装药物的安全性，尤其是要控制砷、锑、铅、镉等有害物质的浸出量，避免对药物造成危害性影响。

药用玻璃包装材料相关国际标准和中国标准对铅、镉、砷、锑浸出量的要求都比较明确，YBB标准中对其浸出量的测定方法为YBB60122014《砷、锑、铅、镉浸出量测定法》，适用于各种药用玻璃容器及玻璃管材的砷、锑、铅、镉浸出量测定，样品为容器时取样数量见表3-9所示。

表 3-9　玻璃容器容量与取样数量

容量 V/mL	数量/支	容量 V/mL	数量/支
V≤10	30	50<V≤250	2
10<V≤50	10	V>250	1

测试样品为玻璃管时，取总表面积（包括每段玻璃管的内、外表面及两端的截面）约为500cm^{2}的玻璃管，且玻璃管两端截面需经研磨。

样品溶液制备：将玻璃管容器供试品清洗干净，并用4%乙酸溶液灌装至满口容量的90%。对于安瓿等容量较小的容器，则灌装乙酸溶液至瓶身缩肩部，用倒置烧杯（需用平均线热膨胀系数 $\alpha_{20\sim300℃}$ 约为 $3.3\times10^{-6}/℃$ 的硼硅玻璃制成，新的烧杯需经过老化处理）或惰性材料铝箔盖住口部，98℃蒸煮2h，冷却后去除供试品，溶液即为供试品溶液。

将玻璃管供试品清洗干净，置入装有4%乙酸溶液1000mL的玻璃容器（玻璃容器不应含有砷、锑、铅、镉元素）中，98℃蒸煮2h，冷却后去除样品，溶液即为供试品溶液。

3.6.1 砷浸出量测定

实验原理：供试品溶液中含有的高价砷被碘化钾、氯化亚锡还原为三价砷，再与锌粒和酸反应产生氢，生成砷化氢，经银盐溶液吸收后，形成红色胶态物，与标准曲线或与规定限度比较、测定其含量或控制其限度。

标准曲线测定法：精确量取供试品溶液10mL，空白液10mL、标准砷溶液（每1mL相当于1μg的As）1mL、2mL、3mL、4mL、5mL（必要时可根据样品实际情况调整线性范围），分别置测砷瓶中，依法（照中国药典2010年版二部附录Ⅷ J第二法）规定，在510nm的波长处测定吸收度，以浓度为 X 轴，以吸收度为 Y 轴，绘制标准曲线，与标准曲线比较确定供试品溶液的浓度。

限度检查法：精确量取样品溶液10mL、空白液10mL、标准砷溶液（每1mL相当于1μg的As）2mL（测定容器时）、3.5mL（测定管材时），分别置测砷瓶中，依法（照中国药典2010年版二部附录Ⅷ J第二法）测定，在510nm的波长处分别测定吸收度。供试品溶液的吸收度不得高于标准砷溶液的吸收度。

结果表示方法：玻璃容器以 As（mg/L）表示，玻璃管材以 As（mg/dm²）表示。

3.6.2 锑浸出量测定

实验原理：孔雀绿（$C_{23}H_{25}N_2Cl$）与五价锑离子形成绿色络合物，经甲苯萃取，提取有机相进行比色，与标准曲线或与规定限度比较，测定其含量或控制其限度。

第一法标准曲线测定法：精确量取供试品溶液 10mL、空白液 10mL、标准锑溶液（每 1mL 相当于 1μg 的 Sb）0.5mL、1mL、1.5mL、2mL、2.5mL（必要时可根据样品实际情况调整现行范围），分别置于分页漏斗中，各加盐酸 1～2mL，水 10mL。各加 10％氯化亚锡-盐酸溶液 6 滴，摇匀，放置 1min，各加 14％亚硝酸钠溶液（临用新制）1mL，摇匀，各加 50％尿素溶液 1mL，振摇至气泡逸完，各加磷酸 1～2mL、水 10mL、甲苯 10mL、0.2％孔雀绿溶液 0.5mL，摇振 1～2min，静置分层后，弃去水层，取甲苯层按照紫外-可见分光光度法（中国药典 2010 版二部附录ⅣA），测定其在 634nm 处的吸收度，以浓度为 X 轴，以吸收度为 Y 轴，绘制标准曲线，与标准曲线比较确定供试品溶液的浓度。

限度检查法测定容器时，精确量取供试品溶液 3mL，空白液 3mL、标准锑溶液（每 1mL 相当于 1μg 的 Sb）2mL，分别置于分液漏斗中，各加盐酸 1～2mL，水 10mL，各加 10％氯化亚锡盐酸溶液 6 滴，摇匀，放置 1min，各加 14％亚硝酸钠溶液（临用新制）1mL，摇匀，各加 50％尿素溶液 1mL，振摇 1～2min，静置分层后，弃去水层，取甲苯层照紫外-可见分光光度法（中国药典 2010 版二部附录ⅣA），测定其在 634nm 处的吸收度，供试品溶液的吸收度不得高于标准锑溶液的吸收度。

测定玻璃管时，精密量取供试品溶液 0.6mL、空白液 0.6mL、标准锑溶液（每 1mL 相当于 1μg 的 Sb）2mL，分别置于分液漏斗中，各加盐酸 1～2mL，水 10mL，各加 10％氯化亚锡-盐酸溶液 6 滴，摇匀、放置 1min，各加 14％亚硝酸钠溶液（临用新制）1mL，摇匀，各加 50％尿素溶液 1mL，振摇至气泡逸完，各加磷酸（1～2）1mL、水 10mL、甲苯 10mL、0.2％孔雀绿溶液 0.5mL，摇振 1～2min，静置分层后，弃去水层，取甲苯层照紫外-可见分光光度法（中国药典 2010 版二部附录ⅣA），测定其在 634nm 处的吸收度，供试品溶液的吸收度不得高于标准锑溶液的吸收度。

结果表示方法：玻璃容器以 Sb（mg/L）表示，玻璃管以 Sb（mg/dm²）表示。

3.6.3 铅浸出量测定

实验原理：铅离子在一定酸度下，在原子吸收分光光度计中，经火焰原子化后，吸收 217.0nm 共振线，其吸收量与铅含量成正比，与标准系列比较定其含量。

取一定量供试品溶液，按照原子吸收分光光度法（中国药典 2010 版二部附录Ⅳ D），用铅标准溶液（每 1mL 相当于 10μg 的 Pb，必要时可将该溶液稀释至每 1mL 相当于 0.01μg 的 Pb）进行比较测定（可用紧密内插法或标准曲线法），根据吸收度计算含量。

结果表示方法：玻璃容器以 Pb（mL/L）表示，玻璃管以 Pb（mg/dm）表示。

3.6.4 镉浸出量测定

实验原理：镉离子在一定酸度下，在原子吸收分光光度计中，经火焰原子化后，吸收 228.8nm 共振线，其吸收量与镉含量成正比，与标准系列比较定其含量。

取一定量供试品溶液，按照原子吸收分光光度法（中国药典 2010 版本二部附录Ⅳ D）

用镉标准溶液（每 1mL 相当于 10μg 的 Cd，必要时可将该溶液稀释至每 1mL 相当于 0.01μg 的 Cd）进行比较测定（可用紧密内插法或标准曲线法），根据吸收度计算含量。

结果表示方法：玻璃容器以 Cd(mL/L) 表示，玻璃管以 Cd(mg/dm²) 表示。

3.7 医药玻璃相容性

3.7.1 相容性概述

药品包装材料与药物间的相互影响，包括物理相容、化学相容、生物相容。

药品的包装材料和包装容器，是药品不可分割的一部分，常用药品包装材料是指直接接触药品的包装材料和容器。其伴随着药品从生产、流通到使用环节的全过程，对保证内在药物质量的稳定性、有效性、安全性起着至关重要的作用。即使最初药物和药包材分别都是合格产品，但是经过包装之后却不能保证最后的结果是理想的，相容性实验是解决这个问题的金钥匙。

药品与包装材料的相容性研究正日益受到重视。在出台的《医药包装行业"十二五"规划》中，药品包装材料相容性是其重点内容之一，也将是监管部门今后重点开展的工作内容。不适宜的药品包装材料可能会引起药物活性成分被包装材料所吸附而降低，进而降低药物疗效或使之失效；也可能包装材料中释放出一些有毒有害物质，迁移到药物中，可能与之发生化学反应，从而导致药物失效，甚至还会产生严重的毒副作用。因此，必须重视药品包装材料的生产和使用，强化对药品包装材料的质量控制，一定要根据药物本身的物理化学特性和稳定性等数据，结合生产工艺，选择对光照、温度、放射线、氧气、水蒸气等外界因素遮蔽和阻隔性能优良且自身稳定性好、不与内在药物发生作用或互相迁移、吸附的材料和容器，见图 3-23。

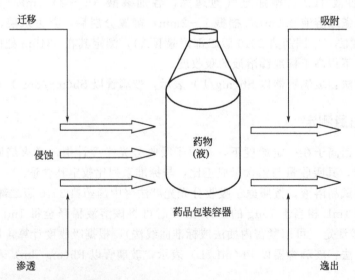

安全性：迁移、渗透侵蚀；
保护性：药物的稳定性、吸附、逸出和渗入；
稳定性：对于药物影响的耐老化性、抗氧化性变质、失效等；
功能性：适合的药品包装。

图 3-23 药包材与药物相容性示意图

为了合理地选择药品包装材料，需要一个评价药品包装材料性能质量优劣的方法，而药品包装材料与药物的相容性试验就是很好的评价方法之一。药品包装材料与药物相容性是指一种或一种以上的药品包装材料与内在药物的相互作用和相互适应性。相容性试验是用来证明包装、容器形式与内容药物之间有没有发生严重的相互作用，并导致药物稳定性、安全性和有效性发生改变，甚至产生安全性风险隐患的研究过程。

2012年国家药品监督管理局发布了药品包装材料与药品相容性的指导原则，并在2012年9月27日发布《国家食品药品监督管理局关于印发化学药品注射剂与塑料包装材料相容性研究技术指导原则（试行）的通知》（国食药监注［2012］267号），并在2012年11月8日发布《国家食品药品监督管理局办公室关于加强药用玻璃包装注射剂药品监督管理的通知》（食药监办注［2012］132号），以规范药品包装材料与药物相容性的研究，从而保证用药的安全性。

由于我国开展药品包装材料研发和生产的时间短，药品包装材料生产企业整体水平相对比较低，药品包装材料的品种还比较少，整体水平低于发达国家水平。

美国FDA于1998年公布了定量吸入剂（MDIs）和干粉吸入剂（DPIs）的工业指南；欧盟EMA于2005年发布了塑料包装材料与药品相容性研究的指导原则，主要说明了申报塑料包装材料的技术要求，但对塑料包装材料与药物的相容性试验研究仅为一般性描述，没有具体的技术要求。我国在这方面工作起步较晚，开始对于药品生产企业要求必须依据《中国药典》附录中有关药物稳定性试验指导原则，对于直接接触药品的包装材料或容器与内在药物进行稳定性试验的研究。

一些药物可能会与玻璃容器发生作用，进而影响药品质量。有报道表明，肝素钠加入玻璃瓶装的氯化钠注射液中2h后活性明显降低；玻璃中二氧化硅与氧化硼可以吸附胰岛素，造成胰岛素效能降低；而玻璃容器中金属铝离子的析出，会直接影响药品质量和用药安全。另外，玻璃包装在药品生产过程中需要经过制备、清洗、灌装、消毒灭菌、包装、运输等多个环节，容易出现内壁脱片，从而增加注射剂中的微粒数量，微粒进入人体后会导致局部血管堵塞、循环障碍，或因供血不足和组织缺氧而产生水肿及静脉炎，还可引起强烈的热原反应和过敏反应等。因此，必须在使用前考察玻璃与药物的相容性，如玻璃脱片是否会改变药物的可见异物的数量；光线是否会透过玻璃使药物分解；玻璃中碱性离子的释放是否会导致药液pH值的改变，或使生物碱、胰岛素和肾上腺素等对pH敏感的药物变质；玻璃中的金属元素是否会析出影响安全性；玻璃是否易吸收蛋白质和多肽药物等问题。

药品包装材料与药物相容性研究是法规的要求，也是保证药包材质量的有效途径，更是药品质量与安全性评价的总要内容，所以做好相容性研究意义重大。

3.7.2 相容性研究方法

在提出相容性研究方法之前要先了解几个概念。

残留物——不能被所接触药物提取的物质。

浸出物——药物中出现药包材内所含物质（可以被接触介质提取的材料组分）。

提取物——在包装材料中出现的药物或与包材发生化学反应的物质。

由于包装材料、容器的组成、药品所选择的原辅料及生产工艺的不同，药品包装材料和容器中有的组分可能会被所接触的药品溶出、与药品发生互相作用或被药品长期浸泡侵蚀脱片而直接影响药品质量；而且，有些对药品质量及人体具有隐患性（即通过对药品质量及人体的常规检验不能及时发现的问题）。

药包材考察项目选择依据：YBB00142002 药品包装材料与药物相容性试验指导原则、SFDA 药包材注册申报资料形式审查要点和 SFDA 药品包装相关标准。

3.7.2.1 模拟试验

药用玻璃包装容器样品的前处理：采用适宜方法对样品进行清洗，如制剂生产前对玻璃容器的清洁工艺。

选择提取溶剂：首选含目标药物的注射剂，如果药物对分析方法产生干扰，可选择与制剂具有相同或相似理化性质的模拟提取溶剂，重点考虑溶液的 pH、极性及离子强度等，如不含药物的空白制剂。

选择提取条件：应结合药品在生产、贮存、运输及使用过程中的最差条件，确定适宜的提取方法，如加热、索氏提取、回流或超声等。

另外，也可参考美国药典 USP＜1660＞玻璃内表面耐受性评估指南中加速脱片试验方法选择提取溶剂和提取条件。

通过模拟试验，预测玻璃容器对药品质量的影响以及在包装目标药品时玻璃容器是否会产生玻屑或脱片现象。模拟试验在于寻找导致脱片形成的原因，而非寻找脱片本身，因此可采用能快速反映玻璃表面稳定性变化的试验方法。

可提取物信息分析：对在模拟试验中获得的高于分析评价阈值（AET）水平的可提取物进行鉴别，预测潜在的可浸出物，包括金属离子和其它添加剂等。

根据模拟试验结果，可评估是继续进行后续试验还是更换包装容器。

3.7.2.2 相互作用研究

应采用含目标药物的注射剂，按拟上市药物的处方工艺和包装生产制剂，在加速和长期稳定性试验末期取样，并将玻璃容器以及药物液体均作为试验样品。

试验过程中需充分考虑药品在生产、贮存、运输及使用过程中可能面临的最极端条件。一般建议选择正常条件下生产制剂，选择该药品上市包装的最高浓度，在加速稳定性试验以及长期稳定性试验的条件下进行试验。在对不同浓度的产品进行研究时，可采用矩阵法进行试验，对于吸附试验需注意对药物或辅料浓度最低的产品进行考察。

考察时间应基于对药品包装容器性质的认识，包装容器与药品相互影响的趋势而设置。一般可参考加速稳定性试验以及长期稳定性试验的考察时间进行设置，至少应包括起点和终点，中间点可适当调整。

3.7.3 玻璃容器对药品质量的影响

3.7.3.1 常规检查项目

应重点关注玻璃容器及其添加物对药物稳定性的影响，并重点关注对药品溶液澄清度、颜色、pH 值、可见异物、不溶性微粒、有关物质和含量等。对 pH 值较敏感的药品应重点考察玻璃中的碱金属离子、铝离子等浸出物对药品的影响，如药品的 pH 值变化情况、药液颜色的变化情况、可见异物的出现情况等。

推荐结合该药品加速试验以及长期留样试验条件（温度和时间）进行该项试验，通常可选择加速试验以及长期留样试验的考察时间，参考药品标准进行检验以及结果分析。

3.7.3.2 迁移实验

一般情况下，应根据包装容器性质、药品的质量要求设置考察项目。迁移试验的考察项目除质量标准规定的项目外，还应根据模拟试验中获得的可提取物信息设定潜在的目标浸出物。如玻璃材料中的硅、铁、铝、钾、钠等离子的迁移试验。

3.7.3.3　吸附试验

推荐选择该药品加速试验以及长期留样试验条件（温度和时间）进行吸附试验，通常可选择加速试验以及长期留样试验的考察时间点，按照药品标准进行检验，并根据考察对象如功能性辅料等适当增加检验项目，主要对药品以及拟考察辅料的含量、pH 等项目进行检查。

3.7.4　药液对玻璃耐水性的影响

对于偏酸、偏碱、或离子强度高的注射剂，应重点关注玻璃被侵蚀后出现玻屑（微粒）和脱片的可能性。可在模拟试验和迁移试验同时，对玻璃内表面脱片的趋势和程度进行考察，试验前应对玻璃容器进行充分振摇。

可通过对玻璃表面进行检查或溶液进行检测分析，常见的方法包括肉眼观察玻璃表面麻点、裂痕以及溶液中的可见异物；对玻璃内表面的化学侵蚀进行检测；对溶液中肉眼可见以及不可见微粒的数量进行考察等。

应该注意，玻璃容器产生脱片的倾向与盛装药液的时间长短密切相关，通常在盛装药液3～6 个月以后或者更长时间才可观察到明显的脱片现象，为明确药液对玻璃耐水性的影响，可适当延长考察时间，如在药液加速试验下进行 9～12 个月试验，并在长期留样试验过程中进行考察。

3.7.4.1　空白干扰试验

空白干扰试验过程中所采用的试验器具以及进行参比试验时，原则上应尽量避免使用玻璃容器。另外玻璃药包材多与胶塞配合使用，在进行相容性试验时，应考虑避免胶塞对试验结果的影响。

例如：在对玻璃包装容器进行模拟试验时，可选择聚四氟乙烯瓶，以及聚四氟乙烯或聚丙烯塞，或其它惰性容器进行平行对照试验，但不宜选择橡胶塞作为密封件。

3.7.4.2　分析方法与方法学验证

进行模拟试验和迁移试验应采用专属性强、准确、精密、灵敏的分析方法，以保证试验结果的可靠性。应针对不同的待测目标化合物选择适宜的分析方法。由于玻璃容器最常见的可提取物为金属元素、无机离子、不挥发性物质等组分，对可提取物和浸出物的常见分析方法包括：电感耦合等离子体发射光谱（ICP）、电感耦合等离子体质谱（ICP-MS）、电感耦合等离子体发射光谱仪（ICP-OES）、原子吸收光谱法（AAS）、离子色谱（IC）、GC/MS、HPLC/MS 等，方法学研究时重点关注检测限、基线值。

考察药液对玻璃表面影响的分析方法包括不溶性微粒检查法、可见异物检查法；也可选择粒径分析仪、扫描电子显微镜-X 射线能量色散光谱仪（SEM-EDX）对肉眼可见与不可见微粒进行检查；还可选择微分干涉差显微镜（DIC）、电子显微镜（EM）、次级离子质谱（SIMS）、原子力显微镜（AFM）、电子探针（EPMA）等方法对玻璃表面的侵蚀程度以及功能层的化学组成进行考察。方法学研究时重点关注检测限和基线值。

另外，在适宜条件下并经验证可行时，也可选择其它分析方法。

3.7.5　试验结果分析与安全性评价

根据模拟试验及迁移试验获得的可提取物、浸出物信息，分析汇总浸出物和可提取物的种类及含量，通过安全性研究分析其安全性风险程度；同时对吸附试验结果、浸出物对药液影响以及药液对玻璃耐水性的影响进行综合评估，分析判断包装系统是否与药液具有相容性。

根据文献或试验获得各可提取物的人每日允许最大暴露量（PDE），根据每日最大用药剂量以及制剂包装情况，评估模拟试验中需要考察的目标化合物。

根据可提取物的 PDE 值、每日最大用药剂量以及制剂包装情况（模拟试验中使用容器的数量；与提取溶剂直接接触的表面积；制剂生产、运输、贮存和使用过程中与药液直接接触部分的表面积等）计算每个包装容器中，各可提取物的最大允许的实际浓度，并在此基础上经计算得到分析评价限度（AET），分析测试方法应满足该 AET 值的测定要求。

在提交注册资料时，应提供可提取物的 PDE、AET 等数值及其计算过程。

采用拟盛装的药物制剂进行模拟试验时，如果可提取物的含量低于 PDE，则一般认为由该提取物导致的安全性风险小，在后续的迁移试验可省略对该成分的研究。如果采用不含药物的空白制剂等其它提取溶剂进行模拟试验，应对可提取物的含量进行考察和分析，由于这时没有考虑药物制剂的影响，因此，仍应采用拟盛装的药物制剂进行迁移试验。

如果模拟试验显示玻璃容器可能无法耐受药液并可能在贮存过程中产生玻屑或脱片，可考虑更换药品包装容器，或者进行后续相容性研究。

参考文献

[1]　李茂忠，孙会敏，谢兰桂等 . 中国药包材的监管和质量控制 [J]. 中国药事，2012，2(26)：108-111.

[2]　沈长治 . 规范药用玻璃包装的根本法则-对药典 "药用玻璃容器" 通则的建议 [J]. 医药 & 包装，2014，6：9-12.

[3]　蒋中鉴 . 试论硼硅玻璃和低硼硅玻璃管制注射剂两项新标准的特点 [J]. 轻工标准与质量，2004，1：36-37.

[4]　梁叶，袁春梅 . 药用玻璃包装材料是保证药品质量的重要因素 [J]. 轻工标准与质量，2007，5：23-27.

[5]　袁春梅 . 直接接触药品玻璃包装材料标准体系的探讨 [J]. 北京市药品包装材料检验所，2010-07-16.

[6]　李道国 . 国际中性玻璃在药品包装领域的应用及前景 [J]. 中国包装，2004，4：67-68.

[7]　田英良，邓勇，郭现龙等 . 化学成分对铁钛着色医药玻璃耐水性能的影响研究 [J]. 玻璃与搪瓷，2011，4(39)：2-4.

[8]　田英良，郭现龙，孙诗兵等 . 锂辉石在低硼硅医药玻璃中的应用研究 [J]. 玻璃与搪瓷，2012，5(40)：9-13.

[9]　田英良，郭现龙，张静等 . 锂辉石在中性硼硅医药玻璃中的应用研究 [J]. 玻璃与搪瓷，2012，4(40)：1-4.

[10]　田英良，梁新辉，孙诗兵等 . 日用玻璃原料与燃料对 CO_2 减排影响的研究 [J]. 玻璃与搪瓷，2010，4(38)：15-18.

[11]　王蓉佳，蔡荣 . 火焰原子吸收光谱测定药用玻璃的内表面耐水侵蚀性 [J]. 药物分析杂志，2013，33 (12)：2148-2150.

[12]　杨光 . 药品包装材料与药品相容性试验在新药研发中的重要作用 [J]. 中国包装，2008，5：78-79.

[13]　刘新年，刘静 . 玻璃器皿生产与技术 [M]. 北京：化学工业出版社，2007：12-31.

[14]　蒋中鉴 . 试评五项药用玻璃新标准 [J]. 标准探讨中国标准化，2001，6：20-21.

[15]　郎·文森 . 中性玻璃在欧美等国家的应用情况以及耐水等级的分类情况 [J]. 医药 & 包装，2013，4.

[16]　谢自成，赵玉津 . 回顾10年医药包装的发展 [J]. 中国包装，1990，10，4：31-33.

[17]　王华锋 . 药用玻璃行业标准呼之欲出 [J]. 中国高新技术产业导报，2008-03-31.

[18]　唐学良 . 相容性研究促药包材升级 [J]. 医药经济报，2012-01-4.

[19]　蒋中鉴 . 试论国家 YBB 药用玻璃标准的特点 [J]. 轻工标准与质量，2007，4：31-34.

[20]　日方元 . 外部电极荧光灯用外套容器：中国，200480022731.0 [P]. 2006-09-13.

[21]　GB/T 12442-90，石英玻璃中羟基含量检验方法 [S].

［22］ Denise Bohrer，Fabiana Bortoluzzi. Silicate release from glass for pharmaceutical preparations ［J］. International Journal of Pharmaceutics 355 （2008） 174-183.

［23］ Scott L，Sides，Karen B，Polowy，Alan D. Identification of a pharmaceutical packaging off-odor using solid phase microextraction gas chromatography/mass spectrometry ［J］. Journal of Pharmaceutical and Biomedical Analysis 25 （2001） 379-386.

［24］ Ioannis M. Kalogeras. A novel approach for analyzing glass-transition temperature vs. composition patterns：Application to pharmaceutical compound＋polymer systems ［J］. European Journal of Pharmaceutical Sciences 42 （2011） 470-483.

［25］ Bruno C，Hancock Chad R. A pragmatic test of a simple calorimetric method for determining the fragility of some amorphors pharmaceutical materials ［J］. Pharmaceutical Research 15 （1998） 762-767.

［26］ Glass-Hydrolytic resistance of glass grains at 98 degrees C-Method of test and classification，ISO 719，1985.

［27］ Standard Test Method for Lead and Cadmium Extracted from the Lip and Rim Area of Glass Tumblers Externally Decorated with Ceramic Glass Enamels ［S］.

［28］ J. Endrys，F. Geotti-Bianchini，and L. De Rui. Study of the high temperature spectral behavior of container glass. Glass Sci ［J］. Technol.；Glastech. Ber. 79 （1997）.

［29］ Carbone Traber KB，Shanks CA. Glass particle contamination in single-dose ampules ［J］. Anesth Analg，1986；65：1361-1363.

［30］ Pavanetto F，Genta I，Conti B et al. Aluminium，cadmium and lead in large volume parenterals：contamination levels and sources ［J］. Int JPharmaceutics，1989；54：143-148.

［31］ Garvan JM，Gunner BW. The harmful effects of particles in intravenous fluids ［J］. Med J Aust，1964；2：1-6.

第**4**章

>>>

医药玻璃原料与配料

4.1 玻璃化学成分与作用

医药玻璃按化学组成分分为钠钙玻璃和硼硅玻璃两大类,按照应用市场可分为医用玻璃和药用玻璃,从产品外观颜色分为有色医药玻璃和无色医药玻璃。为了更好地理解玻璃性能,本章按玻璃成分及其作用进行论述,将玻璃化学成分分为两类:主要玻璃成分和辅助玻璃成分。主要玻璃成分用于实现玻璃的基本特性,包括 SiO_2、B_2O_3、Al_2O_3、Na_2O、K_2O、CaO、BaO、SrO、ZnO。按其在玻璃网络结构中的作用,又将玻璃化学成分分为网络形成体氧化物,如 SiO_2、B_2O_3;中间体氧化物,如 Al_2O_3;网络外体氧化物,如 Na_2O、K_2O、CaO、BaO、SrO、ZnO。辅助玻璃成分是为获得玻璃某些特殊性能,或者促进玻璃熔化和澄清的氧化物,主要包括 Li_2O、TiO_2、ZrO_2、CeO_2、F、SO_3、Fe_2O_3、MnO、CoO、Cr_2O_3、NiO。

4.1.1 主要玻璃成分

(1) SiO_2 SiO_2是玻璃中最为关键化学成分,它是构成玻璃无规则网络的核心物质。SiO_2熔点为 $1713\sim1730℃$,密度 $2.32g/cm^3$。SiO_2在玻璃中通过硅氧四面体 $[SiO_4]$ 形式存在,见图 4-1。通过 Si 与 O 相互连接,形成了具有空间紧密的无规则网络,见图 4-2。

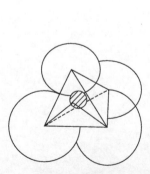

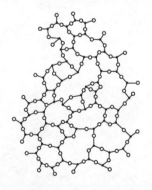

·Si ○ O

图 4-1 $[SiO_4]$ 四面体结构单元　　图 4-2 由 $[SiO_4]$ 四面体形成的无规则网络

Si—O 键是极性共价键，共价性与离子性约各占 50％，因此，1 个 Si 原子周围 4 个 O 原子所形成四面体 [SiO$_4$]（Si 原子处于四面体中心，O 原子处于四面体的顶角），必须满足共价键的方向性和离子键所要求的阴阳离子的半径比。 Si—O 键键强大约为 443kJ/mol，整个 [SiO$_4$] 正负电荷重心重合，不带极性。[SiO$_4$] 四面体之间是以顶角相连，向三维空间发展的网状结构。[SiO$_4$] 结构赋予玻璃机械强度高、热膨胀系数小、介电性能和化学稳定性好等一系列优良特性，因此，在玻璃组成中 SiO$_2$ 含量越高，上述各种特性越好，但是玻璃熔化也越困难。

（2）B$_2$O$_3$ B$_2$O$_3$ 也是玻璃的重要成分，对于医药玻璃而言十分重要，是玻璃无规则网络成分。B$_2$O$_3$ 熔点为 450℃，密度 2.46g/cm^3。B$_2$O$_3$ 在玻璃中有两种典型结构单元，分别是硼氧三角体 [BO$_3$] 和硼氧四面体 [BO$_4$]，[BO$_3$] 属于平面结构，[BO$_4$] 属于立体结构，当网络外体提供更多 O 时，硼氧三角体 [BO$_3$] 向硼氧四面体 [BO$_4$] 转化。B—O 键为极性共价键，共价性成分约占 56％，B—O 键强大约为 498kJ/mol，其键强大于 Si—O 键强。[BO$_3$] 硼氧三角体正负电荷重心重合，不带极性，B—O—B 键角可变。因为 B$_2$O$_3$ 玻璃为层状或链状结构，层与层（≥1100℃）、链与链连接依靠范德华力，属于弱键，也是结构中的弱点，最终导致 B$_2$O$_3$ 玻璃（俗称硼玻璃）系列性能变差。

由于 B$_2$O$_3$ 熔点低，随着加热温度升高，它在玻璃中结构从网状（≤800℃）→链状（800～1100℃）→孤岛状（≥1100℃）转化，见图 4-3。说明 B$_2$O$_3$ 作为玻璃形成体，其结构具有温度不稳定性，因此必须与 SiO$_2$ 共同使用，才能保障玻璃的各项性能，因此硼硅玻璃性能优于钠钙硅玻璃（简称钠钙玻璃）和硼玻璃。

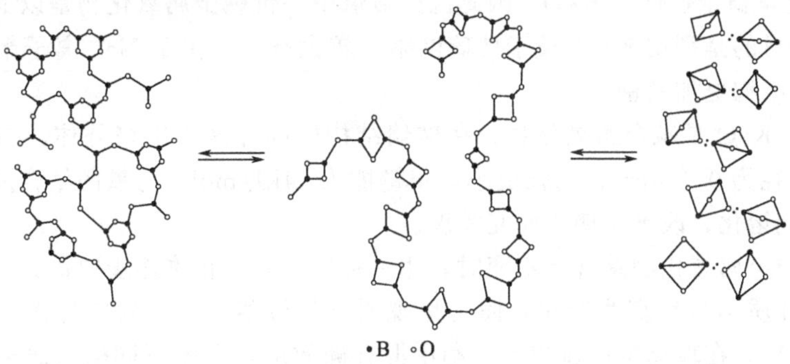

(a) $T \leqslant 800℃$ (b) $T=800 \sim 1100℃$ (c) $T \geqslant 1100℃$

图 4-3 B$_2$O$_3$ 在不同温度的结构示意图

从图 4-3 可以看出，$T \leqslant 800℃$ 时，B$_2$O$_3$ 玻璃结构是由桥氧连接的 [BO$_3$] 三角体和硼氧三元环形成的向两维空间发展的网络，属于层状结构。由于键角可以有较大的改变，故层状结构可能交叠、卷屈或分裂成复杂的形式，如图 4-3（a）所示。$T = 800 \sim 1100℃$ 时，B$_2$O$_3$ 则转变成链状结构，它是由两个三角体在两个顶角上相连接而形成的结构单元，通过桥氧连接而成，如图 4-3(b) 所示。当 $T \geqslant 1100℃$ 时，B$_2$O$_3$ 结构转化成孤立的 [BO$_3$] 硼氧三角体和 [BO$_4$] 硼氧四面体，如图 4-3(c) 所示。由于 B$_2$O$_3$ 在不同温度条件下结构的变化，高温时可降低玻璃高温黏度。低温时 B^{3+} 有夺取游离氧形成硼氧四面体的趋势，使结构趋向紧密，故 B$_2$O$_3$ 低温时又提高玻璃的低温黏度。在使用 B$_2$O$_3$ 时，必须充分考虑 B$_2$O$_3$ 的"硼反常"现象。

B$_2$O$_3$ 是硼硅医药玻璃所必需的化学成分，最佳含量范围 5％～13％，可以降低玻璃的热膨胀系数，提高机械强度与韧性，增加化学稳定性，促进玻璃熔化。

（3）Al_2O_3 Al_2O_3 在玻璃结构中属于中间体氧化物，熔点 2050℃，密度为 3.97g/cm^3。Al_2O_3 在玻璃中具有两种典型结构单元，分别为铝氧四面体［AlO_4］和铝氧八面体［AlO_6］。Al—O 键比 B—O 键具有更大的离子性，［AlO_6］排列更加紧密，有利于形成规则排列的晶体结构，因此，在玻璃中必须提供更多氧，才能使其转化成［AlO_4］，形成无序结构，变成玻璃体。

在钠钙玻璃中，当 Na_2O/Al_2O_3（摩尔比）＞1 时，Al_2O_3 全部转化为铝氧四面体［AlO_4］；而当 Na_2O/Al_2O_3（摩尔比）＜1 时，场强较大的阳离子对 Al^{3+} 的配位状态有一定的影响，当玻璃中含有 Li^+、B^{3+} 等离子时，由于它们有与 O^{2-} 结合的倾向，干扰了 Al^{3+} 的四面体配位，所以 Al^{3+} 就有可能处于［AlO_6］之中。在一般的钠钙硅玻璃中，引入少量的 Al_2O_3，Al^{3+} 就可以夺取非桥氧形成［AlO_4］进入硅氧网络之中，把断开的玻璃网络重新连接起来，使玻璃结构趋于紧密。尽管 Al_2O_3 能改善玻璃的许多性能，但对于玻璃的电学性质有不良影响，导致铝反常现象，在硅酸盐玻璃中，当以 Al_2O_3 取代 SiO_2 时，介电损耗和导电率反而上升，故对于电学性能要求高的玻璃，一般都不含或少含 Al_2O_3。

Al_2O_3 对于医药玻璃而言属于必要成分，它可以很好地抑制玻璃产生分相，提高化学稳定性，在医药玻璃中最佳用量为 2％～6％，Al_2O_3 用量过大将导致玻璃的熔点升高。

（4）Na_2O Na_2O 是碱金属氧化物，在玻璃结构中属于网络外体，为玻璃的网络形成体（SiO_2、B_2O_3）和中间体（Al_2O_3）提供必要的氧，改善玻璃结构状态、物理化学性能和工艺性能。Na^+ 半径为 0.095nm，场强小，单键能为 84kJ/mol，与氧的结合能力弱。在玻璃结构中起断网，促进玻璃熔化，降低玻璃析晶的作用。

Na_2O 的化学稳定性优于 K_2O，因此医药玻璃中一价碱金属氧化物是以 Na_2O 为主，引入少量 K_2O 的目的是利用 K^+ 充填于玻璃网络中较大空穴（由于 Na^+ 离子半径小而易于被浸出），使玻璃结构更加紧密。

（5）K_2O K_2O 是碱金属氧化物，在玻璃结构中同样属于网络外体，与 Na_2O 具有同样性能，K^+ 半径为 0.133nm，场强更小，单键能为 54kJ/mol，与氧的结合能力更弱，可以更好地促进玻璃熔化，改善玻璃表面光泽度。

当玻璃中碱金属氧化物总含量不变时，用一种碱金属氧化物逐步取代另一种碱金属氧化物时，玻璃的性质不是呈直线变化，而是呈现明显的极值，这一效应称作"混合碱效应"，也称"中和效应"。在玻璃生产过程中，利用混合碱效应，调整不同碱金属离子数量，而不改变碱金属氧化物总量的前提的条件下，可改善玻璃性能。

（6）CaO CaO 是碱土金属氧化物，在玻璃结构中属于网络外体，为玻璃的网络形成体（SiO_2、B_2O_3）和中间体（Al_2O_3）提供必要的氧，改善玻璃结构状态、物理化学性能和工艺性能。Ca^{2+} 配位数一般为 6，Ca^{2+} 在玻璃结构中位移能力很小，不易从玻璃中游离析出，但在高温时，其活性较大。在二价金属氧化物中，CaO 对耐火材料的侵蚀很大，比碱金属氧化物高很多。Ca^{2+} 有极化桥氧和减弱硅氧键的作用，这是其降低玻璃高温黏度的主要原因之一。玻璃中 CaO 含量过多，一般会使玻璃的料性变短、脆性增加，这与 Ca^{2+} 对玻璃结构的积聚作用有关。在硼硅玻璃中，CaO 一般少用甚至不用，否则会使硼硅玻璃的析晶倾向增大，这与 Ca^{2+} 的"积聚作用"有关。

用二价金属氧化物（RO）（CaO、MgO、BaO、SrO 和 ZnO）代替玻璃中一价金属氧化物（R_2O）（Na_2O、K_2O 和 Li_2O），可以提高的玻璃化学稳定性。二价金属氧化物在硼硅酸盐玻璃中提高化学稳定性的顺序是 ZnO＞BaO＞MgO＞CaO，建议医药玻璃中二价金属氧化物最佳使用量为 ZnO≤2％，CaO≤3％，MgO≤0.5％，BaO≤3.5％。

(7) MgO MgO 分子量 40.32，熔点 2800℃，密度 3.58g/cm³。在硅酸盐玻璃中存在两种配位状态（4 或 6），但大多数为［MgO₆］八面体中，属网络外体。只有当碱金属氧化物含量较多，而不存在 Al₂O₃、B₂O₃ 等氧化物时，Mg²⁺ 才可能处于四面体中，以［MgO₄］进入网络。在钠钙硅玻璃中若以 MgO 取代 CaO，会导致玻璃的密度、硬度下降，这是由于［MgO₄］进入玻璃网络所致，可以使玻璃的硬化速度变慢，改善玻璃的成型性能，降低玻璃析晶能力和调整玻璃料性。含 MgO 的玻璃在水和碱溶液的作用下，玻璃表面易形成硅酸镁薄膜，在一定条件下剥落进入溶液，易产生脱片现象，所以医药玻璃、保温瓶、瓶罐玻璃都趋于少用或不用 MgO 组分。

(8) BaO BaO 分子量 153.4，密度 5.7g/cm³。BaO 是碱土金属氧化物，在玻璃结构中同样属于网络外体，与 CaO 具有相近的性质。Ba 元素是碱土金属元素中原子序数、离子半径最大的，碱性也最强，具有提高玻璃折射率、色散、防辐射和助熔等一系列特性。它在玻璃结构中的地位和作用，介于碱土金属氧化物与碱金属氧化物之间。在玻璃中以 BaO 取代 CaO 会改善玻璃料性。BaO 能增加玻璃的折射率、密度、光泽和化学稳定性，少量的BaO（0.5%）能加速玻璃的熔化，但含量过多时，易发生 2BaO+O₂══2BaO₂ 反应，会使玻璃澄清时产生二次气泡。BaO 对 X 射线吸收性较强，同时对耐火材料侵蚀也较大。

(9) ZnO ZnO 分子量 81.4，密度 5.6g/cm³。Zn 属于ⅡB 族金属氧化物，其在玻璃结构中同样属于网络外体，它有两种结构单元，分别为锌氧八面体［ZnO₆］和锌氧四面体［ZnO₄］，ZnO 与 BaO、CaO 具有相近的性质。ZnO 在硅酸盐矿物中，Zn²⁺ 多处于八面体［ZnO₆］，在硅酸盐玻璃中，［ZnO₄］的含量一般随碱金属含量增大而增大，故 ZnO 在有碱与无碱玻璃中的作用是不同的。一般而言，形成［ZnO₄］时结构比较疏松，形成［ZnO₆］时结构比较致密，前者的密度和折射率小于后者。ZnO 能适当提高玻璃的耐碱性，但用量过多将增大玻璃的析晶倾向。含 ZnO 玻璃的表面性质会发生变化，不易吸附某些物质，因此可以用来制造不附着药粉的粉剂瓶及生物细胞和 DNA 分析用载玻片、盖玻片。

(10) SrO SrO 是碱土金属氧化物，在玻璃结构中同样属于网络外体，与 CaO、BaO具有相近的性能，其性能介于 CaO 和 BaO 之间，碱性较强，具有 X 射线吸收能力，广泛应用于射线屏蔽玻璃产品。

4.1.2 辅助玻璃成分

(1) Li₂O Li₂O 是碱金属氧化物，在玻璃结构中属于网络外体。氧化锂是原子量最小的碱金属氧化物，Li⁺ 半径最小，具有很大的离子活性。在碱金属氧化物中，Li⁺ 场强最大，因而 Li⁺ 降低玻璃黏度的作用最大，Li₂O 分子量低于 Na₂O 和 K₂O，因此 Li₂O 具有更强的助熔能力。

在玻璃结构中由于 Li⁺ 具有较强的场强，Li⁺ 与硅酸盐网络结合紧密，使玻璃密度增大，也有助于玻璃的化学稳定性提高。Li₂O 优点包括：降低熔化温度，提高熔化率；降低操作温度，延长熔窑使用寿命；提高玻璃内在和外在质量。Li₂O 在玻璃中最佳使用量为0.2%~0.3%，过多会导致玻璃液相线提高，容易产生玻璃析晶。由于 Li₂O 大量应用于核工业的中子吸收以及锂离子电池的生产制造，导致 Li₂O 价格十分昂贵，制约其在玻璃工业的广泛应用。

(2) TiO₂ TiO₂ 在硅酸盐玻璃中属网络外体氧化物，钛元素在玻璃中常以 Ti⁴⁺ 状态存在，形成钛氧八面体［TiO₆］，如果玻璃中碱金属含量较多时，TiO₂ 以钛氧四面体［TiO₄］

结构形式存在，可以进入玻璃网络中，尤其在高温条件下，更易生成 $[TiO_4]$。

TiO_2 能提高玻璃的折射率、密度和电阻率，在一定组成范围内，能降低热膨胀系数，提高玻璃的耐酸性。TiO_2 在医药玻璃中多用作棕色玻璃着色剂，与 Fe_2O_3 或 CeO_2 等共用，形成 Fe_2O_3-TiO_2 着色或 CeO_2-TiO_2 着色。

（3）CeO_2 CeO_2 在常温下为淡黄色固体粉末，加热时黄色加深。铈元素属于变价元素，有 $+4$ 价和 $+3$ 价，具有很强的氧化性，用于制备感光玻璃，玻璃紫外截止剂，防止玻璃辐射着色，玻璃抛光剂、脱色剂、澄清剂，另外 CeO_2 与 TiO_2 共同使用，可用于生产 CeO_2-TiO_2 着色的金棕色玻璃。

（4）ZrO_2 ZrO_2 属于酸性氧化物，化学性质不活跃，具有熔点高（2700℃）、密度大（5.89g/cm^3）、高电阻率、高折射率和低热膨胀系数等特性。ZrO_2 在硅酸盐玻璃中以立方体结构 $[ZrO_8]$ 存在，在硅酸盐玻璃中溶解度小，可显著增大玻璃黏度和提高玻璃的耐碱性，也是制备微晶玻璃的成核剂。

（5）F 氟在玻璃中以 F^- 形式存在，替代玻璃结构中的 O^{2-}，其化学性质极为活泼，是氧化性最强的物质之一，对玻璃有很好的助熔性，但对耐火材料侵蚀也很严重，同时其挥发性极大，约有 60% 的 F^- 在玻璃熔化过程中挥发，会对大气产生严重污染，导致周边植物干枯死亡。

（6）SO_3 SO_3 是一种酸性氧化物，其在玻璃中主要以 SO_3^{2-} 形式存在，通过 O^{2-} 与网络形成体相连，SO_3 主要通过硫酸盐物质引入到玻璃中，比如 Na_2SO_4、$CaSO_4$、$BaSO_4$ 等，SO_3 在玻璃中所起作用为调节玻璃氧化还原气氛，促进玻璃澄清和玻璃着色，硫酸盐可用作玻璃的高温分解型澄清剂。棕色玻璃着色时，需要还原条件，也是通过硫酸盐和含碳物质联合使用来实现的。

（7）氯 氯主要通过氯酸盐添加到玻璃配合料中，氯酸盐包括 NaCl、KCl、$CaCl_2$、$MgCl_2$、$BaCl_2$ 等，氯酸盐在高温条件可以分解释放氯气（Cl_2），促进玻璃澄清，高硼硅玻璃配合料就是使用食盐（NaCl）作为澄清剂。

（8）其它 在医药玻璃中，为了实现玻璃着色，通常在玻璃中添加 Fe_2O_3、MnO、CoO、NiO 等着色物质，Fe_2O_3 可使玻璃产生黄绿色，MnO 可使玻璃产生紫色，CoO 可使玻璃产生蓝色，NiO 可使玻璃产生灰紫红色或灰紫色。另外这几种氧化物也可以复合使用，将产生几种颜色的复合色。在医药玻璃中应用时，应该注意上述离子浸出对医药产品质量影响的风险评估。SnO 是一种新型氧化还原型澄清剂，属于环保型澄清剂，可用于替代氧化砷和氧化锑澄清剂，已经广泛用于液晶显示产品（TFT-LCD）玻璃基板的生产。

4.1.3 玻璃成分对医药玻璃性能的影响

4.1.3.1 硼硅医药玻璃两个关键问题

（1）玻璃分相 玻璃分相是指熔体或玻璃体在冷却或热处理过程中，从均匀的液相或玻璃相转变为晶相或形成两种互不相溶的液相。玻璃分相是由于玻璃内部质点迁移而产生的某些组分发生偏聚，从而形成化学组成不同的两个相，导致玻璃均匀性遭到破坏，进而影响玻璃光学、电学、化学稳定性。玻璃分相区一般可从几纳米至几百纳米，甚至到微米级。

1880 年，奥托·肖特发现 P_2O_5 与 SiO_2 之间不混溶，出现乳浊现象，具有类似油与水不相溶的特征，这是最早关于玻璃分相的记述。在 1926 年，特纳和温克斯（Turner 和 Winks）指出了钠硼硅玻璃中存在着明显的分相现象，在一定条件下用盐酸处理钠硼硅玻璃，可使其中 Na_2O 全部萃取出来。基于这一发现，1934 年诺德伯格和霍恩（Nordberg 和 Hond）试制了高硅氧玻璃。1956 年欧拜里斯（Oberlies）获得了第一张钠硼硅玻璃中微分相的电子显微照片。其后，在电子显微镜、X 射线小角衍射、光散射研究方法的帮助下，极大地推动了玻璃分相研究。

玻璃分相的出现，彻底改变了网络学说的玻璃整体的均匀性和晶子学说的玻璃微区的有序性。玻璃分相使玻璃变成不均匀体，它不是玻璃熔体均化不足造成的，而是在冷却或热处理时结构重组形成的。

玻璃分相在玻璃系统中广泛存在，只是出现难易程度有所差别而已。按照玻璃分相原理，采取必要的措施来阻止玻璃分相，例如在硼硅酸盐玻璃中加入 Al_2O_3；反之，也可以利用分相得到新相，如微晶玻璃、高硅氧玻璃生产。

玻璃分相包括稳定分相和亚稳分相。稳定分相是指在液相线以上就开始发生分相，它给玻璃生产带来很大困难，玻璃会产生分层或强烈的乳浊现象，例如 $MgO\text{-}SiO_2$ 系统玻璃。亚稳分相是指在液相线以下发生分相，绝大部分玻璃系统都是在液相线下发生亚稳分相。对于亚稳分相，其存在两种分相结构，会形成液滴结构 ［图 4-4(a)］ 和连通结构 ［图 4-4(b)］。图 4-5 是 $Na_2O\text{-}SiO_2$ 系统玻璃分相的不混溶区，亚稳分相存在不稳区和亚稳区，不混溶区面积与 SiO_2 摩尔含量和热处理温度相关。

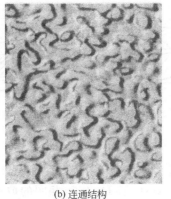

(a) 液滴结构　　　　　　　(b) 连通结构

图 4-4　玻璃分相电子显微照片　　　　　　图 4-5　$Na_2O\text{-}SiO_2$ 系统玻璃
　　　　　　　　　　　　　　　　　　　　　　分相的不混溶区

对于 $Na_2O\text{-}SiO_2$ 二元系统玻璃，加入 P_2O_5 能促进分相，Al_2O_3、ZrO_2 能抑制其分相，加入少量 B_2O_3 时能抑制分相，加入大量 B_2O_3 时则促进分相。

① $Na_2O\text{-}B_2O_3\text{-}SiO_2$ 系统玻璃分相　　图 4-6 是 $Na_2O\text{-}B_2O_3\text{-}SiO_2$ 三元相图，纺锤形剖面线覆盖的区域 B 为最大的分相区，圆形区域 A 为稳定的高硼硅玻璃组成范围，在 SiO_2-P 连接线的玻璃组成，其膨胀系数最小；SiO_2-Q 连接线的玻璃组成，其软化点、转变点和碱浸出量最小。如果兼具两种性能最小，必须向 SiO_2 方向选择，使 SiO_2 含量增大。M-N 连线为玻璃化界限，M-N-Na_2O 所围区域不能形成玻璃，其余区域是可以形成玻璃的区域。在 $Na_2O\text{-}B_2O_3\text{-}SiO_2$ 相图中可形成玻璃区域的组成中添加 Al_2O_3 和 RO（二价金属氧化物），可有效避免玻璃分相的产生。

对于 $Na_2O\text{-}B_2O_3\text{-}SiO_2$ 玻璃而言，实际存在三个分相区，图 4-6 的 B 区域是最大的分相区，同时存在面积相对较小的 C 区和 D 区，见图 4-7，图中的曲线为等温线，数值为温度值，图中剖面线表示同时出现 Na_2O、B_2O_3、SiO_2 三者的富集相。

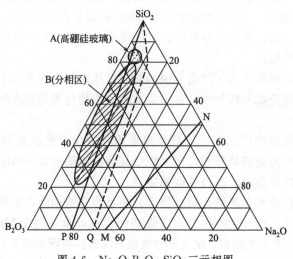

图 4-6　Na_2O-B_2O_3-SiO_2 三元相图

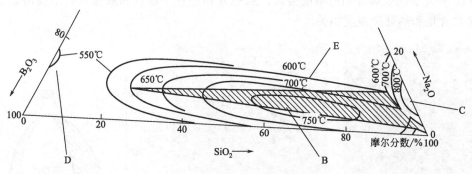

图 4-7　Na_2O-B_2O_3-SiO_2 玻璃分相图

　　玻璃分相除了受成分影响之外，受热处理温度和时间的影响也很大，热处理温度不同，分相后相的成分不同。对于图 4-7 Na_2O-B_2O_3-SiO_2 相图的玻璃组成 E，在不同温度热处理时间 8h，富 SiO_2 相的体积分数随温度的升高而下降，而富 B_2O_3 相则相应增大，见表 4-1 所示。

表 4-1　两相体积分数的分析结果

热处理温度/℃	富 SiO_2 相体积分数/%	富 B_2O_3 相体积分数/%
550	75±5	30±5
600	60±5	40±5
650	50±5	50±5
715	35±5	65±5

　　高硼硅玻璃（其中典型代表 Pyrex 玻璃）是一种化学稳定极佳的玻璃品种，自从 1915 年发明，广泛用于玻璃仪器。图 4-8 是其在 550℃不同热处理时间，其耐水性变差的趋势图，说明玻璃分相会导致玻璃化学稳定变差。

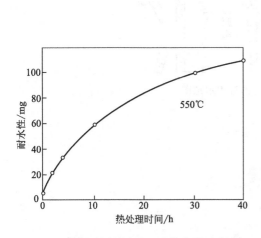

图 4-8　高硼硅玻璃在 550℃ 热处理对玻璃
　　　　化学稳定性的影响

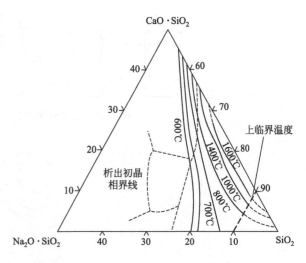

图 4-9　Na_2O-CaO-SiO_2 系统的分相和等温曲线图

② Na_2O-CaO-SiO_2 系统玻璃分相　图 4-9 为 Na_2O-CaO-SiO_2 系统的分相和等温曲线图。分相区一部分在液相曲面以上，另一部分在液相曲面以下，图中虚线表示析出初晶相界线。由图 4-9 可知，Na_2O-CaO-SiO_2 系统的不混溶区出现在高 SiO_2 一侧所在的广大区域。在低 SiO_2 一侧的不混溶区曲面从 Na_2O 20%（摩尔分数）开始，沿 Na_2O-SiO_2 组成线扩展至约 CaO 50%（摩尔分数）的位置，并与 $CaO \cdot SiO_2$ 组成线连成一片，因此含高 SiO_2 的钠钙硅玻璃一般都会发生分相。Al_2O_3 具有缩小钠钙硅玻璃不混溶区的作用，故加入 Al_2O_3 可以制得均匀的高 SiO_2 含量的钠钙硅玻璃。MgO 取代部分 CaO 能显著降低钠钙硅玻璃的不混溶温度。

Na_2O-CaO-SiO_2 系统中，一般会形成富碱相和富硅相，富碱相容易受水汽或大气影响浸出，在玻璃表面形成"霉斑"或"风化"特征，导致玻璃透明性变差，并且表面化学稳定性也相应变差，解决办法是在玻璃组成中加入 1%～3% Al_2O_3，使玻璃抗水解能力提高，这是通过抑制玻璃分相所取得的效果。另外，Al_2O_3 是中间体氧化物，［SiO_4］配位体有可能被［AlO_4］取代，使富硅相和富碱相的表面张力均衡，从而提高玻璃的均匀性，避免玻璃分相发生。

（2）玻璃脱片　玻璃容器在受到水或碱性溶液侵蚀时，由于玻璃化学稳定性不良时会产生脱片脱象。例如盛装碱性注射剂的安瓿在热压消毒过程或长期贮存药液时，玻璃容器内表面常因药剂的侵蚀而产生脱片。

玻璃脱片产生的原因在于，当药液侵蚀玻璃表面时，玻璃中所含的碱金属离子（Li^+、Na^+、K^+）溶出，在玻璃表面上残存层状含水硅氧骨架即硅胶膜，当药液继续侵蚀这层硅胶膜，使之产生空穴，具有侵蚀性的药液沿着形成的空穴向内层进一步渗透、侵蚀，使空穴不规则地向玻璃表面深层发展，使玻璃表面在一定厚度内形成疏松的多孔硅胶膜。当玻璃容器受冷热交替作用或外力振动及摇晃时，硅胶膜层发生溃散或成片剥离，形成大小、厚薄、外形不规则的闪光薄片，玻璃脱片多呈片状，但也有针状和絮状的，图 4-10 是玻璃表面产生脱片的过程示意图。图 4-11 是管制瓶装强碱药剂脱片照片。图 4-12 是玻璃脱片结构变化图。

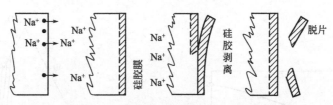

图 4-10 玻璃表面产生脱片的过程示意图

图 4-11 管制瓶装强碱性药剂形成的脱片

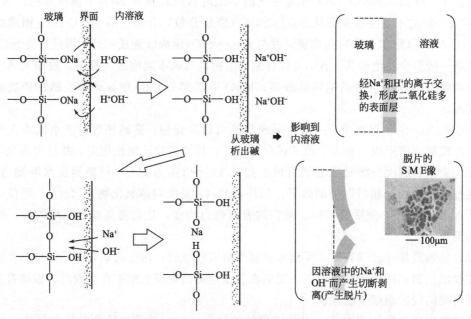

图 4-12 玻璃脱片结构变化图

玻璃脱片属于玻璃主体成分的一部分，但是玻璃脱片的化学成分与玻璃主体成分有较大差别，玻璃脱片是药液不能溶解的成分，玻璃脱片成分主要为 SiO_2 和 Al_2O_3，或者硅酸与溶液中的 Ca^{2+} 或 Mg^{2+} 形成溶解度低的硅酸盐物质。

玻璃与药剂接触时碱离子析出是脱片的前提，碱离子析出量越多，产生脱片的可能性越大，因此可以使用玻璃耐水性来评估玻璃脱片发生概率的大小。

玻璃容器内表面所接触溶液的 pH 值，
对于玻璃脱片有很大影响，碱性溶液对玻璃
表面的侵蚀速率大于酸性溶液，因此储存碱
性溶液的玻璃容器内表面更易产生玻璃脱
片，见图 4-13 所示。图中显示玻璃在酸性或
碱性侵蚀溶液的作用下，碱金属离子不断浸
出，碱性溶液中浸出碱金属离子速率明显高
于酸性溶液中浸出碱金属离子速率，因此必
然导致碱性溶液环境下，玻璃表面的脱片产
生的早，并且脱片含量多，这就是使用普通
医药玻璃瓶盛装碳酸氢钠溶液常会出现玻璃

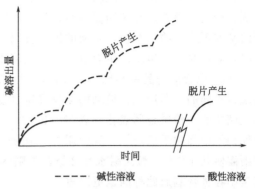

图 4-13 碱性溶液和碱性溶液对玻璃脱片的影响

脱片的原因。另外，储放时间和储放温度对玻璃脱片产生也有很大影响，一般随着时间延长
玻璃脱片增多，随着温度提高玻璃脱片也将增多。

早在一百年前，玻璃容器盛装药液时产生脱片现象就已被发现，因此，将玻璃耐水性作
为注射剂包装容器的重要检测指标，控制十分严格。21 世纪初，美国出现了几起由于玻璃
脱片导致注射药剂召回事件，在 2012 年美国药典中提出了 USP<1660>补充条款，对注射
用玻璃容器脱片问题的产生和检测作出了规定，目前已开始实行，经补充完善后可望成为美
国药典正式条款。

4.1.3.2 医药玻璃品种、组成和性能的关系

不同医药玻璃有不同化学组成，使其具有不同性质，以满足各种使用要求。

(1) 温度计玻璃 温度计玻璃是在钠钙玻璃基础上，针对温度计要求较小的热后效应，
即受热冷却后零点上升和零点下降情况，选择了只有一种一价碱金属氧化物（R_2O）的玻璃
组成，并引入 ZnO，使玻璃结构更加紧密，热传导速度更快，从而使温度测量误差大为降
低。满足温度计生产制造工艺的典型温度计玻璃组成，如表 4-2 所示。

表 4-2 典型温度计玻璃化学组成 单位：%

编号	SiO_2	Na_2O	K_2O	CaO	Al_2O_3	PbO	ZnO	Li_2O	B_2O_3	D/℃
16Ⅲ	67.5	14	—	7	2.5	—	7	—	2	0.05

(2) 生命科学用载玻片 生命科学研究过程中，细胞观察和基因测序属于常用研究手
段，但是所用载玻片有特殊要求，这类玻璃要求具有更好的化学稳定性和表面性质，普
通钠钙玻璃不能满足要求，因此在硼硅玻璃基础上，专门研发具有良好生物相容性的细
胞培养载体，不会使 DNA 螺旋体断裂的载玻片。氧化锌可以改变玻璃表面性质，减少吸
附性，同时代替氧化钙、氧化镁等二价碱土金属氧化物，防止钙、镁离子对生物活性物
质的干扰。氧化硼可改善玻璃耐水性能和熔化成形性能，无论使用二次拉板法，还是用
窄缝法或溢流法等一次拉制薄板都可满足要求。生命科学用显微镜载玻片或盖片玻璃化
学组成和性质见表 2-5。这种玻璃 TiO_2 含量较高，可以有效阻碍对生物活性物有害的紫外
线，同时通过强氧化气氛和极低的氧化铁含量，使其可见光通过率高，不影响显微镜光
学观察。

（3）肠道给药用药用玻璃容器　肠道药是通过口服在肠道内实现治疗作用的药物，包括片剂、粉剂、液剂。在装药保存时，片剂和粉剂药品与玻璃容器接触为干燥状态，玻璃容器表面基本不发生物质交换，普通的钠钙玻璃已能满足药品保存。而液剂肠道药即使存在离子析出，对药品质量也不产生影响，也可以使用普通的钠钙玻璃作为包装容器。钠钙玻璃析出大量 Na^+ 也会对药品有影响，因此，药用钠钙玻璃与平板玻璃和日用玻璃的钠钙玻璃化学组成是不同的，药用钠钙玻璃的化学稳定性更好，见表 4-3。从表 4-3 中可以看出，药用钠钙玻璃瓶的一价碱金属氧化物含量（R_2O）不大于 14%，氧化铝（Al_2O_3）含量高于 3%，另外为了增强化学稳定性，其中添加氧化硼（B_2O_3）含量高于 4%。如要盛装水剂、口服液则需使其 121℃颗粒法耐水在 2 级，否则 Na^+ 溶出会使药液变质浑浊，出现玻璃脱片，尤其是小容量管制瓶此种问题更严重。

表 4-3　各种钠钙玻璃化学组成与化学稳定性　　　　　单位:%

玻璃品种	SiO₂	Al₂O₃	CaO	MgO	R₂O	B₂O₃	SO₃	化学稳定性 耐水级别
平板玻璃	72.5	1.0	8.4	3.9	13.6		0.24	易发霉
玻璃杯	71.2	1.6	9.5		16.5	1.0	0.20	98℃颗粒法 ≤ 0.5mg Na₂O/g 玻璃
普通瓶罐	70~73	2~5	7.5~9.5	1.5~3	13.5~14.5	—		98℃颗粒法 ≤ 0.35mg Na₂O/g 玻璃
片剂药瓶	72	3	8.5	2.5	14			121℃颗粒法 2 级或 3 级
输液瓶	73	3	10		14			121℃颗粒法 2 级或 3 级 霜化后表面法耐水 HC2 级
口服液瓶	71.5	5.5	6.5	—	12.5	4.0		121℃颗粒法 2 级

（4）注射给药用药用玻璃容器　注射剂为液体，而且大部分是水剂，药液与玻璃接触会有各种玻璃成分析出，均应控制在一定范围内，其中尤以碱金属离子对药液影响最大，且碱金属离子析出是玻璃脱片的先兆。因此注射剂对包装玻璃碱金属离子析出量，即耐水性要求极高，必须保障玻璃容器内表面耐水 1 级且无玻璃脱片，应符合药典和 ISO 4802 中容器法内表面耐水一级或二级。为达到这些要求，注射剂包装玻璃瓶分别采用硼硅玻璃和霜化处理的钠钙玻璃制造，硼硅玻璃主要用于制造水针剂管制瓶，钠钙玻璃主要用于制造大输液模制瓶。虽然有可能存在硼硅玻璃容器和霜化处理的钠钙玻璃容器在测定内表面碱金属离子析出数值是相同的情况，但是经霜化处理的钠钙玻璃容器十分容易产生玻璃脱片现象。

① 大输液模制瓶玻璃组成　大输液模制瓶容量通常在 50mL 以上，所盛装药液种类为人体体液平衡用输液、营养用输液、血容量扩张用输液、治疗用药物输液和透析造影类等，基本通过静脉输液给药，主要药液产品为葡萄糖、氯化钠、葡萄糖氯化钠和甲硝唑，占 65% 以上。这些药液侵蚀性较弱，另外由于此类玻璃瓶单位容量接触表玻璃面积相对较少，一般使用霜化处理的钠钙玻璃瓶。大输液模制瓶经表面霜化处理，采用内表面法（也称容器法）测量耐水性可达二级、颗粒法耐水可达三级。玻璃生产技术与一般玻璃瓶罐差别不大，本章节不再论述，而霜化处理技术在本书第 9 章另有论述。

② 水针剂管制瓶玻璃组成　水针剂管制瓶容积主要为 20mL 以下，基本通过静脉输液给药或皮下注射给药，要求玻璃耐水性达到一级。表 4-4 列举了几种典型注射剂玻璃瓶的化学组成与耐水性指标，从表中可以看出，采用颗粒法进行耐水检测时，碱析出量与玻璃组成中 R_2O 含量成正比，以 B_2O_3 代替 R_2O 可以显著改善玻璃耐水性，同时 B_2O_3 有助于降低玻璃熔化温度。

表 4-4　典型注射剂玻璃容器化学组成及化学稳定性指标

玻璃品种	典型注射剂玻璃容器玻璃化学组成/%							121℃颗粒法耐水	
	SiO_2	Al_2O_3	CaO	BaO	R_2O	B_2O_3	耐碱	级别	/(mL/g 玻璃)
钠钙玻璃大输液瓶(模制)	71.0	3.0	10.0	—	14.0	<3.0	2级	2~3	0.58
								霜化后表面法耐水 HC2 级	
低硼硅玻璃瓶(管制)	71.5	5.5	3.3	2	11.5	6.7	2级	一级	0.07
中硼硅玻璃瓶(模制)	70.0	6.0	2.0		10.0	10.0	2级	一级	0.06
中硼硅玻璃瓶(管制)	74.0	5.0	2.0		8.0	11.0	2级	一级	0.05
高硼硅玻璃瓶(管制)	81.0	2.5	—		4.0	12.5	2级	一级	0.02

B_2O_3 代替 R_2O 并不是用量越多越好。B 元素的配位数有两种，即 3 配位和 4 配位，因此氧化硼在玻璃网络空间中存在三角体和四面体两种形式，硼氧四面体使玻璃结构紧密，化学稳定性优良。图 4-14 中可以看到，钠硼硅玻璃系统中玻璃的化学稳定性和热膨胀系数存在明显拐点，并且热膨胀系数和化学稳定性变极值所对应的玻璃组成不同，在 SiO_2-P 线的玻璃组成呈现出热膨胀系数极小值，在 SiO_2-Q 线的玻璃组成呈现出极小的碱析出量，表现极佳的化学稳定性，较好的耐侵蚀性。SiO_2-Q 线所在位置是远离玻璃分相区域的，因为玻璃分相区化学稳定性会急剧变坏，碱析出量极大增加。

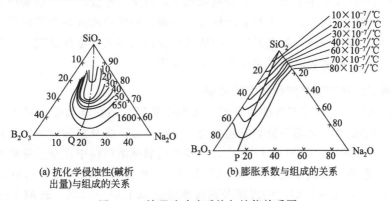

(a) 抗化学侵蚀性(碱析出量)与组成的关系　　(b) 膨胀系数与组成的关系

图 4-14　钠硼硅玻璃系统与性能关系图

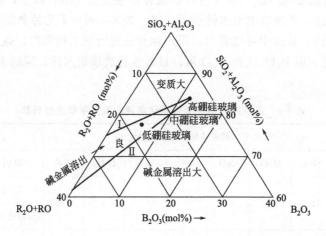

图 4-15   五元玻璃系统（R_2O-RO-Al_2O_3-B_2O_3-SiO_2）组成与性能关系

在图 4-15 中可以看到，三种典型的耐水一级硼硅玻璃在五元玻璃系统（R_2O-RO-Al_2O_3-B_2O_3-SiO_2）中所对应位置，对于不同的生产工艺，玻璃组成会有少许改变，但基本不会超出其组成范围。

（5）耐碱药用玻璃容器   玻璃耐酸性相对较好，而耐碱性相对薄弱，这在玻璃脱片原理图中已有表述。当药液 pH 值大于 8 甚至 10 时，极易导致玻璃脱片产生。近百年来，各国实际应用的药用玻璃耐碱性都是 2 级，即按耐碱标准检测玻璃表面失重大于 $75mg/dm^2$。为了制造耐碱失重小于 $75mg/dm^2$ 的药用玻璃，达到耐碱一级，同时满足耐酸、耐水也达到一级指标，在硼硅玻璃中加入 1.0%～3.0% ZrO_2 会获得显著的效果。20世纪 60 年代，我国为解决抗血吸虫病特效注射剂包装问题，专门研究了可耐 pH 值接近 10 的耐碱药用玻璃，该玻璃就是含有 1.0% ZrO_2 的低硼硅玻璃，为我国防治血吸虫病作出了很大贡献。

德国曾对耐碱玻璃开展过相关研究，得出的主要研究结论如下：耐碱玻璃工作点温度不可超过 1230℃，需要加入（质量分数）1%～3% ZrO_2、1.5%～1.0% Li_2O、7%～10% B_2O_3，且 SiO_2/B_2O_3 比值须大于 7.5。适当引入 K_2O 可以降低 Na_2O 含量。引入少量 ZnO 可以降低工作点温度 T_w。同时，为了减少硼挥发，须使 B_2O_3/（R_2O＋B_2O_3）（摩尔比值）远离 0.53～0.58 区间。

耐碱玻璃虽然研究成果不少，申报专利也较多，但生产难度较大，市场用量又不足以维持企业最低生产规模，而且未有大量装药试验。耐碱玻璃的应用效果尚需证实，需要经过化学相容性和生物相容性试验，甚至开展可提取物与浸出物相关安全性研究，然后进行大规模装药试验，才能进行耐碱玻璃规模化生产和装药使用。

4.1.3.3   微量成分对玻璃性能和环境的影响

（1）羟基（OH^-）对玻璃性能的影响   玻璃中的羟基是在玻璃熔化过程中形成的，自由水、原料中的结晶水、火焰在窑炉空间燃烧产生的水分，在高温条件下电离分解产生羟基（OH^-），其与玻璃网络中的 Si 或 O 连接。羟基在玻璃网络结构中存在三种典型结构，分别为强羟基、自由羟基、极强羟基，见图 4-16 所示，一般使用火焰炉熔化的玻璃中羟基含量可达 0.2%～0.8%，全电炉熔化的玻璃羟基含率可达 0.1%～0.3%，玻璃中的羟基含率以 0.2%～0.5% 为最佳。

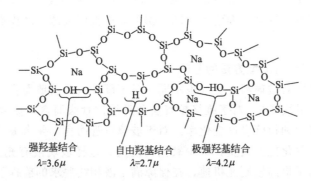

图 4-16　羟基（OH⁻）在玻璃网络结构中三种典型结构形式

　　玻璃中的羟基具有重要作用，有助于玻璃澄清与均化，也有利于玻璃红外吸收能力提高，在 $1200\sim1500\,°C$ 条件下，玻璃制品的火焰加工时间可以大幅缩短。如果羟基含量不足，则需要更高的火焰温度和更长时间，因此羟基含量低的玻璃经过火焰加工后，其表面耐水性往往表现较差，这是其中的主要原因之一。

　　（2）F⁻对玻璃性能的影响　F⁻是通过含氟无机化工原料或矿物原料引入到玻璃中的，其中包括萤石、氟硅酸钠。氟可促进玻璃熔化，是助熔剂和辅助澄清剂。

　　随着人们对含氟无机化工或矿物原料的危害性认识，逐步开始限制其应用，即使在玻璃中属于必不可少元素，原则上氟含量不能超过 0.1%。使用含氟无机化工或矿物原料将造成一些危害：①造成玻璃耐水性（滴定法）测量失真，因为游离析出的 F⁻ 会中和消耗 Na_2O，造成玻璃耐水性好的假象。②F⁻ 具有很强的玻璃网络断键能力，破坏玻璃网络结构的紧密性，使玻璃材料变脆，力学性能变差。③F⁻ 对耐火材料侵蚀性较大，导致耐火材料中密度较大的 ZrO_2 或 Al_2O_3 沉积在窑炉底部或料道底部，夹杂在玻璃液中形成不均质玻璃熔体，产生玻璃条纹，使玻璃环切质量变差，影响玻璃热震稳定性和力学性能变差。④含氟无机原料在玻璃熔化过程中，约有 $60\%\sim80\%$ 的 F⁻ 形成挥发物排放到大气中，产生严重的环境污染。

　　（3）Cl⁻ 和 SO_3^{2-} 对玻璃性能和环境的影响　Cl⁻ 主要作为高硼硅玻璃澄清剂引入到玻璃中的，一般使用食盐作为主要原料，食盐在高温下分解产生氯气，促进玻璃澄清，玻璃断面颜色为黄绿色，残余氯气排放到大气中污染环境。

　　SO_3^{2-} 主要作为茶色钠钙玻璃、棕色低硼玻璃、棕色中硼硅玻璃的澄清剂和还原剂，促进玻璃澄清和玻璃着色，一般使用无水硫酸钠作为主要原料，硫酸钠在高温条件分解产生 SO_2 气体，促进玻璃澄清，同时提供 SO_3^{2-} 实现还原条件，促进玻璃中的 Fe、Mn、Ti 元素对玻璃着色。

　　（4）氧化锂对玻璃性能的影响　20 世纪 50 年代以来，随着含锂矿物的大规模开发，Li_2O 的应用已从原子能领域进入玻璃领域，进入 21 世纪，随着锂电池的广泛使用，含锂原料价格大幅提高，给医药玻璃中 Li_2O 的应用带来很大的影响，因此氧化锂在玻璃中的应用必须结合性能与成本提高进行综合考虑。为此北京工业大学玻璃研究室与四川天齐矿业有限公司公司合作进行了锂辉石在医药玻璃中应用研究，得出如下主要研究结论：①锂辉石可降低熔化温度、节约燃料、延长炉龄，推荐 Li_2O 的最佳使用量为 $0.2\%\sim0.3\%$。②锂辉石可增大玻璃成形黏度范围所对应温度范围，降低丹纳拉管法玻璃料带温度，减少旋转管侵蚀，有利于提高玻璃拉管精度。③可降低玻璃黏度 10^3 泊所对应温度（玻璃火焰加工温度），降低氧化硼和氧化钠挥发，提高表面耐水性能。④可促进玻璃澄清，减少有害的砷、锑类澄清剂的引入。

4.1.3.4 玻璃成分调整对成型方法的影响

玻璃成型方法不同对玻璃料性要求也不同，对于硼硅医药玻璃而言，不同成型方法其化学组成是有差异的，见表4-5。对于维络拉管法和丹纳拉管法而言，玻璃化学组成差异是为了调节玻璃液相线温度和拉管黏度变化率。对于玻璃拉管而言，要求玻璃料性越长越好，可以适量增加氧化硼、氧化硅的用量，减少氧化钙使用，这样玻璃液有充分时间摊平和光滑。对于模制瓶而言，为了提高模制瓶机速，在保障满足液相线要求的前提下，尽量缩短玻璃料性，可以通过提高氧化钙含量来实现。对于中硼硅玻璃熔化而言，推荐使用电助熔横火焰熔化，或者使用热顶电熔化方式，这样可以适当增加羟基含量，有利于提高玻璃拉管精度，另外还能提高小瓶加工成形时内表面的耐水性能。

表 4-5　不同成型方法中硼硅玻璃成分有差别

玻璃牌号		Gx51-V	Gx51-D	Wn-I
成型方法		维罗拉管法	丹纳拉管法	模制成形法
化学成分 （质量分数）/%	SiO_2	72.0	73.0	70
	B_2O_3	11.5	11.2	10
	Al_2O_3	6.8	6.8	6
	$CaO+MgO$	0.7	1.0	2
	Na_2O	6.5	6.8	10
	K_2O	2.4	1.2	
	Cl^-	0.1	0.0	—
膨胀系数/($\times10^{-6}$/℃)		5.1	5.1	5.4
颗粒耐水性能		一级	一级	一级

4.1.3.5 氧化物替代对硼硅药用玻璃性能影响

硼硅药用玻璃体系为 R_2O（RO）-Al_2O_3-B_2O_3-SiO_2，属于碱铝硼硅系统。碱金属提供助熔性，氧化铝提供化学稳定性、避免玻璃分相；氧化硼提供助熔性、提高玻璃化学稳定性和热稳定性。氧化硅提供必要的玻璃网络结构和化学稳定性、力学性能。在玻璃化学组成设计时，应参考 Na_2O-B_2O_3-SiO_2 三元基础相图，避免玻璃分相，降低玻璃膨胀系数，增强玻璃化学稳定性。

硼硅药用玻璃组成设计时，首先考虑玻璃化学稳定性，避免玻璃组成处在分相区内，在碱金属氧化物使用方面，可以优先大量使用离子半径适中的 Na_2O，少量使用离子半径较大的 K_2O，微量使用 Li_2O。建议 Na_2O/K_2O 优选（4～10）：1。二价金属氧化物有助于玻璃高温熔化，优先使用 CaO、BaO、ZnO，虽然 BaO、ZnO 助熔效果优于 CaO，但是成本相对较高，尽量避免玻璃成分中引入 MgO，因为其易产生玻璃脱片，建议优选 CaO+BaO+ZnO 使用量为 0.5%～7.5%。

4.2 玻璃原料与质量控制

4.2.1 主要玻璃原料

主要原料是指引入玻璃化学组成中氧化物的原料，主要有石英砂、长石、方解石、纯碱、硼砂等，按所引入氧化物的性质又分为酸性氧化物原料、碱性氧化物原料和碱土金属氧化物原料。按所引入氧化物在玻璃结构中的作用，又分为玻璃形成体氧化物原料，中间体氧化物原料，网络外体氧化物原料。按来源可分为矿物原料（石英、长石、方解石、锂云母、锂辉石、萤石）、化工原料（纯碱、硼酸、碳酸钡、硼砂、钴粉、硒粉）。

（1）引入 SiO_2 的原料

① 石英砂 石英砂又称硅砂，它是石英岩、长石和其它岩石受水和 CO_2 以及温度变化等综合作用，逐渐分解、风化而成。

石英砂主要成分是 SiO_2，常含有 Al_2O_3、TiO_2、CaO、MgO、Fe_2O_3、Na_2O、K_2O 等杂质。高质量的石英砂含 SiO_2 应在 $99\%\sim99.9\%$。石英砂中经常含有黏土、长石、白云石、海绿石等轻矿物，还含有磁铁矿、钛铁矿、硅线石、蓝晶石、赤铁矿、褐铁矿、金红石、电气石、黑云母、钴石、榍石等重矿物，同时也含有氢氧化铁、有机物、锰、镍、铜、锌等金属化合物的包膜，以及铁和二氧化硅的固溶体，同一产地的石英砂其化学组成往往波动也较大，但就其颗粒度来说是比较均一的。

② 砂岩 砂岩是石英砂在高压作用下，由胶结物胶结而成的矿岩，粉碎后的砂岩通常称为石英粉。根据胶结物的不同有二氧化硅（硅胶）胶结的砂岩、黏土胶结的砂岩、石膏胶结的砂岩等。砂岩的化学成分不仅取决于石英颗粒，而且与胶结物的性质和含量有关，如二氧化硅胶结的砂岩，纯度较高，而黏土胶结的砂岩则 Al_2O_3 含量较高。

一般来说，砂岩所含的杂质较少，而且稳定。其质量要求是含 SiO_2 98%以上，含 Fe_2O_3 不大于 0.2%。砂岩的硬度高，接近于莫氏硬度七级，开采比石英砂复杂，而且一般需经过破碎、粉碎、过筛等加工处理（有时还要经过煅烧再进行破碎、粉碎处理），因而成本比石英砂高。

③ 石英岩 石英岩是石英颗粒彼此紧密结合而成，它是砂岩的变质岩，石英岩硬度（莫氏七级）比砂岩高，强度大。由于石英岩 SiO_2 含量较砂岩高，而杂质含量较砂岩低，故常用于无色玻璃制品。

④ 脉石英 脉石英的主要成分是孪生的石英结晶体，一般为无色、乳白色或灰色。无色透明的称为水晶，而脉石英有明显的结晶面，常用作石英玻璃的生产原料。

从四种 SiO_2 原料描述可知，不同的 SiO_2 原料矿其成分存在较大差异，如表 4-6 所示。我国地域辽阔，蕴含着大量的 SiO_2 原料，表 4-7 列举了我国各地的 SiO_2 原料化学成分。

表 4-6 不同类型 SiO_2 原料矿化学组成 单位：%

含 SiO_2 矿产名称	SiO_2	Al_2O_3	Fe_2O_3	CaO	MgO	R_2O
硅砂	90~98	1~5	0.1~0.2	0.1~1.0	0.0~0.2	1~3
砂岩	95~99	0.3~0.5	0.1~0.3	0.05~0.1	0.1~0.5	0.2~1.5
石英	98~99	0.18~1.0	0.03~0.1	0.24~0.5	0.0~0.05	
水晶	>99.9	0.025	0.002	0.03	痕量	0.013

表 4-7　中国各地 SiO_2 原料化学组成　　　　　　单位：%

SiO_2 原料产地	SiO_2	Al_2O_3	CaO	MgO	Na_2O+K_2O	Fe_2O_3	灼减
安徽凤阳石英	99.56	—	0.12		0.23	0.015	—
湖北蕲春石英	99.85	—	—		—	0.006	—
广东潮州石英	98.32	0.96	0.46	0.05	—	0.030	0.25
北京房山石英	99.86	0.08	—		—	0.054	—
湖北汨罗石英	99.78	—	—		—	0.080	—
辽宁海城石英	98～99	0.24	0.24		—	0.030	—
云南昆明硅砂	99.50	0.46	—		—	0.060	—
广东广州硅砂	99.14	0.41	—		—	0.110	0.43
湖南湘潭硅砂	97～86	1.62	—		0.3	0.300	—
内蒙蒙西硅砂	86～91	5～7	1.0		1～1.5	0.200	—
山东威海硅砂	91～95	3～6	0.1		2～3	0.100	—
北京南口硅砂	98～99					0.150	—

（2）引入 B_2O_3 的原料

① 硼酸　硼酸（H_3BO_3），分子量 61.82，密度 1.44g/cm³，其中含 B_2O_3 56.45%，H_2O 43.55%。硼酸为白色鳞片状三斜结晶，具有特殊光泽，触之有脂肪感觉，易溶于水，加热至 100℃ 则失水而部分分解，变为偏硼酸（HBO_2）。在 140～160℃ 时，转变为四硼酸（$H_2B_4O_7$），继续加热则完全转变为熔融的 B_2O_3。在熔制玻璃时，B_2O_3 的挥发与玻璃的组成及熔制温度、熔炉气氛、水分含量和熔制时间有关。一般挥发量为 5%～15%，也有高达 15% 以上的。在熔制含有硼酸的玻璃配合料时，应根据熔化后的玻璃化学组成分析结果，来确定 B_2O_3 的挥发率，并在计算配合料时予以补充和修正。

② 硼砂　硼砂因结晶水数量不同，分为十水硼砂、五水硼砂、无水硼砂。硼砂易受环境和温度影响，导致结晶水含量发生改变，因此需要注意贮存环境和运输条件。化工硼原料包括硼酸和硼砂，需要特别注意含有的 SO_3^{2-} 和 Cl^-，它们会导致玻璃产生气泡。

a. 十水硼砂（$Na_2B_4O_7 \cdot 10H_2O$），分子量 381.4，密度 1.72g/cm³，含 B_2O_3 36.65%，Na_2O 16.29%，H_2O 47.06%。十水硼砂为坚硬的白色菱形结晶，易溶于水，加热则先熔融膨胀而失去结晶水，最后变为玻璃态。十水硼砂可以同时引入 Na_2O 和 B_2O_3，B_2O_3 的挥发与硼酸相近。必须注意，含水硼砂在贮运过程中会失去部分结晶水而导致化学成分变化，另外，由于十水硼砂（$Na_2B_4O_7 \cdot 10H_2O$）在中低温度失水呈现黏稠状态，会导致炉头仓配合料堵塞，向炉内加料困难等情况发生，并且熔化时的挥发量较大，遇到上述情况应该及时减少十水硼砂用量，增大五水硼砂（$Na_2B_4O_7 \cdot 5H_2O$）用量。

b. 五水硼砂（$Na_2B_4O_7 \cdot 5H_2O$），分子量 291.4，含 B_2O_3 48.4%，Na_2O 22.08%，H_2O 29.52%。它是生产高硼硅玻璃的首选原料，其成分范围为：B_2O_3 48.6%～49.3%，Na_2O 21.6%～21.9%。

c. 无水硼砂或煅烧硼砂（$Na_2B_4O_7$）是无色玻璃状小块，密度 2.37g/cm³，含 B_2O_3 69.2%，Na_2O 30.8%。在玻璃熔化时，B_2O_3 挥发损失相对较小。

对十水硼砂的质量要求：$B_2O_3>35\%$，$Fe_2O_3<0.01\%$，$SO_3^{2-}<0.02\%$，SO_3^{2-} 会导致硼硅玻璃内气泡产生，难以排除。

③ 含硼矿物　硼酸和硼砂价格都相对比较高，若使用天然含硼矿物，经过精选后引入 B_2O_3 在成本上较为有利，但是医药玻璃不主张使用含硼矿物原料，会导致更多杂质离子进

入医药玻璃中。在我国辽宁、吉林出产丰富的硼镁石矿物资源，青海、西藏等省具有丰富的盐湖硼资源。

（3）引入 Al_2O_3 的原料　引入 Al_2O_3 的原料有氧化铝、氢氧化铝、长石、黏土、蜡石等。长石是引入氧化铝的主要原料，常用的是钾长石（$K_2O \cdot Al_2O_3 \cdot 6SiO_2$）和钠长石（$Na_2O \cdot Al_2O_3 \cdot 6SiO_2$）。在使用氧化铝和氢氧化铝时，需注意原料差别和晶形差别。

长石除了引入 Al_2O_3 外，还可引入 Na_2O、K_2O、SiO_2 等。由于长石能引入碱金属氧化物，可减少纯碱的用量，一般在低档玻璃中应用甚广。长石的颜色多以白色、淡黄色或肉红色为佳，常具有明显的结晶解理面，硬度 6～6.5，相对密度 2.4～2.8g/cm³，在 1100～1200℃之间熔融。含有长石的玻璃配合料易于熔制，是玻璃节能配方推荐使用的原料之一。

（4）引入 Na_2O 的原料　引入 Na_2O 的原料主要为纯碱和芒硝，大量使用的纯碱为化工原料，一般要求 Na_2CO_3 含量在 98% 以上，有时也采用少量的硝酸钠和氢氧化钠。

① 纯碱（碳酸钠）　纯碱是玻璃中引入 Na_2O 的重要原料，分为结晶纯碱（$Na_2CO_3 \cdot 10H_2O$）与煅烧纯碱（Na_2CO_3）两类。玻璃工业中一般采用煅烧纯碱。煅烧纯碱是白色粉末，易溶于水，极易吸收空气中的水分而潮解，容易产生结块，因此必须贮存于干燥仓库内。为了避免上述问题，现代玻璃工业主要使用颗粒状纯碱。

纯碱的主要成分是 Na_2CO_3，分子量 105.99，理论上含有 58.53% Na_2O 和 41.17% CO_2。在玻璃熔化过程中 Na_2O 进入到玻璃结构中，CO_2 则逸出进入烟气。纯碱中常含有少量硫酸钠、氧化铁等杂质。含氯化钠和硫酸钠杂质多的纯碱，在熔制玻璃时会形成"硝水"。

② 芒硝　芒硝分为天然芒硝、无水芒硝、含水芒硝。无水芒硝是白色或浅绿色结晶，它的主要成分是硫酸钠（Na_2SO_4），分子量为 142.02，密度 2.7g/cm³。理论上含 Na_2O 43.7%，SO_3 56.3%。直接使用含水芒硝（$Na_2SO_4 \cdot 10H_2O$）比较困难，要预先熬制或烘烤，除去其结晶水，再粉碎、过筛，然后使用。

芒硝与纯碱比较有以下的缺点：

a. 芒硝的分解温度高（1120～1220℃），SiO_2 与 Na_2SO_4 之间的反应要在较高的温度下进行，且速度慢，熔制玻璃时需要提高温度，耗热量大，燃料消耗多；

b. 芒硝蒸气对耐火材料有强烈的侵蚀作用，在熔化时，它没有与二氧化硅发生反应或分解，就生成液体，俗称"硝水"，危害性很大，并且会使玻璃产生缺陷；

c. 含芒硝配合料必须加入还原剂，并在还原气氛下进行熔制；

d. 芒硝较纯碱含 Na_2O 量低，在玻璃中引入同样数量的 Na_2O 时，所需芒硝的量比纯碱多 34%，相应增加了运输和加工储备等生产费用。

用纯碱引入 Na_2O 较芒硝为好，但在芒硝原料充足、价格低廉时，用芒硝引入 Na_2O 也是一种解决办法。由于芒硝除了具有引入 Na_2O 作用，还有澄清作用，因而在采用纯碱引入 Na_2O 的同时，也常使用部分芒硝（2%～3%）。芒硝易吸收水分而潮解，应储放在干燥仓库内，并且要经常测定其水分含量。

③ 硝酸钠　硝酸钠主要用于氧化还原型澄清剂配合使用的化工原料，需要控制其用量，用量过多，将产生 NO_x，污染环境。

（5）引入 K_2O 的原料　引入 K_2O 的原料主要为碳酸钾（K_2CO_3）和硝酸钾（KNO_3）。

① 碳酸钾　碳酸钾（K_2CO_3），分子量 138.2，理论上含 K_2O 68.2%，CO_2 31.8%，白色结晶粉末，相对密度 2.3。玻璃工业中采用的碳酸钾常用煅烧碳酸钾，在湿空气中极易潮解而溶于水，故必须保存于密闭的容器中。使用前必须测定水分含量，碳酸钾在玻璃熔制时，K_2O 的挥发损失较大，可达自身重量的 12%。

② 硝酸钾　硝酸钾（KNO_3），又称钾硝石、火硝，分子量 101.11，理论上含 K_2O 46.6%。硝酸钾是透明的结晶，密度 $2.1g/cm^3$，易溶于水，在湿空气中不潮解，熔点 334℃，继续加热至 400℃ 则分解而放出氧。硝酸钾除向玻璃中引入 K_2O 外，也是氧化剂、澄清剂和脱色剂。

（6）引入 Li_2O 的原料　引入 Li_2O 的原料，主要为碳酸锂（Li_2CO_3）和天然含锂矿物。

碳酸锂（Li_2CO_3），分子量 73.9，含 Li_2O 40.46%，CO_2 59.54%，白色结晶粉末。天然含锂矿物主要有锂云母（含 Li_2O 6%）、透锂长石（含 Li_2O 9%～10%）、锂辉石（含 Li_2O 8%）等，其中锂云母（$LiF \cdot KF \cdot Al_2O_3 \cdot 3SiO_2$）由于容易熔化，适合作助熔剂使用。

（7）引入 CaO 的原料　CaO 可以通过方解石、石灰石、白垩、沉淀碳酸钙等原料来引入。

方解石主要化学成分是碳酸钙，它是自然界分布极广的一种沉积岩，外观呈白色、灰色、浅红色或淡黄色。纯净的碳酸钙分子量为 100，含 CaO 56.08%，CO_2 43.92%。无色透明的菱面体方解石结晶，称为冰洲石，应用于制造光学仪器，价值很高。用作玻璃原料的一般是不透明的方解石，硬度 3，密度 $2.7g/cm^3$。粗粒方解石的石灰岩称为石灰石。细粒疏松的方解石的质点与有孔虫软体动物类的方解石屑的白色沉积岩称为白垩（也有人认为白垩是无定形碳酸钙的沉积岩）。石灰石硬度 3，密度 $2.7g/cm^3$，常含有石英、黏土、碳酸镁、氧化铁等杂质。白垩一般比较纯，仅含有少量的石英、黏土、碳酸镁、氧化铁等杂质，质地较软，易于粉碎。

（8）引入 MgO 的原料

① 白云石　白云石又叫苦灰石，是碳酸钙和碳酸镁的复盐，分子式为 $CaCO_3 \cdot MgCO_3$，理论上含 MgO 21.9%，CaO 30.4%，CO_2 47.7%。一般为白色或淡灰色，当含铁杂质多时，呈黄色或褐色，密度 $2.80～2.95g/cm^3$，硬度为 $3.5～4.0$。白云石中常见的杂质是石英、方解石和黄铁矿。白云石能吸水，应储存在干燥处。

② 菱镁矿　菱镁矿，亦称菱苦土，灰白色、淡红色或肉红色。它的主要成分是碳酸镁 $MgCO_3$，分子量 84.39，理论上含 MgO 47.9%，CO_2 52.1%。菱镁矿含 Fe_2O_3 较高，在用白云石引入 MgO 的量不足时，才使用菱镁矿。

（9）引入 BaO 的原料　引入氧化钡的原料主要是碳酸钡（$BaCO_3$）和硫酸钡（$BaSO_4$）。

① 硫酸钡　硫酸钡（$BaSO_4$），分子量 233.4，密度 $4.5～4.6g/cm^3$，白色结晶。天然的硫酸钡矿物称为重晶石，含有石英、黏土、铁的化合物等。

② 碳酸钡　碳酸钡（$BaCO_3$），分子量 197.4，相对密度 4.4，无色的细微六角形结晶，天然的碳酸钡称为毒重石。在制造光学玻璃时，有时用硝酸钡 $Ba(NO_3)_2$ 或氢氧化钡 $Ba(OH)_2$ 来引入 BaO。

（10）引入 ZnO 的原料　引入 ZnO 的原料为氧化锌和菱锌矿。

① 氧化锌　氧化锌 ZnO，也称锌白，是白色粉末。氧化锌一般纯度较高，要求>96%，并不应含铅、铜、铁等化合物的杂质。氧化锌颗粒较细，在配制时易结团块，使配合料不易混合均匀。

② 菱锌矿　菱锌矿的主要成分是碳酸锌（$ZnCO_3$），理论上含 ZnO 64.9%，SiO_2 等杂质，原矿精选后，可以直接使用。

（11）引入 ZrO_2 的原料　医药玻璃中四价金属氧化物一般用二氧化锆（ZrO_2）引入。ZrO_2 能提高玻璃的黏度、硬度和化学稳定性，特别是能提高玻璃的耐碱性能，降低玻璃的热膨胀系数，但是 ZrO_2 属于难熔氧化物，会提高玻璃熔化温度。引入 ZrO_2 的原料主要通过 ZrO_2 或锆英石 $ZrO_2 \cdot SiO_2$，锆英石是含 ZrO_2 的硅酸盐，其相对 ZrO_2 而言更易溶解在玻璃中。

（12）引入澄清剂的原料　在玻璃配合料加入某种高温时分解放出气体原料，帮助排除玻璃熔体中的气泡，这些原料称为澄清剂。玻璃常用澄清剂有三氧化二砷（俗称白砒）、三氧化二锑、硝酸盐、硫酸盐、氟化物、氯化物及氧化铈等，白砒（As_2O_3）和三氧化二锑（Sb_2O_3）分别属于剧毒和有毒物质，国外在医药玻璃中已经限制或限量使用，国内医药玻璃中尚有少数企业使用。国家药品监督管理局已将其列入标准制订计划，制定对 As_2O_3 和 Sb_2O_3 溶出限量值。现在已经用于医药玻璃的新型澄清剂有氧化铈 CeO_2，在玻璃熔制温度下，CeO_2 能分解放出氧，是一种强氧化剂，氧化铈价格比较昂贵。

（13）引入着色剂的原料　能使玻璃具有各种产生不同颜色的物质称为着色剂。可分为离子着色和胶体着色两大类，医药玻璃除常见的无色透明制品外，尚有棕色和蓝色，这类着色剂均为离子着色剂，常用的有氧化钛（TiO_2）、氧化钴（CoO）、氧化铁（Fe_2O_3）、氧化锰（MnO_2）及硫的化合物。CoO 是比较稳定的强着色剂，玻璃中加入 0.002% 的 CoO 就可使玻璃获得浅蓝色，加入 0.1% 的 CoO 可以获得明亮的蓝色。氧化铁与锰的化合物或硫的化合物与煤粉共同使用，可使玻璃呈棕色。

（14）引入脱色剂的原料　玻璃脱色主要指减弱铁化合物等对玻璃着色的影响，从而使无色玻璃具有良好的透明度。脱色剂按其作用原理分为化学脱色和物理脱色两种。一般医药玻璃不推荐使用脱色剂。

① 化学脱色剂　化学脱色是借助于脱色剂的氧化作用，使玻璃被有机物沾染的黄色消除，并使着色能力强的 FeO 变成着色能力弱的 Fe_2O_3，常用的脱色剂有硝酸钠（$NaNO_3$）、白砒（As_2O_3）、氧化锑（Sb_2O_3）、氧化铈（CeO_2）等。

② 物理脱色剂　物理脱色是往玻璃中加入一定数量能产生互补色的着色剂，使玻璃中由 FeO、Fe_2O_3、Cr_2O_3 等产生的黄绿色到蓝绿色得到互补，但物理脱色会降低玻璃的总透明度。常用的物理脱色剂有氧化锰、硒粉、氧化铈等。

（15）引入乳浊剂的原料　乳浊剂是使玻璃产生不透明的乳白色物质。当熔融玻璃的温度降低时，乳浊剂析出大小为 $10 \sim 100nm$ 的晶体或无定形的微粒，与周围玻璃的折射率不同，由于反射和衍射作用，使光线产生散射，从而使玻璃产生不透明的乳浊状态。玻璃的乳浊程度与乳浊剂的种类、浓度（用量），玻璃的组成、熔制温度、热处理温度相关。

常用的乳浊剂有氟化物、磷酸盐、氧化锡、氧化锑、氧化砷等。

（16）引入助熔剂的原料　能促使玻璃熔制过程加速的原料称为助溶剂。有效的助溶剂有氟化物、硼化合物、钡化合物和硝酸盐等。

（17）引入氧化还原剂的原料　在玻璃熔制时，能分解释放出氧的原料称为氧化剂，反之，能夺取氧的原料称为还原剂。通过这些物质的调节，可以改变玻璃液和窑炉空间的气氛条件（氧化性或还原性）。常用的氧化剂有硝酸盐、三氧化二砷、氧化铈等。常用的还原剂有碳（煤粉、焦炭粉、木炭、木屑）、酒石酸钾、锡粉及其化合物、金属锑粉、金属钼粉等。

4.2.2　原料质量控制

玻璃原料中有部分矿山原料，经过矿山开采、加工后，一般要求进入玻璃厂的原料为粉状，不必进行再加工，可直接用来制备玻璃配合料。因此，进厂原料的质量，直接影响到玻璃生产的整个过程，对玻璃制品的质量有着极其重要的影响。传统玻璃原料的质量好坏主要从化学成分、颗粒度、水分三方面来检验。现代化玻璃生产将原料的成分控制、粒度控制和COD（化学需氧量）值控制作为生产高效优质和低耗玻璃的三要素。对于矿石原料，须注意化学成分的稳定以及防止混入有害物质；对于化工原料要特别注意其加工过程中引入的杂质离子对玻璃质量的影响，包括有害元素和着色离子。

（1）外观质量控制　原料的外观质量控制主要包括原矿构成、包装质量、原料的色泽、杂物混入及污染、粒度初检等。

控制方法：肉眼观察、人手感觉、初步筛分等。

主要控制环节：加工厂矿的原矿控制、矿山成品原料控制、进厂原料商检控制、上料过程控制等。

（2）水分控制　原料水分是原料质量的一个重要控制指标，特别是硅质料的水分必须低而稳定，否则配合料的水分指标难以控制，如果水分波动大则难以跟踪控制而造成玻璃成分有较大变化。硅砂水分一般要控制在5％以下，砂岩水分一般控制在8％以下，其它原料控制在0.5％以下，对于硼硅玻璃原料（包括碎玻璃）水分要控制在0.2％以下。

表 4-8　各种原料的粒度、水分要求

原料名称	粒度范围/mm	质量百分比	水　分
硅砂、砂岩	≥0.06	0	硅砂≤5%，砂岩≤8%
	0.6～0.5	≤5%	
	0.5～0.1	≥90%	
	<0.1	<5%	
白云石、石灰石	≥2.0	0	≤0.5%
	2.0～0.1	≥90%	
	<0.1	10%	
长石	≥0.56	0	≤0.5%
	0.56～0.1	≥85%	
	≤0.1	<10%	
纯碱	≥1	0	≤0.3%
	1～0.1	≥90%	
	≤0.1	<10%	
芒硝	≤0.1	<20%	≤0.3%
碳粉	≥1	0	≤0.5%
	1～0.1	>85%	
	≤0.1	≤15%	

（3）颗粒度控制　原料粒度组成对配合料混合的均匀度、熔化速率有很大影响，玻璃原料的颗粒组成要符合一定的要求且保持稳定。原料颗粒过粗，特别是硅质和含铝原料颗粒过粗，会使熔化困难。石英颗粒大小对玻璃形成时间的影响见式（4-1）。

$$J = Kr^3 \tag{4-1}$$

式中　J——玻璃形成时间，min；

　　　r——原始石英颗粒的半径，cm；

　　　K——与玻璃成分和实验温度有关的常数。

由式（4-1）可见，石英颗粒越小，玻璃生成速度越快。但如果颗粒很细（$r =$ 0.06mm），细粒可能结团成块，因而其效果反而如同大颗粒一样，并且在熔化时易于飞散，侵蚀炉体，堵塞蓄热室，影响熔窑的使用寿命和玻璃质量。

为了防止配合料输送过程中的分层，一般要求轻质物料颗粒度大一些，重质物料颗粒度小一些，并适当减小难熔物料的颗粒，特别是硅质料的颗粒。

以某厂为例，实际生产中的钠钙原料的粒度、水分要求见表 4-8。

（4）化学成分控制 对玻璃原料的质量要求首先是化学组成稳定，波动要小。如果一批原料品位很高，但其内部化学组成波动较大；或批与批之间原料平均成分变动较大仍不能认为它的质量是好的。其次是原料的品位，即主要引入氧化物的含量。实践证明主要氧化物含量的稳定更为重要，因此在制定原料采购标准时更要明确主要氧化物的波动范围。

① 石英砂、砂岩成分要求 由于原料的产地不同，SiO_2 的含量会略有不同，所选的原料既要满足玻璃质量要求，又要综合考虑成本，见表 4-9。

表 4-9 石英砂、砂岩的成分要求   单位:%

化学组成 原料	SiO_2	Al_2O_3	Fe_2O_3
石英砂	＞97±0.5	1.5±0.1	＜0.08
砂岩	＞98±0.5	0.5±0.5	＜0.08

在我国北方地区，为降低生产成本，有的企业不用长石引入 Al_2O_3，而采用内蒙古硅砂和砂岩，也可以满足玻璃 SiO_2 和 Al_2O_3 的要求。硅砂成分要求见表 4-10。

表 4-10 硅砂成分要求   单位:%

化学组成 原料	SiO_2	Al_2O_3	Fe_2O_3
硅砂	＞92±0.5	3.8±0.3	＜0.2

② 白云石、石灰石成分要求 为了改善澄清效果，提高熔化速率，使碳酸盐在澄清后期发生分解反应，排放气体，近年来各生产企业都增大了白云石与石灰石的颗粒到 2mm 左右，这就对白云石、石灰石中的 SiO_2 含量提出了更高的要求，如果白云石与石灰石中的 SiO_2 含量过低，玻璃板上易出现硅质结石，见表 4-11。

表 4-11 白云石、石灰石成分要求   单位:%

化学组成 原料	SiO_2	CaO	MgO	Fe_2O_3
白云石	＜1.5±0.5	＞30±0.5	≥21±0.5	0.1
石灰石	＜1.0±0.5	≥52±0.5		＜0.1

③ 纯碱、芒硝成分要求 纯碱、芒硝都为化工原料，其成分相对稳定，对其要求见表 4-12。

表 4-12　纯碱、芒硝成分要求　　　　　　　　单位：%

化学组成 原　料	Na_2CO_3	Na_2SO_4	NaCl
纯碱	≥99		<0.3
芒硝		≥95	

（5）有害杂质的控制　对原料有害杂质的要求是指原料中 Fe_2O_3、难熔重矿物及原料中污染物的要求。

① 原料中 Fe_2O_3 的含量要求　一般硅质料 Fe_2O_3 含量小于 0.1%，长石 Fe_2O 含量小于 0.2%，白云石、石灰石 Fe_2O_3 含量小于 0.08%，并做好加工运输过程中铁含量的控制。

② 难熔重矿物要求　原料进厂后，主要靠目测和筛分抽查来控制，不能有粒径大于 0.2mm 的铬铁矿和粒径大于 0.4mm 的难熔物，如堇青石、刚玉、硅线石。选矿初期要对原料进行电镜分析。

③ 原料污染物的要求　原料进厂后主要靠目测检查，原料中不能含有砖块、水泥块、金属杂质、木条、塑料布等杂质。

此外，在生产颜色玻璃时，色料是一种重要的玻璃原料，其成分和粒度必须严格控制。由于色料用量少，生产颜色玻璃时透热性差，玻璃难以均化，因此色料在使用前必须预先均化。

（6）着色料的质量控制

① 铁粉

a. 化学成分　Fe_2O_3≥95%，Al_2O_3≤0.5%，SiO_2≤0.8%，水溶物水分≤0.3%，105℃挥发物≤1%。

b. 粒度：大于 100μm，不允许。

② 钴粉

a. 化学成分：Co≥72%，Cu≤0.3%，Ni≤1.0%，碱金属及碱土金属（以硫酸盐计）<1.0%。

b. 粒度：+150μm，≤1.0%。

③ 锰粉

a. 化学成分：MnO_2≥45%。

b. 粒度：小于 125μm，≥95%。

④ 硒粉

a. 化学成分：Se≥99.5%。

b. 粒度：+100μm，不允许。

（7）碎玻璃的质量控制　工厂使用的碎玻璃一般分两部分：一部分为自身窑炉产生的回头料；另一部分为外来碎玻璃，但医药玻璃一般不使用外购碎玻璃。

当循环使用本厂回头料碎玻璃时，要补充氧化物的挥发损失（主要是碱金属氧化物，如氧化硼等）并调整配方，保持玻璃的成分不变，碎玻璃比例大时，还要补充澄清剂的用量。

当使用外来碎玻璃时，要进行清洗、分选、去除杂质，用磁选法除去金属杂质，一般在碎玻璃破碎、清洗输送皮带，料仓下料口，混料输送皮带等处加装强力磁铁或电磁铁，进行金属杂质的剔除。同时，对外来碎玻璃必须取样进行化学全分析，根据其化学成分，调整料方。

碎玻璃的粒度没有严格的规定，但应均匀一致。实践表明，如碎玻璃的粒度与配合料的其它原料粒度相当，则纯碱将优先与碎玻璃反应，使石英砂熔解困难，整个熔制过程就要变慢变坏。碎玻璃的粒度，应当比其它原料的粒度大得多，这样有效防止配合料分层，并使熔化加快。一般来说，碎玻璃粒度在 2～20mm 为佳，但考虑到片状、块状、管状等碎玻璃加工处理等因素，通常采用 20～40mm 的粒度亦可。

4.3 玻璃配合料制备

4.3.1 配合料质量要求

合格的配合料是保障玻璃熔化质量的先决条件。玻璃的熔制过程不局限于在熔窑高温熔融中所发生的系列固-液-气相反应，应该延伸到配合料制备质量，没有严格的配合料制备工艺，就难以获得优质的玻璃制品。

20 世纪 50 年代，玻璃行业开始对玻璃原料和玻璃混合料在玻璃生产中的重要性的认识有了巨大的改变，配料车间是一个固体混合器，熔制车间是一个液体混合器，两者前后串联在一起，各司其职。只有配料车间和熔制车间运行正常，才能真正地达到高效、优质生产。同时，人们对原料也有了新的认识，明确提出对玻璃原料不仅要控制成分还要控制粒度。原料太粗不易熔化，但原料太细也不好，不仅不易澄清，还会飞扬到窑炉蓄热室中，造成蓄热室堵塞或侵蚀蓄热室。另外，原料中的粗细粒子的分散性也会直接影响混合料的均匀性，而混合料的均匀性好坏又直接影响到熔窑的玻璃熔化率和玻璃质量。

配合料的质量对玻璃制品产量和质量会产生较大影响，虽然不同的玻璃制品对配合料质量有不同的要求，但均需满足以下基本要求。

(1) 颗粒组成 构成配合料的各种原料具有一定粒度分布规律，原料的颗粒组成将直接影响配合料的均匀度、熔化速度、玻璃形成速度以及玻璃液的均匀度等。

配合料的颗粒组成不仅要求同一原料有适宜的颗粒度，而且要求各原料间有一定的粒度比。其目的在于提高配合料的混合质量，防止配合料在运输过程中的分层，因此应使各种原料的颗粒尺寸相近。对于难熔玻璃原料，其颗粒度要适当减小。

在玻璃配合料的整个熔化过程中，影响硅酸盐形成速度和玻璃形成速度的主要因素之一是原料的颗粒度。尤其是玻璃形成速度主要取决于剩余砂粒的熔化与扩散。从热力学观点看，当增加物质的细度时，该物质的等温等压位也增加，即物质的饱和蒸气压、溶解度、化学活性也相应增大。因此，小粒度的原料比大粒度的原料更容易加速硅酸盐和玻璃的形成，玻璃液也更快实现均化，当然，过细的原料也会给其它工艺环节带来不利的影响，比如，在火焰炉中易产生粉尘飞扬，堵塞蓄热室格子砖。

(2) 适量的水分 在配合料中加入适量的水可增加颗粒表面的吸附性，易使配合料混合均匀，减少配合料在输送过程中的分层和料粉飞扬，有利于改善工作环境和延长熔窑使用寿命。同时，配合料含有适量的水分可使熔制过程中物间的固相反应加速。

直接向配合料加水会引起混合不均，所以常常先润湿石英质原料，使水分均匀地分布在砂粒表面形成水膜，此水膜约可溶解 5% 的纯碱和芒硝，有利于玻璃的溶解。砂粒越细所需的水量也越多。当配合料中使用纯碱时，水分宜控制在 3%～5%；当配合料中使用芒硝时，水分宜控制在 7% 以下。对于硼硅玻璃而言，玻璃原料推荐使用干基原料，尤其是碎玻璃必须进行干燥处理。

（3）适量的气体率　为使玻璃配合料易于澄清和均化，配和料中必须含有适量的受热分解后能释放气体的原料，如碳酸盐、硝酸盐、硫酸盐、硼酸、含水硼砂等。这些原料在受热分解后所逸出的气体对配合料和玻璃液具有搅拌作用，有利于硅酸盐形成和玻璃液均化。一般在配料计算时，都需对配合料的气体率进行计算。

气体率过高，会造成玻璃液翻腾剧烈，延长澄清和均化时间；气体率过低，又使玻璃液澄清和均化不完全。对于钠钙玻璃，使用火焰炉熔化，配合料的气体率一般控制在 15％～20％；使用电熔炉熔化，配合料的气体率一般控制在 8％～12％。对于硼硅玻璃，使用火焰炉熔化，配合料的气体率一般控制在 10％～15％；使用电熔炉熔化，配合料的气体率一般控制在 5％～8％。

（4）配合料的均匀性　玻璃配合料不均匀在熔化过程中容易造成富含易熔氧化物的区域先熔化，而富含难熔物质的区域后熔化，从而导致玻璃制品产生条纹、气泡、结石等缺陷。推荐医药玻璃配合料的均匀度不小于97％，配合料从配料房运输到炉前仓不应发生明显分层和均匀度改变。

（5）不得混入金属和其它杂质　在配合料的制备过程中，可能会混入各种金属杂质，如机器设备的磨损或部件中螺栓、螺母、垫圈等，各类原料的包装材料及其它的氧化物原料等，这些都会影响配合料的熔化质量，造成熔融玻璃澄清困难或制品颜色改变。

（6）控制碎玻璃比例　对于一般玻璃工厂，碎玻璃配比一般占配合料 10％～30％，主要根据企业残次品率和外购碎玻璃量，来确定相应碎玻璃用量比例，不宜经常变动碎玻璃在配合料中的配比。使用碎玻璃，无论从经济角度和工艺方面都是有利的，但如果控制或使用不当，也会对玻璃化学组成和制品质量带来不利的影响。

4.3.2　配合料制备工艺及装备

根据玻璃的化学组成和所选用的原料组成，通过配方计算就可得到玻璃生产的实际配方。按照生产实际配方称取各原料的用量，然后将其混合均匀，所得到的均匀混合物称为配合料。

从玻璃工业生产角度来看，玻璃配合料制备工艺关键就是称量准，混的匀。

为求"称量准"，现在全国大部分玻璃厂普遍采用自动化配料。对于自动化配料，不是高精度的电子秤和先进的设备，就能称的准。只有将料仓、给料机和秤视为一个有机整体，各部分的功能都完好，彼此匹配得当，才能真正称准原料。

为求"混的匀"，原料的粒度控制就显得尤为重要了。尽量选择优质原料，这样可以在熔化效率和玻璃质量的得益上收回成本。在配合料输送机和混合机的选择上，均匀度都是选择的重要考量因素。管式皮带输送机的问世和普及，极大地提升了配合料的均匀度；而时间短、能力大、混合均匀度好的新型混合机，也是玻璃工厂的首选。另外，混合好的原料如何输送到窑头仓也是重要的考量因素，如果选用的设备不当，会造成混合好的原料分层。

目前，国内医药玻璃生产企业因生产规模大小不同，配合料的制备既有人工配料和机械配料相结合，也有采用自动化配料。无论是人工配料还是自动化配料，所制备的配合料都必须符合玻璃熔制要求。人工配料与自动配料工艺流程大致相同。无论是现代化的配料系统、半机械化配料系统乃至手工配料，虽然劳动强度、设备精度、配合料参数有所区别，但对配合料的工艺要求是相同的。总的要求是：配料前测得原料的水分，配方由干基调为湿基；称量准确，不允许大秤称小料，同样也不允许小秤称大料，称量设备运转正常；保证配合料最佳混合时间，以及水分控制（4%～6%），确保配合料的均匀和运输过程中不产生分层。

（1）配合料制备工艺 配合料的制备工艺方法众多。目前，工业上常用的有排仓配料工艺、群仓配料工艺、双排仓配料工艺、半机械配料工艺、手工配料工艺等。表4-13是不同配料工艺流程特点对照表。

表4-13 不同配料工艺流程特点对照表

特 点	机械化配合料工艺流程			半机械化配合料工艺过程	人工配合料工艺流程
	排仓式	群仓式	双排仓式		
生产规模	大	大	大	中	小
称量器具	一料一称,自动称量	几料一称,自动称量	几料一称,自动称量	磅秤	磅秤
称量精度	高	高	高	一般	小
混合质量	高	较高	较高	较高	一般
占地面积	大	小	较小	大	较小
劳动强度	小	小	小	较大	大
防尘条件	较好,易密封	好,易密封	好,易密封	差,不易封	最差,不密封
运输方式	机械联动	机械联动	机械联动	垂直机械人工	人工运输
投资规模	大	较大	较大	较小	小
适用范围	新建车间,一种配合料	老厂改造,多料集中	可两种料配合	产量较小的池炉	坩埚炉及小池炉

以某一具体料方为例，详细阐述其流程。

① 排仓配料工艺 排仓配料制备工艺，多用于与某一熔炉某一种配方相配套，具体工艺流程如图4-17所示。

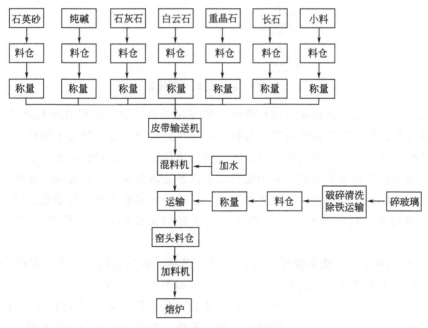

图4-17 排仓配料工艺流程

图 4-17 中各原料用斗式提升机或电梯垂直输送,除尘系统采取除尘罩和除尘器进行除尘,料仓大小和数量根据产量等因素决定,各厂不尽相同。料仓内各原料水分可采用计算机系统测定并自动补偿调整,配合料均匀度测定可在混料机下料处至皮带运输机之间取样。

图 4-17 排仓配料工艺流程采用分别称量法称量原料,即每个料仓下各设一秤,当分别称量后,原料卸在一条皮带运输机上(水平运输)送入混料机混合并自动加入适量的水,保证配合料所需水分要求,然后再与碎玻璃混合后送入窑头料仓供熔化使用。这种配料工艺的特点是:称量精度高,配合料质量好,立体布局,生产量大,运输方便,操作容易。由于密闭运输和混料,除尘效果好,劳动强度低,但使用设备较多,厂房需面积大,要求高,投资费用大。

② 群仓配料工艺 群仓由于具有独特的结构布局,适合大规模集约化生产,被欧美玻璃生产厂广泛采用。其配料工艺流程如图 4-18 所示。

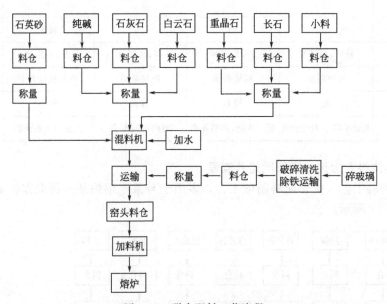

图 4-18 群仓配料工艺流程

群仓配料工艺采用累计称量法进行称量,即使用一台秤同时称量几个料仓的玻璃原料,每次累计加入并计算。采用这种方法一般秤固定在一处,也可放在轨道上用称量车,然后直接将称量过的原料放入过渡料仓或直接放入混料机进行混合。累计称量比一仓一秤的称量精度差一些,因为误差是累积性的。这种配料工艺设备较排仓少,立体布局,生产量大,占地面积小,既是料库,又是料仓,还做配料场地,总投资与排仓相比节省费用。该流程由于使用一秤称多种原料,料仓分布、进料和卸料系统布局比较困难,一般在老厂改造中多被采用。

③ 双排仓配料工艺 该系统既结合排仓易于进料、卸料的特点,又吸取群仓的诸多优点,目前为许多中型玻璃厂广泛采用,其工艺流程如图 4-19 所示。

双排仓配料工艺采用累计称量方式,称量比较方便,称量精度相对较高,占地面积小,生产量大,常在老厂改造中使用,同时建立两个系统,可供两种配合料的配料。

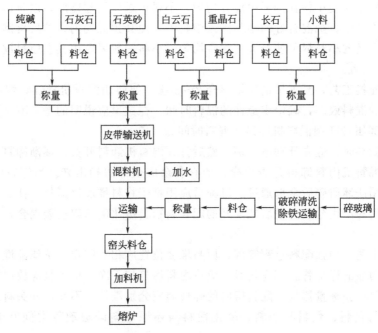

图 4-19 双排仓配料工艺流程

以上三种配料工艺中，称量系统采用电子秤和中子水分测定仪，可自动补偿原料中的水分，保证原料配比正确，使配料系统处于正常运转状态。在选择这三种配料方式时，要注意原料本身水分含量，特别是石英砂水分应控制在 6%～8% 以下。否则原料在料仓易黏结、起拱而影响称量准确性。为防止起拱，料仓壁应考虑增加破拱装备，如安装振动器或高压空气喷头等。

④ 手工配料工艺　手工配料工艺流程一般常用于圆炉（亦称坩埚炉、八卦炉）及产量较小的池炉。由于手工操作，人为影响因素较大，更需要操作中严格遵守规程。这种配料工艺虽然设备投资少，但工人劳动强度大，属敞开式作业，配料环境恶劣，原料粉尘飞扬大，工人工作时必须有严格的防护措施。各种原料在配料车间的堆放必须严格分开，不得混放，以免给生产带来损失。

手工配料工艺一般在称量时分为三类称量过程：第一，使用大磅秤（500kg）分别称量副料的石英砂和纯碱并预混，让纯碱尽量附着包裹在石英砂表面，这样有利于玻璃的熔化；第二，使用中型磅秤（100kg）分别称量方解石、硝酸钠、硼砂、白云石、长石、萤石等原料；第三，使用小天平（100g）和大天平（1000g）分别称量各小料原料，如澄清剂、脱色剂、着色剂等。采取分别称量的方法，可用专用料盆盛放，做到一副小料一个料盆盛放。称量的原则是先称用量多的，再称用量少的，按由大到小的顺序称量，这样可以避免称量出差错。在称量时，对照配料单，称量一种原料后应做一下标记，以免重复称量或漏称。如配料时需要配多副料，应把称量指示调好，同时分别称完某种原料份数，然后再调节称量指示，这样可以保证多副料称量的一致性。称量器具使用原则是：大料用大秤，小料用小秤，不允许用大秤称量小料。

当小料全部称量完后，把小料倒入一张较厚的塑料布上，采取对角线拉动混合方法，把全部小料先混合均匀，并过 60 目筛子，筛余物应研磨后让其全部通过筛网，严禁丢弃不用。小料配料应有专门的配料房，专人负责配料和原料管理，不允许小料配完后不混合直接倒入大料堆中，这样不易使小料在配料中混合均匀。小料运送应用盆盛放，以防运送过程遗漏散失而导致配料不准确。把混合好的小料倒入中料中，使其预混均匀，然后再倒入到大料中混合，这样能使少量的小料尽可能与大料混合均匀。小料一般采取用其它原料放大混合的方法来混合。

一般人工配料工艺，要求平铺立切混合 2~3 遍。如使用混料机拌和，混料机混料时间应根据混料机的混料效率，确定出最佳的混料时间，在这里应说明的是，不是混料时间越长混料越均匀。例如 QH 型混料机的最佳混料时间为 3.5min。

混料机在卸料时，应先开动电动筛，然后打开混料机卸料开关，逐渐卸料。混料机卸完料后，应检查混料机内料卸得是否干净，如有剩余应全部清扫出来。当卸料电动筛过完筛后，筛上物需用研钵研碎后全部通过。过筛后应用耙子将料堆反复搅拌，让其尽量混合，因为过筛后配合料易产生分层。最后把配好的配合料粉料按比例与碎玻璃混合，完成配料工艺过程。

人工配料工艺应加强配料过程管理，原料堆放位置应相对固定，不能乱堆乱放，放置应整齐，并应有明显的标记牌。配完料后，应将配料房打扫干净，工器具应放回固定位置，每次配料前一定要校验称量器具。配料房内的碎玻璃应分别堆放，不允许杆头料碎玻璃与其它碎玻璃、明料与色料、色料与色料、氧化性料与还原性料碎玻璃等之间互混，以免造成损失。

配料工艺工程师应对每天配料所用的原料产地、含量、外观颜色、颗粒度等做好记录工作，应建立配料技术档案，有必要时应建立玻璃样品留样制度，尤其是色料，样品编号对应配料单编号，并注明必要的说明。

目前，某些医药玻璃厂的配料车间，在设计时配料房下方设有地下石英砂库，进厂的石英砂直接存入地下砂库，配料时用电动葫芦或斗提机提升到配料房。这种工艺的优点是石英砂存放污染小，尤其在北方可预防冬季石英砂冻结情况的发生，但这种砂库的地面设计时不能用水泥作地面，宜用建筑红砖铺设地面，这样有利于石英砂中水分的排除。石英应按进库的时间先后使用，这样有利于石英砂水分含量的稳定。石英砂在使用前每天都应坚持测定水分含量，根据石英砂水分每天变化情况及时调整配方用量。一般要求石英砂的水分在 5% 左右，如果水分过少，还应加水补充，补充的办法是在头一天向石英砂中加水，第二天拌和后再用，加水量的多少要根据配合料水分要求而定。

为了减轻工人的劳动强度，提高配合料的均匀度、减少环境污染，医药玻璃生产应逐步淘汰手工配料工艺，采取半机械化或机械化的配料工艺。

（2）配合料的粒化工艺　玻璃配合料粒化是将玻璃配合料加工成形状和大小基本均一的固体颗粒的操作过程，一般采用转动造粒和挤压成块。

转动造粒法：按一般方法制成均匀粉状配合料，再将配合料加入到盘式成球机中，随着黏结剂和水的加入，配合料滚动成球，料球直径 5~20mm，然后在干燥设备上烘干，料球耐压强度要求大于 1.7MPa。

挤压成块法：在混料过程中加入黏合剂，混成均匀料，再将混合料放进辊压机，压制成块状或者条状料块，然后在干燥设备上烘干，料块耐压强度要求大于 1.7MPa。

粒化工艺流程如图 4-20 所示。

搅拌机 → 中料仓 → 粒化机 → 粒化成品 → 预热机 → 提升机 → 窑头料仓

图 4-20　玻璃配合料粒化工艺流程图

① 粉状配合料进入搅拌机进行搅拌；

② 搅拌后的配合料经过皮带输送机进入中料仓；

③ 中料仓下面的震动给料机均匀的将粉状配合料经过皮带输送机送入粒化机；

④ 粒化密实后的配合料经过成品皮带输送机进入预热机；

⑤ 预热后的粒化料经过提升机将粒化料送入窑头料仓。

采用窑炉废气对粒化后的配合料进行预热，用引风机将通过烟囱排走的废气引入加热机内，废气温度达到350～380℃，粒化料预热温度可根据加热机的长度和粒化料在加热机内通过的时间决定，利用废气预热后的粒化料可以再次加快熔化时间，降低熔化温度，增加产量，减低能耗。

玻璃粒化的优点如下。

① 玻璃配合料粒化可以使配合料中各原料的颗粒紧密接触，导热性能好，固相反应速度加快，缩短熔化时间，提高玻璃熔化率。

② 能大大降低粉料的飞扬，减轻粉料对熔窑和蓄热室的侵蚀，改善熔窑工作条件，延长熔窑的使用寿命。

③ 采用配合料粒化技术后还可以将玻璃原料所用的重碱换成价格较便宜的轻碱，从而降低玻璃生产成本。

④ 配合料粒化后，从贮存到投入熔窑都不会由于粉料间存在粒度、重度差而发生分层现象，从而保证了配合料的均匀度。

⑤ 配合料粒化后，由于起助熔作用的纯碱均匀的覆盖在石英砂颗粒表面，使得熔化和澄清效果更好，提高了玻璃液的均匀度。

（3）配合料生产装置 制备配合料的生产装备主要包括称量装置、混合装置、输送装置等三大类，除此之外除尘、除铁等其它辅助装置也越来越多地被生产厂家采用。

① 称量装置 配合料称量的主要装置是秤，其称量方法有分别称量法（一料一称法）和累计称量法（多料一称法）；根据称量原理也可分为增量法和减量法。

a. 增量法 增量法即参与称量的原料全部排出的称量方法。称量开始时通过投入给料机向称量料斗内供给原料，在称量值达到设定值时使投入给料机停止。此时投入称量料斗内的原料重量一定比设定值多。这是因为原料由投入给料机连续供给，在称量值达到设定值时即使马上停止原料投入，而此时已经出了给料机、正在空中坠落的那部分原料终究要落入称量料斗。多出的一部分重量就叫做落差。因此投入给料机必须在称量值达到"设定值—落差"时停止给料。正因为称量料斗内的原料需全部排出，因此增量法对投入精度要求较高，而对排出精度要求较低。因此采取投入给料机双速控制的方法，即在投入之初快速给料，而在称量值接近设定值时改为慢速给料，以减少落差的影响。排出给料机则只有一种速度。增量法可以一秤多料，累计称量。

b. 减量法 参与称量的物料总会有少量黏附在称量料斗和排出给料机内壁无法排出，若用增量法称量则会使实际进入配合料的原料重量少于设定值。为排除原料的黏附影响，可在加料时有意使投入称量料斗的原料重量多出设定值一部分作为余量，精确控制排出使实际排出的原料重量等于设定值，这种称量方法称为减量法。这种称量方法对投入精度的要求不如排出精度高，对于投入给料机采用单速控制，排出给料机则采用双速控制。减量法不存在落差的影响。这种方法只能一秤一料，在称量黏附性原料时称量精度比增量法高。

秤既是用于称量的设备，也是自动化生产线上一种重要的控制手段。因此，它必须具备良好的技术性能，即准确性、灵敏性、重复性和稳定性。

　　通常用秤的"相对误差"或"精度"来表示秤的准确性。秤的精度又分为静态精度和动态精度。静态精度是指用最大偏差值除以该秤的额定称量值，它是一个相对值。而动态精度是指实际称量误差除以该秤的额定称量值。物料的实际误差不仅取决于秤本身的静态精度、电气控制系统、给料机，而且周围的环境也会引入一定的误差。因此，对动态精度的控制才是最重要的。现代化的玻璃生产，对玻璃原料的动态称量精度要求很高，主要原料的精度要求达到 1/500，小料的精度要求达到 1/300。

　　秤的读数装置对负载微量变化的反应能力叫灵敏性。在生产过程中，常用感量值鉴定秤的灵敏性。

　　重复性是指用同一台秤对一定质量的物料重复称量时，各次所得结果的一致程度，它是考核秤的安装、调试、校验水平的一个重要性能指标。在杠杆秤中，要准确的读数必须正确地判断计量杠杆是否平衡。而平衡是计量杠杆的稳定摆动的反映，所以稳定是正确示值的前提。

　　正确的选用计量衡器（秤），首先要保证秤的上述基本性能，其次要根据物料的称量负荷确定秤的规格，做到大秤大用，小秤小用。规格过大，不但增加投资，而且称量精度也相应降低。一般控制称量负荷在秤最大称量值的 80% 左右为宜。

　　需要特别指出的是，在玻璃原料的称量过程中，即使秤的精度好也不能保证称量的精度。称量过程中的电气控制系统、给料机等都可能对称量精度造成影响。保证原料的称量精度需要一个系统的协同工作，这个系统包括料仓、秤、控制系统以及把已称好的原料送到混合机的输送设备。

　　目前，多采用电磁振动给料器往自动秤的料斗内加料或卸料，由自动控制系统进行控制，在加料时，有快挡及慢挡两挡速度，当接近规定重量时，用慢挡慢慢地给料以减小给料误差。

　　秤分为机电式和电子式两类。机电式是在杠杆秤的基础上用电子仪表进行数字显示和自动控制，一般体积大，杠杆系统复杂、维修麻烦。电子式自动秤则克服了机电式自动秤的上述缺点，结构简单，体积小，重量轻，安装使用方便，测量可靠，适于远距离控制。它的称量元件是传感器，当称量时，传感器受重力作用，使机械量转换为电量，经过放大、平衡，显示出数字，同时通过比较器与定值点的给定信号比较，进行自动控制。

　　随着电子计算机在玻璃配料中的应用，能将一台秤的有效量程进行多级 A/D 转换和不同倍率的放大，使多料一秤的累计误差得到有效的控制，基本上做到一料一秤的精度。现代化的玻璃配合料生产，不仅要求秤的静态精度要高，给料机的悬浮量变化也要小，电子控制系统也必须准确可靠。一般来说，玻璃配料生产中量大、重要的原料要求一料一秤。中小料可以采用多料一秤。需要特别注意的是：我国的玻璃原料中细粉料成分比较多，细粉料会黏附在秤斗壁上，影响称量精度。

　　称量误差往往是称量设备没有调节好而造成的，因此应当对称量设备定期地用标准砝码进行校正，保持正常。

　　② 混合装置　医用玻璃不同于普通玻璃，其对玻璃制品的质量要求很高，混料设备对医药玻璃的质量也会产生一定的影响。

　　常见的玻璃原料混料机（图 4-21）包括搅拌部分和机体部分，搅拌部分由传动装置、搅拌装置和搅拌器组成，传动装置是由电机 1 和安装于电机 1 输出端的减速机 2 构成的；搅拌装置包括通过联轴器 3 连接于减速机 2 的输出轴上的搅拌轴 4；搅拌器包括两个固定于联轴器 3 上随联轴器 3 旋转的涡桨 5，其中一个涡桨 5 的端部固定有向内弯折的内铲臂 6，另

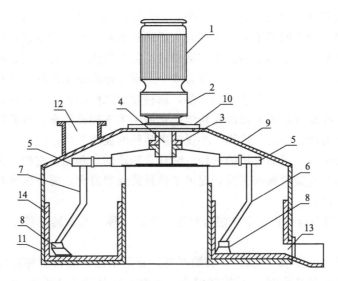

图 4-21　混料机

1—电机；2—减速机；3—联轴器；4—搅拌轴；5—涡桨；6—内铲臂；7—外铲臂；8—铲片；
9—上盖；10—支撑板；11—搅拌罐；12—加料口；13—出料口

一个涡桨 5 的端部固定有向外弯折的外铲臂 7，内铲臂 6 和外铲臂 7 下部均安装有朝向旋转方向的铲片 8；机体部分包括凸起处开有开口的上盖 9，支撑于上盖 9 开口处的支撑板 10，呈环壳状且顶部开有环形开口的搅拌罐 11，上盖 9 上开有加料口 12，所述上盖 9 环接于搅拌罐 11 顶部，搅拌罐 11 外侧面底部设有可开闭的出料口 13，减速机 2 的输出轴穿过支撑板 10 将减速机 2 支撑于支撑板 10 上。搅拌罐 11 通常是由金属铁制成的。

使用时，电机 1 通过减速机 2 带动搅拌轴 4 旋转，由于涡桨 5 与联轴器 3 固定在一起，涡桨 5 随着联轴器 3 也一起旋转，涡桨 5 开动后，由加料口 12 加入玻璃原料配合料，喷洒一定量的水，内铲臂 6 和外铲臂 7 上的铲片 8 相配合将配合料混合均匀，混合均匀的配合料通过出料口 13 排出搅拌罐 11，完成一个操作周期。

混合设备有多种形式，按结构不同，可分为转动式、盘式和桨叶式三大类。转动式混合机有箱式、抄举式、转鼓式、V 式等。盘式有艾立赫式（动盘式）、KWQ（定盘式）和碾盘式。

混合时间是混合操作中最重要的参数。玻璃配合料最佳混合时间是指配合料最先达到质量最佳的暂时态的时间，不是混料时间越长均匀度就越高。某混料机的混合时间与均匀度的关系如图 4-22 所示。

少量配合料可用混合箱（箱式混合机）进行混合。混合箱为正方形可以密封的木箱，按对角线的方向装在机架的转动轴上旋转，使配合料均匀混合。这种混合箱产量低，仅用于特种玻璃或科研工作。

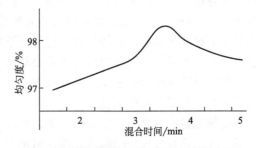

图 4-22　某混料混合时间与均匀度的关系

V 式混料机在小料的预混中也被广泛使用，该类型设备结构简单、合理，操作密闭，进出料方便，便于清理。

常用的混合设备有抄举式混合机，转鼓式混合机，艾立赫式混合机，桨叶式混合机，前面两种混合设备是利用原料的重力进行混合，后两种则利用原料的涡流进行混合。

抄举式混合机是由一个固定的上盖和活动的下盖所组成。混合时先把原料放入下盖，再用抄举小车把下盖推装在上盖上。上下盖合成一个混合器而绕轴旋转。原料因离心力关系随盖旋转，转至高位后又由于重力作用而下落，原料颗粒之间得以互相掺拌，进行混合。这种混合机密封好，工作地点基本上可以无粉尘，它的下盖连同抄举车，可兼作配合料的运输工具，而且换料清扫方便。因此，适用于小规模多品种的玻璃工厂。

艾立赫式混合机是盘式混合机的一种。它具有转动的盘和耙，它的底盘与耙的转动方向相反。原料颗粒沿着复杂的螺线运动，促进了原料的强烈混合，混合效率高，是目前玻璃工厂广泛采用的混合设备。

KWQ 涡流强制混合机也是盘式混合机中较好的一种，具有转动简单、密封性好、混合均匀等特点。

转鼓式混合机外形类似"鼓状"，两端开口，分别衔接入料口和卸料口，出料时，有翻转机构。滚筒式混合机能实现 360°旋转混合，入料、出料操作十分方便。内衬氧化铝瓷板或石板，避免配合料与金属铁接触。转鼓式混合机结构相对简单，通过鼓壳转动，配合料在鼓内进行扩散混合和强制混合，混合强度和均匀性很好，并且可以解决与碎玻璃一起混合的问题。转鼓式混合机在日本得到较为广泛的应用，20 世纪 80 年代中国引进后，用于 CRT电子玻璃生产，取得了不错的效果。

桨叶式混合机是利用装在主轴上的桨叶刮板转动时的搅拌作用实现混合的。这种混合机结构简单，但桨叶接触不到的地方，容易形成不动层，出现料团，长时间使用后桨叶易磨损，所需动力也大。

③ 输送装置　为了避免或减少配合料在输送过程中的分层和飞料现象，配料车间应尽量靠近熔制车间，以减少配合料的输送距离，同时要尽量减小配合料从混合机中卸料与向窑头料仓卸料的落差。在输送过程中，避免振动并选用适当的输送设备。

常用的输送设备有单斗提升机、单元料罐、皮带输送机、斗式提升机和气力输送设备等。

单斗提升机设备投资少，在固定的轨道上运输，运行较为平稳，但卸料时会产生飞料及分层现象。

单元料罐多用单轨电动葫芦作垂直和水平输送，不但运行平稳，还可以作为贮存料的容器，设备投资少，占地少，是中小型工厂广泛采用的一种设备。单元料罐多为圆形（也有方形的），其容积与所用混合机相同。单元料罐的底部有一个可以启闭的卸料门，通过中心闸杆的上下移动加以控制。卸料时，将闸杆下降，卸料门即行打开。单元料罐在卸料时也会引起分层和飞料现象，因此卸料的落差要尽量小。

单元料罐有时用电瓶车结合电动葫芦进行运输。对于电瓶车道路，也要注意路面平整，以减少料罐在车上发生振动。

皮带运输机适合较长距离的水平或坡度不大的物料连续输送过程，虽然也有分层现象，但不严重，并且可以密闭输送，输送量也大，但占地多。

斗式提升机适合于物料的垂直输送，密闭性强，可连续运料，运输能力大，占地少，是大中型玻璃厂广泛采用的一种输送设备。

气力输送方式是一种现代物料输送方式，它的优点是：机体尺寸小，占地少，投资少，设置灵活方便，对厂房建筑和基础设施要求不高；设备简单，容易制造和安装；操作方便，容易维护；输送管道内不易积存物料；输送距离长，水平输送可达 1000m 左右，高差可达

5~7m；可灵活转向输送；改善工作环境，减小粉尘飞扬。缺点是：动力消耗比较大，短距离输送不经济；对物料颗粒度的要求高；含水率较高时，物料易黏附在输送管壁，使输送受阻，管道要及时维护，一旦发生故障会导致整个系统停止运转，如果管路发生漏气，粉尘飞扬比机械输送严重；要求管道特别是管道拐弯处的耐磨性好，否则会带入较多金属杂质，并降低设备使用寿命。

气力输送按其管道内空气的状态不同分为吸送式和压送式两种，吸送式是在负压下操作，按其负压大小又可分为低负压（－13330～－5065Pa）和高负压（－53320～－26660Pa）两种。

压送式是在高于大气压的条件下操作，按其压力大小来分，可分为低压压送（压力小于196kPa，输送距离小于300m）和高压压送（压力196～490kPa，输送距离最长可达2000m）两种。表4-14是两种气力输送方式的特点比较。

玻璃厂可以根据生产工艺要求、整体布局情况、投资水平等综合考虑选用哪种输送设备。一般都是多种输送设备配合使用。

表4-14 两种气力输送方式的特点比较

项 目	吸 送 式	压 送 式	项 目	吸 送 式	压 送 式
输送距离	短，20～100m	长，20～2000m	环境影响	基本不扬尘	漏气时扬尘严重
输送能力	较小	较大	杂物影响	漏气时会吸入杂物	不会吸入杂物
粒度要求	适中	不太严格			

④ 其它辅助装置 随着企业环保意识的增强及改善工作环境等方面的需要，除尘装置也被广泛使用，主要是采用布袋除尘装置，减少在上料、称量、混料等过程中的粉尘污染。

另外，医药玻璃生产厂家必须高度重视铁对玻璃料色、料质的影响，在配料加料工序应该广泛采用除铁装置，尽量减小铁的影响。

矿物原料和碎玻璃中的铁是配合料中铁的两大主要来源，在矿物原料加工过程中除铁工艺主要有磁选工艺、酸洗工艺与浮选工艺。磁选工艺主要利用矿石内含铁矿物不同的磁性制定相应的磁选工艺，可将大部分强磁性的含铁矿石除去，但对某些风化程度高的矿石，在磨矿过程中含铁矿物易泥化，强磁选难以将这部分铁矿物除去。浮选工艺对黏土和细粒级中的含铁矿物效果较好，但对于风化严重的矿石，由于磨矿过程中会产生大量的次生矿泥，造成浮选泡沫发黏，捕捉剂选择性降低，从而造成除铁效果不佳。对铁含量要求极高的玻璃产品通常采用酸浸工艺，在一定条件下用有机酸或无机酸浸洗非金属矿，可有效去除含铁杂质。碎玻璃中的铁来源一方面是在破碎及贮存输送过程中与铁制设备部件磨损所致；另一方面是在收集、运输及存储过程中混入含铁杂物所致，通常都是采用强磁除铁器进行除铁。另外，配料设备的磨损和维修时铁质配件脱落对炉底会造成灾难性损坏，尤其对带鼓泡、保温和底插电极的池窑需设置强力除铁装置。

配合料除铁根据需要，配合工艺流程分段、多重采用不同形式的除铁器进行除铁，常用的除铁器有永磁滚筒、永磁除铁器、电磁除铁器等，按样式可分为滚筒、磁块（板）、管道式、筛网式等。

永磁滚筒内部采用高性能硬磁材料组成复合磁系，具有磁场强度高、深度大、结构简单、使用方便、不需维修、不消耗电力，常年使用不退磁等特点。永磁滚筒主要应用在固定式皮带输送机的被动轮，可自动分离输送带上非磁性物料中夹杂的铁磁性物质。

永磁铁除铁器利用高性能永磁磁芯制作成块、板或管道等结构，当散状物料经过时，含铁杂物被高场强的永磁铁所吸附，吸附的铁磁性杂物累积到一定程度时，人工利用刮板清除废铁或设计自卸除铁器装置将杂质去除。

电磁除铁器是利用内部励磁线圈，在通电流的情况下产生高场强吸附铁磁性物质，励磁线圈采用专用环氧树脂浇注全密封结构，具有防尘、防雨、耐腐蚀、磁透深度大、吸力大、功耗低等特点，在极其恶劣的环境下工作稳定可靠，主要用于清除粉状、粒状或块状非磁性物料中的除铁。

除铁器安装位置一般选择物料的下料口、输送皮带上方、输送皮带转向滚筒、集料皮带等部位。

为了防止料仓出口阻塞情况发生，一般在需要在距离料仓口 1～1.5m 高度上加装 2～3 个仓壁振动器，振动器分为电磁式和气动式。企业可根据动力源条件选择合适型号的振动器。

⑤ 计算机控制系统　配料系统的控制和管理主要通过计算机来完成的，计算机控制内容包括：称量控制、时序控制、自动控制配料程序、自动检测称量误差、自动优化修正称量误差、误操作和断电处理、自诊断、工艺流程动态模拟显示、故障报警、连锁控制打印记录和显示、故障提示等。

控制方式有：自动控制、半自动控制、手动控制方式。正常情况下，主要采取自动控制方式，在配料调整时或特殊情况下才采取半自动控制、手动控制方式。一旦恢复正常，将继续执行自动控制方式。

4.3.3　配合料质量影响因素及控制

玻璃配合料是由各种玻璃原料经过称量、运输、混合而形成的一种混合物。由配合料的生产过程可以看出，影响其质量的因素很多，总结起来，主要有原料因素、工艺因素和设备因素三个方面。

（1）原料因素　要生产高质量的玻璃配合料，首先应具备高质量的原料。原料对配合料质量的影响又主要体现在原料的粒度和密度方面。不同的玻璃原料具有不同的密度，同一种玻璃原料也存在粒度的差别。在混合的过程中，颗粒度大和质量较轻的原料粒子就会向上升，而小粒子会穿过大粒子之间的间隙聚集到容器的底部，密度大的粒子也会因重力作用大向容器底部滚落。这就导致了分层，影响配合料的均匀性。在配合料排料和运输的过程中，这种分层的现象也同样存在。

（2）工艺因素

① 物料的装填方式　物料在进入混合机前的原始状态如果是排列无序的，就不如排列有序的容易混合均匀。因此，比较合理的装填方式是使各种粉料在进入混合机前就按一定顺序以夹层状平铺在集料皮带上，且全部原料应直接送入混合机，而不再经过中间仓的贮存。因为中间仓易破坏夹层，还会造成原料的黏附积存。

② 填充系数　填充系数越大，说明装入混合机的原料越多。物料加入过多，会限制物料粒子的运动，从而降低混合效果。实践证明，各种混合机的填充系数在 30%～50% 之间比较合适。

③ 混合时间　在一定范围内，配合料的均匀性随着时间的延长而提高，当达到一定时间后，再增加混合时间，配合料的均匀性也无法明显改善。这种现象并不能说明混合作用的结束。因为在混合过程中，同时存在混合和分层两种作用。开始时，混合作用大于分层作用，因此配合料的均匀性随时间的延长而提高，但随着时间的延长，混合作用逐渐减弱，均匀性的提高也相对减慢。

当混合作用与分层作用相等时，二者处于平衡，因此再延长混合时间并不能提高配合料的均匀性，这个时间称为"合理混合时间"。混合机的合理混合时间要通过试验来确定，即通过测定不同混合时间配合料含碱量标准偏差来优选。

④ 加水量和加水方式　配合料中含有适量的水分可增加粒子之间的黏附能力，降低原料的分层作用，有利于混合。但水分过多时，因粒子之间的黏滞力过大，反而不利于混合均匀，甚至出现料团。加水量与加水方式如上节所述。

⑤ 碎玻璃的加入方式　像碎玻璃这样的大块物料进入混合机时，不但加大了混合机的填充系数，而且因碎玻璃呈大片状会阻隔原料粒子之间的接触机会，降低配合料的均匀性。因此，碎玻璃的加入方式应慎重。

(3) 设备因素　影响配合料质量的设备主要是指混合机和配合料的运输、贮存机械。

不同类型的混合机，其所能达到的混合均匀性是不同的，另一方面，混合机使用一段时间后，其混合性能往往所有所下降。如强制式混合机在使用较长时间后，桨叶由于长期磨损，其高度和长度就会减小，搅拌能力就会降低，甚至造成搅拌不到的"死料区"，从而使混合机的混合均匀性降低。

另外，配合料的运输设备在运输过程中，总会有一些振动，从而引起配合料的分层。对于槽形皮带运输机，还可能出现漏料或因运输路途过长而引起水分的大量蒸发等现象。而配合料的运输设备和贮存设备在卸料时，还会因为落差而引起分层的现象。这些对配合料的质量都是不利的。

配合料制备的质量控制主要包括两个方面：在设计原料车间时必须把质量控制作为首要原则；在生产过程中必须控制各个工艺环节对它的影响。

在设计和生产上常遇到的并且应考虑的一些质量控制如下。

① 原料成分的控制　包括矿山质量控制和厂内质量控制两个方面。

a. 矿山质量控制　在建设矿山时，必须有充分可靠的地质勘探资料；在开采时应尽量在同一矿点的同一部位，使原料成分稳定在一定范围内，对原料除作外观质量检验外，还须对每批出厂（矿）原料进行化学分析。

b. 厂内质量控制　应注意以下三个方面：不同原料不能相互掺杂；同一种原料进厂时间不同时不能相互掺杂；除去原料中的杂质。

经长途运输与长期堆放的原料会不可避免地掺入一些高铝高硅质的黏土和杂物，因此，大块原料破碎前都应采用自来水冲洗，对硅砂类原料则采用预筛分以清除黏土和杂物。

② 原料水分的控制　原料在矿山开采、运输、堆放以及加工过程中不可避免地会引起水分含量的变化，因此原料水分的控制是保证配合料质量的一个重要环节。

对原料的水分控制常采用强制干燥和自然干燥两种方法，对质量要求一般的玻璃，或是水分波动不大的原料可进行自然干燥。根据实测，若把含饱和水分的砂子贮存在地面有排小沟的库房中，经过10~15天以上的贮存后，水分降为3%~5%。对质量要求严格的玻璃，或者水分波动大的原料都应进行强制干燥。所用干燥设备常有回转干燥筒、隧道式干燥炉、室式干燥室等。其中回转干燥筒较为常用。应该控制原料的干燥温度，以免引起原料的分解。

当采用空气输送粉料时，应对压缩空气进行脱水处理。根据实测，用未经脱水的压缩空气时，可使粉料的含水量由0.23%增加到1.22%。对防尘用水应严格控制用量，建立水分检测制度。

③ 原料颗粒度的控制　原料颗粒组成往往决定于原料自身的特性、加工设备的类型、加工方法等。目前玻璃厂所采用的筛分流程和筛分法，大多只能控制粒度的上限，而不能控制其下限，因而在粉料中含有一定量的细粉。

控制原料颗粒组成主要从以下几方面着手：改变原料结构，例如采用重碱代替轻碱，采用湿法生产能把过细的颗粒作为尾矿排除；注意设备选型，例如反击式破碎机与笼形碾相比，前者的过细颗粒比后者少。

④ 称量精度的控制　配合料在化学成分上的准确性对玻璃的产量和质量起着决定性的作用，而化学成分的准确性又与各种原料的称量有关，因而称量的准确性是制取合格配合料的先决条件。称量的基本要求是准确和快速。

称量精度取决于秤的精度、称料量的多少和操作误差，因此应从这几方面进行控制。

⑤ 混合均匀度的控制　称量后的原料应充分地混合均匀，不均匀的配合料在熔制过程中会导致玻璃液的不均匀，从而影响生产工艺和产品质量。配合料的混合均匀度主要与下述因素有关。

a. 原料物理性质　原料的粒度和粒度组成、颗粒形状、相对密度、黏结性等均影响配合料的混合均匀度。粒度差别越大，颗粒圆滑，密度差别大，黏结性差，则容易分层而不易混匀。

b. 含水率和加水方式　含水率过低，原料易分层、飞料或团聚；含水率过高，将会使原料易结块，都会降低均匀度。加水量根据原料粒度和粒度分布等来确定，一般为 3%～5%。应使用定量喷水器，均匀喷湿配合料。

c. 润湿剂　在配合料中添加某些组成分将会改善配合料的质量。例如，某些湿润剂能使水的表面张力由 75mN/m 降到 30～50mN/m，使配合料具有良好的湿润性和渗透性。

d. 混合机　目前采用的混合机按其作用原理可分为重力式（如鼓形混合机、滚筒式混合机）与强制式（如盘式棍合机、KWQ 型混合机、桨叶式混合机）两类。

重力式混合机的优点是：即使各种原料的密度相差很大时，由于重力作用，在混合的每一瞬间都形成一个锥体，但是经过连续的混合作用后，分层现象可以消失。

若原料具有强烈的结团倾向，就会阻碍物料的均匀分布，这就限制了重力式混合机的使用。在强制式混合机中原料的运动是强制式的，其运动与物料的颗粒度、形状、密度、容重无关。从混合的质量看，强制式混合机比重力式混合机为好。

e. 放料顺序　合理的放料顺序能防止原料结块，并在难熔原料的表面上附着易熔原料。一般的放料顺序是：先加难熔原料硅砂和砂岩，并同时加水进行混合，使砂岩和硅砂表面附有一层水膜，而后加入纯碱，使纯碱部分地溶解于水膜之中最后加入白云石、石灰石、萤石和已混合好的芒硝和炭粉。

f. 碎玻璃　若把碎玻璃与各种原料同时加入混合机进行混合，则加入的碎玻璃会减少混合机的有效空间，从而降低混合效率、增加了设备磨损。实践证明，在配合料基本混合均匀后再加入碎玻璃再混合 1min。此时配合料中的料团几乎全部消失。

g. 配合料混合操作　主要是混合速度、加料量和混合时间的影响。混合速度过快，会使原料颗粒来不及达到均匀分散；混合速度过低，易造成已混合均匀的配合料再次发生分层，两者都不能保证混合的均匀性。每次加入到混料机的原料量应该予以控制，以尽可能地使配合料得到较剧烈的搅动。原料装得过多会影响粒子的运动，从而影响混合效果；加得过少不仅工作效率低，而且有时均匀度也不高。对于水平圆筒形混合机，装料比 F/V（F 是装料体积，V 是混料机容积）与混合速度系数的曲线有一极大值。必须有足够的混合时间才能保证各种原料粒子的均匀分布，但过长的混合时间也并不利于提高混合均匀程度，甚至还可能重新引起分层，降低混合质量，所以要选择合适的混合时间。实际生产中一般可根据原料的性质、粒度和粒度组成、加料量、含水率、混料机性能等来综合考虑确定混料时间，并根据实测的均匀度数据及时调整。

⑥ 配合料分层的控制　粉状料在运输、混合、落差过程中常发生分层现象，从而导致粉料成分产生局部变化。产生分层的主要原因是原料间存在粉冷差、密度差、粉料过于干燥等，另外也与颗粒形状、原料表面性质、静电荷、流动能力、休止角等有关。从分层机理看，分层有落差分层、振动分层和搅拌分层之分。

a. 落差分层　落差分层常出现在粉料由一个设备转移到另一设备的情况下。颗粒大、密度大的粉料将分散在料堆的四周，而颗粒小、密度小的粉料将集中在料堆的中央部位。排料时，通常是先排出粉料仓中部的粉料，而后排出料仓周围的粉料，如图 4-23 所示，在排料的后期（放料时间中的 10、11、12、13、14、15），粗颗粒骤增，细颗粒的比例低于原来的比例，中颗粒的比例也稍降低。

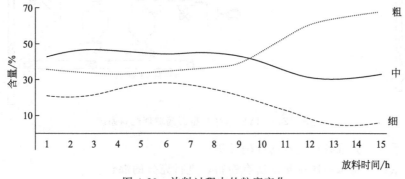

图 4-23　放料过程中的粒度变化

b. 振动分层　粒度和密度不同的混合粉料在受到振动时，粒度大、密度小的粉料会自动地由底部和内部上升到上部和外部而产生分层。

c. 搅拌分层　当两种不同的溶液混合时，则采用搅拌将能得到充分均匀的混合液，搅拌固体粉料，则其均匀度有一定的限度，因为搅拌方式包含了上述两种分层现象最常见的分层现象：落差分层和振动分层两种。伴随着分层过程将产生粉尘的飞扬。针对不同的分层原因可在设计、工艺上进行相应的控制。例如，尽可能地把粉料仓设计成狭而高的形状，缩短粉料的落差；经常保持粉料仓满仓；采用移动式混合机，把混合后的配合料直接送到窑头料仓；适宜的粒度分布，配合料添加适量的水分；配合料的粒化等。

⑦ 配合料的飞料、沾料、剩料、漏料的控制　称量后的粉料在混合与输送过程中，往往会产生飞料、沾料、剩料、漏料的现象，从而对配合料的质量产生一定的影响。产生这些现象的原因往往是设备、工艺、操作上的不合理，应按具体情况加以处理。

4.3.4　医药玻璃配料系统应用

北京华宇达玻璃应用技术研究院开发的 HYD-5(10) 型医药玻璃配料系统，配合料制备能力为 5～10t/h，配料系统如图 4-24 所示，包括六部分：原料提升系统、原料存储、称量系统、混合系统、混合料输送系统、混合料窑头存储系统。

① 原料提升系统　选择各种与原料特性相适应的方式，将各种原料提升到原料仓内。

② 原料存储　原料仓的大小、结构形式要与整体方案相适应。

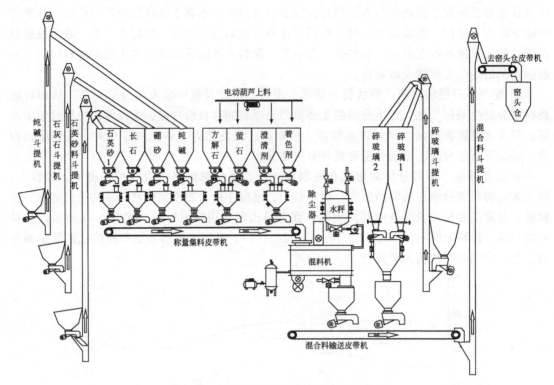

图 4-24 HYD-5(10) 型医药玻璃配料系统

③ 称量系统 完成各种粉料的准确计量。

④ 混合系统 将每一次称量的所有粉料，进行充分的混合。

⑤ 混合料输送系统 混合料的正确输送，是保证混合料均匀性的关键。

⑥ 混合料窑头存储系统 窑头仓的结构与存储量与窑炉设计要匹配。

该系统经过二十多年的技术提升与完善，现已成熟，已经在国内日用玻璃企业有广泛应用，随着医药玻璃行业整体质量提升要求，必将广泛采用自动配料系统，本配料系统具备自动控制方案、半自动控制方案、手动控制方案。本配料系统操作简单、称量准确、混合均匀，可确保用户在各种情况下的生产需要，系统使用寿命可达十年以上。

HYD-5(10) 型医药玻璃配料系统具有自动配料系统的各种功能，其中包括：自动控制计量；自动控制配料程序；自动检测称量误差；自动优化修正称量误差；误操作和断电处理；自诊断；工艺流程动态模拟显示；故障报警；系统连锁控制；数据存储、打印记录。

参考文献

[1] 田英良，孙诗兵. 新编玻璃工艺学 [M]. 北京：中国轻工业出版社，2011；240-260，184-195.

[2] 慕元. 玻璃原料及配合料的质量控制 [J]. 玻璃，1996，6：13-15.

[3] 王承遇，陶瑛. 玻璃成分设计与调整 [M]. 北京：化学工业出版社，2006：148-167.

[4] 高用华. 高品质药用玻璃容器对原辅料控制的要求 [J]. 医药 & 包装，2003，4：18-20.

[5] 王承遇，陶瑛. 玻璃成分设计与调整（一）[J]. 玻璃与搪瓷，2002，1（30）：56-58.

[6] 曾雄伟，程红莉，张文玲等. 玻璃原料及配合料的控制 [J]. 玻璃，2009，1：27-33.

[7] 王倩，应浩，韩高荣. 高硼硅玻璃的复合澄清剂研究 [J]. 玻璃，2006，1：6-9.

[8] 刘超. 如何测定药用玻璃中的氧化硼含量 [J]. 中国包装报，2005，11，8.

[9] 王承遇，陶瑛. 玻璃材料手册 [M]. 北京：化学工业出版社，2008：339-340.

[10] 李永安. 药品包装实用手册 [M]. 北京：化学工业出版社，2003，（1）：44-46.

[11]　王宙．玻璃生产管理与质量控制［M］．北京：化学工业出版社，2013，3：90-95.

[12]　张锐．玻璃制造技术基础［M］．北京：化学工业出版社，2009，(1)：20-25，40-46.

[13]　王承遇，陈敏，陈建华．玻璃制造工艺［M］．北京：化学工业出版社，2006：71-72，77-81，111.

[14]　刘晓勇．玻璃生产工艺技术［M］．北京：化学工业出版社，2008：25-26，30-32，38-40.

[15]　刘新年，刘静．玻璃器皿生产技术［M］．北京：化学工业出版社，2007：108-113，113-114，119-121，115-117.

[16]　［美］F.V.托利．玻璃制造手册［M］．北京：中国建筑工业出版社，1983，2：89-91，93-94.

[17]　西北轻工业学院．玻璃工艺学［M］．北京：中国轻工业出版社，2007：234.

[18]　作花济夫，境野照雄，高桥克明编．玻璃手册［M］．蒋国栋，等译．北京：中国建筑工业出版社，1985：433-435，441-443.

第 **5** 章

> > >

医药玻璃熔化与窑炉

医药玻璃按化学成分体系分为硼硅玻璃和钠钙玻璃，医药包装行业所用钠钙玻璃与日用玻璃行业所用钠钙玻璃成分和熔化方式基本一致，且熔化技术已相当普及，所以本书略去钠钙医药玻璃的熔化与窑炉讲述，重点围绕硼硅医药玻璃熔化与窑炉进行论述。

5.1 医药玻璃熔化

硼硅医药玻璃熔化与普通钠钙玻璃不同，具有熔化温度高、玻璃液易分层、氧化硼易挥发、电阻率随温度变化大、澄清相对困难等特点。

（1）熔化温度高 硼硅医药玻璃中 Al_2O_3 及 SiO_2 含量相对较高，相比同黏度下的普通钠钙玻璃而言，其对应温度有较大提高。当玻璃黏度为 $10^{2.5}$ dPa·s 时，高硼硅玻璃所对应温度为 1680℃，中硼硅玻璃所对应的温度达 1540～1560℃，低硼硅玻璃所对应的温度达 1380～1400℃，而钠钙硅玻璃的温度仅为 1250～1280℃，见图 5-1。从熔化温度来看，高硼硅玻璃最难熔化，其次是中硼硅玻璃，再者是低硼硅玻璃。如果采用火焰熔化方式，其火焰空间温度高达 1580～1650℃，窑炉碹顶耐火材料很难承受如此高的温度，即使耐火材料能够承受，火焰炉碹顶耐火材料的寿命将会大幅缩短。

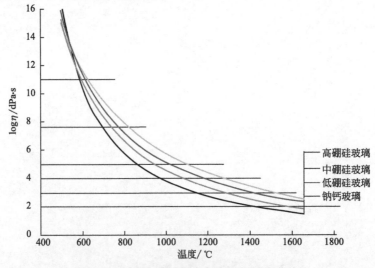

图 5-1　四种典型医药玻璃的温度-黏度曲线

硼硅玻璃配合料的熔化反应过程和钠钙玻璃的区别主要在于硼硅玻璃没有明显的"固相反应"，熔解速率取决于硼酸盐和石英砂的相互润湿与扩散速率，其熔化常数（τ）是钠钙玻璃的 1.2～1.7 倍，说明硼硅医药玻璃具有很大的难熔性。

表 5-1 罗列了四种典型医药玻璃大致组成范围与特征黏度点所对应温度值，结合图 5-1 和表 5-1 可以看出随着玻璃中的碱金属氧化物（R_2O）的含量减少和 B_2O_3 的含量增加，其熔化温度大幅度提高，并且其它一些特征黏度点对应的温度同样也提高。这对于加热方式、能源消耗、耐火材料选择及池炉设计都提出了不同要求。通常情况下须采用全电加热或电与燃料结合才能满足该类玻璃的熔化。燃料一般选用黑度相对低的天然气，须补充黑度相对较大的重油，加入量按总供热量的 15% 左右即可，可以明显增加火焰辐射能力，增强火焰熔化强度，提高燃料的热效率。

表 5-1 四种典型医药玻璃化学组成与特征黏度点对应的温度值

比 较 项 目		医药玻璃品种				备 注
		钠钙玻璃	低硼硅玻璃	中硼硅玻璃	高硼硅玻璃	
化学组成（质量分数）/%	SiO_2	约 70	约 71	约 75	约 81	
	B_2O_3	<5	≥5	≥8	≥12	
	Al_2O_3	0～3.5	3～6	2～7	2-3	
	R_2O	12～16	约 11.5	4-8	约 4	
	RO	约 12	约 5.5	约 5	—	
特征黏度点所对应温度/℃	T_2	1404±20	1583±20	1747±20	1837±20	玻璃熔化与澄清温度
	T_3	1135±20	1277±20	1376±20	1488±20	玻璃成型上限温度,熔化池底玻璃液温度,再加工温度上限
	T_4	972±15	1084±15	1150±15	1255±15	工作池温度,工作窑温度
	T_5	862±15	952±15	997±15	1088±15	玻璃成型供料下限温度
	$T_{7.6}$	696±10	745±10	763±10	818±10	吊丝软化点和自由变形温度
	$T_{11.5}$	576±10	590±10	593±10	607±10	膨胀软化点和变形终止温度
	T_{13}	548±5	553±5	552±5	555±5	玻璃温度上限,退火点温度
	$T_{13.4}$	541±5	545±5	543±5	543±5	玻璃转变点温度
	$T_{14.5}$	525±5	523±5	519±5	513±5	玻璃退火下限,应变点温度
熔化常数 τ		4.5～5.0	5.3～5.6	7.2～7.7	7.8～8.2	$\tau=(SiO_2+Al_2O_3)/(R_2O+0.5B_2O_3)$

注：R_2O 代表 Li_2O、Na_2O、K_2O；

　　RO 代表 CaO、BaO、SrO、ZnO 等；

　　T_2 表示黏度值为 $10^2 dPa \cdot s$ 所对应的温度值，其余依此类推。

（2）玻璃液易分层　硼硅医药玻璃熔化时易出现玻璃液分层现象，表 5-2 是高硼硅玻璃熔化池玻璃液化学成分测试结果。高硼硅玻璃的 Al_2O_3 含量一般需要控制在 2.3%±0.2%，而熔化池下层玻璃液和底层玻璃液中的 Al_2O_3 含量分别高达 9.64% 和 9.74%，几乎超出高硼硅玻璃 Al_2O_3 控制要求的 3 倍，这些 Al_2O_3 主要来自耐火材料。在熔化池的中部和底部，B_2O_3 含量明显减小，而熔化池底层玻璃液中的 SiO_2 含量减少很多，主要是因为各种氧化物密度差所致，由于 Al_2O_3 密度大，容易下沉形成聚集，火焰炉的熔化池下层玻璃黏度相对较高，致使底层玻璃不参与玻璃的对流，一旦发生温度波动和液流改变，下层变质玻璃将进入到成型流，造成玻璃缺陷，严重时大片条纹无法消除，较轻时形成细小裂纹，玻璃制品极易出现炸裂。

表 5-2　高硼硅玻璃熔化池分层情况　　　　　　　　　　　　　　单位：%

化学组成 \ 熔化池部位	SiO_2	Al_2O_3	B_2O_3	Fe_2O_3	CaO	K_2O	Na_2O
熔化池上层	81.99	2.15	11.99	0.078	0.24	0.21	3.36
熔化池中层	82.08	2.22	11.87	0.081	0.24	0.21	3.36
熔化池下层	81.24	9.64	2.12	0.27	0.24	0.26	5.47
熔化池底层	75.17	9.74	2.20	9.18	0.29	0.35	3.02

对于火焰炉而言，玻璃液分层程度随着熔化池池深增加将变得更加严重，玻璃液温度从熔化池表面到池底逐渐下降，熔化池下层玻璃液黏度很大，流动性相对较差，密度大的玻璃组分（Al_2O_3）及耐火材料侵蚀物（ZrO_2、Al_2O_3）容易沉积在池底形成不动层，这层玻璃也称作变质玻璃，遇到生产波动时，不动层的变质玻璃会进入到正常玻璃液流，使玻璃制品产生条纹缺陷。这类不动层的变质玻璃不仅存在于熔化池池底，也同样存在于工作池和料道底部，这是造成玻璃制品条纹缺陷和炸裂的重要原因。可以通过提高窑炉各部位的底部温度减少不动层变质玻璃，具体措施包括减少玻璃池窑深度、增加熔化池池底鼓泡、采用电助熔、增加燃料辐射能力等，使池底的变质玻璃持续地参与到玻璃液流中，在液流作用下实现变质玻璃的打散和均化；另外，可以在熔化炉的底部关键部位设置台阶，实现玻璃池窑自熔化池、工作、料道的底部逐级抬升，有效地阻挡底层变质玻璃进入到熔化质量良好的成型玻璃液流中，有时仅有底部抬升措施是不行的，必须在熔化池底部设计和安装放料装置，将变质玻璃及时排放出去；还有，选用优质耐火材料，甚至包括在料道和料盆等部位使用铂金也是很好的措施；再者，保持熔化温度、玻璃液面高度和玻璃出料量稳定是防止底部不动层变质玻璃进入成型流的重要措施。

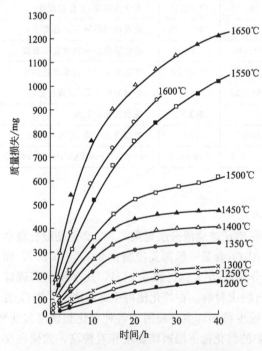

图 5-2　硼挥发与玻璃熔化温度和时间的关系

（3）氧化硼易挥发

① 熔化池硼挥发　$NaBO_2$沸点 1434℃，$Na_2B_4O_7$沸点 1575℃，因此，硼硅玻璃使用火焰炉熔化时必然会导致含硼物质（$NaBO_2$、$Na_2B_4O_7$）的挥发（通称"硼挥发"），硼挥发给玻璃熔化带来很大麻烦。对于火焰炉而言，在硼硅玻璃的熔化、澄清、均化、供料过程中，都会发生硼挥发现象，由于熔化池温度相对较高，所以硼挥发量很大，一般熔化池的硼挥发量约占 B_2O_3 含量的 5%～15%。硼挥发受熔化温度和时间影响，见图 5-2，当熔化时间为 40h，火焰空间温度为 1650℃时，在 6～7cm² 的玻璃表面硼挥发损失达 1200mg；而火焰空间温度为 1550℃时，其硼挥发损失降至 1000mg；火焰空间温度达到 1500℃以上时，硼挥发速率明显提高。熔化时间在 0～15h 范围的硼挥发速率最大，其后硼挥发速率趋于平缓。

硼挥发受水分挥发影响较大，因此硼硅玻璃配合料中的水分需要严格加以控制，甚至要求配合料水分为"0"最好，即为"干基"配合料，因此零水硼砂的挥发比五水硼砂少，同时还可节能 5%～10%，硼挥发损失可减少 2%左右。另外硼挥发还与配合料中的碱金属氧化物（R_2O）含量密切相关，碱金属氧化物含量越多硼挥发量越多。

由硼挥发会导致玻璃液中的 B_2O_3 含量降低，一般可在配合料中预先补充，即增加因挥发损失的 B_2O_3 含量。在靠近流液洞附近的熔化池表面因硼挥发所形成的变质层，主要以氧化硅为主，俗称"料皮子"，必须防止其进入到成型流形成条纹或结石。硼硅玻璃窑炉的熔化池温度制度与钠钙玻璃炉不同，需要在靠近流液洞处的熔化池空间中形成热点，该处玻璃液形成上升流，带动此处表面变质层向两侧池壁和加料口方向流动，并随热对流下沉。此时变质玻璃被拉伸变形和扩散均化。这使此处玻璃液不断更新，因此不会形成变质玻璃聚集并进入流液洞的问题。

② 工作池和供料道玻璃液中的硼挥发　由图 5-2 可以看出硼挥发在 1200℃时已相当明显，这正是硼硅玻璃池炉工作池和料道的温度范围。工作池和供料道玻璃液中的 B_2O_3 与 Na_2O 同时产生挥发，在玻璃液面形成一层低硼高硅的变质层（浮渣 scam），俗称"料皮子"。在表 5-3 中可以看出高硼硅玻璃料道硼挥发后表面变质玻璃及挥发物化学组成。

表 5-3　变质玻璃和挥发物的化学成分　　单位:%（质量分数）

化学组成\比较项目	SiO_2	Al_2O_3	B_2O_3	CaO	K_2O	Na_2O
正常玻璃	79.40	2.18	12.5	0.50	0.19	5.50
表面变质玻璃	84.63	1.90	9.22	0.62	0.11	4.05
挥发物	3.35	0.80	53.30	0.28	4.10	20.10

当玻璃液流量和温度发生波动时，玻璃液表面的变质层会混入到玻璃液成型流中，在玻璃制品中产生条纹等缺陷。由于 Na_2O 和 B_2O_3 挥发导致 SiO_2 含量增大，当温度低于液相线温度时，变质的玻璃容易析出方石英相，在玻璃液表面以浮渣形式出现，随着浮渣的不断积累和增加，最终聚集形成白色结晶物。浮渣下面会有些小孔或气泡，这是因为气泡上浮时受到浮渣的阻止而聚集在下面所致。浮渣一般处于熔化池或工作池表面低温处，浮渣以结晶态物质存在时，有两个独特的表面：上表面暴露于玻璃熔窑火焰气氛中，表面为玻璃态，非常平整；浸润在玻璃液中的浮渣下表面的晶核在浮渣中生长，所以在浮渣横截面上可以看到晶体生长的方向性。在浮渣下表面常常可以看到微气泡的轮廓，或是气泡从浮渣下面溢出形成锥形孔，图 5-3 显示硼挥发所导致富硅浮渣形态示意图。表 5-4 是不同温度下高硼硅玻璃 B_2O_3 的表面挥发损失。

表 5-4　在不同温度下高硼硅玻璃 B_2O_3 的表面挥发损失　　单位：mg/cm^2

温度/℃＼时间/h	1	2	4	6	8	12	16
1340	0.7	1.0	1.6	1.9	2.5	3.4	3.8
1370	0.9	1.2	1.7	2.2	3.2	4.0	4.6
1400	1.1	1.4	2.3	3.2	3.8	4.7	5.3
1430	1.2	1.8	2.9	3.7	4.5	5.6	6.4
1460	1.4	2.2	3.1	4.1	4.9	6.9	8.6

续表

温度/℃ \ 时间/ h	1	2	4	6	8	12	16
1490	1.8	2.4	4.6	5.3	7.4	10.8	14.6
1520	1.9	3.2	5.7	7.5	10.7	15.9	20.8
1550	2.4	4.0	7.2	10.3	13.8	20.4	26.8
1580	3.0	5.1	9.4	13.2	17.6	25.8	33.7

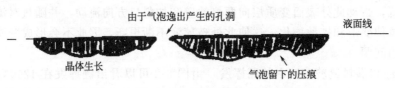

图 5-3　硼挥发所导致富硅浮渣形态示意图

　　浮渣受玻璃液流和熔化温度影响，会变成碎片分布在玻璃液表面，可能进入到玻璃液成型流中，最终反映在玻璃制品中，成为玻璃制品的严重外观缺陷。由于浮渣与硼硅医药玻璃的热膨胀系数差异，浮渣在玻璃界面处产生张应力，导致玻璃产生裂纹和破损。图 5-4 和图 5-5 清晰地显示了浮渣上表面与下表面的差别。图中浮渣上的锥形小孔是气泡溢出所形成，图 5-5 中浮渣的下表面存在严重的玻璃裂纹。

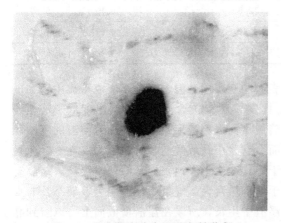

图 5-4　具有气泡从表面溢出所形成的小孔的浮渣的上表面

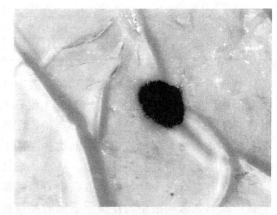

图 5-5　浮渣的下表面（位于结石下面的严重的玻璃裂纹）

　　对于硼硅医药玻璃而言，火焰炉的硼挥发是无法避免的，只要硼硅玻璃液暴露在空间中，硼挥发就会发生，变质玻璃就会产生。挥发物有极强的侵蚀性，会对窑炉上部空间的耐火材料产生严重的侵蚀作用，侵蚀物以熔滴方式滴落在玻璃液表面，同样对玻璃均质性产生不良影响。设计硼硅玻璃火焰熔化池窑时，需在熔化池设置耳池溢流口，在工作池低温处和料道靠近出料口处设置溢流口，将表面的变质玻璃从溢流口排出。硼硅玻璃也有设置密闭工作池和密闭料道的设计，其作用在于封闭玻璃液面，从而防止硼挥发，但封闭用耐火材料会被玻璃液侵蚀造成玻璃缺陷，并使玻璃封闭失效，进行密闭维修时，将造成停产损失。目前除使用铂金管道外，其它耐火材料建造的玻璃炉密闭装置均不十分成熟，都存在寿命短问题，使用时需进行风险评估和经济性分析。

（4）电阻率随温度变化大　低温时玻璃为电绝缘体，高温时玻璃是导电体，并且具有很好的导电性，玻璃熔体通过碱金属离子进行电荷传输，导电机理为离子导电。在玻璃网络结构中，结合强度最弱的离子是碱金属离子（如 Na^+ 和 K^+），因此碱金属离子就成为玻璃液载流体，碱金属离子的数量、结合强度以及离子半径大小将影响玻璃的导电性。Na^+ 半径较小，所以其迁移受到的阻力相对较小，因此在玻璃熔体中 Na^+ 是导电能力强的离子。

图 5-6 是四种典型医药玻璃品种在高温条件下随温度变化其电阻率变化曲线，可以看出，在相同温度条件下，高硼硅医药玻璃电阻率最大，其次是中硼医药玻璃，再者是低硼硅医药玻璃，钠钙玻璃的电阻率最低，这与四种典型医药玻璃中的碱金属含量密切相关，碱金属含量越多，其电阻率越小。高硼硅玻璃成分中 Na_2O 和 K_2O 含量仅有 $4.0\%\sim4.5\%$，所以导电能力最弱，电阻率最大。对高硼硅玻璃采用辅助电熔化时，必须采用高压供电方式，才能增加送电功率，高压供电进行玻璃熔化会给窑炉的安全运行带来隐患，容易出现漏电事故，因此在玻璃池窑设计时，必须考虑电极的安全区域和耐火材料的高温绝缘性。中硼硅玻璃和低硼硅玻璃的电阻率相近，两者电阻率仅为高硼硅玻璃的 2/3 左右，中硼硅玻璃中 Na_2O 和 K_2O 含量为 $6.0\%\sim8.0\%$，低硼硅玻璃中 Na_2O 和 K_2O 含量达 $8.0\%\sim12\%$。由于钠钙玻璃中 Na_2O 和 K_2O 含量达 $14\%\sim16\%$，在 $1400\sim1500℃$时，电阻率仅有 $3\sim5\Omega\cdot cm$。

从图 5-6 中还可以清晰地看出，玻璃的电阻率随温度变化呈非线性，不同玻璃品种的电阻率-温度变化率不同，电阻率曲线的切线与水平方向的夹角称为"失稳角"，"失稳角"越大，采用全电熔化时，越难实现稳定控制。当外界对局部或整体系统造成微小干扰时，温度的升高将导致玻璃电阻降低，电流迅速增大，导致玻璃液温度持续升高，致使电能失控。高硼硅玻璃的"失稳角"达到 $19.7°$，中硼硅玻璃的"失稳角"为 $6.9°$，低硼硅玻璃的"失稳角"为 $6.9°$，钠钙玻璃的"失稳角"为 $5.8°$。因此高硼硅玻璃采用全电熔化时很容易出现电加热不稳定现象，所以玻璃采用全电和电助熔时，应对每对电极采取电流平衡措施，设置电流平衡变压器系统，这样才能确保硼硅玻璃电熔化的稳定。

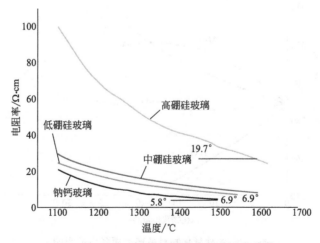

图 5-6　四种典型医药玻璃的高温电阻率曲线

（5）澄清相对困难　硼硅玻璃不易澄清，这是由于其熔化温度高，黏度大，不利于大气泡逸出；表面张力小不利于小气泡吸收。而硼硅玻璃对气体溶解能力和吸附能力较大，因此再加工时易出现气泡，所以在熔化时要使玻璃溶解的气体尽量排出，防止玻璃二次火焰加工时产生气泡。

　　硼硅医药玻璃的熔化温度较高，并且在高温条件下黏度也很大，在选择和使用矿物原料时，需要对配合料进行熔化实验，以确定石英砂原料粒度和澄清剂种类、用量对熔化质量的影响。石英砂颗粒一般优选 0.1～0.2mm，当直径小于 0.1mm 的颗粒占到石英砂总量 20% 时，不利于澄清。

　　玻璃液澄清时其较大气泡逸出速率与黏度关系，见式（5-1），由于玻璃熔化时黏度较大，因此气泡逸出很慢。

$$V \propto \frac{1}{\eta} \tag{5-1}$$

式中　V——气泡逸出速率；

　　　　η——黏度。

　　同时，澄清过程中小气泡的吸收与表面张力有如式（5-2）的关系，当玻璃液上面的气压和玻璃液深度不变时，气泡内压与表面张力成正比。这说明玻璃液表面张力越大，小气泡越容易溶解于玻璃液中。

$$P = \frac{2\sigma}{\alpha} \tag{5-2}$$

式中　σ——表面张力；

　　　　α——气泡直径。

　　图 5-7 表示各种氧化物对玻璃表面张力的影响规律，玻璃组成中加入 B_2O_3 后，玻璃表面的 B^{3+} 都以 ［BO_3］ 三角体的形式存在。由于 B^{3+} 在三角体中心，三个方向都被具有很强负电荷的 O^{2-} 包围，因此 B^{3+} 对三角体之外负电荷离子的引力很小。硼硅玻璃表面张力小，所以因此吸收小气泡的能力相对较弱，可以通过添加氧化铝提高玻璃表面张力。

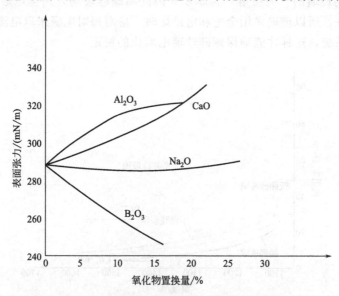

图 5-7　各种氧化物对玻璃表面张力的影响

　　解决硼硅玻璃的澄清问题，首先提高熔化温度（电助熔、全氧燃烧、提高火焰辐射能力）；其次，使用高温澄清剂，可使用氯化钠和氧化锡等，限制和禁止使用氧化砷、氧化锑等澄清剂（按 ASTM E-438 要求）；再者，使用氧气鼓泡有助于排出玻璃液中溶解的其他气体。

5.2 医药玻璃窑炉

上节阐述了医药硼硅玻璃的熔化特性，为窑炉设计提供了参考依据。玻璃窑炉是玻璃工厂的心脏，窑炉选型（简称"炉型"）十分关键。炉型在某种意义上决定玻璃产品的产量、质量、能耗、炉龄、生产成本、环境污染状况等。炉型要根据产品及自身情况而定：如能源供应、公用系统能力、投资能力、厂房条件、气象条件、技术力量、操作工人操作水平及操作习惯等；此外，玻璃质量，产品品种、生产方法也是炉型选择的重要依据。适用于医药玻璃炉型及相关技术指标见表5-5，医药玻璃的炉型包括马蹄焰池炉、单元窑、横火焰池炉、纯氧燃烧炉、冷顶全电炉、热顶全电炉、电助熔池炉、氧助熔池炉。电熔炉热效率高，单元窑、横火焰炉、纯氧燃烧与电熔化混合炉熔化炉质量最优。

表 5-5 适用于医药玻璃管炉型及相关技术指标

炉 型	余热利用装置	能源种类	适用玻璃品种	玻璃质量	热效率/%
马蹄焰池炉	单、多通道蓄热室，空气预热温度1200℃左右	天然气、重油、轻油、发生炉煤气、城市煤气	低硼硅玻璃	良	30～40
单元窑	有，金属换热器，空气预热温度500～800℃	同上	低硼硅玻璃 中硼硅玻璃 高硼硅玻璃	优	20～30
横火焰池炉	有，单通道蓄热室，空气预热温度1100～1300℃	同上	低硼硅玻璃 中硼硅玻璃 高硼硅玻璃	优	30～40
纯氧燃烧炉	余热锅炉无	天然气、重油、轻油、城市煤气。氧气（纯度＞94%）助燃	低硼硅玻璃 中硼硅玻璃 高硼硅玻璃	优	＞40
冷顶全电炉	无，碹顶温度＜500℃	电力100%	低硼硅玻璃 高硼硅玻璃	良	＞90
热顶全电炉	有，碹顶温度＞650℃	电力80%～95%	中硼硅玻璃 高硼硅玻璃	良	＞80
电助熔炉	有，单、多通道蓄热室，金属换热器	电力5%～30%	中硼硅玻璃 高硼硅玻璃	优	＞30
电气混合熔融		电力30%～80%			
氧助熔池炉	同上	全氧燃烧提供10%～20%空间燃烧能量	低硼硅玻璃 中硼硅玻璃	良	＞30

由于上节所述的硼硅玻璃熔化特点，现代医药硼硅玻璃仅有中国低硼硅玻璃使用火焰炉。发达国家的中硼硅玻璃和高硼硅玻璃池炉均采用热顶全电炉或混合型熔炉。美国、德国、日本著名公司在20世纪70～80年代进行了冷顶全电炉熔化尝试，但由于拉管精度不好和管制瓶再加工时性能不佳，未能取得突破。至今这两种硼硅玻璃还在使用全氧加热辅助电熔化的混合熔化方式。并逐步向增加电能应用减少全氧加热方向发展，最大限度地减少烟气排放量。至今（2014年）发达国家还未能采用冷顶全电炉熔化高硼硅玻璃和中硼硅玻璃生产高精度玻管，图5-8和表5-6为各国硼硅玻璃拉管炉型。

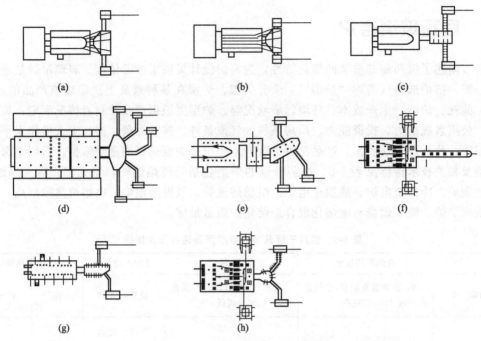

图 5-8　各国硼硅玻璃拉管炉简图

表 5-6　各国硼硅玻璃拉管炉简表

编号	使用厂家	玻璃品种	能源种类	产量/(t/d)	质量	铂金/kg	炉型种类
a	中国	低硼硅玻璃	天然气	15	差	0	单室马蹄炉
b	中国	低硼硅玻璃	煤	10	中等	0	双碹顶炉
c	中国	低硼硅玻璃	天然气	18	中偏上	1	双室马蹄炉
d	德国 S	中硼硅玻璃	天然气＋重油＋电	40	高精度	120	横火焰炉
e	日本 N	中硼硅玻璃	天然气＋电	27	高精度	60	蛇形炉
f	美国 C	中硼硅玻璃	天然气＋电	13	高精度	35	区熔炉[①]
g	日本 N	中硼硅玻璃	天然气＋电＋氧	26	高精度	60	全氧单元炉
h	美国 C	中硼硅玻璃	天然气＋电	26	高精度	60	区熔炉[①]

①中国宝鸡医药玻璃厂曾于 20 世纪 80 年代引进美国 C 公司的区熔炉。

5.2.1　硼硅玻璃炉设计特点及特殊装置

（1）浅池深　由于硼硅玻璃熔化温度高，其池深一般较浅，纯火焰炉熔化池深与熔化率见表 5-7。

表 5-7　火焰炉熔化池深及熔化率

项　　目	高硼硅玻璃	中硼硅玻璃	低硼硅玻璃
熔化池玻璃液深度/mm	400	600	900
熔化率/[t/(d·m²)]	0.2	0.4	0.8

　　为了提高熔化率，高硼硅玻璃和中硼硅玻璃一般采用电熔化技术与火焰加热混合熔化炉，其池深增加到900mm。当三种硼硅玻璃熔化池深度超过1000mm以上时，均未取得理想的熔化效果，因此硼硅玻璃现代池炉熔化池（包括炉底插入电极的池炉）很少有超过1000mm池深。

　　(2) 复合池底　现代硼硅玻璃窑炉多采用池底通电的混合电熔炉，玻璃窑炉池底采用多层耐火材料复合结构，如图5-9所示，最上层铺砌ZB-1691VF无缩孔电熔锆刚玉砖（含ZrO_2 35%），其下一层是捣料和ZB-1691S电熔锆刚玉砖（含ZrO_2 33%），中间黏土大砖上铺砌一层锆英石砖，最下层是黏土质保温砖绝缘层和扁铁。

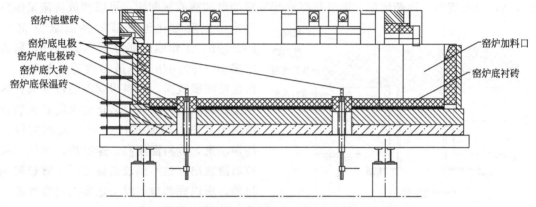

图5-9　高硼硅玻璃电助熔炉熔化池底结构示意图

　　(3) 表面溢流装置　由于硼硅玻璃易挥发在表面形成变质玻璃，当工艺波动使玻璃液流遭到破坏后，"料皮"进入生产流，造成产品条纹、结石、节瘤问题。解决的办法就是表面溢流，将表面变质层排出，这对提高各种硼硅玻璃管和瓶的质量都非常重要。

　　在硼硅玻璃料道中设置溢流装置，见图5-10所示，以使表面变质玻璃不参与成型，是不可缺少的技术措施，对消除浮渣起着决定性作用。一般在料道上设置横跨于料道表面的溢流方式。

　　工作池温度较低的区域采用表面溢流的形式除去浮渣，工作池溢流口则有单独的加热喷枪，用于定期排除玻璃表面的浮渣，见图5-11。

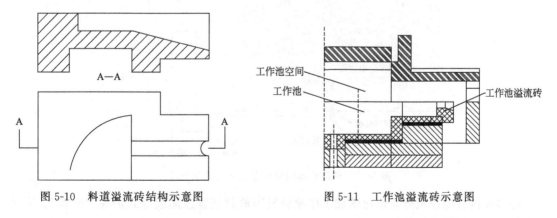

图5-10　料道溢流砖结构示意图　　　　图5-11　工作池溢流砖示意图

　　熔化池的溢流通常设置"耳池"来引导表面液流，并定期清理或长期排放。

　　溢流口外部设置有小炉密封，并用喷枪加热，溢流量可用三角形的AZS砖片来调整（厚度为3～20mm），一般为料道总出料量的5%～20%，溢流量每2h测量一次。

（4）底部放料装置　由于玻璃液的侵蚀作用使得耐火材料受到侵蚀，通常侵蚀物不能完全被玻璃液溶解。在使用电熔锆刚玉砖时，在池底或料道底部会产生初次或二次晶体或富锆、富铝玻璃的沉积，形成变质玻璃，这些变质玻璃在玻璃中会以小结石、节瘤或条纹的形式出现，影响玻璃质量，尤其对薄壁的玻璃产品（如安瓿管）更明显。

在熔化池、工作池、料道底部安装尺寸合适且布置恰当的底部放料装置，目的是将变质玻璃放掉，从而使这些变质玻璃液不参与成型，对提高产品质量有帮助，这对 B_2O_3 含量大于 6％的玻璃尤其重要。

用普通的放料孔往往不能连续稳定地排出所要求的玻璃液量。由于放料区域玻璃温度不断升高，因而流量也逐渐增加。通过装有冷却装置的电加热放料漏嘴，可以使放料流量保持

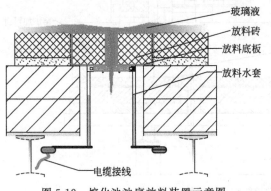

图 5-12　熔化池池底放料装置示意图

恒定。一般熔化池底部放料流量为 50～100kg/h，工作池底部为 20～50kg/h，料道底部 10～30kg/h。料道必须连续放料；工作池可间歇放料，放料周期不超过 3 天；熔化池放料周期可一周。熔化池池底放料装置结构示意图，如图 5-12 所示。底部放料需特别注意，放料温度高、速度快，会使上层玻璃液放出，达不到放出最底层变质玻璃的目的，所以底部放料时一定要控制温度低一些，放料速度慢一些。

采用电加热的放料方式来控制放料速度时，与该装置相配合的还需要一套冷却装置。放料装置的出口处可用电加热，加热钢板上的孔直径为 Φ8～10mm，漏板孔被紧压在放料砖上，加热功率为 1～2kW 就可满足要求。熔化池和工作池炉底放料口的铂金管内径为 Φ18mm，适宜流速为 50kg/h。

一般硼硅玻璃料道都设置了一个炉底放料孔和一个表面溢流口，放料孔采用电加热铂金放料装置，见图 5-13，这种料道底放料操作简单、方便，放料量容易控制，料道的溢流口除具有与工作池溢流口相同的功能外，还具有调节出料量、稳定液流的作用。

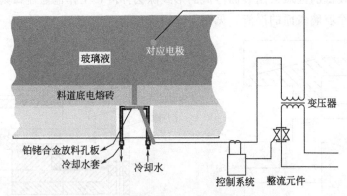

图 5-13　料道底部铂铑合金放料装置示意图

底部放料有操作风险，熔化池或工作池放料因放料装置故障会导致炉底"漏料"，安全可靠是设计放料装置的关键。

（5）料道密封　料道有以下三方面的作用：首先，降低玻璃液的温度，吸收玻璃液澄清后的残余气泡；其次，稳定玻璃液的温度和黏度，使玻璃液进一步均化；第三，便于布置作

业室安装流料槽和拉管机头。

料道是控制玻璃管生产的关键窑炉结构单元，料道内温度的变化是影响玻璃管质量的重要因素。由于拉管机的出料量较高速瓶罐成型机的出料量要少得多，因此与瓶罐玻璃熔窑的料道不同，拉管熔窑的料道应短、窄、浅，以使料道内的存料少、死料少、周转快，有利于玻璃的均化，便于加温和促进料液上下温度均匀，同时可以减少能耗。

硼硅玻璃的供料道可采用部分密封的技术（图 5-14）。密封部分的玻璃液表面与火焰空间不接触，因而也就不会产生 B_2O_3 的挥发问题。部分密封与溢流相结合，对提高产品质量起到了很好的作用，但料道盖板砖的材质很重要。

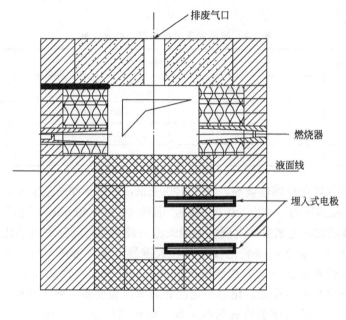

图 5-14 全密闭电加热（火焰辅助）供料道横剖面示意图

根据玻璃化学组成及加热源的不同，可采用不同的料道结构。当以电能为加热源时，为缩小玻璃液的上下温差和减少 B_2O_3 的挥发，可在料道两侧设置埋入式钼电极，上面覆盖电熔 AZS 砖，并在其上用辅助加热。对于以火焰加热的硼硅酸盐玻璃料道，为防止 B_2O_3 挥发，不能直接用火焰在玻璃液面上加热。对于钠钙硅玻璃，由于 B_2O_3 含量低于 5%，其挥发问题并不突出，可采用普通瓶罐玻璃的料道形式进行直接加热。对料道的热工控制可分段进行，以达到适合成型的料液温度。

料道入口的设计应尽量防止工作池表面的"变质玻璃"混入成型液流，同时在料道入口砖上方安置双排多只小流量的歧管式燃气燃烧器，提高此处工作池表面玻璃液温度，防止"变质玻璃"进入成型流。

（6）机械搅拌装置 搅拌的作用是把玻璃液内的不均匀玻璃液和粗条纹不断地分割成为很细而短的条纹，使其接触面增大，以利于玻璃液与条纹间相互溶解扩散，从而使条纹逐渐消失或减少。

近年来池窑的熔化率越来越高，机械成型速率越来越快，对玻璃液充分均化和温度均匀有更高的要求，机械搅拌已被广泛用于医药玻璃料道。

搅拌的目的是引导玻璃液流把条纹打散，消除条纹，达到玻璃液温度均匀以及高速度输出玻璃液以供成型之用，通常这种机械搅拌在料道内进行。

旋转方向：由料道底部向玻璃表面搅动，促使干净的玻璃液流向料槽或料盆。搅拌速率一般为 3~15r/min，料道温度高时搅拌效果差，料道温度低时搅拌效果好，速度可以慢些。

搅拌桨材料：耐火材料（硅线石、锆英石、AZS）、贵金属（Pt/Rh）、难熔金属（Mo）。

(7) 鼓泡装置　自 1966 年鼓泡技术诞生以来，经过长期实践与应用，玻璃鼓泡技术日臻成熟。由于其对玻璃熔制过程具有显著的强化作用，已广泛应用于现代池炉上。鼓泡方法有助于克服传统池窑存在的缺点，如与辅助电熔相结合，效果更为显著。

鼓泡的压力与池深、料色关系见表 5-8，池深增加鼓泡压力增大。有色玻璃池底温度相对较低，所以鼓泡压力相对无色玻璃增大 10%~20%，而脉冲鼓泡压力是连续鼓泡压力的4~8倍。

表 5-8　鼓泡的压力与池深、料色关系

鼓泡压力/MPa ╲ 池深/mm	连续鼓泡		脉冲鼓泡
	无色玻璃	有色玻璃	
800	0.030	0.035~0.040	0.10~0.30
1000	0.035	0.040~0.045	0.15~0.35
1200	0.040	0.045~0.060	0.20~0.40

某厂使用天然气熔化低硼硅玻璃，池深 1000mm，采用脉冲鼓泡方式，主要指标为：气源压力 0.3MPa，鼓泡压力 0.025~0.03MPa，泡径 Φ200~400mm，泡频 12~17 个/min，通过表 5-8 中的玻璃化学组成对比发现，未经鼓泡的玻璃液，其池底玻璃化学组成与正常玻璃化学组成在氧化硅、氧化铝和氧化硼存在较大差异，池底部的氧化铝增加 60%~70%，这是导致玻璃条纹的关键成分，如遇到生产波动，会导致池底变质玻璃液混入正常玻璃液流，最终导致玻璃制品环切等级、化学稳定性和力学性能变差。使用脉冲鼓泡后，池底玻璃化学组成与正常生产的玻璃化学组成基本一致，氧化铝偏差小于 10%，其它氧化物偏差小于 2%，说明脉冲鼓泡明显提高玻璃液在池深方向的化学组成均匀性，见表 5-9。

表 5-9　天然气熔化低硼硅玻璃使用脉冲鼓泡对玻璃组成影响

单位:%(质量分数)

比 较 项 目	SiO_2	B_2O_3	Al_2O_3	Fe_2O_3	CaO	MgO	BaO	Na_2O	K_2O	R_2O	总量
未用鼓泡正常玻璃	70.45	6.74	6.13	0.113	3.02	0.062	2.10	8.95	2.31	11.26	99.88
未用鼓泡池底玻璃	66.53	5.62	10.23	0.111	3.34	0.057	2.30	9.06	2.63	11.69	99.88
使用鼓泡正常玻璃	70.60	6.79	5.65	0.115	3.07	0.069	2.04	9.04	2.02	11.06	99.39
使用鼓泡池底玻璃	69.59	6.85	6.25	0.137	3.19	0.077	2.30	8.91	2.07	10.98	99.37

鼓泡应特别注意的问题有五点：第一，为防止鼓泡在玻璃制品中出现大量小气泡，鼓泡点应距离流液洞 2.5m 以上，以使鼓泡产生的小气泡有充分时间逸出，这些小气泡是鼓泡在玻璃液面破裂时产生的小液滴砸的；第二，鼓泡砖要使用 500mm×500mm×500mm 的无缩孔 AZS 41# 砖，其周边衬砖厚度不应小于 200mm，以防漏料；第三，为便于操作，炉底应有足够空间和安全设施；第四，鼓泡堵塞应立即用高压气体疏通，如不通可同时通电加热，必要时可在附近重新打孔再插入新鼓泡管；第五，有色玻璃熔化池必备鼓泡装置，并需仔细操作，及时调整泡频、泡径，迅速修复堵塞停鼓的鼓泡管。

（8）熔化温度制度　对于流液洞型火焰池炉而言，熔化池是玻璃重要的熔化空间，熔化池的温度制度是指沿窑长方向的温度分布，依据热点（最高温度点）所处位置分为"山形"和"桥形"，如图5-15所示。"山形"的热点位于熔化池长度的2/3处，多用于钠钙玻璃池炉，"桥形"的热点靠近和接近流液洞处，更适合熔化硼硅玻璃，可以有效避免"料皮"产生和"料皮"吸入流液洞而进入工作池或料道。此时在熔化池玻璃液进入流液洞前，玻璃液流形成热泉上升流，硼挥发后的"轻微"变质玻璃不会进入流液洞，而是流向表面温度较低的侧壁和加料口方向，在熔化池对流中很快重熔。如果和熔化池的"耳池"配合，使用效果更好。在电助熔和全电炉中甚至在熔化池进入流液洞前专门插入电极来形成高温区，这除了上述作用外，在全电炉中还可防止未熔石英颗粒进入工作池（硼硅玻璃密度小，未熔石英颗粒易于下沉直接进入流液洞）。

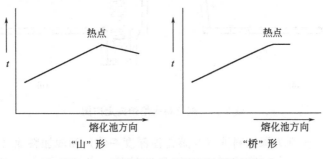

图5-15　池炉熔化池的温度制度类型图

对于工作池的温度制度，在设计时需保证料道入口处温度较高，溢流处温度较低，主要是由于硼硅玻璃表面变质层在低温处聚集。

按上述要求设计和操作温度制度，可用防止硼挥发造成的变质层进入成形流。

马蹄焰池炉很难保持热点稳定和温度均匀。其胸墙测温点在左右火时温差可达30～50℃。而且随熔化池尺寸加大和使用高热值燃料（如天然气）此温差有加大的趋势。这就使液流紊乱，并且成型玻璃流温差很难消除。国内某些企业为节能不设工作池或工作池很小，这就使高精度玻璃管和轻量瓶无法生产。国外硼硅医药玻璃企业基本不用马蹄形池炉，国内也在逐步淘汰中。

5.2.2　硼硅玻璃火焰炉结构设计要点

（1）确定玻璃熔化量　玻璃熔化量与生产线成型能力密切相关，一般一条丹纳拉管线每月产量为300t，如果按1座窑炉配备2条成型生产线（俗称1窑2线）设置，则每月产量将达600t玻璃管，核算到每日玻璃熔化量将达22t玻璃管，酌情考虑玻璃管直径、合格率和精切圆口损失，同时考虑到溢流及底部放料的玻璃损失，设计窑炉时可取熔化量达24t/d。

（2）确定熔化面积　熔化面积确定主要依据玻璃品种的熔化率，如低硼硅玻璃熔化率为0.9～1.2t/(m²·d)，中硼硅玻璃高硼硅玻璃无法用单纯火焰炉生产，此处不再讨论。根据日熔化量除以熔化率即可得到熔化面积。玻璃熔化池多选取长方形，长宽比按烧油取(1.0～1.5)∶1，天然气取(1.5～2)∶1。在确定低硼硅玻璃熔化池面积时，一般不考虑电助熔。

（3）确定熔化池深度　熔化池深度根据玻璃的出料量，玻璃颜色、含铁量和实际经验而定，对于低硼硅玻璃熔化池深度一般选取700～1100mm，有色玻璃深度应减少200～300mm。

（4）加料口与配合料走向　对于面积小于50m²的熔化池，基本选择侧向单加料口设置，加料口尺寸受加料机加料能力、结构形式和尺寸等影响，原则上尽量减小加料口尺寸，可以最大限度地减少热量损失。配合料在熔化池表面的料带走向至关重要，见图5-16。图5-16(a) 中配合料走向形式最好，可延长配合料的熔化时间，避免因玻璃配合料熔化不足而产生气泡和结石等质量缺陷。

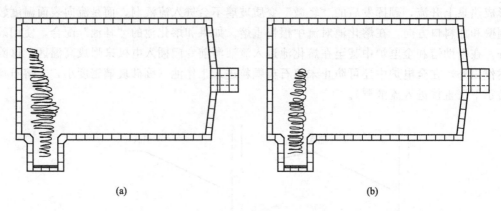

(a)　　　　　　　　　　　　　　　　(b)

图 5-16　配合料火焰炉内走向图

加料池有两种，分别为深加料池（与熔化池深度一致）和浅加料池（比熔化池深度抬升一定高度），见图5-17。一般推荐采用深加料池结构，可依靠熔化池热玻璃液来熔化配合料。

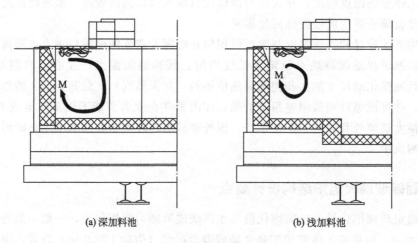

(a)深加料池　　　　　　　　　　　(b)浅加料池

图 5-17　加料池深度结构形式

（5）小炉　根据玻璃品种，按照《美国玻璃制造手册》计算出燃料消耗量，采用如图5-18所示的小炉结构设计尺寸，表5-10给出了小型和中型玻璃窑炉的小炉和熔化池相对尺寸参照表。例如北京某厂 #6 窑炉，燃料为城市煤气，热值为 $3800\sim4200\text{kcal/m}^3$，消耗量 $500\text{m}^3/\text{h}$，室温时，二次风用量为 $500\times3.85=1925\text{m}^3/\text{h}=0.535\text{m}^3/\text{s}$，在 1000℃时，二次风量为 $0.535\times1273/273=2.495\text{m}^3/\text{s}$，要求二次风速度满足 10m/s，则小炉口面积为 0.24m^2，设定宽度 0.9m，则高度为 $2.495/(10\times0.9)=0.27\text{m}$。对于烧油小炉，宽度和高度要求不太严，因为油速大，可以用油来调节火焰（包括调节油量、压力、过剩空气量）。

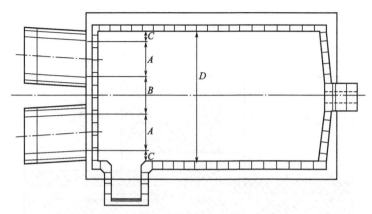

图 5-18 小炉与熔化池相对结构示意图

表 5-10 小炉与熔化池相对尺寸表 单位：mm

项目	小型马蹄焰窑炉	中型马蹄焰窑炉
D	3900	4600
B	900	1050
A	1200	1400
C	300	375

小炉内斜角优选 5°～6°，见图 5-19(a)，优点：涡流小，火焰不烧胸墙。小炉二次风喷口下倾角优选 20°～25°，见图 5-19(b)，另外要求火焰离配合料越近越好，这还可以使火焰不向上烧碹顶。

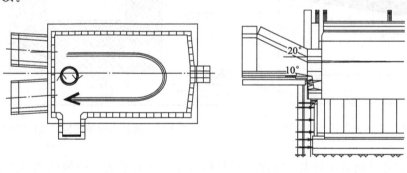

(a) 俯视图   (b) 主视图

图 5-19 小炉结构图

（6）流液洞 流液洞用于分隔熔化池和工作池，起到冷却玻璃液、防止玻璃液回流的作用。为了避免熔化池底层变质玻璃进入工作池，一般将流液洞底部提升 100～150mm，流液洞尺寸设计应考虑流量、池深、冷却要求，流液洞基本结构形式见图 5-20，不同玻璃品种推荐的流液洞基本尺寸见表 5-11。

表 5-11 不同玻璃品种推荐的流液洞基本尺寸 单位：mm

玻璃品种	D_2	D_1	D_4	D_3
钠钙玻璃	870	1100	230	0
低硼硅玻璃	600	900	200	100
高硼硅玻璃	600	900	150	150

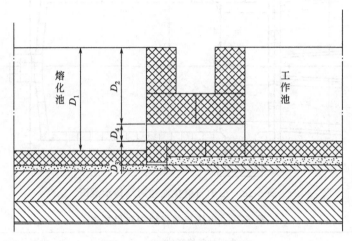

图 5-20　流液洞基本尺寸参数

流液洞面积 $F=$（日出料量＋70）/65m²，流液洞的高（D_4）与宽（D_5）见图 5-21，钠钙玻璃和低硼硅玻璃的流液洞高为 200～225mm，有时为 150mm，出料量大时，可升高一些；出料量小，可降低一些；对于高硼硅玻璃而言，高度取 150mm 比较合适。

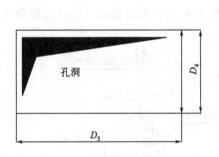

图 5-21　流液洞截面尺寸图

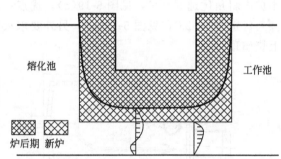

图 5-22　流液洞侵蚀和玻璃液流速图

流液洞的玻璃液流速较大，对耐火材料侵蚀速率相对较大，一般优选 AZS41♯电熔耐火砖，为了兼顾玻璃液冷却和流液洞寿命，需要对流液洞外侧的耐火材料表面进行风冷却或水包冷却。流液洞使用一段时间后，流液洞盖板砖会受到严重侵蚀，使流液洞断面尺寸变大，导致熔化池上层玻璃进入工作池影响玻璃质量，见图 5-22。被侵蚀的流液洞甚至会使底层玻璃液出现回流，由于工作池下部玻璃回流，可将底层变质玻璃和低温玻璃带回熔化池重新熔化，可提高玻璃制品质量。但也会增加能耗。硼硅玻璃炉的流液洞通常比熔化池底部上抬 50～200mm，主要是防止炉底变质玻璃进入成型流。

（7）蓄热室　对于硼硅玻璃而言，蓄热体积可按蓄熔比 35～55 设计，有利于烟气余热回收，蓄热室格子优选筒型耐火砖。

（8）工作池　工作池主要用于玻璃液的蓄存与调节，工作池深度比熔化池深度小 150～300mm。在满足玻璃液均化的条件下，工作池小些会有利于节能，但太小，过热玻璃会进入到供料道且不利于玻璃均化。一般情况下硼硅玻璃工作池面积是熔化池的 25% 左右。

对于硼硅玻璃，为了避免工作池中产生"料皮"，要求温度均匀，使用歧管式燃烧器是最佳选择。对于歧管式加热器，由于温度要求不同，采取分段、分区控制加热，需要空气加热时采用金属换热器，可回收热量节约能源。硼硅玻璃高精度玻璃管和轻量瓶要求工作池温度波动在1℃以内，这就要求有独立分区加热系统和精密的温度控制装置。

为了清除硼硅玻璃工作池的料皮，必须安装溢流砖，溢流位置的选择必须尽可能让料皮不进入料道（或工作口），而从溢流口流出。

（9）供料道　供料道是用于玻璃液的引导，并在成型前完成玻璃液均化和温度调节。供料道深度一般为150～220mm，宽度为350～450mm，长度设计时主要考虑能否得到均匀玻璃和温度是否可调节合适。对于高硼硅玻璃，供料道越短越好，低硼硅玻璃料道要防止料皮集结。供料道溢流、搅拌是必要的设置，搅拌可

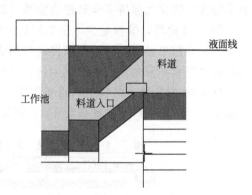

图 5-23　硼硅玻璃料道入口结构图

设置在两处，在料道入口（料道首）的搅拌主要用来引导工作池进入料道玻璃液流，在料盆或供料机前（料道尾）的搅拌主要用来均化温度和打散轻微条纹。

对于硼硅玻璃而言，为保证变质层玻璃不进入到玻璃制品，在料道上必须采取三项措施：第一，料道入口需设计成钻洞式上升通道，如图5-23所示，以防工作池底部和表面变质玻璃进入料道内；第二，料道出料口附近设置溢流砖，使表面变质玻璃及时流出；第三，在料道出料口端设置底部放料装置，并在其后再次抬高料道底，以便料道底变质玻璃被连续放出。

5.2.3　全氧燃烧池炉

全氧燃烧是指使用浓度大于93％的氧气代替空气进行燃烧，全氧燃烧池炉一般为单元窑池炉结构，燃烧器布置在窑炉胸墙两侧，火焰方向与玻璃流动方向垂直，火焰强度得到提高，有助于难熔玻璃的熔化，窑炉温度制度更易实现，没有换向操作，窑炉内的温度更加稳定，可减少烟气排放。

1989 年第一座全氧燃烧窑炉在美国诞生，其后世界知名玻璃公司陆续采用全氧燃烧加热技术。目前，世界上有350座以上的全氧玻璃窑炉在运行。1999 年中国第一座全氧喷枪助熔的高硼硅玻璃管炉在北京投产，取得了增产21％，节能5％的效果，其后在高硼硅玻璃管和压制玻璃产品窑炉中得到应用。21 世纪国内在显像管玻璃池炉和无碱玻璃纤维池炉中陆续采用全氧燃烧技术，2012 年日产 50t 高硼玻璃压制产品窑炉投产，同年日产 40t 药用玻璃管的全氧窑炉投产，现在，我国已有 100 座以上的全氧窑炉在运行。国外全氧燃烧技术主要集中用于改建中小型难熔玻璃窑、全氧单元窑，并开始向大型横火焰窑发展推广应用。

（1）全氧燃烧的优点

① 环境友好　减少烟气排放，降低 NO_x 排放。烟气排放量仅为空气助燃的30％，NO_x 含量降低 85％～90％。

② 节省燃料，提高燃料效率　与蓄热式空气助燃火焰窑炉相比，全氧燃烧可节省燃料10％～40％，与换热式窑炉相比，可节省燃料 35％～60％。对于全氧燃烧的节能效果，不同窑炉类型和玻璃品种相差较大。用于钠钙玻璃的大型横火焰和马蹄焰窑炉可节能 10％，

熔化低硼硅玻璃可节能30%，而熔化更难熔的玻璃品种（高硼硅玻璃、中硼硅玻璃、无碱玻璃、高铝玻璃）则可节能可达50%。

③ 提高熔化率与产量　全氧燃烧火焰温度高，对玻璃液的传热能力提高，熔化率可提高10%～20%。

④ 提高玻璃液质量　烟气中的水分含量可达53%，使玻璃液中 OH⁻ 含量增多，玻璃液黏度降低，有利于澄清和均化，OH⁻ 含量增加，玻璃吸收红外线的能力增加，既可提高拉管精度，又可降低火焰加工时温度及加工时间，减少二次加工时 B_2O_3 和 Na_2O 的挥发，提高管制瓶的内表面耐水性能，这对药包玻管有着重要意义。高精度药包用高硼硅、中硼硅玻璃管都在熔化池保持了全氧燃烧加热（即使仅占熔化池总热量的10%）。

⑤ 窑体简单，维修量少　全氧燃烧窑炉无换向，热点稳定，配合料料带和液流更稳定。由于工艺参数更稳定，不但可以提高产品质量，还因为没有蓄热室更换格子砖之事，可保证生产长期稳定，完全做到清洁化生产，符合国家对药用包材清洁化的要求。

图 5-24 为全氧助燃氧气鼓泡高硼硅玻璃焦炉煤气单元窑。国内首次实现高硼硅玻璃管维洛法生产，其日产高硼硅玻管15t，熔化率达 0.6t/d（马蹄焰火焰炉熔化率0.25t/d）。

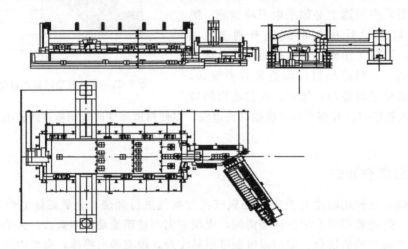

图 5-24　全氧助燃氧气鼓泡高硼硅玻璃焦炉煤气单元窑

（2）全氧气燃烧不足之处及解决办法　全氧燃烧池炉有着与空气助燃的池炉有很大不同，也有其不足之处，这就要求采取一系列措施扬长避短，其主要有如下几点。

① 制氧电能消耗　按变压吸附法制备氧气，当氧气产能为1000～4000m³/h，电能消耗能耗约为0.34～0.43kW·h/m³（氧气纯度＞93%），产能大，电耗低。

② 制氧有一定成本　考虑电能能耗、设备投入、人工、维护、折旧等，以及氧气实际用量和制氧方法，氧气实际成本在0.6～1.5元/m³。

③ 耐火材料升级　由于全氧燃烧火焰黑度大、炉温高，要求火焰空间耐火材料耐火度、荷软温度有较大提高，而且重烧收缩量小。又由于燃烧废气量大幅度减少，其碱蒸汽和水蒸气浓度是空气助燃的3～4倍，耐火材料侵蚀急剧增大。除要选抗碱性好的耐火材料外，砌筑质量不佳也会造成耐火材料很快损坏。这不但会造成大量玻璃缺陷，还会使炉体损坏无法修复。

④ 燃烧及控制系统价格偏高　随着国产化程度的提高和用户增多，会有一定程度下降。

⑤ 人员培训量大　全氧燃烧的设备安全和人身安全有一系列特殊要求，操作、维修、管理人员需严格培训，其熟练掌握需时间。

以上不足都会造成玻璃生产成本上升，因此使用全氧炉之前需进行成本评估。对低硼硅玻璃窑炉只有在下列要求时才需使用全氧炉：第一，环保要求高，空气助燃治理费用高于制氧费用；第二，高精度玻管售价可以提高10％以上；第三，节约能源费用高于制氧费用。

（3）制氧方法

① 真空变压吸收法（VPSA） 真空变压吸收法是利用分子筛对空气中的氧气（O_2）、氮气（N_2）进行选择性吸收，分离空气中的 N_2 而获得 O_2。该工艺又分为单床吸收和多床吸收两类。其工艺装置结构紧凑而简单、设备运行可靠、维护操作简便、节能效果显著，可直接在生产现场制氧，免除氧气源运输费用。制氧成本低，产量可调性好，适用于中等用量（10～200t/d）、氧气（O_2）纯度<94.9％、使用低压氧气（O_2）的场合。

② 深冷氧气分离法（ICO） 深冷氧气分离法是将空气压缩、降温、冷却后液化，然后利用专用设备——精馏塔得以实现空气中氧气（O_2）和氮气（N_2）的分离。其特点是不但可生产纯度达98％的低压氧，还可同时生产氮气（N_2）。其设备噪声低、安全性好，但装置系统较为复杂，维护较困难。

③ 罐装液态氧 液态氧适用于现场制造氧气有困难的企业，罐装的液态氧是纯度高达99.5％的高压氧。

综上所述，根据不同经济规模的玻璃窑炉，应该选择适宜的供氧方案，40t/d 玻璃生产规模，建议采用罐装液氧方式；40～120t/d 玻璃生产规模，建议采用真空变压吸收法制氧；100～350t/d 玻璃生产规模，建议采用深冷空气分离法制氧；350～600t/d 玻璃生产规模，建议采用管道供氧，参见表 5-12 所示。

表 5-12 不同生产规模玻璃窑炉供氧方案

生产不同玻璃品种需要氧量			经济供氧方案选择	
玻璃品种	需氧量(t)/玻璃液(t)	出料量/(t/d)	供氧方法	经济范围/(O_2t/d)
特种玻璃	0.40～0.50	20～40	灌装液态氧	<20
玻璃纤维	0.20～0.30	40～120	现场 VPSA 法	10～40
窑吹制玻璃	0.25～0.35	100～350	现场 ICD 法	25～100
浮法平板玻璃	0.40～0.50	400～600	管道送氧	160～300

④ 硼硅玻璃全氧炉供氧方式 全氧炉供氧一般外包给制氧企业。全氧炉在设计阶段首先要确定供氧企业和供氧方式。对于硼硅玻璃主要采用变压吸收法（VPSA）供氧，为保证供氧不间断，需同时配备罐装液态氧。

（4）燃烧控制系统组成 全氧燃烧玻璃窑炉的温度主要是通过控制各个燃烧器的氧气和燃料的瞬时流量及其比例（称之为氧燃比，不同热值的燃料相对不同纯度的氧气的氧燃比是不同，可以通过理论计算和现场验证来最终确定）来实现，从而控制燃烧器的火焰，在窑炉内部形成熔化合格玻璃液所需的温度分布。因为全氧燃烧火焰温度较高，如果控制或操作不当，不但影响窑炉温度制度控制，而且很容易造成危险，烧坏烧嘴砖、损坏燃烧器本体、烧毁池炉胸墙和大碹，严重时甚至会发生爆炸，对窑炉安全运行构成威胁。

控制阀组一般由四部分组成：氧气主阀组（也叫氧气调压阀组）；燃料主阀组（天然气、燃油或其它燃料，也叫燃料调压阀组）；支路阀组（也叫流量控制阀组）；阀组控制系统（见图 5-25）。

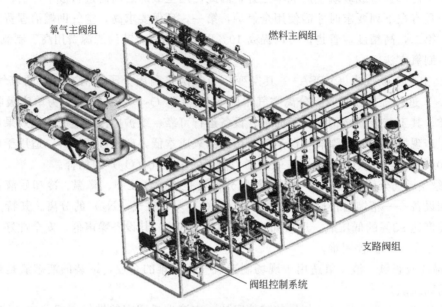

图 5-25 全氧燃烧阀组总成示意图

　　控制阀每部分一般都作为模块化整体制造并运输，到达施工现场后再配置主阀组和支路阀组以及电气控制系统之间的配管和配线，并根据现场情况进行必要的调试。

　　氧气和燃料主阀组一般由过滤器、减压阀、安全切断阀、温度和压力检测元件等组成，见图 5-26，其作用是给支路阀组的每个单元提供设计所需的氧气、燃料压力和流量，并在危险情况下紧急切断，以防止事故发生或恶化。一般燃料分为天然气、液化气、重油、柴油、煤焦油、石油焦、焦炉煤气等。以重油或煤焦油作为燃料时，需要有伴热装置，并在设计时根据不同燃料选用合适的元器件。

图 5-26 主阀组实例

　　支路阀组根据窑炉燃烧器数量分成相应的控制单元，如图 5-27 所示。每个控制单元一般由流量计、流量调节阀等组成，它可以根据工艺需要为每个燃烧器单元提供不同的流量供应。

图 5-27　支路阀组实例

电气控制系统一般由控制柜、现场显示盘、现场操作盘组成。其主要作用有以下几个方面。

① 检测系统内的压力、温度、流量等参数。

② 通过人机界面输入相关的参数和设定值，显示相关的测量参数。

③ 控制流量控制元件的动作，以达到设定的流量值并稳定该流量值。

④ 异常情况报警或安全切断。

当然，如果条件允许，将阀组控制系统纳入窑炉 DCS 系统内，通过上位机监控、调整、记录、分析，将会实现更加强大的功能，在国内已经有诸多成功的案例。

全氧燃烧器和控制系统多由专业制造企业提供。在选购时除燃烧器容量（燃烧能力）还需注意火焰长度、形状等相关参数。

（5）全氧燃烧窑炉的设计

① 全氧燃烧窑结构概况　全氧燃烧窑结构并不复杂，没有蓄热室，燃烧器通过窑炉两侧胸墙将燃料燃烧，用于玻璃配合料的熔化和玻璃液的澄清与均化，见图 5-28。其主要变化大致有以下几点。

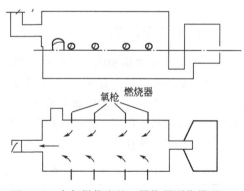

图 5-28　全氧燃烧窑炉（燃烧器顺位排列）

a. 全氧燃烧窑无需建造蓄热室或换热器。由于燃料在燃烧器内完成了部分混合燃烧过程，代替了小炉，氧气无需预热，完全省略了蓄热室或换热器，因而只剩下单个的窑体。

b. 燃烧器在窑上布置要合理，根据分区供给熔化所需的热量，确保窑宽上的温度均匀性。

c. 燃烧器在窑上可作错位排列或顺排，窑体死角处增设补充燃烧器。

d. 排烟口面积应按空气助燃风烟道面积 30%～35%设计。避免过小或过大，引起烟气流不畅或碱蒸气冷凝沉积。

e. 窑顶材料要优选耐材和精心砌筑，因为采用全氧燃烧后，窑内排出烟气组分中不仅

H_2O 和 CO_2 含量增大，同时碱蒸气浓度也增大。

②全氧燃烧窑炉设计要点

a. 能耗　首先算出池炉正常能耗，可根据窑炉单位面积热负荷法，单位玻璃液能耗法和空炉热耗加熔化玻璃耗热法进行计算。将计算结果根据熔化玻璃品种的全氧节能系数（α）计算全氧炉燃烧耗热量。其公式如下：

全氧炉燃烧单位面积耗热量＝(1－α)×正常池炉单位面积耗热量(相同面积)　　或

全氧炉熔化单位玻璃耗热量＝(1－α)×正常池炉熔化单位玻璃耗热量

式中，α值（全氧炉节能率）钠钙玻璃为10%，低硼硅玻璃为30%，中硼硅和高硼硅玻璃为50%。

b. 熔化池　根据已确定的窑炉规模、玻璃种类、玻璃质量要求、熔化率来估算熔化池面积，同时应综合考虑熔化、澄清、均化、料性、成型温度，选择合适的长宽比及池深。

池底的设计：合理选择池底的厚度和耐火材料，合理设计保温层厚度，根据窑炉实际要求，确定是否在池底设置鼓泡、窑砍、电助熔、热偶测温孔等。

池壁的设计：池深对玻璃的质量影响很大，需充分考虑玻璃的黏度、含铁量及全氧火焰温度高、黑度大的特点，参照火焰炉适当加深。

流液洞的设计：流液洞的作用是为了使澄清好的玻璃液迅速冷却，挡住液面上未熔化砂粒和浮渣，调整玻璃液流；流液洞的宽度控制玻璃的均匀性，高度控制玻璃的质量，长度控制玻璃液的降温程度。

c. 火焰空间

大碹的设计：应充分考虑大碹内侧对玻璃液辐射传热效果的影响以及大碹的结构强度，另外，还应处理好碹顶保温结构。

胸墙的设计：应保证燃料充分燃烧，并根据热负荷进行核算，同时考虑沿熔化池长度方向的温度分布，以保证合理的温度制度，胸墙高度的确定要结合燃烧器的位置来考虑，胸墙上应设有燃烧器、排烟口、观察口、监测口等，在全氧窑炉设计中最重要的部分是燃烧器和其它孔洞的位置设计。

5.2.4　电熔与电加热

（1）硼硅玻璃电熔和电加热概论　早在1882年，就有人提出利用电能来熔制玻璃。1932年开始试制水冷钼电极。直到1942年美国康宁（Corning）公司开始推广钼电极，才使电熔技术发展到一个新阶段。硼硅玻璃电熔化到直到20世纪60年代氧化法AZS耐火材料发明和五水硼砂、无水硼砂的使用，才得以推广应用。由于电熔化和电加热元件和技术的一系列突破，使其成为硼硅玻璃熔化的首选技术。电熔化根据使用电能的比例按表5-13分类。

表 5-13　直接通电熔化炉分类

项　　目	电能/%	燃料/%	炉顶温度/℃
全电冷顶（AEF）	100	0	<500
热顶电熔（AEF）	80～95	5～20	>650
混合熔化（Mixed）	20～75	25～80	正常熔化温度
电助熔（Boosting Elec.）	5～30	70～95	正常熔化温度
燃料熔化（Fuel）	0	100	正常熔化温度

（2）直接电熔化技术要点

① 钼电极 硼硅玻璃炉直接通电电极主要为钼电极，氧化锡和铂金电极使用很少。此处重点论述棒状钼电极。

a. 钼电极化学组成 国产钼电极的化学成分见表 5-14（在中国，将钨的含量计为钼），钼电极杂质中对玻璃质量影响最大的是碳，碳含量过高，会在玻璃液中产生气泡，使钼电极在使用时晶粒很快长大，从而变脆易于折断。据硼硅玻璃生产厂 30 余年使用经验，对于高硼硅玻璃电助熔而言，钼电极的碳含量≤0.005％即认为是安全的。

表 5-14 国产钼电极的化学分析 单位:%（质量分数）

Mo	W	C	Fe	Ni	Mn	Mg	Ca
>99.95	0.1	0.003	0.0021	0.001	<0.0005	<0.001	<0.001
Si	Bi	Al	Ti	Co	Cu	Nb	Pb
0.0017	<0.0001	0.001	<0.001	<0.001	<0.0004	<0.0005	<0.0002

纯钼的熔点是 2620℃，铁和镍会降低钼的熔点，因此，对这两种杂质含量应予以足够关注，满足表 5-14 中的 Fe 和 Ni 含量是合格的。不同厂家微量杂质成分会有所不同，虽然都合格，但不可混用，杂质含量不同的钼电极，由于成分差异在玻璃液中会发生电化学反应，产生气泡。即使同一生产厂，其不同批次产品也会因原料和工艺变化造成微量成分差异，使玻璃产生气泡。另外，钼电极锻打对提高电极强度有关键作用，这是由于锻打后钼电极晶形变得细小，晶形互相交错，导致韧性增加，见图 5-29。

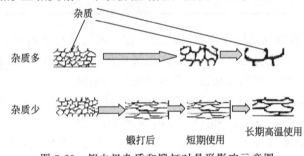

图 5-29 钼电极杂质和锻打对晶形影响示意图

b. 钼电极尺寸规格 钼电极主要为棒状和板电极，标准尺寸规格如下。为保证电极损耗后可续进，棒状电极两端有螺纹供连接用。

棒电极：直径 $\Phi63mm$、$\Phi75mm$；长度 500mm、1000mm、1200mm。

板电极：厚度 5～12mm；宽度 100～300mm；长度 100～300mm。

c. 钼电极的物理化学特性 钼电极的物理特性见表 5-15。钼在高温下有良好的韧性，在 1400℃时，其抗拉强度大于 10MPa，其抗折强度约 40MPa。所以在一般玻璃电熔化中，钼电极的机械性能是完全能满足需要的。

表 5-15 钼电极的物理特性参数

熔点/℃	2620±10
密度/(g/cm³)	10.2
热导率/[W/(m·K)]	133 (0℃)
	104 (1000℃)
	67 (1600℃)

线膨胀系数/（×10⁻⁶/℃）	5.3（0～500℃）
电阻率/Ω·cm	5.17（0℃）
	5.78（27℃）
	35.2（1127℃）

钼在常温下是稳定的，但在空气中于400℃时开始缓慢氧化，在600℃时剧烈氧化。因此钼在玻璃电熔化中的保护措施是一项很重要的技术，钼电极在一些气体介质和碳介质条件下的化学性质变化，见表5-16。

表 5-16　钼电极在一些气体介质和碳介质条件下的化学性质变化

介　质	化学性质变化	介　质	化学性质变化
水蒸气	700℃以上快速氧化	N_2	1500℃以上形成氮化物变脆
CO	1400℃开始氧化	氩气	稳定
CO_2	1200℃开始氧化	氦气	稳定
O_2	400℃开始氧化	C	1100℃以上变成碳化物
	600℃快速氧化		

表5-16中，钼和水蒸气的反应应引起注意。在一些直水冷式电极保护水套中，由于水直接喷在电极上，水和钼电极在700℃下会产生缓慢氧化反应，一般使用1～2年后，在电极的高低温交接处会产生环型沟状侵蚀，严重时会蚀断电极。

钼在高温下和玻璃液中多种氧化物不产生化学反应，但与As_2O_3、Sb_2O_3澄清剂发生反应：$As_2O_3 + Mo \rightarrow MoO_3 + 2As$，$Sb_2O_3 + Mo \rightarrow MoO_3 + 2Sb$。

如果电极是从池底垂直插入，则上述反应所产生的As或Sb将沉积在电极根部和Mo产生共熔，例如和Sb可生成Mo_3Sb_7，其熔点大约为1000～1200℃，一支$\Phi50mm$的电极在6～9个月内即可被蚀断。

d. 钼电极的保护　为保护钼电极需注意三点：首先，玻璃中不可含有与Mo发生化学反应的物质，如As、Sb、Cu等；其次，电极表面最大电流密度应小于$2A/cm^2$，为保证电极寿命，一般设计时要求小于$0.6A/cm^2$；第三，电极接触空气部位温度应小于300℃，需使用电极水套或使用双金属电极。此处应特别注意，钼电极在300℃以上部位是靠玻璃液包裹来防止氧化，水套仅起到冷却玻璃液的作用。所以在设计水套时需在电极和水套之间留有玻璃覆盖间隙（即电极棒直径小于水套内经3mm），而且在安装顶进电极时需保证此间隙充满玻璃液，电极水套通冷却水后，充填的玻璃被冷冻凝固住。

e. 电极水套　电极水套有多种，此处只介绍硼硅玻璃最常用的闭合带压水套。这是最成熟可靠的一种水套，经过长时间实际使用没有发现漏水问题，如图5-30所示。

ⓐ 水套头部（见图5-31）的制作和要求

水套的材质：低碳钢（20号结构钢）。

水套的加工：做一个专用工具（见图5-31）；A面镀锌，镀锌的目的是防止水锈水质变坏、堵塞等问题，只镀A面，其它部位不镀。

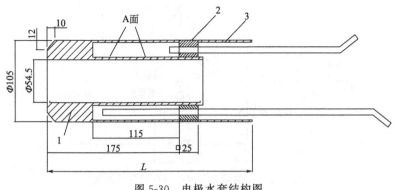

图 5-30　电极水套结构图

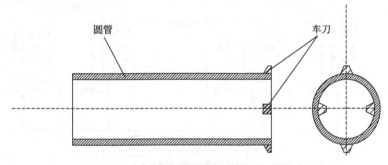

图 5-31　水套头部车刀

ⓑ 焊接方法

将图 5-30 中的工件 1、工件 2 和工件 3 紧密焊接在一起，焊接后用探伤仪检查，然后使用 10MPa 水保压 10min 进行检漏试验。

ⓒ 进水管直径（外径）　10.5mm。

f. 冷却水　电极冷却水是电炉的血液，决不能停，供水点最低压力大于 3MPa，水泵双路供电，软水储备满足 24h 用量，备用水源为地表水和自来水，备用水压保持设备为高位水箱和柴油机水泵。以上设备要经常保养、定期切换、定期巡查。

- 水套水量消耗为 5～10L/（min•支）。
- 最高给水温度 30℃，各供水点 $\Delta T < 10℃$。出水报警温度设定为 50℃，最高 65℃。
- 水质要求用软化水，硬度小于 10ppm（10×10^{-6}），CaO 和 MgO 总含量要求小于 9ppm（9×10^{-6}），实际控制中小于 7ppm（7×10^{-6}）。由于 NaO_2 和 K_2O 对铁有强烈的侵蚀作用，所以其含量应控制在 180ppm（180×10^{-6}）以下，按要求定期监测。pH 值 6～8。悬浮物 <100ppm（100×10^{-6}），铁 <1ppm（1×10^{-6}），氯化物 <50mg/L，硫酸盐 <100mg/L，总硬度 <5 度（德国 DIN 1 度 =17.9ppmCaCO₃）。碳酸盐硬度 <5 度（德国 DIN 1 度 =17.9ppmCaCO₃）。
- 电极冷却水的管路系统见图 5-32。

水套出水管接回水系统（包括压力计、测温计、观察孔、回水管）要用耐压橡胶软管，橡胶软管必须绝缘，夹层不能用金属丝、金属线。耐压胶管外部要采取保护措施，防止损伤，如温度很高可用绝缘保温材料保护，采用滤水装置减少水的杂质。全电炉电极冷却水管路系统，见图 5-33。

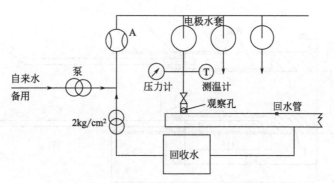

图 5-32 电助熔炉电极冷却水的管路系统

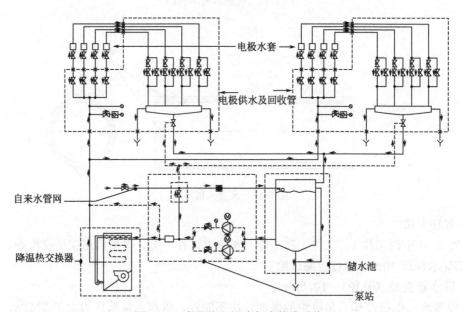

图 5-33 全电炉电极冷却水管路系统

g. 底插电极安装

ⓐ 电极砖孔不用烧结出来的孔，要用钻孔，避免凹凸不平处影响电极顶进。

ⓑ 电极砖周边有漏玻璃液的可能，生产时要吹冷风（如图 5-34 所示）。

ⓒ 生产过程中炉底 AZS 烧熔时易堵住电极孔使电极顶进困难，故电极砖一般高出窑炉池底砖 25mm。

h. 烤炉时的电极顶进

ⓐ 在 1550～1570℃时投入配合料，投入量应比生产时的出料量少，一般为生产量的2/3左右。

ⓑ 当玻璃液升到 400mm 时，开始顶进电极，先顶进 300mm，再降至 200mm。

ⓒ 当玻璃液升到正常位置时，再把电极顶到所需位置。

i. 生产过程中电极顶进

ⓐ 电极顶进的条件　电极烧断；电极烧短；查看电极顶进记录，观察电流、电压的变化，确定是否需要重新顶进电极。

ⓑ 电极顶进实例　某硼硅玻璃电熔炉发现有一对电极电流、电压从 765A/100V 降至

280A/120V，可确定为折断。次日顶进 465mm，电流升到 760～
770A，电压降至 103V，其后 30 天熔化状况不佳。做了第二次顶
进 465mm，电流为 765～770A，电压为 100V。熔化恢复到最佳
状态。

ⓒ 电极顶进的操作顺序

■ 工具的准备：管钳 2 把、活扳手 2 把、榔头 2 把、手电筒 2
个、螺丝刀 2 把、圆铁棒（直径 50mm、长 200mm）2 根。

■ 人员配备：每支电极操作需配备 3～4 人，工作时两组同时
操作，工长领队。

■ 停水，关闭电极水套进水节门，（出水截门开至最大）。人员
进入现场外等候。

■ 十几分钟后停电，停电信号给出后，人员进入现场，卸开电
极上的电缆卡头，两支电极同时进行。

■ 松开顶杠降下一段距离后，把圆铁棒立入顶住，然后松开电极
水套上的三个固定螺丝，观察水收集器，待水蒸气冒完后，可
试用大管钳顺时针拧动电极，电极松动后再多转动几圈。当电
极拧不动时，应由两人用两把管钳试着拧动。在上顶非常吃力
时，要用手电观察上方耐火砖，确保不发生上移。说明电极周
围的玻璃液还很硬，等待几分钟再试着顶进。

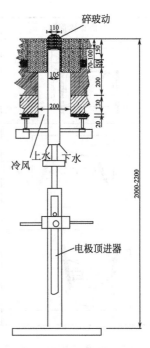

图 5-34　炉底电极安装图

■ 把露在外面的电极顶进 2/3 左右时，用三个固定螺丝固紧，再松开顶杠降下一段距离
后，松开圆铁棒，把 500mm 长的电极拧进露在外面的电极上，拧紧后电极要保持同
心，用丝杠顶住，再松开三个固定螺丝，开始慢慢的顶进电极。

■ 顶进所需要的长度后，要多顶进 50～100mm，然后再把电极拉回设定位置，这样操作
的目的是让带回的玻璃液封住电极孔空隙部位，防止电极的损坏。

■ 固紧三个螺丝，不要松开顶杠，卡上电缆卡头，检查、清理现场后退出现场，将水套冷
却水出水截门开至最大，慢慢的打水套进水节门（将送水截门打开一下并立即关闭，停
约 10s 后再如此操作一次，再停约 10s 再如此操作一次，再停 10s 后正式送水）。注意：
送水时水管容易漏水或崩脱，人的头部不要靠近水套的进出水口。水进入过热的水套
后，回水管将看到热气和热水，当出水温度降至 30℃时，逐步关小出水截门，减少水
量，使出水温度恢复到正常情况。

■ 冷却水正常后，开始通电，观察电流和电压情况，作出记录。

② 电极安装方式　表 5-17 给出了四种电极布置方式。其中各自优缺点也已说明。根据
大量实践，电助熔炉和较浅的全电炉多采用底插电极，冷顶全电炉采用顶底插电极较多。

表 5-17　全电炉电极布置方式

电极布置简图	电极布置	优 点	不 足	其 他
	横插	简单、直观 可布置多层	长度受限 耐火砖损坏大易 裂、向上钻蚀严重	寿命短

电极布置简图	电极布置	优　点	不　足	其　他
	底插	寿命长　安全 可调节插入深度 易于布置	配合料金属混入会损坏电极	炉底需有操作空间，电极砖裂而不碎
	腰插	可加大池深 可调节插入深度	拐角耐火材料易损坏破碎	
	顶插	插入位置灵活 对耐材侵蚀少 电极及水套可换	钼接口处易坏 只用于冷顶电炉	可拔出观察电极和水套状况

③ 绝缘及安全　绝缘关乎人员安全、设备安全和玻璃质量，切不可马虎。尤其是硼硅玻璃导电性差，熔化时的电压高，绝缘问题更应引起重视。

a. 炉体绝缘

ⓐ 熔炉底板和上面的排砖间安置 3 层绝缘：25mm 厚组合绝缘垫；13mm 厚 Pyrex7740 玻璃板、6mm 厚 GH 耐火材料板。

ⓑ 前、后胸墙和侧墙下绝缘。炉底板上铺满 6mm 厚 GH 耐火纤维垫，在其上面铺 65mm 耐火砖。

ⓒ 电极孔底板上开 Φ180mm 孔，减少电极与底板产生的感应电。

ⓓ 胸墙支撑顶丝杠用压制锆英石砖做绝缘。

ⓔ 在池墙外用 65mm 厚黏土砖（Kastolite）和 30mm 绝缘陶瓷作为与池墙砖的绝缘垫。

ⓕ 电极和热电偶冷却管用耐温纤维包裹。

ⓖ 连接体、隔墙冷却管用高电阻软管连接，长度 3048mm。软管外用 HP126 耐火套管保护，料道连接体用砖绝缘。

ⓗ 插入玻璃热电偶，用陶瓷夹绝缘。

ⓘ 安装于小炉底口的燃气喷枪、燃气系统和电加热系统是彼此独立，在熔炉操作上没有联系。

ⓙ 加料机、供料机、搅拌机、液面测量装置、冷却风管等与炉体和玻璃液需设置绝缘或与其同电位但与接地物体绝缘。

b. 筑炉施工保持清洁防止绝缘破坏　在各项砌筑、安装过程中，不能有涂料、焊渣、泥、金属屑等进入，做好各项施工记录，这样可以及时纠正错误。

c. 漏电和绝缘检测

ⓐ 筑炉后立即用 1000V 电表测量接地，要求电阻小于 100Ω，一般炉底耐火泥潮湿的时候，电阻会小，干燥后电阻加大。连续测量熔炉底板电阻、记录，用耐高温涂料在金属柱上作记号，熔炉升温后检查料道连接体、隔墙等冷却系统，检查加料机绝缘。

ⓑ 电炉运行初期检测对地电压。此时必须进行重点部位的漏电检测，应由三人共同参与测量。测量时，检测人员应按安全操作规程穿戴好防护措施（包括防电鞋、绝缘手套、安全帽）。应检查的部位有：加料口、看火孔、溢流口、人工吹制取料口、料道的出料部位。检测完毕后，应做好记录，有遇异常时应及时处理。

某高硼硅玻璃电助熔炉运行后，各处测量的对地电压值：加料口：86V，看火孔：20～50V，澄清池：30V，人工吹制取料口：40V，料道的出料部位：3V。

ⓒ 电炉对地电阻测量。耐火砖在常温下是不导电的，但是窑炉在正常运行时，炉内充满了熔融玻璃，由于高温下的耐火砖有一定的导电性，且和钢架系统有大面积的接触，这时炉内熔融玻璃和大地之间就产生了一个等效电阻，这个电阻一般在数十欧姆。该炉在开始运行时，这个电阻约 30Ω，随着炉龄的延长，这个电阻值逐渐下降，在大修前，这个电阻有可能降到 10Ω 左右。

d. 硼硅玻璃炉接地是重要安全措施 高硼硅玻璃的电助熔炉的电压一般在 300V 以上，由于存有对地电阻，如果用金属物接触玻璃液时就可能引起触电，因此硼硅玻璃电熔炉除使用隔离变压器外，需采取严格接地措施。

ⓐ 窑炉钢架应可靠接地 在砌筑炉体立柱时，应在柱基处做好接地，在作柱基时，最好先把地线钎子打入地下。地线钎子和镀锌板带的焊接处应做在柱基的混凝土内。最好在地线钎子的打入处倒些盐水。镀锌板带还应和置于柱顶的铸钢板焊在一起，不必和钢筋焊在一起，详见图5-35。

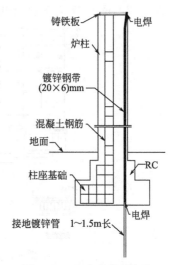

图 5-35 硼硅玻璃电熔炉
池炉柱接地设置

ⓑ 接地电极 电熔炉玻璃液带电，接触玻璃液会对人和设备造成损害，还会使玻璃液产生电解泡。因此要在电炉设置对地电极。图 5-36 是高硼硅电助熔炉对地电极设置状况。

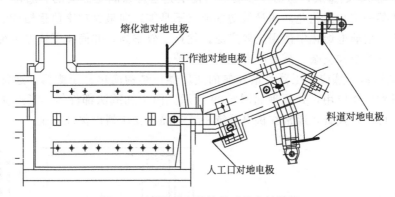

图 5-36 高硼硅电助熔炉对地电极设置

图 5-36 中熔化池对地电极是防止熔化池电场对工作池干扰而设置。工作池对地电极是防止工作池与人工取料口、料道之间产生相互干扰，料道对地电极和人工（取料）口对地电极是防止出料口漏电，对人和设备造成损害。北京某工厂三十余年的实践证明，采用这种对地电极设置是一项较好的用电安全措施。

④ 供电方式 电熔化炉供电要求较高，需采用两个不同变电站双路供电。全电炉要求每次停电时间不得超过 30min，全年累积停电时间不得超过 8h。电极水套停水不得超

过 10min。

玻璃电熔化时玻璃液的阻抗表现为纯电阻特性，因此功率因数较高，基本没有功率补偿问题。但某些电熔化炉采用单相供电，这就要考虑三相平衡问题。单相供电三相平衡通常采用 L-C 移相系统或 T 形变压器系统，当然使用三相变压器直接供电最为经济，但要保持三相平衡需在炉型和电极布置等方面作一系列改进。

⑤ 电熔炉电力变压器系统及调压　电炉配电系统由变压器、调压器、安全装置、控制系统组成。图 5-37 为热顶全电炉电力系统。

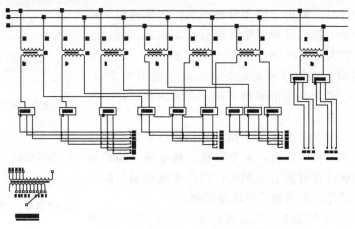

图 5-37　中硼硅玻璃热顶底插全电炉电力系统简图

a. 高压有载分接开关　使用的是 1~27 挡 10kV 有载分接开关。开关在转换时，用一过渡电阻导电，因此输出电压略有降低，这是短时间出现的正常现象，不影响使用，其电压图见图 5-38。

开关在每一次转换时保护电阻都要消耗一次电能。这种类型的开关不宜作频繁转换。开关的转换寿命在 10^4 数量级，这对于玻璃电熔化是完全可以满足需要的。通常，这种开关的功率调节是从某一熔化工艺允许的最低功率值（不是零）向最大功率值逐档调节。

这种开关在玻璃电熔化中使用比较广泛，优点是效率高，并简化了输电系统，缺点是价格昂贵，并且开关结构复杂，需要有专业人员维护。

b. 感应调压器　感应调压器是最经典的变压器，结构简单易于维修，通常作为电熔炉的主变压器得到广泛应用，其原理如图 5-39 所示。图中加减法部件是为了适应电炉大范围调整的需要，可减少投资，通常在供电系统中还有隔离变压器以保证安全。

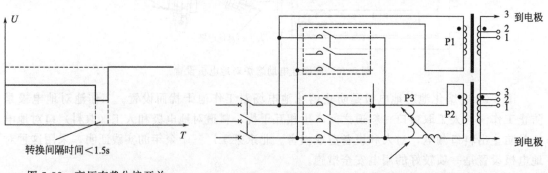

图 5-38　高压有载分接开关
　　　　转换时间示意图

图 5-39　加减法式感应调压器原理图

c. 磁调变压器　磁调变压器是电抗器调压和隔离变压器的组合。其特点是运行可靠、安全性高、波形连续，不足之处是价格高、笨重、自身能耗大。磁性调压器在硼硅玻璃炉中一般不用在熔化池，主要用于分配器和料道电加热，使用的都是单相磁调变压器。其调压原理如图 5-40 所示。

d. 可控硅调压　可控硅调压特点限制其应用。第一，有直流分量；第二，斩波调压原理造成的波形畸变。这两点是直接通电系统电化

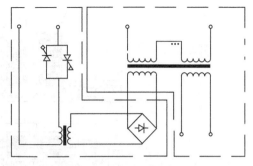

图 5-40　磁性调压器原理图

学反应的主要原因，会造成电极损坏和玻璃中出现大量气泡。因此硼硅玻璃电熔炉熔化池不使用大容量可控硅的方案。

可控硅＋变压器控制方案一般在硼硅玻璃炉用于料道电加热和放料电加热系统。

⑥ 控制系统　电熔炉的控制系统包括电功率稳定系统、电极间平衡系统和安全报警系统等。

a. 保持熔化稳定均匀　硼硅玻璃电熔化时是非自稳平衡系统，电炉要保持稳定运行。第一，需不断纠正其随时间变化偏离给定值，造成的温度波动，可用恒流控制或恒功率控制使其保持温度稳定；第二，电炉还须保持在同一时间内，同相的几支电极间功率平均分配，以使温度均匀，需使用平衡变压器。有关原理本书不再详述。

b. 了解相关工艺数据和设备运行情况　硼硅玻璃需在每支电极安装电流、电压测量仪表和各相输出功率表，以便随时调整工艺参数。

c. 数据收集、整理、分析、调整　电熔化时各部位电流、电压、电阻、功率等电学参数及温度、压力、流量、产量、质量等工艺数据的测量、收集、整理、分析、报警、调整等，不但需要大量仪表和控制设备，还需数据处理的硬件及软件，以达到控制生产、防止事故、选择优化的目的。在选择电熔化控制系统时不但要考虑当前应用，还需留有发展接口，以利于技术进步。

5.2.5　电助熔窑

玻璃熔窑电辅助加热技术开始于 20 世纪 30 年代。由于电辅助熔化具有投资少、操作简便、热效率高、能适应不同生产能力的需要、节能、改善玻璃质量、改善火焰窑后期操作、增加玻璃液内部温度、延长窑炉寿命等一系列优点，得到了国外玻璃工业的普遍重视和推广。采用电辅助玻璃熔化时，按每公斤玻璃产品电能消耗 0.3～0.7kW·h 设计即可，在实际选取时，还要考虑所熔化的玻璃化学成分、熔化温度和窑炉结构。对于高硼硅玻璃选用电助熔时，经验参数为每天增加熔化 1t 玻璃液，必须增加输入功率 35kW。

中国于 1966 年就开始探索电助熔技术，并在株洲玻璃厂的压延窑上采用电辅助加热技术，增产 20％；20 世纪 80 年代通过引进技术，成功将电辅助加热技术用于高硼硅玻璃池窑，熔化率由 0.3t/(m²·d) 提高到 0.8t/(m²·d)，玻璃质量得到大幅提升。图 5-41 为高硼硅玻璃电助熔炉，图 5-42 是中硼硅热顶全电炉。

（1）电助熔窑优点

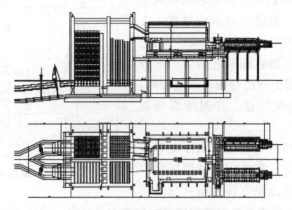

图 5-41 高硼硅玻璃电助熔炉

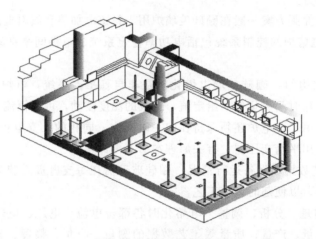

图 5-42 中硼硅热顶全电炉

① 可大幅度地提高熔化率 通入玻璃液中的电能以"焦耳效应"产生热能,所以电能在玻璃中的传递速率比以辐射和对流为主要传热方式的火焰窑大 5 倍左右。另外由于在玻璃池的适当位置安装了辅助电加热设备,形成了有益液流,热点附近温度较高的玻璃液向加料端流动,提高了与玻璃配合料相接触的玻璃液的温度。

② 提高玻璃的熔化质量。

③ 减弱上部火焰空间的燃烧强度,延长炉龄。

④ 灵活调节出料量 采用电助熔加热的池窑,在不增加池窑尺寸的情况下,熔化能力可增加 30%～50%,所以电助熔特别适合于需要定期变化出料量的窑炉。

⑤ 稳定热点和加强有效对流 玻璃液的环流和对流强度明显提高。由于电助熔加热的能量稳定了玻璃液的对流,从而使池窑的操作更加稳定,对燃烧过程中一些小的波动也不敏感,可以向成型部提供更加均匀的玻璃液。

⑥ 节能 电助熔单耗接近于理论耗热,引入的电能几乎全部转变为热能。辅助电熔所消耗的电能,只在调压器和外接线路和电极保护(水套冷却)有少量损失,其余大部分用于玻璃的熔化上,热效率可达 90%～95%。

⑦ 炉温的控制更为方便。

⑧ 池窑电助熔可有的放矢在玻璃熔化池内产生热量 根据具体情况,电助熔可用在澄

清部或熔化部，或同时在这两个区域投入热量（电能）。如果是透热辐射性的深色玻璃，则在熔化部使用电助熔更为有利。电助熔装置尤其适用于有色玻璃、难熔玻璃。尤其是药用硼硅玻璃更是必用电助熔，而且正在加大电能使用的比例，向热顶全电炉发展。

（2）电助熔窑设计与操作要点

① 电极布置和功率配置 电助熔池窑的电极布置直接影响着电助熔设备的运转效率。由于窑炉结构、玻璃的颜色和组成、操作、控制不同，在玻璃池窑上进行辅助电熔时，电极安装的位置、方式、加热功率、数量、电极材料的选择等也不同，应当根据玻璃熔窑的实际情况综合考虑，必须经过模拟试验决定。辅助电熔的电极主要分布在熔化部热点附近，也可以适当分布于投料口附近、作业部和流液洞。图5-43为国内成功生产吨高硼硅电助熔池炉电极布置图。

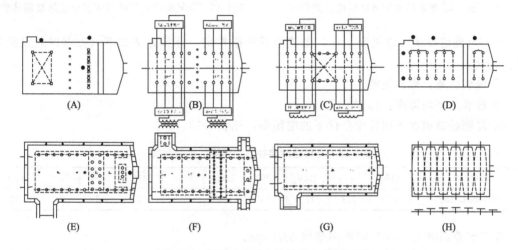

图 5-43 高硼硅玻璃电助熔炉电极布置图

a. 电极安装在热点附近；如图5-43中（F）炉在热点附近用电极形成热坝，以强化热对流，同时在熔化区和澄清区采用两侧底插电极，以均匀加入能量。

b. 电极安装在澄清部；如图5-43中（E）炉在澄清区加大热量投入，此处电极数量多。

c. 电极安装熔化区域；如图5-43中（A）炉，主要能量投入熔化区，并在热点一线设置一排电极，以加强熔化。

d. 电极分散安装在熔化部，如图5-43中（B）、（C）、（D）、（G）、（H）炉，由于电极相对分散地布置在池窑内，对于池窑内玻璃液能量供给便于调节，温度更加均匀。这种电极排列方式实际还把电极在熔池纵向分为2～3组，分别采用不同供电单元调节，这就为电能送到不同区域提供了方便。

② 底插电极电极可延长炉龄便于与鼓泡、全氧燃烧配合 硼硅玻璃电助熔首选底插电极，图5-44是炉龄12年的高硼硅玻璃电助熔炉。拆炉后发现电极基本完好。熔化率0.8t/(m²·d)。配备电力变压器1000kW，实际投入电力800kW。图5-45是高硼硅玻璃电助熔炉有氧气鼓泡和一对全氧燃烧器在热点两侧稳定热点，强化热对流。底插两排电极分两个区域供电，可独立调节。高硼硅玻璃日产20t。与全氧燃烧助燃和氧气鼓泡配合后，产量提高21%，投入电力降低3%，发生炉节煤25%，多用焦炉煤气30m³/h，氧气30m³/h，每日节约燃料费150元。

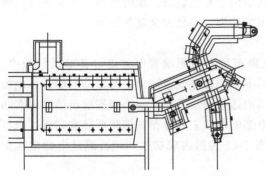

图 5-44 12 年炉龄高硼硅底插电助熔炉　　图 5-45 全氧助燃氧气鼓泡底插电助熔高硼硅炉

（3）电助熔设计　电极间电压、电流及其电阻推定，计算方法如下（数据以北京某厂 4♯炉为例）。

① 玻璃材质：硼硅玻璃。

② 玻璃的平均温度：1550℃。

③ 高硼硅玻璃在不同温度条件下的电阻率，见表 5-18。

表 5-18　高硼硅玻璃在不同温度的电阻率值

温度/℃	1100	1150	1200	1250	1300	1350	1400	1450	1500	1550
电阻率/Ω·cm	170	137	112	92	77	65	55	48	42	38

在玻璃液温度为 1550℃时电阻率取 38Ω·cm。

④ 电压、电流和电阻的推定　北京某厂 4♯炉电助熔分两个区电加热，小炉侧和流液洞侧。

a. 小炉侧电极（三对）　电极间距离 240cm。

容器系数＝电极间距离/电流方向截面积＝240cm/(85cm×196cm)＝0.0144cm^{-1}

理论电阻＝固有电阻×容器系数＝(38Ω·cm)×0.0144cm^{-1}＝0.547Ω

投入电力 200kW 时：

$$电流\ I=\sqrt{P/R}=\sqrt{200/0.5472}=605A$$
$$电压\ V=IR=605×0.5472=331V$$

b. 流液洞侧电极　电极间距离 240cm。

容器系数＝电极间距离/电流方向截面积＝240cm/(85cm×226cm)＝0.0125cm^{-1}

理论电阻＝固有电阻×容器系数＝(38Ω·cm)×0.0125cm^{-1}＝0.475Ω

投入电力 300kW 时：

$$电流\ I=\sqrt{P/R}=795A$$
$$电压\ V=IR=378V$$

c. 变压器选用　根据国外某公司选取变压器的经验，一般是按理论电阻值的 0.5～2 倍选取变压器，见表 5-19。以小炉电功率 200kW 为例，在实际选型计算时，功率还需要再放大 50％，因此设计时按 300kW 计算。则变压器最大输出电压为 467×1.5＝701V，输出最大电流为 855×1.5＝1282A。

表 5-19 200kW 变压器特性参数（小炉用）

项目	50%	100%	200%
理论电阻/Ω	0.274	0.540	1.094
电流/A	855	506	427
电压/V	234	331	467

变压器选用难点在于电炉等效（理论）电阻的确定。上述公式使用欧姆定律经修正后得出的结论只适用于相似玻璃成分、相同电极布置和位置、近似的炉型，如果次设计新炉则很难确定等效电阻。而上述修正系数是某公司经过类似玻璃池炉三个周期不断修正的结果。各国研究者多年来用物理模拟和数学模拟方法，试图找到准确的理论设计方法。虽使用相似准数、大型计算机、有限元法、场论（电场、温度场、流体场）等理论，但终因边界条件复杂、三个场相互作用等原因，误差极大，只有多次与实际池炉对照修正后才有可能应用于新炉设计。即便如此，首次新炉设计等效电阻误差也会有 100% 之多，所以首次设计新炉时变压器设计要留有充足的余量，或备多台不同规格变压器以便更换。

5.2.6 全电炉

（1）全电炉的优缺点 全电炉的优点如下。

① 大幅降低烟气和挥发分排放，促进减排，降低环境负荷。各种挥发物都被配合料覆盖，钠钙玻璃唯一的挥发物是二氧化碳，其排放只有火焰炉的 3%～5%，氟化物的挥发量为火焰加热熔窑的 40% 左右，氧化硼的挥发量为火焰加热熔窑的 1%。全电熔窑为垂直熔化方式，钠钙玻璃在熔化过程中易挥发组分凝聚在生料层中，当生料熔化时又重新转移到玻璃液中去。表 5-20 表明电熔窑使挥发损耗显著的减少。

表 5-20 不同类型池窑对易挥发分挥发影响　　　　　　　　　　　　单位：%

挥发组分	燃油、燃气窑炉	全电熔窑
F	60～70	3
B_2O_3	10～15	1

② 玻璃液更加均匀。采用全电熔时，全部玻璃基本上都经历相同的热历史，所以供给成型机的玻璃液在成型性能上均匀得多。

③ 熔窑大修较快。一座电熔窑的大修，在十天内（从加碎玻璃烤炉到出玻璃料）就可顺利地完成。

④ 占地面积小。电熔窑仅包括熔化池、流液洞和上升道，采用目前的耐火材料，熔化率约为 2.2t/(m²·d)。不需要设置蓄热室、烟道、烟囱。

⑤ 能耗大幅降低。全电熔窑是靠玻璃液自身导电发热进行熔化，属于内热式熔化。由于是垂直熔化，玻璃液面被一层生料所覆盖，上部空间的温度只有 100～250℃。而火焰炉是靠火焰的高温辐射从表面向内部传导对流来实现加热的。玻璃液上部空间温度高达 1600℃，炉顶散热很大。即使经过热交换设备，废气的温度仍然很高。玻璃电熔窑能耗低，每千克玻璃液的电耗仅为 0.62～1.2kW·h。

⑥ 建设投资少。由于电窑效率高、能耗低，较建设相同生产能力的火焰窑规模小、占地少、辅助设备简单。

⑦ 易于调节控制。操作范围广，热工制度比火焰池窑稳定。

⑧ 热效率高。全电熔窑热效率可达 5%～70%，而一般有蓄热室的火焰窑炉的效率只有 30%～38%。

全电熔窑的缺点如下。

① 适用性差。出料量变化超过 10％难于正常生产。碎玻璃比例变化不可超过 5％。

② 玻璃中羟基含量低，给高精度玻璃管生产和后加工带来一定难度。国外熔化高质量的医药玻璃多采用全氧与电混合窑炉、区域熔化炉或全电炉＋铂金澄清槽。

③ 对电力供应稳定性和耐火材料质量要求高。

④ 操作可视性差，对炉内熔化情况难以掌握。

（2）全电熔窑的形状　全电熔窑的形状有三角形、矩形、正方形、多边形。图 5-46 所示为用于熔制高硼硅玻璃的方形、单相或两相供电的垂直熔化全电炉，用于生产 3.3 硼硅玻璃管。图 5-47 是三相供电的水平熔化热顶全电炉熔化中硼硅玻璃，用于生产 7800（美国康宁牌号）中硼硅玻璃管。

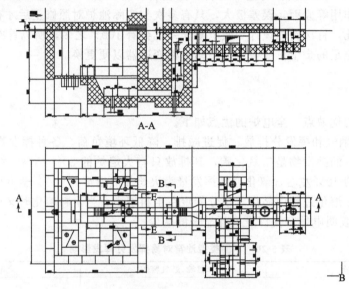

图 5-46　高硼硅玻璃底插电极全电炉

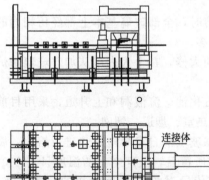
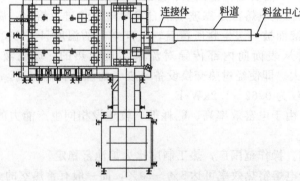

图 5-47　中硼硅底插热顶全电炉

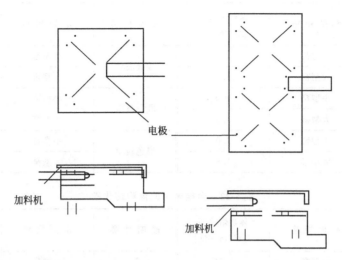

图 5-48 中型两相电熔窑（单室）　　图 5-49 大型两相电熔窑（单室）

图 5-48 是使用斯科特变压器的两相正方形底插全电炉，这种电炉为冷顶垂直熔化。图 5-49是两个正方形拼在一起的中型冷顶全电炉底插电极为主，流液洞附近有两支顶插电极，国外著名公司用来生产高硼硅吹制产品。图 5-50 的顶插冷顶全电炉炉体为多边近圆形，顶插 12 支电极。电极插入深度分两层，相差 300mm，用于生产高硼硅玻管和吹制品，日产 35t。图 5-51 为腰插 T 形冷顶全电炉，用于生产高硼硅玻管。

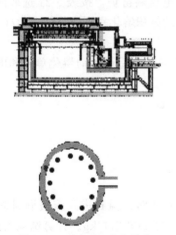

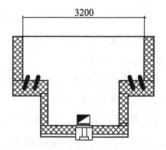

图 5-50　三相 24 边电熔窑　　　　图 5-51　三相腰插多边形电熔窑

从上述介绍可看出，国内高硼硅玻璃已采用各种冷顶全电炉维洛法生产玻璃管，主要用于太阳能管，年产量近 100 万吨。

（3）全电熔窑主要尺寸的确定　在确定全电熔窑主要尺寸之前，首先要确定所熔制的玻璃成分和窑的日熔化量。电熔窑的熔化率取决于玻璃的种类、电熔窑的大小。玻璃电熔窑的热量是通过所熔化的玻璃的整个体积引入的，应以每天每立方米的体积熔化量来确定电熔窑的结构。表 5-21 是现有的一些全电熔窑的面积熔化率。表 5-22 是现有的一些全电熔窑的体积熔化率。主要考虑电熔窑的容积、置换率和置换时间、熔化率、总功率。

表 5-21 全电熔窑的面积熔化率

玻璃种类	窑炉规格	面积熔化率 /[t/(m²·d)]	玻璃种类	窑炉规格	面积熔化率 / [t/ (m²·d)]
钠钙玻璃	小型窑	1.5	硼硅玻璃	小型窑	1.8
	大型窑	2.5		大型窑	2.0
琥珀玻璃	小型窑	1.0	乳白玻璃	小型窑	2.5
	大型窑	1.6		大型窑	3.0
绿色玻璃	小型窑	1.0	黑色玻璃	小型窑	1.5
	大型窑	1.6		大型窑	2.0

表 5-22 全电熔窑的体积熔化率

玻璃种类	窑炉规格	体积熔化率 /[t/(m³·d)]	玻璃种类	窑炉类型	体积熔化率 / [t/ (m³·d)]
钠钙玻璃	小型窑	1.25	硼硅玻璃	小型窑	0.85
	大型窑	2.0		大型窑	1.10
琥珀玻璃	小型窑	0.85	黑色玻璃	小型窑	1.0
	大型窑	1.10		大型窑	2.5

① 全电熔窑熔化面积的确定。利用表 5-21 确定全电熔窑的熔化面积。

② 全电熔窑熔化池最佳深度的确定。可以利用表 5-22 的体积熔化率，一般推荐体积熔化率为 1.0t/(m³·d)，例如一座日出料量 30t/d 全电玻璃窑炉，按表 5-21 选取面积熔化率为 2.0t/(m²·d)，则池底面积为 15m²，按表 5-22 的体积熔化率则取值为 1.0t/(m³·d)，则玻璃窑炉体积为 30m³，因此池深为 30/15＝2m。

(4) 全电炉能耗计算　全电炉能耗在电炉体积确定之后可借助熔化单耗和电炉空载能耗来确定其公式如下：

$$Q=D\times A+L$$

式中　Q——全炉总能耗，kW/d；
$\quad\quad$ D——熔化能力，kW/d；
$\quad\quad$ A——单位玻璃熔化热，kW/kg 玻璃；
$\quad\quad$ L——电炉空载能耗，kW/d。

式中 A 可根据玻璃成分，计算其熔化热耗加上玻璃升温到进入流液洞时需热量。此值也可从相关手册中查出。对于硼硅玻璃 3.3 其 A 值为 650kCal/kg。计算结果可绘成图 5-52。由图 5-52 可估算操作效果，并以此指导操作。

(5) 全电熔窑的操作

① 投产调节　投产初期调节首先将出料量稳定在设计值，然后根据设计功率平均分配在两层电极，再根据料层厚度和产品状况调整两层电量比比例。原则上配合料层薄，需减少上层电极电量比，或增加出料量（同时须增加加料量），此时应相应增加总电量，反之亦然。全电炉电量调节只有两点：一是改变总电力投入；二是改变两层电极投入电量比例。另外还可将加料量在±10％范围调整。全电熔窑的熔化稳定性问题绝非仅受供电控制影响，还与原料、配方和配合料均匀度和碎玻璃比例等有关。

② 玻璃电熔窑日常在操作要求"四大稳"

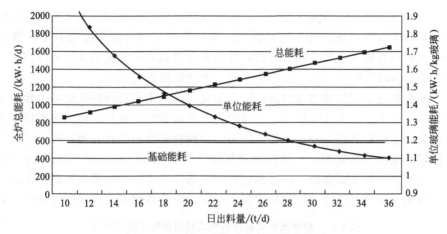

图 5-52　高硼硅玻璃全电炉能耗估算图

a. 配方稳　不仅指玻璃配合料的理论配方要稳，而且原料的品位要相对固定，原料纯度要高（杂质要少，尤其是金属杂质少）、质量稳，特别是碎玻璃的量相对稳定。上述因素的变化会导致电熔窑送入电量（也就是热量）的变化，也就是电熔窑内流场的变化。

b. 加料稳　加入的配合料的量要稳定。在输入功率不变的情况下，加入量变大，必然导致生料层加厚；加入量变小，必然导致生料层变薄，都会造成电熔窑工况的不稳定。

c. 出料稳　流出的玻璃液的量要稳定。流出的玻璃液的量变化，必然导致玻璃液面的波动，同样会造成电熔窑工况的不稳定。

d. 电流稳　类似于火焰窑上的恒温控制，是间接恒温控制。

5.3　硼硅玻璃窑炉耐火材料评价与选择

5.3.1　耐火材料质量要求

砌筑玻璃熔窑用的耐火材料应具备的质量要求如下：对玻璃无污染或污染程度很小；在正常使用温度下，必须具有很高的化学稳定性，耐配合料和玻璃液的侵蚀，相邻耐火材料之间无接触反应；具有很高的高温机械强度、气密性，热损失少；具有很高的抗热冲击性能；在正常使用温度下，体积的固定性要好，重烧收缩率和膨胀率尽可能小；在正常使用温度下，必须具有很高的电阻率；尺寸要求准确；性价比高。

5.3.2　耐火材料的评价

现代玻璃熔化技术要求对窑炉的各个不同部位，按照不同的侵蚀条件、损坏因素，选择适合、相互匹配的耐火材。玻璃耐火材料生产者应与使用者应根据耐火材料在使用条件下与玻璃之间的各种物理化学反应情况去评价耐火材料性能，仅仅用耐火度、荷重软化温度、密度等材料的物理性能去评价玻璃耐火材料的质量是不够的，还应考虑以下一些因素：耐火材料在使用温度条件下耐玻璃液静、动态侵蚀实验，除给出侵蚀深度及侵蚀率外，同时判断其条纹倾向，结石倾向；耐火材料在使用温度下，接触玻璃液时的发泡率；耐火材料在其使用温度下,由于本身玻璃相析出而造成的体积增加率(俗称"发汗率");耐火材料在其使用温度下,耐不同气氛,如碱蒸气、硼蒸气等的侵蚀情况;用梯温炉及偏光显微镜观察耐火材料与玻璃之间的界面反应随温度变化的情况;捣打料在相应的使用温度下与玻璃的反应实验。这些耐火材料与玻璃之间的性能实验,可以非常直观地帮助使用者剖析与判断各种耐火材料处于窑炉运转时可能呈现出来的性能状态,方便使用者的选择。

评价一座窑炉通常用玻璃熔化质量、周期熔化率、每千克玻璃耗热量等指标。在保障玻璃熔化质量的前提下,要求达到尽可能长的炉龄、尽可能少的热量消耗,这些指标都和耐火材料密切相关,不同的玻璃品种、成型方式对耐火材料的要求不同。池壁砖一般选用电铸熔耐火砖,但因玻璃化学组成不同,其侵蚀量及侵蚀模式也不同。以表 5-23 为例,电熔砖被侵蚀后成为玻璃节瘤的主要来源,选择池壁砖时应选择变质层小的耐火材料。在相同温度条件下,硼硅玻璃对耐火材料侵蚀比钠钙玻璃小很多,表中数值越大表示耐侵蚀性不好。

表 5-23 玻璃品种对耐火材料的相对侵蚀度指数比较

玻璃品种 耐火材料	高硼硅玻璃	中硼硅玻璃	钠钙玻璃	E玻璃纤维	玻璃棉	L29 铅玻璃	磷乳白玻
ER1681	0～0.1	0.50	9.0	15.0	17.0	1.0	3.7
Zac	未测	0.55	10.6	17.6	17.9	1.3	未测
ER1711	0	0.3	7.5	8.0	21.1	0.8	3.4
Jargal M	0.15	1.2	22.5	18.8	28.3	2.0	8.0
Zircon	0	1.0	45.0	5.0	21.2	2.5	4.5

玻璃制品上的结石和条纹多数来自耐火材料,玻璃窑炉中不同部位的耐火材料对玻璃质量的影响是不一样的。熔化池和工作池耐火材料对玻璃制品结石和条纹影响最小,料道、料槽、料盆、冲头、闸板、溢流砖、料碗、旋转管等部位耐火材料对玻璃制品结石和条纹影响最大,对于丹纳拉管而言,料槽、闸板、旋转管处耐火材料产生的影响尤为突出,在这些部位产生的耐火材料缺陷将直接表现在产品上,无法消除;料道部分的玻璃液温度虽然比熔化池低,却承担着玻璃液的输送作用,其单位耐火材料面积流过的玻璃液相对要小,料槽处截面积仅有 $30\sim40cm^2$,而每天的玻璃液流量达 $8\sim12t$,比料道单位面积流通玻璃液大很多,所以流槽的侵蚀最为严重,最易造成玻璃制品中产生结石缺陷。对耐火材料的重要性的要求:供料道>工作池>熔化池。因此就不难理解高质量硼硅玻璃制品在料道及其相关部位要使用最好的耐火材料,甚至使用白金。表 5-24 为高级模制瓶料道不同材质对条纹的影响。

表 5-24 高级模制瓶料道不同材质对条纹的影响

供料道材质	样品数量	中重度	轻度	汇总
硅线石	594	0.00%	3.03%	3.03%
BPAL	714	3.36%	35.29%	38.66%
电熔氧化铝砖	1050	5.14%	37.14%	42.29%
电熔锆刚玉砖	678	98.82%	0.15%	98.97%
	732	63.93%	31.15%	95.08%
合计	3768			

由表 5-24 可看出硅线石砖几乎很少形成条纹。电熔氧化铝材料在新投产前 3～4 个月没有发现明显的条纹缺陷，其后开始出现条纹并逐步增多，且在一定程度上对产品质量造成影响。而电熔锆刚玉料槽几乎从生产一开始就产生条纹，且随着窑龄延长条纹越严重。

5.3.3 耐火材料的选择

（1）选用注意事项

① 熔制温度。

② 不同耐火材料的合理组合。

③ 玻璃组成。

④ 化学组成与晶相组成　耐火材料化学组成不代表其晶相组成。尤其烧结材料氧化铝加黏土可以生产出含铝量很高的耐火砖，但其晶相中可以完全没有硅线石或莫来石晶体，其荷重软温度低、高温蠕变大，几乎无法使用。此类情况近年来在锆英石材料中也时有出现，曾造成重大损失，尤其在医药硼硅玻璃炉中要特别注意。

⑤ 微量成分　电熔耐火材料中微量成分和氧化程度对性能影响极大，见表 5-25。从表 5-25 中可看出，碳、铁含量低，玻璃相低，耐火砖呈淡橙色，质量最好，其玻璃相析出量少，产生气泡、条纹、结石少。耐火材料的氧化程度越好，其产品质量越好。

表 5-25　耐火材料微量成分对性能影响

序号	外观颜色	碳残留量/%	玻璃相含量/%	Fe 含量/%	氧化程度	质量
1	浅橙红	<0.008(80ppm)	19～22	>0.05	强 ↑	好 ↑
2	浅橙	<0.008(80ppm)	17～22	<0.05		
3	灰白	0.02～0.03	20～25	<0.05		
4	灰	0.03～0.06	22～27	0.05		
5	青灰	0.08～0.12	25～28	>0.05		
6	深灰	0.15～0.19	27～29	>0.10		
7	发黑	>0.2	30～25 ↓	>0.10	弱 ↓	差 ↓

（2）全氧燃烧窑炉空间用耐火材料　玻璃熔窑采用全氧燃烧技术后，上部结构的温度增加不是很大（局部有可能会增大较多），但是上部结构所处的气氛发生了变化，其中水蒸气的体积浓度约增大 3 倍，碱性挥发物的体积浓度增至 3～6 倍。高体积浓度的碱挥发物对上部结构中的硅砖使用性能造成危害，碱性挥发物与硅砖表面的 SiO_2 形成硅酸盐熔体滴落在熔化池内，对硅砖造成严重的表面侵蚀。由于水蒸气的体积浓度高，该熔体在高温下更易形成，加重了碱挥发物及冷凝物对硅砖的侵蚀作用。因此，到目前为止公认的原则是，挂钩砖以上，包括挂钩砖、胸墙、大碹、烟道局部或全部不能使用传统的硅质烧结材料。

实际测定和数学模拟试验表明，玻璃熔窑上部结构气氛中碱挥发物的体积浓度分布是不均匀的，碹顶附近碱挥发物的体积浓度高于其它部位。因此，纯氧窑炉火焰空间耐火材料采用电熔 α-β 刚玉砖或 β 刚玉砖，也可以使用电熔锆刚玉，或其它可以匹配全氧燃烧窑内特性的耐火材料。表 5-26 是法国西普公司以高硼硅玻璃为研究对象，火焰空间对碹顶耐火材料损坏实验的结果，实验结果表明：①考虑侵蚀性能，ER1851 是最好选择；②考虑蠕变性能，Jargal M 是最好的材料，但抗硼酸钠冷凝物侵蚀性能差；③就实验室测试结果看，烧结尖晶石和低钙硅砖不适合做大碹材料。

表 5-26　高硼硅玻璃火焰空间耐火材料损坏结果

耐火材料	ER1861	ER1851	ER2001	Jargal M	尖晶石	低钙硅砖
硼簾汽侵蚀	好	很好	一般	差	很差	很差
冷凝物侵蚀	好	很好	好	一般	很差	很差
大碹蠕变	好	很好	好	极好	好	很差

参考文献

[1]　李永安，蔡宏，金宏等．药品包装实用手册［M］．北京：化学工业出版社，2003：24-34．

[2]　黄惠华，田维荣，宴马成．药品包装材料对液体药剂质量的影响［J］．药学实践杂志，2004，22（6）：352．

[3]　周健丘，梅丹．药品包装材料对药品质量和安全性的影响［J］．药物不良反应杂志，2011，13（1）：27-28．

[4]　刘言．药品包装材料与药物相容性研究的现状及展望［J］．天津药学，2013，25（6）：56．

[5]　陆洪炳．熔制硼硅酸盐玻璃的电熔窑［J］．山东轻工业学院学报，1991，5（3）：66-67．

[6]　陈金方，庄宝彬，孙帅．中性硼硅药用玻璃电熔窑的实践［J］．玻璃与搪瓷，2009，37（2）：31-32．

[7]　陈金方．生产玻璃管的全电熔窑［J］．中国照明电器，2003，2：21-22．

[8]　陈金方．硼硅玻璃电熔窑设计和调试过程的体会［J］．玻璃与搪瓷，2006，34（4）：26-28．

[9]　孙承绪．浅谈全电熔窑［J］．玻璃与搪瓷，2006，34（1），46-49．

[10]　罗红岩．用于技术玻璃的全电熔窑［J］．玻璃与搪瓷（专刊），2007，8：17-20．

[11]　叶鼎铨．玻璃熔窑的全氧燃烧技术［J］．玻璃纤维，2002，3：8-11．

[12]　邓力，徐美君．玻璃熔窑全氧燃烧技术的应用与发展［J］．玻璃，2002，5：31-36．

[13]　郑红林，朱庆来，黄传良等．用于玻璃拉管生产线的电加热马弗炉［J］．玻璃与搪瓷，2013，41（3）：24-26．

[14]　梁叶，袁春梅．药用玻璃包装材料是保证药品质量的重要因素［J］．轻工标准与质量，2007，5：23-27．

[15]　张波．低硼硅玻璃安瓿、中性硼硅玻璃安瓿与碳酸氢钠注射液之间的关系［J］．黑龙江医药，2012，25（3）：386．

[16]　陈金芳．玻璃电熔窑炉技术［M］．北京：化学工业出版社，2007：64-71．

[17]　叶志华．玻璃电助熔的一些观点探讨［J］．玻璃与搪瓷，2010，38（2）：17-20．

[18]　姜传德，宋宝鑫，宁伟等．电辅助加热在玻璃熔炉中的应用［J］．玻璃与搪瓷，1989，17（4）：12-16．

[19]　耿海堂，高云飞．玻璃熔窑电助熔［J］．玻璃，2004，1：38-42．

[20]　宁伟，顾一泓，陈健．实用玻璃电助熔技术［J］．玻璃与搪瓷，1998，26（4）：43-46．

[21]　陈金方．我国玻璃电熔的现状及发展方向［J］．玻璃，2003，2：15-19．

[22]　吴嘉培，陈钟珂．辅助电熔在玻璃球熔的应用［J］．实验研究，1985，5：2-7．

[23]　沈观清．玻璃熔窑的电辅助系统基本技术［J］．玻璃与搪瓷，2005，33（3）：53-57．

[24]　吴嘉培．玻璃池炉辅助电加热是节能的有效途径［J］．全国玻璃纤维第二十八次工作会议论文，2007，4，1：37-40．

[25]　王剑译．如何或得最佳的电助熔［J］．玻璃工业，1987，6：35-41．

[26]　张宝芳．高硼玻璃池窑中电助熔技术的应用［J］．玻璃与搪瓷，2007，8：52-54．

[27]　耿海堂，高云飞．玻璃熔窑电助熔［J］．玻璃，2004，1：38-40．

[28]　王承遇，陈敏，陈建华．玻璃制造工艺［M］．化学工业出版社，2006：138-140．

[29]　吴柏诚，巫羲琴．玻璃制造技术［M］．中国轻工业出版社，2008：130-137，125-127，190-204，318-322．

[30]　田英良，孙诗兵．新编玻璃工艺学［M］．中国轻工业出版社，2011：306-311．

[31]　陈国平，毕洁．玻璃工业热工设备［M］．化学工业出版社，2007：138-148．

[32]　［美］F. V. 托利，玻璃制造手册（上）［M］．中国建筑工业出版社，1983：306．

[33]　Hisashi Kobayashi，Putnam Valley. Glass melting process and apparatus with reduced emissions and refractory corrosion：US 6，253，578 B1［P］．Jul. 3，2001．

[34]　Robert E. Trevelyan，Lancashire. Glass melting process.：US5，194，081［P］．Mar. 16，1993．

[35]　T. M. Magtegaal，C. C. Rindt，A. Van Steenhoven. Numericalanalysis of an optical method to determine temperature profiles in hot glassmelts. MeasSci Technol. 15（2004）．

［36］ R. Tsiava，C. Ades，and J. P. Traverse. Measurement of temperature inmolten glass by multiwavelengthpyrometry ［J］. High Temp. High Press. 24 （1992）.

［37］ T. D. McGee. Principles and Methods of Temperature Measurement. Hoboken，NJ：Wiley，1988.

［38］ ZhijunFeng，DongchunLi，Guoqiang Qin. Study of the Float Glass Melting Process：Combining Fluid Dynamics. Simulation and Glass Homogeneity Inspection ［J］. The American Ceramic Society，2008.

［39］ R. R. McConnell，R. E. Goodson. Modeling of Glass Furnace Design forImproved Energy Efficiency ［J］. Glass Technol. 20 （1979）.

［40］ H. Mase，K. Oda. Mathematical Model of Glass Tank Furnace withBatch Melting Process ［J］. Non-Cryst. Solid. 38 （1980）.

［41］ TadakazuHidai. Glassmeltingfurnace：US4，769，059 ［P］. Sep. 6，1988.

第 6 章

医药玻璃管生产

玻璃管成型方法是一个逐步发展和完善的过程，先后经历了人工吹制/拉制成型、手工浇铸半机械成型、机械成型过程。目前，绝大多数管状玻璃制品是依靠机械拉管成型工艺完成的。

机械拉管成型工艺是 1916 年美国工程师丹纳（Danner）发明的，其后逐步发展成水平拉管成型工艺和垂直拉管成型工艺，其中水平拉管工艺包括为丹纳法和维络法，垂直拉管工艺包括垂直引上法和垂直引下法。

20 世纪 50 年代以后，发达国家广泛采用机械拉管工艺和设备，较为普遍的拉管方法包括丹纳法、维络法、垂直引下法。丹纳法适于制造 Φ1～100mm 薄壁玻璃管；垂直引下法主要用于成型大直径玻璃管，但也可以生产直径细小的毛细管，成型的玻璃管直径范围为Φ6～600mm；维络法在垂直引下和水平拉制的基础上逐步发展起来，其生产效率高，在药用玻璃管生产中，可拉制外径 Φ8～60mm 高精度玻璃管，在非医药玻璃生产中可以生产外径 Φ100mm 以上规格玻璃管，此外，维洛法还可以拉制截面为异形的空腔玻璃制品。

对于使用医药玻璃管生产的三种成型方法的优缺点比较，见表 6-1。维洛法生产规格范围比丹纳法更宽，生产效率率更高，相对节能，单线产能规模可达丹纳法的两倍，同一种孔环和锥轴可以生产范围较广规格尺寸玻管，减少设备停机时间，医药玻璃管生产实践中，生产安瓿玻管（以 2mL 玻管为例）拉管速度以 7kg/min 为佳，一套维洛装备可以拉制 Φ8～30mm 直径玻璃管，基本可以满足安瓿和小药瓶的生产需要；单一规格玻璃管能够稳定生产周期达 6 个月，减少停产时间；玻管质量不会因操作产生"螺纹"、气泡、气线。维络法的气线缺陷仅是丹纳法的 1/3，外径变化也优于丹纳法，丹纳法在圆度和直线度方面具有相对优势，因此维络法和丹纳法在玻璃拉管方面各有优势，对于医药玻璃管需要重点探索维络法成型技术，促进节能减排，获得更大产能规模。

表 6-1 医药玻璃管生产的三种成型方法的优缺点比较

比 较 项 目	丹 纳 法	维 洛 法	垂直引下法
供料道	相对简单	比较复杂,投资大,控制要求高	相对简单
玻璃流量控制	闸板升降	端头升降	端头升降
玻璃液面到地面高度/m	约 4.5	3.5～5	8～10
供料形式	料槽供料	料碗供料	料碗供料

续表

比 较 项 目	丹 纳 法	维 洛 法	垂直引下法
单线产能/(t/d)	8～15	12～20	4～10
摊平展开方式	旋转管表面,展开充分	端头表面,展开不充分易生成水波纹	端头表面,展开不充分易生成水波纹
马弗炉尺寸及形式	尺寸较大,耗能多,水平放置	尺寸较小,耗能少,垂直放置	尺寸较小,垂直放置
辅助加热能源	较多	较少	无
液面波动对尺寸影响	大	小	较少
机头	机头笨重	机头小,简单	机头小,简单
成型装置更换	2～5d,旋转管寿命短	2～4h,端头铂金易更换	2～4h,端头易更换
产品外观缺陷	结石、颗粒、析晶、气泡、壁厚偏差、不圆度、螺旋	气线、水波纹、维络线	气线、水波纹
规格调整灵活性	不灵活	灵活	灵活
投资	中等	多	少

6.1 玻璃拉管理论

6.1.1 拉管工艺参数

玻璃管成型是将熔融玻璃液拉制成断面为圆形或异型空腔玻璃制品的过程。玻璃拉管是在一定黏度（温度）范围内进行的。玻璃管成型过程，玻璃液除作机械运动之外，还与周围介质（空气）进行连续的热交换和热传递，利用玻璃的渐变特性，玻璃液首先由黏稠液态转变为塑性状态，然后再转变成刚性状态。因此，玻璃管成型过程是一个极其复杂的热过程，玻璃管成型受玻璃黏度、表面张力、吹气流量与吹气压力、温度场等因素影响。

6.1.1.1 黏度

玻璃管成型主要是以玻璃黏度作为工艺操作基础，把熔制好的玻璃液冷却到满足玻璃管成型要求的供料黏度，利用玻璃的高温可塑性变形，使玻璃液成型为圆形或异型空腔制品。在整个成型过程，玻璃液按特定的冷却速度进行成型，一般需要借助玻璃温度-黏度特性曲线的参数来指导。

玻璃是非晶态材料，没有熔点，其黏度具有渐变特性，温度高时黏度小，温度低时黏度大，并且玻璃黏度连续平滑变化，没有突变现象，其温度-黏度关系符合富切尔方程，见式（6-1）。图6-1是低硼硅玻璃温度-黏度曲线（简称"温黏曲线"），在较高的温度范围内，其黏度的增长速度很缓慢，随着温度下降，黏度的温度梯度骤然增大，曲线呈弯曲状，当温度下降到900～1000℃时黏度开始快速增长。

$$\lg\eta = -A + \frac{B}{T - T_0} \tag{6-1}$$

式中　η——玻璃黏度，dPa·s；

　　　T——温度，℃；

A、B、T_0——特定参数。

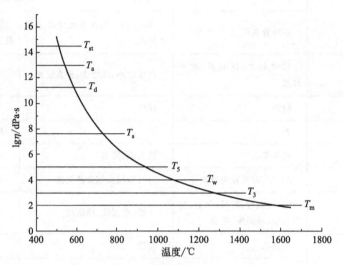

图 6-1　低硼硅玻璃温度-黏度特性曲线

　　玻璃温度-黏度特性曲线对玻璃制造和加工过程起着重要的指导作用，在玻璃加工制造过程中，必须严格遵守玻璃的温黏特性曲线，在温黏特性曲线上具有一系列特征温度点，其黏度值、名称、符号、含义及解释见表 6-2。

表 6-2　特征黏度点表述及含义

黏度值 /dPa·s	特征黏度点	符号	物 理 含 义
$10^{14.5}$	应变点	T_{st}	该温度以下，玻璃内部质点不能松弛，在该温度在 3min 内消除 5% 应力，其作为玻璃退火下限
$10^{13.4}$	转变点	T_g	玻璃状态及性质发生剧烈变化的温度转折点，比如热容、密度、膨胀系数、电导率等性质。玻璃从脆固态转变成塑性状态
10^{13}	退火点	T_a	退火上限温度，可以在 3min 内消除 95% 以上应力，实现质点快速移动
$10^{11.2}$	膨胀软化点	T_d	空心及垂直玻璃制品在受热时，出现形态变形的起始温度，制品退火极限温度
$10^{7.6}$	软化点	T_s	表征玻璃在自重状态的软化特征点，采用 Φ（0.65 ± 0.1）mm、长度 230mm 的玻璃丝进行按 5℃/min 速率加热，伸长速率为 1mm/min 时的温度
10^5	流动点	T_F T_5	玻璃可以在自身重力作用下展开的温度，评价釉烧熔温度及玻璃拉制成型温度；也是玻璃封接时，实现焊接的温度点适合维洛工艺的玻璃液供料黏度所对应温度
10^4	工作点	T_w	玻璃液能够供给成型时温度，成型温度范围为 $10^3 \sim 10^5$ dPa·s，成型方法有拉制、压制、吹制、压-吹、浇铸、浮法等
10^3	火焰加工温度	T_3	该温度可作为玻璃管火焰加工切断温度
10^2	熔融温度	T_m	可实现玻璃熔解和澄清，气泡可以排出的温度

玻璃成型是从供料开始的，供料开始温度定义为 T_w，亦称"工作点温度"，依据玻璃成型方法不同，供料时所对应黏度是有差异的，比如丹纳法玻璃供料黏度为 $10^{3.8}$ dPa·s（dPa·s是工程单位，中文称为"泊"，可简写为"P"），维洛法玻璃供料黏度为 $10^{5.0}$ dPa·s，玻璃成型终止温度是玻璃膨胀软化点温度 T_d，T_d 所对应的黏度值为 $10^{11.5}$ dPa·s，低于 T_d 温度玻璃将很难在外力作用下进行大幅度形状改变，此时玻璃基本失去塑性变形能力，T_w 与 T_d 温度范围内所对应的黏度区域是玻璃可以自由拉管成型的黏度范围，成型黏度范围处于玻璃整个温度-黏度曲线中央部分，是玻璃最适宜成型的黏度范围，一般可使用 $\Delta T = T_w - T_d$ 作为玻璃料性长短和玻璃拉管成型精度判定指标。

6.1.1.2 表面张力

玻璃表面张力系指玻璃与另一相（空气/模具/材料表面）接触时，相界面（一般是指空气-玻璃界面）在恒温、恒容下增加一个单位表面积时所做的功，用符号 σ 表示，国际单位是 N/m（牛/米），工程单位 mN/m（毫牛/米）。玻璃表面的原子能量较内部的原子能量高，原子从内部迁移到表面需要一定的能量。玻璃的表面张力范围一般为 $220\sim380$ mN/m，在室温条件下水的表面张力仅有 72.8mN/m，所以玻璃表面张力很大。

在表面张力的作用下，玻璃表面的质点在内部质点牵引下，形成内聚力。表面张力促进玻璃（液）表面收缩到最小，对于一个独立形状而言，球的表面积最小，对于一个有边或棱的形状而言，圆弧表面积最小。

表面张力在玻璃成型过程中起着极为重要的作用。例如，在玻璃吹制成型过程中，不需借助任何成型模具就可以吹制成球状玻璃泡；玻璃制品表面的火焰抛光和火焰爆口均是充分利用玻璃表面张力作用，使玻璃表面变得圆滑光洁；人工挑料或吹小泡以及滴料供料时，都要借助于表面张力，使之达到一定形状；拉制玻璃管或玻璃棒时，由于表面张力的作用，玻璃本身即可收缩成圆形外表。

玻璃熔化气氛对玻璃熔体的表面张力产生较大影响，一般来说，还原气氛下玻璃表面张力较氧化气氛增加 20% 左右。由于表面张力的增大，使玻璃熔体表面趋于收缩，这样促使新鲜玻璃液覆盖玻璃表面。这一作用对在还原气氛下熔制棕色玻璃有着重大的意义，由于表面玻璃持续不断地更新，加速了玻璃液循环，从而保证了玻璃色泽的均匀一致。

另外，玻璃表面张力与玻璃化学组成密切相关。玻璃表面张力符合加和公式 $\sigma = \sum \sigma_i a_i$，其中，$\sigma_i$ 为玻璃氧化物表面张力因子，a_i 为玻璃氧化物的质量百分比。各种氧化物对玻璃的表面张力 σ_i 有不同的影响，如 Al_2O_3、CaO、MgO 能提高表面张力；K_2O、B_2O_3 等在加入量较大时，则能大大地降低表面张力。

按在玻璃熔体中所体现的表面张力特性，可将玻璃氧化物分为三类，见表 6-3，第 I 类为表面活性差的氧化物成分；第 II 类为中间性质的氧化物成分，第 III 类为溶解性差而表面活性强的成分。

表 6-3 玻璃氧化物表面张力及类别（1300℃时）

化学组成	SiO$_2$	Al$_2$O$_3$	B$_2$O$_3$	Li$_2$O	Na$_2$O	K$_2$O	MgO	CaO	MnO	TiO$_2$	BaO	ZnO	FeO	MoO$_3$
σ_i/(mN/m)	290	380	非定值	450	295	非定值	520	510	390	250	470	450	490	非定值
类别	I	I	II	I	I	II	I	I	I	I	I	I	I	III

注：非定值氧化物均有降低表面张力的作用，K_2O 表面张力范围为 $150\sim230$ mN/m，B_2O_3 表面张力范围为 $180\sim250$ mN/m。

6.1.1.3 温度场

玻璃管成型为无模成型,温度场均匀性对玻璃管成型影响至关重要。温度场均匀性受加热方式、控制精度、吹气流量和压力稳定性等因素影响,因此保持玻璃管横截面上温度均匀,运动方向上温度稳定将是十分重要的,对于温度场要求可总结为:"纵向稳定,横向均匀"。在玻璃管成型过程中,玻璃管温度均匀和稳定是其黏度均匀变化的基本保障,最终才能保障玻璃管的圆度、同心度、壁厚均匀、直线度。

6.1.2 玻璃管生产技术条件

6.1.2.1 玻璃管成型温度范围

玻璃管成型温度范围为 $\Delta T = T_w - T_d$,不同成型方法所对应的供料黏度有较大差别。依据玻璃拉管经验,当 ΔT 越大,在玻璃拉管成型过程中,玻璃管尺寸将有充分调整时间。对于丹纳法拉管工艺而言,实践证明,$\Delta T \geqslant 400℃$,能够得到尺寸精度好的玻璃管;$\Delta T \geqslant 500℃$,容易得到尺寸精度好的玻璃管;$\Delta T \geqslant 570℃$,维持高的尺寸精度和高的成型速度,如表 6-4 所示。因此,对于一种玻璃体系是否具备很好的玻璃拉管成型技术条件,它是由玻璃化学组成所决定的本征性参数。对于一个选定的玻璃化学组成对其进行温度-黏度测量是十分必要和重要的,通过 ΔT 值大小来评价其是否具备生产高精度玻璃管的可能性;另外通过调整玻璃组成或改变玻璃成分,将获得满足高精度拉管成型的温度范围。

表 6-4 成型温度范围 ΔT 与玻璃管成型精度关系

成型温度范围 ΔT/℃	玻璃成型精度
$400 \leqslant \Delta T < 500$	能够得到尺寸精度好的玻璃管
$500 \leqslant \Delta T < 570$	容易得到尺寸精度好的玻璃管
$\Delta T \geqslant 570$	可维持高的尺寸精度和高的成型速度

6.1.2.2 玻璃表面张力范围

玻璃表面张力是维持玻璃自由成型的条件之一,一般玻璃的表面张力范围为 $220 \sim 380 mN/m$,对于医药玻璃而言,表面张力维持在 $330 \sim 350 mN/m$ 范围为佳,既可兼顾玻璃成型为圆形空心制品需要,又能满足玻璃的澄清、均化要求,因为表面张力决定了玻璃液内气泡的成长和溶解速度,以及玻璃液中气泡的排出速度。因为医药玻璃中的 Al_2O_3 含量相对较高时,容易产生玻璃条纹,条纹不易熔,导致玻璃液均匀性变差,最终导致玻璃管圆度、壁厚偏差等外观尺寸变差,通过玻璃管环切均匀检测(可参照执行 GB/T 29159—2012 附录一玻璃均匀性检测方法)可发现玻璃管环切等级低于或等于 HQ-8(HQ-8 属于合格制品的下限值)。

玻璃窑炉的气氛对玻璃熔体的表面张力有重要影响,一般来说还原气氛下玻璃表面张力较氧化气氛下约增大 20%。受这一因素的影响,一般棕色玻璃的气泡多,拉管成型特性不佳,主要源于表面张力过大,尤其是生产薄壁大直径玻璃困难。

6.1.2.3 成型纵向和横向温差

从玻璃管成型原理可知,玻璃料带或玻璃管周围温度场均匀性是十分关键的技术条件。温度场不均匀将产生的温差,纵向允许稳定渐变温差存在,而横向温差是需要控制和减小的。对于玻璃料带或玻璃管横向温差存在,在不同黏度范围内对玻璃成型产生不同程度的影响，见表 6-5。当玻璃管黏度处在 $10^{3.8} \sim 10^{7.6}$ dPa·s 时，横向温差会使玻璃管表面产生水波纹、条纹；$10^{7.6} \sim 10^{11.5}$ dPa·s 时，横向温差会影响玻璃管尺寸精度，包括壁厚均匀、不圆度；$10^{11.5} \sim 10^{13}$ dPa·s 时，横向温差使玻璃管产生永久性弯曲变形；当黏度在 $10^{13} \sim 10^{14.5}$ dPa·s 时，横向温差将造成玻管产生临时性弯曲变形。弯曲的玻璃管在传输过程中会出现跳动现象，使精切烤口工艺的火焰不能精确和稳定地作用在玻璃管外表面上同一条线上，并且玻璃管距离火焰的高度发生改变，火焰强度不能集中在玻璃管外表面，导致玻璃管端头不能被火焰彻底分离，并且玻璃管两端管口不平滑，有裂纹。基于玻璃管在不同成型阶段所处的黏度范围，要求玻璃管横断面温差小于 2℃；马弗炉内纵向温差小于 1.5℃/cm，马弗炉外纵向温差小于 2.5℃/cm。

表 6-5　玻璃管横断面温差对玻璃管造成的质量影响

黏度范围/dPa·s	产生的质量问题
$10^{3.8} \sim 10^{7.6}$	玻璃管表面产生水波纹或条纹
$10^{7.6} \sim 10^{11.5}$	影响玻璃尺寸精度，壁厚不均、不圆
$10^{11.5} \sim 10^{13}$	产生玻璃管永久性弯曲变形
$10^{13} \sim 10^{14.5}$	产生玻璃管临时性弯曲变形

6.1.2.4　玻璃配方及工艺稳定

玻璃管生产属于无模成型工艺，玻璃管尺寸精度的控制是十分困难的事情，满足高精度玻璃管生产技术和工艺要求包括：化学组成稳定，原料配料稳定，熔解温度稳定，玻璃供料稳定，拉管温度稳定，拉管设备稳定，检测控制稳定。其中吹气流量和压力在实践过程中体现出长周期震荡特性，需要采取精密流量计进行流量控制，采取二级减压和贮气罐稳压措施来缓解压力波动。对于丹纳法来说，旋转管的转速稳定性要求小于 0.2%，玻璃料带温度对应的黏度均匀性和稳定性小于 2.5%，旋转管端头温度均匀性和稳定性小于 2.0℃。马弗炉加热优选电热和燃气加热，需有温度控制和调节手段。

6.2　玻璃管成型

6.2.1　丹纳法

丹纳法是最常用的玻璃拉管成型方法。用这种方法能拉制精度良好且外径为 1～100mm、壁厚为 0.4～3.0mm 的玻璃管，丹纳法常用于生产钠钙玻璃管、铅玻璃管、硼硅玻璃管等薄壁产品。

在医药玻璃管生产中，丹纳法可用于拉制中硼硅玻璃管（简称 5.0 医药玻璃管，俗称 5.0 玻管）和低硼硅玻璃管（简称 7.0 医药玻璃管，俗称 7.0 玻管）；丹纳法是中国药用玻璃管生产中使用最多的一种拉管工艺，其生产工艺、技术与设备相对成熟。

6.2.1.1　丹纳法拉管工艺

丹纳法拉管成型工艺原理：熔融的玻璃液从供料道末端的供料嘴流淌出来，其流量受耐火材料闸板控制，玻璃液呈带状（俗称料带）垂落、缠绕在低速转动的旋转管上，初始缠绕在旋转管上的玻璃带为凹凸不平的料垄形态,在马弗炉的加热作用下,料垄逐步摊平展开,当玻璃液离开旋转管端头时已形成光滑的玻璃表面。成型气体(亦称芯轴风,其压力为60~1200Pa)通过支撑旋转管的固定轴中心送入,在芯轴风流量和压力的作用下使旋转管末端玻璃液形成中空的圆形玻璃管,然后在牵引机器作用下,玻璃管沿辊道(亦称跑道)逐步冷却和调整外形尺寸。

丹纳法拉管成型工艺过程包括供料与控制、丹纳成型、形状调整、切断、圆口、包装等,见图6-2所示。为了保证玻璃管质量,需要进行玻璃液搅拌、玻璃液溢流、闸板流量控制、尺寸激光检测、废品剔除等工艺辅助过程。

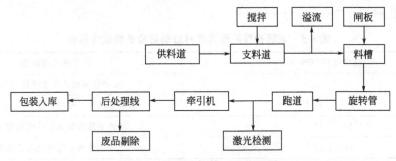

图 6-2 丹纳法拉管工艺流程图

基于丹纳法生产医药玻璃管生产线基本配置要求,目前最为普通的丹纳法生产医药玻璃管平面工艺布置为一窑两线模式,见图6-3所示。

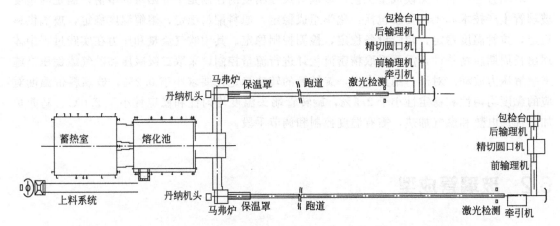

图 6-3 丹纳法生产医药玻璃管生产线(一窑两线)平面工艺布置图

6.2.1.2 丹纳法生产设备

丹纳法拉管生产线包括流料槽与闸板系统、马弗炉系统、丹纳机固定与驱动装置(俗称机头)系统、旋转管、跑道与托轮系统、牵引机(俗称机尾)系统,后处理线系统。生产线中的机头、机尾和后处理线是丹纳法拉管成型的关键设备,见图6-4所示。涉及的具体设备包括供料道,料道搅拌器,料道溢流装置,流料槽,料槽闸板及其提升机构,马弗炉,旋转管固定及其驱动装置(机头),旋转管,保温罩及提升机,跑道(玻璃管支撑辊轮系统及保温箱),牵引机及切割装置(简并成牵引机,亦称机尾)、外径测量及分选装置、前梳理机、精切圆口机,后梳理机及玻管灯箱检验包装台。

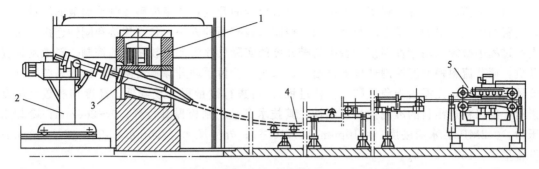

图 6-4 丹纳法拉管线生产设备布局图

1—流料槽及马弗炉；2—旋转管固定及调整装置（机头）；3—旋转管

4—玻璃管支撑辊轮装置（跑道）；5—玻璃管牵引机（机尾）

（1）料道 料道用于连接工作池和流料槽，其作用是使澄清后的玻璃液进行温度调整和进一步均化，考虑到出料流量和温度控制的梯度要求，料道长度一般为 4~6m，否则较难控制料道温度制度。生产硼硅玻璃时，料道应安装玻璃搅拌设备和玻璃液溢流装置，解决玻璃液质量问题。

（2）料道搅拌器 料道搅拌器一般位于料道下游，距离供料位置 1.0~1.5m，可促进料道中的玻璃液均化，包括温度和化学组成，避免玻璃成分分层，强制引导优质玻璃液按要求方向流动，控制料道中玻璃液流量等。

料道搅拌器按搅拌桨个数分为单桨、双桨、多桨；按机构分为单立柱悬挂式、单立柱单桨式，单立柱双桨式，龙门式双立柱多桨等；按搅拌桨形状分为叶式桨、螺旋式桨、指形桨。搅拌桨的材质有耐火材料（硅线石，AZS 等），铂铑合金，还有包铂铑合金的钼桨等。目前，较为广泛采用的是双轴搅拌器，其型号为 BJS-1，见图 6-5，其主要技术参数：搅拌桨可升降距离 0~600mm；搅拌桨转速 5~15r/min；变频控制无级调速；搅拌桨可实现同向/相反旋转；两搅拌桨轴距离 200mm；冷却水压力 0.2MPa；

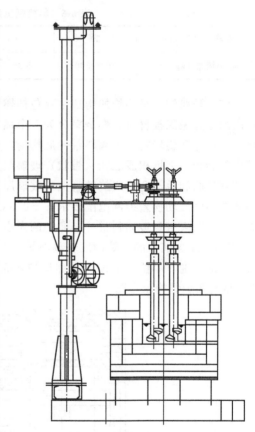

图 6-5 双轴料道搅拌器外观形貌图

水质硬度<10ppm；外形尺寸 2270mm×740mm×2870mm；设备重量约 0.5t。

（3）料道溢流及料道底放料装置 玻璃在熔化过程中，由于 B_2O_3 等组分的挥发，玻璃液表面形成变质玻璃，俗称料皮子即富硅玻璃，如不及时清除，会使玻璃管表面产生缺陷，采用料道溢流的方法将其去除，溢流量可以用单位时间流出玻璃液的重量来表示，单位 kg/h，根据玻璃液质量对溢流量进行调节。为获得高质量玻璃液，在靠近料盆 1.5~2.0m 处设置料道底放料装置，以便将料底沉积的杂质连续或定期排出，其目的是保证玻璃液质量，促进玻璃管合格率提高。

（4）料槽闸板系统　料槽闸板用于控制流料槽的开度，严格准确控制玻璃液的流量。对玻璃管的成型质量和产量有决定性作用。控制闸板有两种方法：弹性连接和刚性连接。实际生产过程中必须采用刚性连接，否则料槽开度的实际尺寸将无法较精确的控制。料道闸板提升机：调节流料槽开度控制玻璃液供给量，采用蜗轮付手动升降料道闸板，链轮系统刚性连接硬传动装置，无滞后现象（即无弹性过程）。可进行微量提升或降低，高度均有数字刻度指示，确保料道出料的准确性和可调性。其技术参数：闸板提升行程：0～260mm；冷却水压力：0.2MPa；水质硬度：<10ppm(10×10^{-6})；外型尺寸：700mm×350mm×3680mm；设备重量：150～200kg。

料槽嘴宽度决定于玻璃液流量，料槽嘴宽度与玻璃液流量关系见表6-6所示。希望获得横断面为椭圆形的玻璃料带形状，椭圆形的玻璃料带温度分布较为均匀，而大扁平的料带两边的温度较低极易出条纹。

表6-6　料槽嘴宽度与玻璃液流量关系表

料槽嘴宽度/mm	50	60	65	80	90
玻璃流量/(kg/h)	200～300	200～500	500～700	600～1100	900～1300

（5）马弗炉　马弗炉的构造主要包括燃烧室和隔焰室。隔焰室一般采用碳化硅、氮化硅及高温合金做隔板材料。燃烧室分为三个加热区，对隔焰室分别进行加热。严格按工艺控制温度，以保证旋转管上玻璃料带铺展均匀，确保玻璃黏度及料带的稳定。带状玻璃缠绕在旋转中的旋转管上堆积成肋状（带状）玻璃层，经受热均化后才能达到玻璃层厚度均匀平滑。旋转管弯曲和跳动会造成旋转管上的玻璃厚度不均匀，影响玻璃管壁厚度均匀性、直线度。马弗炉温度波动误差控制范围要求：±0.5℃；马弗炉内腔即旋转管表面禁止使用明焰加热，更严禁用明火直烧玻璃料带。马弗炉的大小与使用的旋转管及出料量有关，目前，经常用的（年产3000t玻璃管的一炉两线玻璃池炉）马弗炉有600型和680型（600、680指马弗炉套板内壁的宽度，单位：mm）。马弗炉加热除用燃气加热外，也可使用电辐射加热，图6-6是680型马弗炉结构示意图。

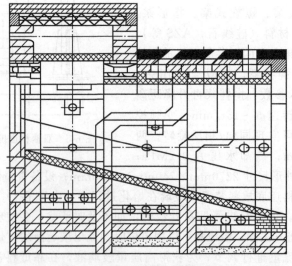

图6-6　680型马弗炉结构示意图

（6）旋转管驱动装置　旋转管驱动装置主要包括旋转管轴（芯轴）、法兰、电动机、变

速箱、角度调节器、机身、升降轮、轨
道、基座等，现在常用旋转管驱动装置
为 BJD-1 型号，见图 6-7 所示。利用角
度调节器可以调节其倾斜角。机身安放
在轨道上。机头可以通过升降轮进行高
度调节。

旋转管装配方式有套筒式、锁母式、
反卡盘式及填料式四种类型。拉管机机
头安装在马弗炉外面，紧靠其外壁，易
受料道和马弗炉热辐射，因此要求拉管
机机头具有一定机械强度。其伸入作业
室内的靠近成型旋转管附近的部位，需
要采用水冷方式来维持其正常运转。

丹纳拉管机机头安装一般与水平线
呈 10°～20°下倾斜角，利用角度调节器
调节其倾斜角的大小。机身安放在轨道
上，机头可以通过升降轮进行高度调节。

在玻璃管成型段时不应有任何影响
因素的存在，特别是转速的稳定，设备

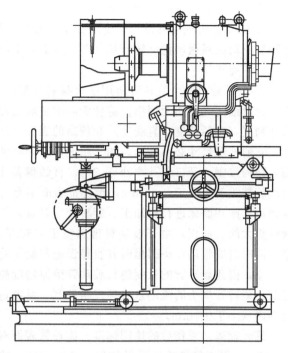

图 6-7　旋转管驱动装置结构示意图

的振动和旋转管大轴的颤动及旋转管端部的跳动，将影响玻璃管悬垂线的上下跳动，使玻璃
管质量下降。稳定各种工艺条件，消除一切振动源，特别是旋转管驱动机本身的振动及附近
风机的振动源和共振等外界条件也有一定影响，均应引起足够的重视。

目前国内应用的旋转管固定及其驱动装置（机头）主要有三种类型：美国 C 公司、意
大利 O 公司和日本 N 公司。本书基于三种机头的实际应用效果，重点介绍日本 N 公司机头
相关参数，其旋转管驱动装置有轻型 75、中型 100、重型 150 三种。中国普遍使用中型 100
旋转管驱动机，其技术参数：大轴直径：100mm；垂直升降范围：510mm；下滑板左右调
整范围：±70mm；底座前后移动范围：260mm；旋转管前后移动范围：140mm；主轴转速
范围：5～21r/min，采用变频控制；冷却用低压空气压力：0.2～0.3MPa；蜗轮箱冷却水
压力：0.2MPa；水硬度：<10ppm(10×10^{-6})；旋转管角度调节范围：-3°～+15°；功
率：3kW；设备重量：3.8t；外型尺寸（长×宽×高）：1755mm×1470mm×2140mm。

日本 N 公司旋转管驱动装置（机头）特点：设备稳定性好，设备自身重量大，地脚螺
栓固定，主体垂直立柱套 Φ500mm，手动高压油缸升降驱动易于操作，平稳可靠。
Φ500mm 直径大、刚性好保证大旋转管工作的稳定性；各调整部分均有双保险锁紧装置，
牢固可靠；热端成型设备蜗轮箱前部配有冷却风管，防止大轴热量传入箱内；箱体采用双层
设计（水冷），确保箱内温度小于 50℃，防止使用周期内橡胶密封圈的老化漏油；传动平
稳，无刚性连接，传动简单，交流电动机-同步齿型轮带组（同步减震）-蜗轮付-主轴中心
套-旋转管大轴。齿型带无打滑丢转问题，速度误差 2%～3%。旋转管大轴（芯轴）安装精
度要求高，简单且容易实现的方案是采用双锥形弹簧卡头自定心精确度高，同心度好，制造
精度要求锥形接触面大于 80%。中心套内锥面径向跳动 0.02～0.04mm，端面跳动 0.005～
0.015mm。拉管平稳性主要体现在结构简单可靠及制造精度高。更换旋转管大轴简单，松
紧定螺母套迅速方便。润滑：蜗轮箱内应采用 200# 齿轮油，保证油膜强度，有效地减少蜗

轮的磨损，延长设备的使用寿命。

日本 N 公司机头可按工艺要求实现马弗炉前面旋转管的冷换或热换，改进后还可以将旋转管驱动机后撤，把旋转管从马弗炉后面抽出或装入马弗炉内。

(7) 旋转管

① 旋转管材料　旋转管所用耐火材料包括：硅线石、莫来石、黏土等，要求耐火材料表面光滑细密无损伤无划痕。旋转管应耐玻璃液侵蚀，具有良好的耐热冲击性、精确的几何尺寸精度（包括圆度、直线度）和较高的表面光洁度。旋转管对玻璃管的质量至关重要，因此，它的外形尺寸必须准确，加工精度好，同心度符合标准，表面光滑平整，无裂纹，无划伤，结构致密，开口气孔率小于 2%，直线偏差小于 5mm，前端旋转跳动度小于 1.5mm，后端旋转跳动度小于 3~5mm，前部锥表面不允许有深度大于 0.5mm 的凹槽，除内表面外全部用车床和磨床进行机加工。旋转管应具有足够大的表面积，增加旋转管的长度和直径可获得更大的表面积，由于玻璃料带缠绕于旋转管表面上，必须经历较长时间才能摊开、展平。同时玻璃管从端头引出时其直径误差与旋转管圆周上玻璃分布的误差相对应，大致按比例缩小，因此旋转管的长度越长玻璃管壁厚精度越高，旋转管直径越大玻璃管的直径精度也越好。旋转管端头的跳动量必须严格控制，跳动量越小越好。在生产中跳动量应控制在一定范围内（小于 ±1mm）。

旋转管表面损伤后的使用标准：旋转管表面有裂口或裂纹，不能使用；表面划伤，深度在 0.5mm 以内经修整后可以使用；表面伤残，旋转管端部（锥面部分）0.5mm 以内经修整可以使用；旋转管中部伤残深度 1mm、直径 5mm 以内经修整可以使用；旋转管末端深 1.5mm 以内不用修整是可以使用的。

随着技术进步，国外在制造高品质玻璃管时，在小型旋转管上包覆贵金属（铂铑合金），见图 6-8，贵金属包覆厚度一般为 1mm，包覆贵金属的旋转管可防止耐火材料侵蚀对玻璃质量的影响，另外也可提高旋转管的使用寿命，提高玻璃管规格尺寸精度，改善玻璃管外观质量。

图 6-8　包覆贵金属旋转管的装配图

② 旋转管安装方法　旋转管安装方法一般有两种：一种为无金属端头安装方式；另一种为带金属端头安装方式。有金属端头安装方式：用金属端头、耐火材料旋转管、芯轴、压盖、弹簧组装成旋转管组装件，然后固定在机头减速箱内，其缺点是当旋转管被玻璃液冲刷后，金属端头刮料造成玻璃管产生内棱线，为了防止这种现象，日本 N 公司用耐高温玻璃液侵蚀性能优良的优质耐火材料制成整体旋转管，耐火材料为黏土、硅线石和莫来石，具有足够的耐急冷急热性，其结构见图 6-9 所示。优点：a. 旋转管与大轴间采用填充料烧结固定，填充料成为隔热层，保护旋转管大轴，减少高温氧化。b. 可以避免旋转管被玻璃液冲刷后，金属端头刮料造成玻璃管内棱线。c. 不装金属端头可减少旋转管安装难度，节省金属端头费用。但是在组装时一定要认真检查各部尺寸和按规程进行组装。采用无金属端头安装方式的缺点是旋转管内的填充料与大轴旋转管组装好后，整体吊挂干燥 7 天后方可使用。如果旋转管内腔与大轴上的支撑环及固定花蓝体间隙控制不好，极易造成旋转管在烤制中撑

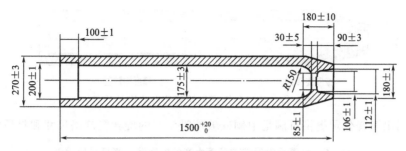

图 6-9 填充料式旋转管图

裂或在生产中松动的问题。带金属端头安装方式：旋转管采用后端盖弹簧装置进行组装。

图 6-10 为旋转管的构造和安装图。首先将中心紧固套 4 安装在芯轴 5 上，把旋转管安装在芯轴 5 上，芯轴锁母 1 紧压在芯轴 5 端头螺纹上，在锁紧螺母上缠绕耐火材料纤维，将旋转管竖立起来，灌入填充料 3 捣实，随后从芯轴后端装入耐火纤维棉 7，将耐火纤维端头压盖 8 缠绕在耐火纤维棉 7 上，再把挡火盖 9 套在大轴上，垂直吊挂起来，干燥 7 天后使用。

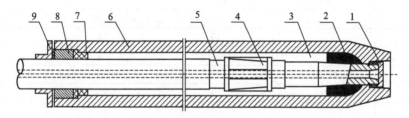

图 6-10 旋转管的构造和安装图

1—芯轴锁母；2—耐火纤维棉及耐火纤维布；3—填充料；4—中心紧固套；
5—芯轴；6—旋转管；7—耐火纤维棉；8—端头压盖＋耐火纤维布；9—挡火盘

③ 旋转管更换方法

a. 旋转管组件热换 将旋转管组件在旋转管预烧炉内。按旋转管的升温曲线经过 72h 的预烧后，用旋转管更换车进行热更换，热换后 4～8h 即可达到正常生产。

b. 旋转管组件冷换 此种方法不需要预烧炉及热换车等设施，将旋转管装入马弗炉中按升温曲线加热，需要三天（72h）的时间。

④ 旋转管规格与形状

旋转管直径有：Φ85mm、Φ106mm、Φ112mm、Φ180mm、Φ200mm、Φ270mm、Φ330mm、Φ350mm、Φ380mm、Φ400mm、Φ420mm、Φ450mm、Φ480mm、Φ600mm 等。长度有：900mm、1000mm、1200mm、1300mm、1500mm、1600mm、1800mm、2000mm、2400mm。目前，旋转管在国际上没有形成标准系列产品，其规格主要由用户的单线产品和产能来决定。

旋转管的形状分为筒形和锥形两种，见图 6-11。筒形旋转管的特点是整体长而无锥度，旋转管内充填 2/3 的物料，确保旋转管旋转时的平稳性和气密性，而且金属端头凹在旋转管内，不易被氧化和黏结上玻璃液。锥形旋转管的锥角为 5°～6°，角度过小，旋转管端头滞留玻璃液过多，对成型操作要求较高；角度过大，玻璃液下移速度过快，旋转管端头的温度不易控制，不利于玻璃管成型。锥形旋转管的缺点是在旋转管管身与端头连接处往往会产生空气泄漏现象，金属端头易黏结玻璃液。

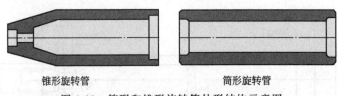

锥形旋转管　　　　　　　　　　筒形旋转管

图 6-11　筒形和锥形旋转管外形结构示意图

表 6-7 列出西普公司提供可满足中硼硅玻璃管生产的旋转管规格尺寸和材质情况。

表 6-7　可满足中硼硅玻璃管生产的旋转管规格尺寸和材质

耐火材料组成与性能	耐火材料种类	ARKAL 60 PR	CRA	CZ 66
化学组成 (质量分数)/%	Al_2O_3	68	73	—
	ZrO_2	—	—	65
	SiO_2	30	25	31.5
	Fe_2O_3	0.5	0.6	0.1
	TiO_2	0.2	0.1	0.5
	其它	1.3	1.3	2.5
体积密度/(g/cm³)		2.55	2.32	3.60
开口气孔率/%		15	25	19
20~1250℃的抗热震		很好	低	好
标准升温时间/h	≤Φ250mm	10	35	10
	250mm<Φ≤650mm	24	40	24
玻璃侵蚀指数		100	85	600
满足玻璃颜色	无色玻璃	是	是	是
	棕色玻璃	是	是	是
平均寿命/月		1.5~3.0	1.5~3.0	6~8

注:玻璃侵蚀指数以 ARKAL 60 PR 耐侵蚀指标为 100,其它耐火材料的侵蚀数值相对其大小。

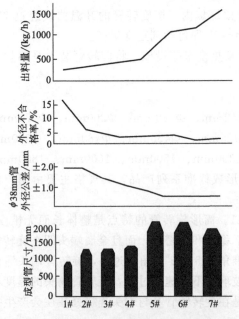

图 6-12　旋转管尺寸与玻璃管产量、质量的关系

在丹纳拉管生产实践中,生产玻璃管直径越大,要求使用的旋转管直径也相应增大。因为大直径的旋转管表面能够积累更多的玻璃液,玻璃液厚度分布会更均匀,便于实现玻璃管直径控制,由于旋转管上的玻璃液增多,可使拉管速度加快。因此,旋转管的直径及长度是由玻璃管的规格和产量决定的。玻璃管产量高,产品直径大,应选用直径大和长度长的旋转管;反之产量低,产品规格小,应选用直径小和长度短的旋转管。

图 6-12 是日本 20 世纪 60~70 年代的旋转管规格尺寸与玻璃管产量、质量的关系图,随着旋转管直径和长度增加,玻璃管外径公差逐步减小,玻璃管外径不合格率逐步下降。表 6-8 是图 6-12 中的七种旋转管规格尺寸,当 1♯旋转管直径从 180mm 提高到 7♯旋转管直径的

600mm 后，玻璃管外径偏差从±2mm 提高到±0.5mm。基于现代工业的技术条件、生产装备和控制技术，玻璃管质量已经得到大幅提升，其质量发展规律符合图 6-12 的趋势。

表 6-8　旋转管规格尺寸

旋转管牌号	1#	2#	3#	4#	5#	6#	7#
直径/mm	180	240	270	300	450	480	600
长度/mm	900	1300	1300	1500	2200	2200	2000

　　旋转管的尺寸规格增大，除了可提高玻璃管产量，还可延长旋转管使用寿命，这是由于流料槽流淌下来的玻璃液料带温度较高，对旋转管有冲刷和侵蚀作用，很容易将旋转管表面腐蚀出沟槽，影响旋转管表面玻璃液厚度均匀性及玻璃液表面的平整性，致使生产的玻璃管产生外观缺陷。这时就可以将旋转管向后撤出一个料带的宽度，避开旋转管表面有腐蚀沟槽位置的使用。由于旋转管较长，这种情况可以进行多次旋转管后撤移动，这样实现了旋转管使用寿命的延长。反之，旋转管后退余量不足，因为旋转管上的玻璃缠绕料要保持一定的长度和厚度。

　　旋转管的抗侵蚀性不好或表面不光滑，会造成玻璃管内产生结石、条纹和气泡。结石产生原因主要在于旋转管选用的耐火材料的材质不好，旋转管不抗侵蚀或耐火材料颗粒级配不好，造成烧结不理想；玻璃在旋转管表面凹凸处停留时间较长形成析晶；玻璃与耐火材料反应产生析晶物质；条纹主要是由于旋转管表面凹凸不平产生的；旋转管的料带接触位置极易被侵蚀，因为此处为气、液、固三相交界点，玻璃液温度最高，又有向下冲击力，所以极易被侵蚀成凹凸坑；另外，在旋转管的端头处，也是处于三相交界点，也易受侵蚀，使玻管出现细小条纹；气泡因旋转管造成的气泡多为开口型气泡，一般不超过100mm，另外一些小气泡多为旋转管表面铁斑点所造成的。

　　旋转管在成型室（马弗炉）内的位置对玻璃管成型有较大影响。旋转管所在在成型室（马弗炉）位置应使玻璃料液不流淌在中心线上，而是流淌在偏离中心线 40～60mm 处，意味旋转管的轴线与玻璃液料带中心不重合，偏离 40～60mm。另外，玻璃液至旋转管表面的距离应是 30～70mm。当旋转管位置不正确时，玻璃液会裹入大量空气，会使玻璃管壁上出现大量气泡形成气线。

　　旋转管的转速和倾斜角度应与从流料槽流出的玻璃液量相适应，旋转管表面接收玻璃液的部位不应形成凸瘤，玻璃液应立即流走。一般来说，玻璃液流量大时，倾斜角度和转速都应相应增大。

　　(8) 旋转管大轴　旋转管大轴（亦称芯轴）一般采用整根金属材料加工而成，材料宜选用 00Cr25Ni20Nb，该材料除耐高温氧化之外，其力学性能亦十分优良，该材料属于 Cr-Ni 基金属材料，其中加入稀有金属 Nb 可细化晶粒，促进耐热钢表面不起皮，提高耐高温的强度。碳含量要求控制在 0.01%～0.03%，这样在高温条件下晶界析出物少，避免旋转管大轴变脆。大轴机械强度要求：抗拉强度 560N/mm²、断面收缩率 73%、屈服强度 285～290N/mm²、伸长率 50%～43%。旋转管大轴必须经重锤锻打消除金属内残存气体，细化晶粒提高材质性能。

　　目前，在国内丹纳机的旋转管大轴尺寸一般常用规格为 Φ (132～138) mm×3.2m，优选使用整根金属材料制备。焊接轴会在焊接缝处晶粒长大变粗导致金属变脆，强度降低，影响使用寿命，对于小直径薄壁医药玻璃管而言，焊接轴使用寿命仅能维持 6000h 左右，但是整体轴可以克服了以上缺点，使用寿命可达 20000h 以上。整体轴需要使用 100t 液压调直机反复调直后使用。另外旋转管大轴材料也有可高温合金（GH5K）制作。

（9）大轴吹气系统（芯轴风系统）　芯轴风系统包括稳压罐、放空、送风等，一般一个芯轴风系统配备一条拉管线，可以保障不同拉管线芯轴风系统之间不产生相互干扰，可实现玻璃管规格尺寸的相对稳定。

芯轴风系统尽量采用低压大风量离心风机，推荐使用离心风机参数：功率 1.0kW 左右，风量：$Q=20m^3/min$，风压 1kPa 左右。储气罐容量尽可能大些，储气罐容量大可缓冲系统压力波动，容量一般不低于 $1m^3$，在储气罐上安装芯轴风送气阀、风机进气阀、罐底放水阀、放气调节机构；放气调节机构具备细微调节功能，放气调节机构由粗调闸阀、细调阀及微调针阀组成；为了使压力和流量控制可视，需装有压力和流量显示表；当激光检测仪检测到玻管外径超差时，其控制信号反馈到微调针阀的执行机构，加大或减小芯轴风送气量，达到调整控制玻璃管外径的目的，实现玻璃管外径的自动控制。当芯轴风系统波动不大时，尽量不用风机的变频器调节，防止压力传输的滞后情况发生。例如，拉制直径 $\Phi25mm$ 左右玻管，芯轴风压力一般控制在 0.8kPa，值得注意的是芯轴内的吹气孔直径最好不要小于 $\Phi30mm$。

（10）保温罩系统　保温罩系统是由内衬保温材料和金属壳组成，外形为三角形的槽型罩子，用于马弗炉和跑道之间的玻璃管保温，将保温罩罩住玻璃管，要求具有较好的密封性，避免玻璃管受外界影响，控制保温罩内的温度变化和外界气流渗入，防止玻璃管的悬垂线上下跳动，在玻璃管基本定型之前，保温罩要做到"密不透风"状态，避免"冷风"对保温罩内的温度场均匀性的破坏。保温罩的技术要求：①保温性好，保温罩内玻璃管温度范围大约为 1000～700℃，玻璃管悬垂线形态在保温罩内得以稳定。玻璃管悬垂线可通过视频监视器来监测，以便对相关工艺参数和拉管设备进行调整控制。②体积小，长度 6～7m，体积：7m×0.3m×1.5m 斜三角体，体积小可减少散热且制造成本低。③易操作，采用滑轮机构或手动（配有配重平衡装置）可升降保温罩系统，不论是钩料、改管、引管等操作均会十分便利实现。

（11）牵引机系统　牵引机系统（俗称机尾）包括拉管装置和切割装置。常用牵引机有三种，分别为带式牵引机（图 6-13 所示）、轮式牵引机（图 6-14 所示）、链式牵引机（图 6-15所示）。在医药玻璃管生产中主要使用带式牵引机和轮式牵引机两种。

牵引机是将玻璃管从马弗炉内牵引出来，将玻璃管由粗变细。拉制不同直径的玻璃管，应采用不同的牵引机。链式牵引机与带式最大区别在于牵引带为链式传动，只能用于低速牵引，可调节性不足，所以，20 世纪 80 年代之后就被轮式和带式牵引机所替代。考虑轮式牵引机和带式牵引机在医药玻璃管生产作用基本相同，其技术性能参数也基本相似，本书重点介绍带式牵引机，根据其与丹纳机头配套要求，其生产能力为 9～15t/d，牵引玻璃管直径 $\Phi8～60mm$，拉引速度 50～400m/min。20 世纪 80 年代之后，中国广泛应用的带式牵引机，上下两个牵引轮作相反方向的同步转动，玻璃管被两耐热牵引带夹持，耐热牵引带与玻璃管之间的摩擦力形成了牵引力。

玻璃直径大小与拉管速度密切相关，生产管径大的玻璃管，则牵引机速度降低；生产管径小的玻璃管，则牵引机速度加快。随着拉管技术不断地改进，拉管速度也越来越快，拉制管径 10mm 玻璃管，牵引速度可达 250m/min，当管径达到 30mm 时，牵引速度降低到 100m/min，图 6-16 是 N 公司带式牵引机，表 6-9 是 N 公司拉管速度和出料量关系表。

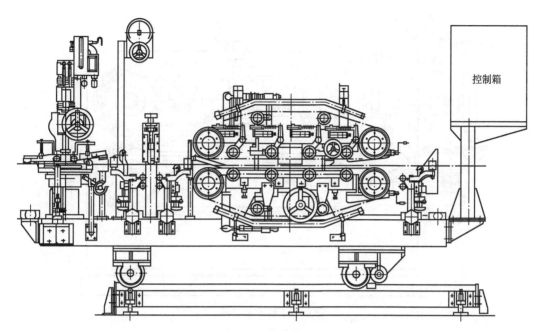

图 6-13 带式牵引机

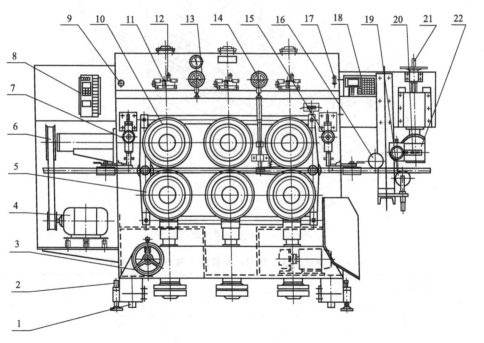

图 6-14 轮式牵引机

1—地脚车轮；2—杠起螺杆；3—下轮升降调节手轮；4—主电机；5—下牵引轮；6—同步齿形带；7—前导轮调节
手轮；8—变频控制器；9—下轮同步升降换向阀手柄；10—上牵引轮；11—上下牵引轮分合换向阀手柄；
12—上下牵引轮转停换向阀手柄；13—下轮顶紧薄膜汽缸调压阀手柄；14—牵引轮轮轴交叉装置角度
调解手轮；15—后导轮调节手轮；16—压轮；17—初切装置引号输入控制手柄；18—初切装置
控制器；19—托轮；20—切割刀臂；21—切深浅调节手轮；22—步进切割点击

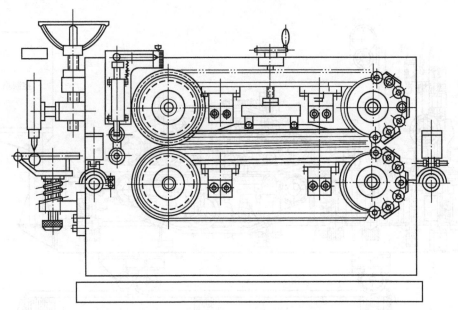

图 6-15　链式牵引机

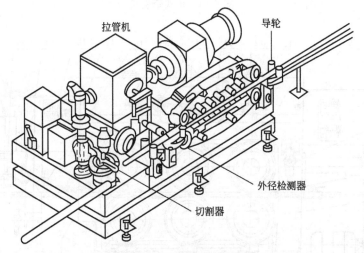

图 6-16　N公司带式牵引机

表 6-9　钠钙玻璃管常用的拉管速度与出料量的关系

玻璃管规格		牵引速度/(m/min)	出料量	
外径/mm	壁厚/mm		/(kg/h)	/(t/d)
10	0.5	250	450	10.8
20	0.5	180	550	15.6
30	0.8	100	1150	27.6

　　拉管牵引速度的稳定是玻璃管直径及壁厚尺寸的关键影响因素。合理的玻璃管切断温度,可使玻璃管切断端面平整及减少玻璃碎屑。根据玻璃管规格不同,其切断温度不同,可使用红外测温仪测定玻璃管切断温度,然后通过开启跑道保温罩数量和开启程度来调节璃管温度,使玻璃玻璃管温度符合切断温度要求,药用玻璃管的切断温度控制在 $180\sim220℃$

为佳。

北京春天玻璃机械有限公司是带式牵引机专业生产企业，其牵引机型号为BJQ-2，见图6-17所示。该牵引机的牵引轮系统采用同步皮带，通过上、下两组转向相反的同步齿型皮带对玻璃管施加一定的夹持力，在皮带轮传动作用下玻璃管被牵引前行。该牵引机的相关技术参数为：①牵引机工作水平高度：950mm；②牵引速度：低速20～91m/min，高速44～198m/min；③牵引机转速：低速34～75r/min，高速156～340r/min；④玻璃管切断长度（水平切割）：单刀900～3600mm，双刀450～1800mm；⑤适用玻管直径：5～50mm；⑥玻璃管切割方式：水平回转式切割、垂直式切割、等待回转式切割；⑦拉管牵引机功率：交流电动机3kW（可变频控制）；⑧设备重量：4t。

图6-17 BJQ-2型牵引机外观图

（12）拉管跑道 拉管跑道由可调升降支架及保温箱体、石墨辊轮等组成，石墨辊轮用以承托玻璃管以及玻璃管的退火冷却，完成玻璃液逐步冷却定型和外观尺寸调整。拉管跑道用于衔接机头与机尾，保证玻璃管不挠曲变形。

目前，中国广泛采用简单固定式跑道，石墨辊轮受玻璃管摩擦作用而转动。跑道长短主要取决玻璃产量产量、规格、牵引速度、玻璃成分，跑道长度优选40～70m。跑道过短，旋转管端头吹气波动大，料形不易控制导致玻璃管外径时粗时细。过短的跑道会使玻璃管冷却速度过快，除了易在玻璃上产生应力，还易使玻璃管产生弯曲变形。跑道适当长，玻璃管逐渐冷却，起退火作用，消除应力。随着拉管速度的不断加快，为了使玻璃管得到相应地冷却，国外各拉管厂的跑道长度越来越长。目前有的工厂为获得较好的质量和经济效益，将跑道长度由原来的20m延长至45m以上，并在玻璃管可塑成型区域的跑道前段采用可调角度的跑道，来改善玻璃管的挠度。日本某公司的跑道长度达60m，美国、德国有的跑道长度达80m，中国最长的跑道也有72m。

由于玻管生产能力加大，拉管速度变快，旋转管直径和长度都在增加，所以玻璃液面线距离跑道面的高度也越来越高，国外一般要求高度差大于3.8m，最大达5m，国内企业大多采用高度差为4.5m。

跑道结构如图6-18和图6-19所示。

① 跑道辊轮 目前，跑道辊轮材质多为石墨及布质层压板，石棉禁用使用。跑道轮结构有两种：a. 无传动机械辊轮。中心孔两端装有轴承用顶尖支承转动，用辊轮支托玻璃管，靠玻璃管与辊轮间的摩擦力实现转动。根据拉制玻璃管的外径不同，辊轮外径为60～120mm，其V形槽的角度90°～120°，内孔与辊轮轴间隙配合。b. 气动辊轮。动力源为无油无水高压空气，压力为0.1～0.2MPa，辊轮靠气压推动进行高速运转，基本可以与玻璃管保持相近速度，最大限度地减少与玻璃管的摩擦，对稳定拉管操作和减少玻璃管擦伤有一定帮助。

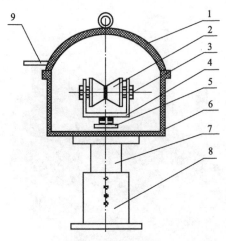

图 6-18　跑道结构剖面

1—保温箱盖；2—石墨辊轮；3—辊轮轴；4—辊
轮支架；5—辊轮升降装置；6—保温箱体；7—跑
道升降柱；8—基座；9—跑道盖手柄

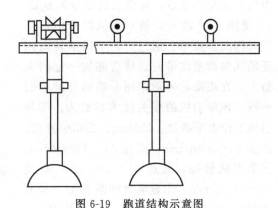

图 6-19　跑道结构示意图

② 跑道保温罩　跑道保温罩可为方形或半圆形，保温性能要好，开合及清理方便。保温罩根据需要开启，关闭时必须保证密封。保温罩为了防止玻璃管冷却太快，使运动中的玻璃管处于合理温度制度，温度制度是通过跑道的保温罩子的开闭程度来调节的。

（13）管径检测装置　医药用玻璃管对管径要求十分严格，玻璃管径在线检测是必须进行的质量检查项目之一，要保证玻璃管外径稳定在标准要求范围内。最初的在线外径检测常用的多为接触式（双轮式）检测装置，精度和可靠性差，已被淘汰。现在在线监测系统使用激光测径仪，如 JCJ 系列激光测径仪，激光测径仪是集激光、精密机械、计算机于一体的智能化精密仪器。通过激光光束高速扫描被测玻璃管，计算机实时采样处理，实现玻璃管直径在线非接触检测、控制，测量范围为 0.5～60mm，测量精度为±0.01mm。在线检测一旦发现超差，发出调整芯轴风和玻管剔除指令，将超差管剔除，同时可以向芯轴风微调放空阀发出指令，调整放空阀的放气量，从而达到控制管径尺寸目的，适用拉管速度小于400m/min，激光检测频率达 1000 次/秒，采用两维或三维激光检测系统可以检测玻璃管不圆度和玻璃管壁厚，国际上日本、西欧等国的拉管线多采用在线激光检测玻璃缺陷，国内尚在研制开发中。

（14）精切圆口系统　由牵引机切断下来的玻璃管，其断面不平整，长度不准确，给后序包装、运输和制瓶生产带来不便和产品良率下降，一般玻璃管生产企业需要按用户要求进行精切圆口加工，长度规格为 1000～1800mm，目前，1650mm 是最为主要的长度规格，此套装置是玻璃管后处理线的主要部分，后处理线设备包括精切和圆口两部分。精切圆口机是由三个相互连接的设备组成：①前梳理机，保证分选后外径合格玻璃管不产生撞击和堆积，梳理机头部改进应加梅花轮防止热玻璃管划伤，使玻璃管排列有序地进入精切圆口机。②精切圆口机，玻璃管经梳理机送入再切机，被细带状火焰连续加热，玻璃管按滚动方式前行，使玻璃管在圆周方向上被加热，根据玻璃管外径不同，细带状火焰长度为 120～200mm，玻璃管在圆周上小面积受热后，旋转中的玻璃管与带水切刀轮作反方向相对运动，使玻璃管因热冲击作用被炸裂。玻璃管继续前行，断口被烤口火焰加热软化、烧熔、圆滑，精切后璃管长度误差为±0.5～±1mm。③后梳理机，将已经精切圆口的玻璃管运送至包检处，进行包装入库。此系统要求玻璃管直线度控制在 1.5mm/1000mm 以下；设备运行平稳。

北京春天玻璃机械有限公司生产的 BJY-2 型精切圆口线，见图 6-20 所示，包括见前整理机、爬坡机、精切机、圆口机、后整理机、包装台。其技术参数：传输速度：1.5～15m/min；玻璃管传输数量：20～200 支/min；适合玻璃管长度：1000～1800mm（标准型）；适合玻璃管直径：8～50mm；使用能源为燃气，燃气热值 10048kJ/m³，压力 8kPa；氧气压力 0.2MPa（精切玻璃管用）空气压力 8kPa（玻璃管烤口用）；设备整体重量：4.5t；机器外形尺寸：3624mm×4482mm×970mm（长×宽×高）。

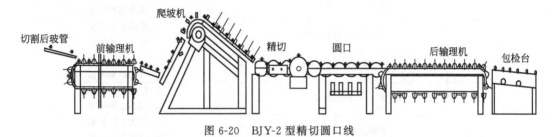

图 6-20　BJY-2 型精切圆口线

（15）计数器　计数器可对产量进行计量，便于企业进行生产统计。

6.2.1.3　丹纳拉管生产控制

丹纳拉管生产过程中，影响产品质量的因素很多。首先是玻璃液的熔化质量，其次是成型设备及各项工艺参数，具体操作上还要注意：马弗炉的温度梯度设置和控制、料槽和旋转管尺寸与出料量之间的匹配，旋转管材质、旋转管角度、旋转管转速、承受料液长度、牵引速度及芯轴风压力和流量等方面。严格地讲，控制好这些参数，才能正常稳定生产。

对于高精度玻管生产，需要严控成型区黏度范围的温度变化，需要完成一个玻璃黏度渐变过程。在这个黏度渐变过程，未定型的玻管极易受周围空气/冷风影响，玻管离开旋转管端头到跑道辊轮这段距离，玻璃管体现为悬垂线特征，必须采取"密不透风"保护措施。

旋转管的直径与拉制玻璃管的规格尺寸有关。生产不同规格的玻璃管应选用相适应的旋转管规格。旋转管规格与出料量有关。某一种规格旋转管有一最佳出料量范围，如要增加每条拉管线产量，提高牵引速度，或者在机头电动机功率和变速主轴允许范围内再更换较大规格旋转管。

实践证明，如采用某一种规格旋转管来生产某种规格玻璃管时，它的生产能力范围往往具有相对较宽范围，为了保证拉管质量，应保持在适中范围。例如，某一规格的旋转管每台机日产 4～7t，它的最佳产量应选择 5～6t。如果太低，则必定玻璃液流量减少，牵引速度变慢，玻璃管在硬化阶段容易弯曲。且由于玻璃管在牵引过程中冷却时间长，到达切割部位时温度过低，导致切割困难，并容易发生"跑管"和切割口的不平整等质量问题。反之，若采用过大的玻璃液流量生产，就难于控制旋转管上玻璃液规定的温度梯度要求，玻璃液随时间的黏度梯度变化小，旋转管上的玻璃液容易在重力作用下产生下垂，玻璃液层厚度明显不匀，产品质量下降。

玻管外径、壁厚调整。在丹纳拉管生产过程中，当玻璃管尺寸规格发生变化时，通常是三种原因所引起的。第一是玻璃液的温度包括熔炉、料道、料槽和马弗炉的温度波动；第二是拉管的各项工艺参数的控制失当；第三是设备运行出现问题。

当玻璃液流量与相应的温度控制参数和产品规格不变时，玻管尺寸发生变化，应对操作进行适当调整。表 6-10 列出了尺寸调整的一些方法。

表 6-10 玻璃管直径、壁厚变化及调整方法

序　　号	玻璃管直径和壁厚尺寸变化	调整措施
1	增加直径,壁厚不变	1. 降低拉速 2. 增大芯轴风量
2	减小直径,壁厚不变	1. 提高牵引速度 2. 减小芯轴风量
3	直径不变,增加壁厚	1. 降低牵引速度 2. 减小芯轴风量
4	直径不变,减小壁厚	1. 提高牵引速度 2. 增大芯轴风量
5	增加直径,增加壁厚	1. 降低牵引速度 2. 增大芯轴风量
6	减小直径,减小壁厚	1. 提高牵引速度 2. 减小芯轴风量
7	增加直径,减小壁厚	1. 增大芯轴风量 2. 提高牵引速度
8	减小直径,增加壁厚	1. 减小芯轴风 2. 降低牵引速度

玻管外径和壁厚频繁波动、玻管直线度不好，这是丹纳法生产的典型产品缺陷，形成原因比较复杂，除了与拉管工艺、设备的正常运转等密切有关外，应该从生产线各环节查找原因，料方、配料、熔化、料道等均会造成上述玻管缺陷，见表 6-11 所示。在丹纳拉管工艺过程中，对于温度-黏度曲线的掌握和应用，玻管悬垂线的稳定控制，在很大程度上会影响玻管的规格尺寸，在生产过程中不要同时大幅变动多个工艺参数，要逐步完成各项工艺参数的调整。

表 6-11 玻璃管尺寸变化及调整方法

缺　陷	产　生　原　因	调　整　方　法
直径频繁波动	1. 熔炉熔化工艺不合理	调整熔化工艺
	2. 炉温或出料量波动	严格控制熔炉温度、保持流量相对稳定
	3. 温-黏曲线设计与拉管工艺不匹配	参照温-黏曲线,重新设定各工艺点湿度
	4. 拉管机丢转或牵引皮带破损	检查和调整拉管机
	5. 芯轴风系统问题	改进芯轴风系统
壁厚频繁波动	1. 料道温度频繁波动	稳定料道温度梯度
	2. 芯轴弯曲	更换芯轴
	3. 旋转管旋转轴振度大	检查机头传动和固定装置
弯曲变形	1. 旋转管转速不合理	检查和调整旋转管转速
	2. 玻管在跑道内自转次数不合理	调整拉管机上下皮带相对角度
	3. 跑道下部密封不好	密封跑道
	4. 玻管偏壁厚	调整玻璃管偏厚薄

丹纳法拉管是一个非线性工艺过程，且随时间变化，没有精确的数学模型可描述的过程，一旦玻璃管的外径接近设定值后，一个线性的、随时间变化的线性过程控制模型就可以

描述设定值附近的偏差与调整量的关系，并可以获得足够高的精确度。由此，玻璃管直径的偏差和调整量之间的关系可以在三个区域内进行设定，其中管径的偏差量和输出调整量之间的关系均应根据现场不同规格的玻管和熟练操作工的经验合理设置。

① 当管径的正负偏差介于玻管尺寸标准范围内，也就是位于工艺控制中正常管径波动范围内时，调整量对偏差信号不敏感，维持原有的输出值。

② 当管径的正负偏差介于玻管标准值上限至线性调整区域的上限范围内时，采用一个线性的模型来定义偏差和调整量之间的关系。

③ 当管径的正负偏差超出线性调整区域的上限时，根据管径的偏差量及多个采样时间段内的数据采用数据迭代的方法输出调整控制量。这种控制方法需要使用者拥有对偏差量和调整量之间关系的数据积累的经验，其优点在于相对低的设计尝试和快速的参数整定，能够很快地在设定值区域附近进行良好的控制。

6.2.2 维洛法

6.2.2.1 维洛法生产工艺

维络法是集垂直引下法（见6.2.3所述）和丹纳法优点，玻璃液从料盆的料碗和成型端头之间的环形截面流淌出来，先垂直向下运动，然后借助跑道和牵引机作用，沿水平方向运动，在空气中完成玻璃管成型，料碗和成型端头是关键成型装置。

20世纪80年代，宝鸡医药玻璃厂全套引进美国康宁公司维洛法生产技术和关键设备生产医药玻璃管；上海电子管二厂引进美国康宁公司维洛法生产日光灯用钠钙玻璃管和铅玻璃管。

20世纪90年代，北京玻璃仪器厂成功地解决了低成本维洛法大批量生产高硼硅太阳能玻璃管，为中国首创，并在国内推广维洛法拉制高硼硅玻璃管技术。

现在，中国高硼硅玻璃管生产绝大部分采用维洛法拉管；在医药玻璃生产厂中，也有部分生产厂家用维洛法生产中硼硅玻璃管（5.0医药玻璃）管和低硼硅玻璃管（7.0医药玻璃）。维络法具有很多显著的技术优势，是一种有前景的医药玻璃管成型方法，需要不断探索和尝试。

维络法拉管工艺流程见图6-21所示，玻璃液经料盆、料碗从漏料孔沿着带有吹气空心的锥形轴端头流出，锥形轴内连续送入芯轴风，使玻璃液形成玻璃管锥形，玻璃管垂直下降到一定高度后，在水平牵引机作用，形成悬垂线，玻璃管由垂直方向转为水平方向，此刻玻璃管断面呈椭圆形态，玻璃管进入真空跑道后，玻璃管在负压作用下由椭圆转变成圆形截面，并在真

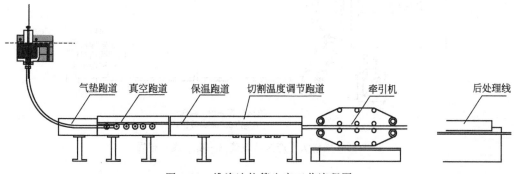

图 6-21 维洛法拉管生产工艺流程图

空箱出口处定型固化，然后进入保温跑道，后续的工艺、设备与丹纳法相同。

维洛法拉管中，影响玻璃的外径和壁厚的因素与丹纳法相似。

在药用玻璃管生产中，维洛法拉管装置可以拉制外径 $\Phi 8 \sim 60$mm，壁厚 $0.1 \sim 2.4$mm 高精度玻璃管，中国已成功拉制出外径大于 100mm、壁厚 3mm 的高硼硅玻璃玻璃管。

维洛法生产能力大、生产的玻璃管壁厚均匀，与丹纳成型工艺不同，维洛法生产的玻璃管没有螺旋形成线（俗称螺纹），玻璃管质量高，拉制速度随外径及管壁厚度的增加而降低，并与玻璃的化学组成和硬度有关，药用玻璃管拉速一般为 $120 \sim 240$m/min 左右，但是生产控制要求较高，且投资较大。

维洛法拉管生产线布局，基本包括几种模式：一窑一线，一窑二线，一窑三线，一窑四线等。图 6-22 为一窑一线维洛法生产医药玻璃管工艺布局图，拉管线沿窑炉中心轴线布置；图 6-23 为一窑二线维洛法生产医药玻璃管工艺布局图，拉管线沿窑炉中心轴线两侧对称布置；图 6-24 为一窑三线维洛法生产医药玻璃管工艺布局图，拉管线沿窑炉中心轴线和中心轴线两侧对称布置。

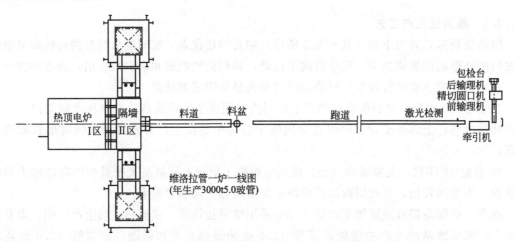

图 6-22　维洛法生产医药玻璃（一窑一线）布局

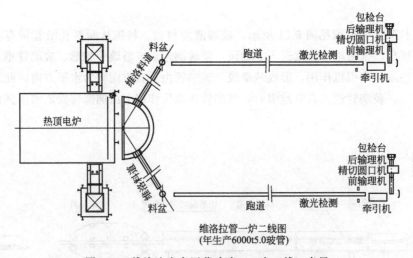

图 6-23　维洛法生产医药玻璃（一窑二线）布局

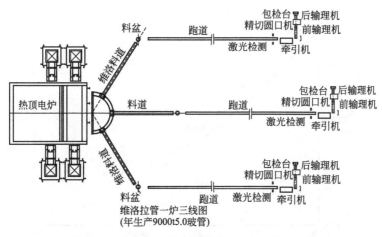

图 6-24 维洛法生产医药玻璃（一窑三线）布局

6.2.2.2 维络法生产设备

维洛法生产设备包括供料道、料盆、料碗、锥形轴、马弗炉、气垫跑道、真空跑道（真空箱）、保温跑道、冷却跑道、激光外径检测仪、牵引机、后处理线。从保温跑道至后处理线和丹纳法拉管相同。因此本节重点介绍供料道、料盆、料碗、锥形轴、马弗炉（套）、气垫跑道、真空跑道（真空箱）几部分设备。

（1）供料道 供料道用于连接工作池和成型部（料碗和端头）的通道，主要用于玻璃液黏度调节和均匀性调节。供料道包括六个部分，即搅拌区、中部、调节 1、调节 2、调节 3、料盆区。玻璃液温度从高到低逐步进行调节。在搅拌区采用包覆铂金的钼搅拌桨或耐材搅拌叶桨。料盆前端设置有溢流装置，将变质玻璃液除去，料道底设置底放料装置，排除底部变质玻璃，达到充分利用优质玻璃的目的。通道顶部设有可调控的自然冷却风，料道加热是根据温度梯度要求进行的。图 6-25 为维洛法拉管供料道示意图，图 6-26 为沿料道长度的温度分布曲线。

（2）玻管成型设备 图 6-27 是维洛法拉管成型设备示意图，主要由六部分组成，包括定位系统、锥形轴、料盆、料碗（孔环）、端头（钟罩）、加热系统。现分述如下。

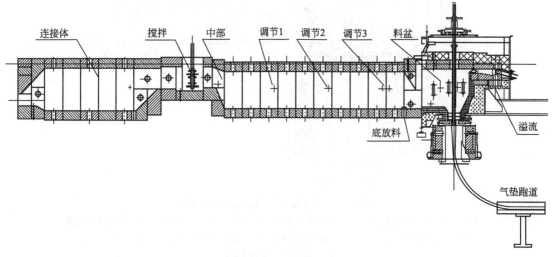

图 6-25 维洛法拉管料道示意图

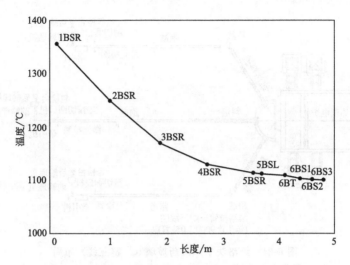

图 6-26　中硼硅玻璃液沿料道长度的温度分布曲线

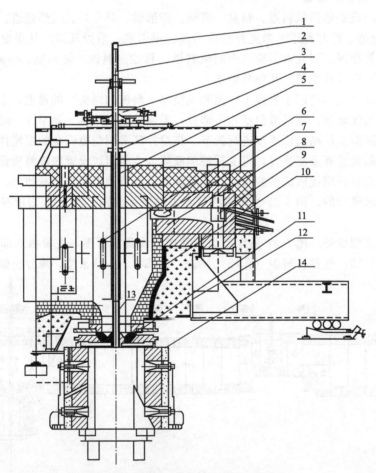

图 6-27　维洛法拉管成型设备示意图

1—芯轴风管；2—组装箱轴；3—锥形轴控制装置；4—护管锁母；5—长护管；6—料盆铂金电极；

7—溢流电极；8—溢流砖；9—溢流出口电极；10—料盆；11—铂金孔环；12—料盆铁壳；

13—短护管；14—马弗炉

① 定位系统　定位系统主要用于锥形轴的左右、前后调整，使锥形轴与料碗（孔环）保持同心度，使两者之间的环形截面均匀，使截面的玻璃液流量各处相同，解决玻璃管偏壁厚问题；上下移动锥形轴可以调整玻璃出料量。该系统可设计为自动调节装置，锥形轴前后和左右各装置一套电动传动机构，实现锥形轴在 X 和 Y 方向上移动和调节，也可手动操作进行调节，监视定位显示装置，实现锥形轴的 X/Y 移动。对锥形轴的上下调节一般采用手动操作。

② 锥形轴　在一个中空的耐热钢轴（亦称芯轴）下端套上维洛成型端头（亦称钟罩），见图 6-28 所示，为了保护芯轴，使芯轴和玻璃液隔离，使其免受氧化，防止金属污染玻璃，在芯轴上安装耐火材料护管，在芯轴的上部安装空气接管，通入芯轴风，锥形轴整体由锥形轴定位器固定，由定位器调整其位置，正常生产时锥形轴是静止不动的。

③ 料碗（孔环）　要求几何尺寸准确，接触玻璃部分光滑，可以是石英陶瓷的，还可以用耐火材料包覆贵金属的（此种称孔环），"贵金属"一般指铂和铑的合金，见图 6-29 所示。料碗（孔环）直接安装在料盆底口上，为了便于料碗（孔环）更换，在料碗（孔环）和料盆接口中间加 3mm 耐火材料软性垫，锥形轴端头与孔环相对位置决定拉管流量。

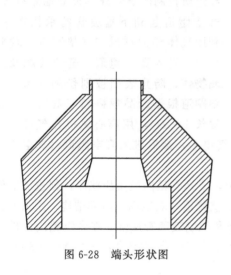

图 6-28　端头形状图

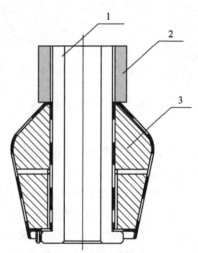

图 6-29　医药玻管生产用维洛端头、芯轴、护管组装图
1—耐热钢芯轴；2—耐火材料护管；
3—包铂金端头

④ 加热系统　可以用设置在料盆上部的燃气喷枪加热，也可以用设置在料盆中部的电极加热。

⑤ 料盆　料盆的作用是有足够供应玻管成型的玻璃液，所以料盆适当大一些，对玻管成型有好处；稳定玻璃管成型所需温度，控制生产速度（流量），料盆溢流可以排除上部变质玻璃，溢流须保持常态化。

⑥ 端头（钟罩）　端头是玻璃管成型的关键部件，直接影响玻璃管的规格尺寸和外观，要求严格。料碗和端头的选用与成型玻璃的性质和成型温度有关。对钠钙硅玻璃、铅玻璃而言，可选用耐高温的锻压钢如 GH5K；对硼硅酸盐的玻璃而言可采用包敷铂金的材料，并要求材料能耐高温、不变形、不氧化和不易产生气体等杂质。

（3）马弗炉（套）　维络法拉管的马弗炉（套）与丹纳拉管马弗炉结构完全不同，维络法拉管的马弗炉为一直筒形态，亦称马弗套，维络法的马弗套是垂直衔接在料盆下方，并且形状尺寸相对较小，但两者作用机理相同，见图 6-27 中的部件 14，维洛法拉管用的马弗套与丹纳法用马弗炉相比，结构简单，体积小得多，马弗套安装方法为悬挂式，悬挂于料盆铁壳上，可拆卸，马弗套为圆柱形，隔焰加热内筒，温度在500~1000℃范围可调；其作用是在玻璃管的成型过程中起稳定作用，还可以用于料盆烘烤时的辅助升温；在医药玻璃生产中马弗套的长度范围500~800mm。值得注意的事项：马弗套下面至操作地面要加围挡进行封闭，防止流动空气对未定型玻管表面温度产生干扰，使其规格尺寸产生变化，影响产品质量，给工艺参数自动控制和操作带来麻烦。

（4）气垫跑道　玻璃管自成型端头出来，在重力和牵引力综合作用下向下运动，形成丹纳法那样玻璃管悬垂线，此时玻璃管尚处于红热状态，玻璃黏度大约在10^7~10^8dPa·s，尚未固化定型，塑性状态下的玻管处于转向的关键，若玻璃管重力作用力超过水平机械牵引力，就会造成玻璃管下垂失控状态，对玻管成形带来困难。如果牵引速度过快，导致所拉制的玻管外形尺寸偏差较大。气垫跑道起到下垂玻管的承托作用，利用气体浮力形成"气垫"将玻璃管托起，送入真空跑道，避免其触及金属物体，防止表面被划伤和变形。气垫跑道根据产品规格和产量情况可设置长1~2m，用离心风机作气源，使

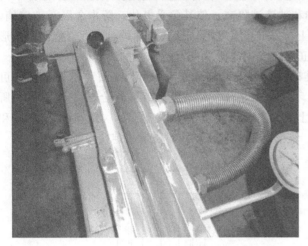

图6-30　气垫跑道构造

空气在特定槽内形成"气垫"，让玻璃管"漂浮"在气垫上，然后进入真空跑道（真空箱），图6-30是气垫跑道照片。

（5）真空跑道　用离心风机将真空箱内空气抽出，使真空箱内呈负压状态，促进玻璃管外形恢复成圆形，图6-31真空箱结构图，图6-32是真空跑道（真空箱）内部结构，跑道轮是跑道关键传动部件，见图6-33所示。根据玻璃管规格和拉制玻璃管速度，在真空箱内由玻璃管入口到出口设置真空梯度，离气垫跑道最近的地方采用较高真空度：-250~-500Pa；

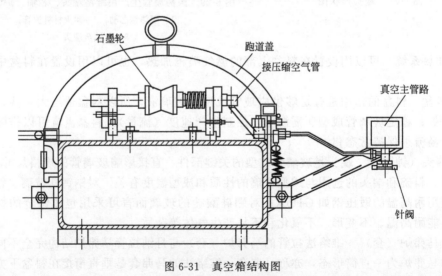

图6-31　真空箱结构图

图 6-32 真空跑道（真空箱）内部结构

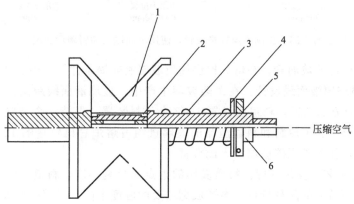

——压缩空气

图 6-33 跑道轮结构示意图

1—石墨辊轮；2—通气中心轴；3—压紧弹簧；4—垫圈；5—夹紧块；6—通气端支撑轴

然后以 250～500Pa 梯度逐渐增加到离拉管机最近端真空箱达到 1.5～3.0kPa 的真空度，分段真空度的调整是靠安装在真空箱外面的负压表和真空箱的分段闸板控制的。

医药玻璃生产中真空梯度一般为 0.5～3kPa，真空箱的作用原理是：当未定型的玻璃管进入水平运动时，由于重力作用玻璃管会变"扁"，进入真空箱后，由于玻璃管内吹进的芯轴风呈正压，而玻璃管外呈负压，将玻璃管吹圆，值得注意的是：不是负压越大越好，真空箱内的辊轮支架可分组调节，辊轮间距较小，为了使玻璃管的圆度更好，调节支架轴线和玻璃管中心线之间的角度（向着玻璃管前进方向朝前或后移动气动辊轮 3mm），然后固定，移动的方向不同玻璃管转动方向不同（注意：朝拉管机方向辊轮的很小调节就可以使玻璃管的椭圆度降到最小），可以使玻璃管边转动边向前运动，配合牵引机的调节旋转装置，可以消除玻璃管弯曲，同时使玻璃管的圆度得到保证。

真空箱的长度根据箱体长度结构是以 3m 为模数的，医药玻璃生产一般设置 9m 长，如有需要，也可以关闭一段，在医药玻璃管生产实践中，单机日产 10t，其真空度 1～1.5kPa 最佳，过高（2～3kPa）会增加玻璃管的不圆度；高硼硅玻管生产真空度则要高。

6.2.2.3 维洛拉管生产控制

对于维洛法拉管而言，拉制不同直径的玻璃管，使用的料碗和端头结构形式，以及料碗和端头的配合形式也不同。例如拉制直径 30mm 以上的玻璃管，料碗为垂直喇叭口造型，端头直径较大，端头处于料盆下的喇叭口，与其锥面配合，控制玻璃液流量；拉制直径 8～30mm 的玻璃管，料碗为圆弧底造型，端头直径中等，纺锤形端头含在料盆中；拉制直径 8mm 以下的玻璃管，料碗和端头皆为圆锥形，端头插入料盆中，见图 6-34 所示。

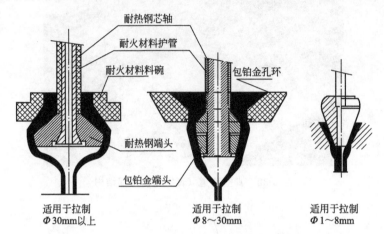

耐热钢芯轴
耐火材料护管
耐火材料料碗
包铂金孔环
耐热钢端头
包铂金端头

适用于拉制 Φ30mm 以上　　适用于拉制 Φ8～30mm　　适用于拉制 Φ1～8mm

图 6-34　拉制不同规格玻管，使用不同端头和料碗示意图

要获得高精度医药玻璃管，在熔炉提供优质玻璃液前提条件下，还要做好如下工作。

① 维洛料道玻璃液面线设计：在医药玻璃生产中，玻璃液面线距离拉管操作地面高度 3.5～6m，璃液全充满料道，料道底设置 1～2 个放料装置，保持一个装置常态化放料，以排除底部变质玻璃，料道放料和料盆溢流的玻璃量约占熔炉总出料量的 12%～20%；这些玻璃可以通过处理作为工程碎玻璃加入配合料。

② 加强料道工艺、操作管理：料道操作的重点是控制温度，料道温度是保证成型的重要因素，根据医药玻璃的品种特点，料道成型需要的温度不同，料道内玻璃液的温度梯度也不同，要求在设计的温度梯度下保持温度稳定，要求其温度变动在 ±1℃ 以内。

③ 料道玻璃液搅拌：在料道上设置玻璃液搅拌器构，进一步均化玻璃液。

④ 所有风机等震动源要离开玻管成型区域，操作平台应与玻管成型构件分开，以防止因震动造成玻管尺寸变化和折光线条（光学变形）。

⑤ 稳定操作：加强装备改进和管理工作，建立严谨的规章制度，严格执行操作规程和安全生产规程；严格执行产品质量标准；准确、真实记录生产中的各项原始数据，定期汇总分析，用于指导生产。用技术进步和加强管理提高产品质量水平和技术水平。

尺寸变化调整方法汇总，见表 6-12。

表 6-12　玻璃管尺寸变化与调整方法

序号	规格1	规格2	调整方法
1	外径不变	增加壁厚	A. 降低拉管机拉速
			B. 减小芯轴风量
			C. 降低马弗套温度
		减小壁厚	A. 增加拉管机拉速
			B. 增加芯轴风量
			C. 增大马弗套温度

续表

序号	规格1	规格2	调整方法
2	增加外径	壁厚不变	A. 降低拉管机拉速
			B. 增大芯轴风量
		增加壁厚	A. 降低拉管机拉速
			B. 增加芯轴风量
			C. 降低马弗套温度
		减小壁厚	A. 增大拉管机拉速
			B. 增大芯轴风量
			C. 增大马弗套温度
3	减小外径	壁厚不变	A. 增大拉管机拉速
			B. 减小芯轴风量
			C. 增大马弗套温度
		增加壁厚	A. 降低拉管机拉速
			B. 减小芯轴风量
			C. 降低马弗炉温度
		减小壁厚	A. 增大拉管机拉速
			B. 减小芯轴风量
			C. 减小马弗套温度

6.2.3 垂直拉管

垂直拉管工艺分为垂直引上和垂直引下两种方式，垂直引上拉管工艺在注射器用玻璃管生产和电子玻璃管生产中应用较多，在药用玻璃生产中几乎不用，本书简要介绍垂直引下拉管工艺。

垂直引下拉管法发展过程，国外在 20 世纪 30 年代已批量生产，中国是在 20 世纪 60 年代中期在上海工业玻璃一厂试制成功。20 世纪 70 年代中期，北京玻璃仪器厂利用垂直引下法进行高硼硅玻璃拉管，既能生产大直径厚壁管，又能生产小直径薄壁玻璃管，并且设备简单，操作灵活。

（1）垂直引下拉管工艺 澄清过的玻璃液进入料道，经过温度调整流向安装供料机的料盆，通过料盆底部的料碗，顺着装在料盆中心的吹气杆头（端头）往下流。流料量由闸料筒控制，压缩空气由吹气头中心的耐热钢管吹入。由料碗、吹气头、机速之间的调整，经过牵引机，就可拉出各种规格的玻璃管，最后用机械方法或人工把玻璃管截成一定长度，见图 6-35 所示。

（2）垂直引下拉管主要设备

① 料道 连接工作池（或主料道）的供料通道，作用是

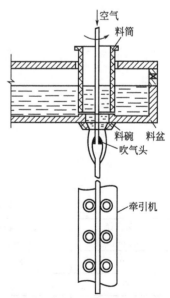

图 6-35 垂直拉管工艺流程图

将调整好适于玻管成型温度的玻璃液供给料盆。为了使玻璃液的温度适于成型，在料道两侧安装一排多只歧管式燃气燃烧器，也可以在料道盖砖上用硅碳棒或硅钼丝等电热元件加热。料道玻璃液采用侵入式钼电极加热（一般用于高硼硅玻璃），通过 PID 调节方式来控制玻璃液温度。

② 料盆　料盆是由电熔锆刚玉或石英陶瓷耐火材料做成，装在与料道牢固连接在一起的铸铁围体中。料盆后半部与料道相连，为玻璃液进入料盆入口，前半部设有溢流口，用以撇掉变质玻璃（料皮）底部有一直径为 140mm 的圆孔，为安装料碗使用。

③ 料碗　料碗有耐火材料制品和包覆铂金的孔环两种形式（和维洛法的料盆孔环一样），根据出料量不同选用不同规格料碗，配以不同吹气杆，可以生产不同直径玻管。料碗的孔径大小视产品规格和所用吹气头端头直径大小而定。玻璃液由料盆底孔经料碗底孔流出（安装时注意它们的同心度），与端头配合形成玻管，因此料碗底孔部分的光洁度直接影响产品外观。料碗底孔粗糙，则产品外壁亦粗糙，包铂金孔环可以解决此问题。

④ 吹气头和吹气头支架　图 6-36 吹气头可分解为吹气接头、套管、吹气杆、吹气杆连接螺母和端头五个部分。

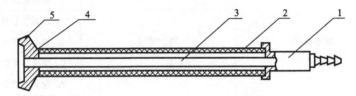

图 6-36　吹气头结构示意图

1—吹气接头；2—套管；3—吹气杆；4—吹气杆连接螺母；5—端头

将压缩空气送入吹气接头，与料碗、吹气头、端头和牵引机共同组成拉管系统，进行拉管作业。

⑤ 端头　端头其形状、材质、尺寸以及加工精度，直接关系产品质量和产量。端头形状如图 6-37 所示。表 6-13 是拉管常用部件与产品规格对应参考表，表 6-14 是北京某厂垂直引下拉管端头技术参数。

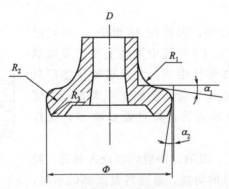

图 6-37　端头结构示意图

表 6-13　常用部件与产品规格对应参考表

端头直径 Φ/mm	护管直径 D/mm	料碗底孔直径 /mm	产品直径 /mm	产品厚度 /mm
50	22	48.5	6～19	1～2.3
60	21	47～50	7～25	0.5～3
70	30	59	15～34	1～4

续表

端头直径 Φ/mm	护管直径 D/mm	料碗底孔直径 /mm	产品直径 /mm	产品厚度 /mm
80	30	59	13～26	1.2～4
90	30	58～59	22～30	1.2～1.7
100	40	68～70	18～60	1.2～6
120	40～50	68～80	30～61	1.3～4.1
140	50	78	42～65	1.4～2.5
150	60	92	83～87	5～6.5

表6-14　垂直引下拉管端头产品对比（北京某厂生产参数）

端头直径 Φ/mm	护管直径 D/mm	料碗底孔直径 /mm	产品直径 /mm	产品厚度 /mm
65	60	74	4～15	0.7～1.5
80	50	84	15～25	1～2.5
90	50	84	20～35	1～3
100	60	94	30～45	1.5～3.5
120	60	94	40～65	2～4.5
140	60	94	60～90	3～5
160	60	94	80～120	3～6
230	70	110	150～190	4～7.5
270	70	110	190～240	4～7.5
350	70	120	300～320	7～10

⑥ 匀料筒（亦称闸料筒）和筒子支架　匀料筒系石英陶瓷或烧结锆莫来石耐火材料制作，是高420mm、内径140mm、厚20mm的圆筒，其上部有一翻边以便卡在筒子支架上，匀料筒结构示意图，见图6-38所示。

筒子支架可以灵便地上下调节，起到增加或减小出料量的目的，必要时可以通过机械传动使其低速转动，起到搅拌玻璃作用。

图6-39是吹气杆、匀料筒、筒子支架结构三者组合在一起的结构示意图。

⑦ 牵引机　牵引机与垂直引上法的牵引机相似，参见图6-40，其是由电动机4通过变速箱5、立轴13、大伞齿轮11、小伞齿轮12、大直齿轮9、小直齿轮8等传动部分带动机膛中的八对石棉辊子14，辊子包覆耐高温材料。作同步而方向相反的旋转，把玻璃管"拉"下来。旋转速度可通过变频器调

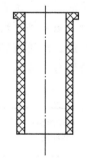

图6-38　匀料筒结构示意图

速。每对滚子随着玻璃管直径的大小自由张合。根据玻璃管的要求，调整机速，即可拉制出各种不同规格的制品。

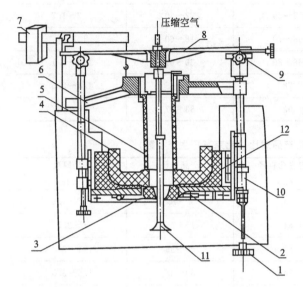

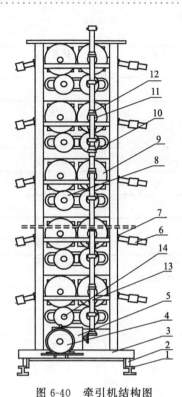

图 6-39　吹气杆、匀料筒、筒子支架结构
1—吹气头；2—料碗托架；3—料碗；4—料盆；5—匀料筒；
6—筒子支架；7—配重锤；8—吹气头支架；9—十字燕尾
调节器；10—升降器；11—调节手把；12—料盆围体

图 6-40　牵引机结构图
1—底座轨道；2—铁轴；3—底座；4—电动机；5—变速箱；6—重锤；7—扇形齿轮；8—小直齿轮；
9—大直齿轮；10—十字接头；11—大伞齿轮；
12—小伞齿轮；13—立轴；14—石棉辊子

6.3　玻璃管质量要求

6.3.1　化学组成

我国现有医药玻璃管化学组成包括钠钙玻璃、低硼硅玻璃、中硼硅玻璃、高硼硅玻璃，其化学组成要求满足表 6-15 所示，其中低硼硅玻璃、中硼硅玻璃、高硼硅玻璃的 121℃颗粒耐水符合Ⅰ级，钠钙玻璃达到颗粒篱Ⅲ标准。可满足玻璃安瓿、管制注射剂瓶、管制口服液体瓶等制造。钠钙玻璃管主要用于生产口服液瓶，而低硼硅玻璃、中硼硅玻璃、高硼硅玻璃材质的玻璃管主要用于生产口服液瓶、安瓿、高品质注射液瓶。

表 6-15　药用玻璃分类与性能

化学组成及性能	玻璃类型			
	耐水Ⅰ级硼硅玻璃			钠钙玻璃
	高硼硅玻璃	中硼硅玻璃	低硼硅玻璃	
B_2O_3/%	≥12	≥8	≥6	<6
SiO_2/%	约81	约76	约71	约70
Na_2O+K_2O/%	约4	约4~8	约11.5	12~16
$MgO+CaO+BaO+(SrO)$/%	—	约5	约6.5	8~12
Al_2O_3/%	2~3	2~7	3~6	1~3
121℃颗粒耐水	Ⅰ级	Ⅰ级	Ⅰ级	Ⅲ级

6.3.2 外观质量

玻璃管在自然光线明亮处，正视目测应为无色或棕色；表面应光洁平整，不应有明显的玻璃缺陷。缺陷包括：①任何部位不得有裂纹；②安瓿用管不得有宽度大于 0.10mm 的气泡线；管制注射剂瓶、管制口服液瓶用管不应有宽度大于 0.20mm 的气泡线；③安瓿用管不得有直径大于 0.50mm 结石；管制注射剂瓶用管不得有直径大于 1.00mm 结石；管制口服液体瓶用管不得有直径大于 2.00mm 结石；④安瓿用管不得有直径大于 1.00mm 节瘤；管制注射剂瓶和管制口服液体瓶用管不得有直径大于 2.00mm 节瘤；⑤玻管两端应经过精切、圆口或一端精切、圆口，另一端封口。不得有毛口和豁口。对于玻璃管的外观质量要求满足表 6-16 所要求的玻璃管检验水平和接收限。

表 6-16 玻璃管的检验水平和接收限

检验项目		检查水平(IL)	接收质量限(AQL)
外观	裂纹	S-4	0.65
	气泡线		6.5
	结石		
	节瘤		
	管端精切、圆口		
尺寸偏差	外径偏差		2.5
	壁厚偏差		2.5
	壁厚偏度		
	直线度	S-2	4.0

6.3.3 理化性能

6.3.3.1 线热膨胀系数

在 20~300℃ 范围内，钠钙玻璃 $(7.6 \sim 9.0) \times 10^{-6}/℃$；低硼硅玻璃应为 $(6.2 \sim 7.5) \times 10^{-6}/℃$；中硼硅玻璃应为 $(4.0 \sim 5.5) \times 10^{-6}/℃$；高硼硅玻璃应为 $(3.2 \sim 3.4) \times 10^{-6}/℃$。

6.3.3.2 B_2O_3 含量

B_2O_3 质量含量需满足国家标准要求，不同玻璃品种 B_2O_3 质量含量要求不同，钠钙玻璃 $B_2O_3 < 6\%$；低硼硅玻璃 $B_2O_3 \geqslant 6\%$；中硼硅玻璃 $B_2O_3 \geqslant 8\%$；高硼硅玻璃 $B_2O_3 \geqslant 12\%$。

6.3.3.3 尺寸偏差

参照玻璃管基本尺寸结构示意图，见图 6-41 所示，L 表示长度，S 表示壁厚，d 表示外径，t 表示直线度。表 6-17 规定了直径为 10.75mm、12.75mm、14.75mm、17.75mm、22.50mm 五种基本规格的安瓿玻璃管尺寸偏差要求。表 6-18 规定了直径为 18.40mm、22.00mm、28.00mm 三种基本规格的管制注射剂瓶玻璃管尺寸偏差要求。表 6-19 规定了直径为 18.00mm、18.40mm、22.00mm、28.00mm 四种基本规格的管制口服液瓶玻璃管尺寸偏差要求，表 6-20 规定了 16.00mm、22.00mm、24.00mm、30.00mm 医用小瓶用玻璃管的规格尺寸。

如果生产注射器所采用的玻璃管，内外径尺寸的允许公差更为严格，因为玻璃注射器的外管和内管必须在尺寸上具有匹配性。注射器的内外管材是按制品的容积分档尺寸互换使用；玻璃管的内径和圆度又必须与热整形工艺配合。

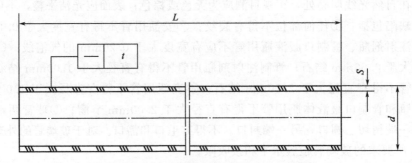

图 6-41 医药玻璃管基本尺寸结构示意图

表 6-17 安瓿用玻璃管的规格尺寸　　　　　　　　　　　单位：mm

规格/mL	外径(d)		壁厚(S)			长度(L)		直线度/(t)	
	基本尺寸	极限偏差	基本尺寸	极限偏差	偏壁度	基本尺寸	极限偏差	测量距离	≤
1	10.75	±0.15	0.50	±0.03	≤0.03	700~2000	±6	1000	2.5‰
2									
3	12.75								
5	14.75		0.55						
10	17.75	±0.20	0.60						
20	22.50	±0.25	0.70	±0.04	≤0.04				
25									
30									

表 6-18 管制注射剂瓶用玻璃管的规格尺寸　　　　　　　　单位：mm

规格/mL	外径(d)		壁厚(S)			长度(L)		直线度(t)	
	基本尺寸	极限偏差	基本尺寸	极限偏差	偏壁度	基本尺寸	极限偏差	测量距离	≤
5	18.40	±0.30	0.80	±0.07	≤0.06	1000~2000	±6	1000	2.5‰
7	22.00	±0.35	0.90		≤0.07				
10			1.00						
25	28.00		1.20		≤0.08				

表 6-19 口服液瓶用玻璃管的规格尺寸　　　　　　　　　　单位：mm

规格/mL	外径(d)		壁厚(S)			长度(L)		直线度(t)	
	基本尺寸	极限偏差	基本尺寸	极限偏差	偏壁度	基本尺寸	极限偏差	测量距离	≤
10	18.00	±0.35	0.90	±0.06	≤0.06	1000~2000	±6	1000	2.5‰
	18.40								
20	22.00		1.10	±0.07	≤0.07				
25	28.00								

表 6-20 医用小瓶用玻璃管的规格尺寸 单位：mm

规格 /mL	外径(d)		壁厚(S)			长度(L)		直线度(t)	
	基本尺寸	极限偏差	基本尺寸	极限偏差	偏壁度	基本尺寸	极限偏差	测量距离	≤
2	16.00	±0.20	1.0	±0.04	≤0.04	1000～2000	±6	1000	2.5‰
4									
6	22.00								
8									
10	24.00			±0.05	≤0.05				
15									
20	30.00	±0.30	1.2						
25									
30									

6.3.3.4 有害物质浸出

国家药品监督管理局国家药用包装容器（材料）标准规定如下：

玻璃管：铅、镉、砷、锑属于国际规定和限制的有害元素，通过对玻璃管进行砷、锑、铅、镉浸出量测定，要求玻璃管 $1dm^2$ 浸出液中含砷不得过 0.07mg、含锑不得过 0.7mg、含铅不得过 0.8mg、含镉不得过 0.07mg。

玻璃包装容器：1L 浸出液中含砷不得过 0.2mg，含锑不得过 0.7mg，含铅不得过 1.0mg，含镉不得过 0.25mg。

美国药典和欧洲药典要求砷浸出量小于 0.1ppm（$0.1×10^{-6}$）。

参考文献

[1] 赖文林. 提高药用玻璃管质量的体会 [J]. 玻璃与搪瓷，2009，27（6）：16-21.
[2] 赖文林. 提高药用玻璃管质量的体会（续）[J]. 玻璃与搪瓷，2010，38（1）：16-21.
[3] 俞伯忠. 玻璃管生产工艺 [J]. 玻璃与搪瓷，1983，11（5）：42-44.
[4] 于江. 玻璃输液瓶与塑料输液瓶之争 [J]. 上海包装，2010（10）：14-15.
[5] 俞伯忠. 玻璃管生产工艺 [J]. 玻璃与搪瓷，1983，11（6）：48-56.
[6] 俞伯忠. 玻璃管生产工艺 [J]. 玻璃与搪瓷，1984，12（3）：63-68.
[7] 俞伯忠. 玻璃管生产工艺 [J]. 玻璃与搪瓷，1984，12（6）：66-68.
[8] 耿海堂，王若冰. 用丹纳法生产高硼硅玻璃管的一点体会 [J]. 玻璃，2003，4：37-38.
[9] 王承遇，陈建华，陈敏. 玻璃制造工艺 [M]. 北京：化学工业出版社，2006：153-155.
[10] 吴柏诚，巫羲琴. 玻璃制造技术 [M]. 北京：中国轻工业出版社，2008：338-551.
[11] 马根. 药用玻璃管气泡线缺陷产生的原因及解决方法 [J]. 中国化工贸易，2013，7：292.
[12] 李航宇，马洪连. 药用玻璃管气泡线缺陷产生的原因及解决方法 [J]. 玻璃与搪瓷，2003，31（1）：28-36.
[13] 王承遇，陶瑛. 玻璃材料手册 [M]. 北京：化学工业出版社，2007：354-361.

第 7 章

医药玻璃管制瓶生产

医药玻璃瓶是医药产品的重要包装容器，医药玻璃瓶按生产方式分为管制瓶和模制瓶，本章围绕医药用管制瓶生产工艺和生产设备进行重点论述。

管制瓶生产是使用符合一定质量要求的玻璃管，借助于火焰热加工成型设备，制造具有一定形状和容积的医药包装瓶。

管制瓶按生产玻璃容器种类可分为：管制注射剂瓶、管制安瓿、预灌封注射器、卡式瓶、口服液瓶等，管制瓶品种、适用生产设备和用途见表 7-1 所示。目前，中国管制瓶产品多以低硼硅玻璃管和进口中硼硅玻璃管为主要原材料。

表 7-1　管制瓶品种、适用生产设备和用途

品种	主要生产设备	主要用途	主要规格/mL
玻璃管制注射剂瓶	ZP-18 系列	疫苗、冻干粉针、分装粉针	2～50
玻璃管制安瓿	卧式机及立式机	注射用水、水针制剂	1～20
预灌封注射器卡式瓶	FS-16 生产线	疫苗、贵重精确注射用药、胰岛素、牙科用药	0.5～3
玻璃口服液瓶	ZP-18 系列	保健品、口服中药制剂	10～20

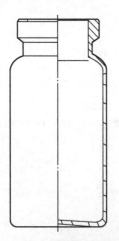

图 7-1　管制注射剂瓶外观形貌

7.1　管制注射剂瓶

7.1.1　管制注射剂瓶概述

管制注射剂瓶是以玻璃管为原料，借助火焰热加工成型设备制造的具有良好耐水性、抗热震性、耐冷冻性、耐酸碱性和较好尺寸规格的药用玻璃容器，主要用于各种生物制剂、冻干粉针、疫苗、血液制剂等药品包装。管制注射剂瓶主要规格为 2～20mL，有少许 20～50mL 的，产品外观颜色主要有无色和有色两类，有色主要以棕色为主，管制注射剂瓶外观形貌见图 7-1。

7.1.2 管制注射剂瓶生产工艺

管制注射剂瓶生产工艺主要包括人工上管或机器自动上管、制口、制底、退火、灯检、包装、贮存等环节，见图7-2所示。

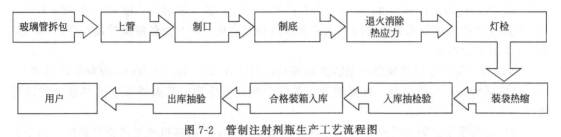

图7-2 管制注射剂瓶生产工艺流程图

7.1.3 管制注射剂瓶基础知识

（1）关键工艺过程 管制瓶将玻璃管用火焰再加工制成瓶子，详见图7-3，须经过封底和成口工序。当然，长玻璃管在制瓶过程中还需截断。成口工序包括使用模具成口和无模具的拉丝成口。下面分别叙述。

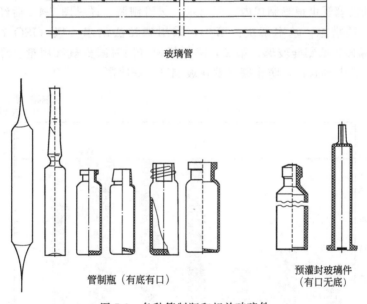

图7-3 各种管制瓶和相关玻璃件

① 截断 玻璃管标准长度1.4m，管制瓶最大高度70mm，大多为50mm左右。因此需要截断。管制瓶制作时一般采用熔封法，即用火焰在玻璃管侧面将管壁玻璃烧熔（火焰温度达到T_3温度，即10^3dPa·s所对应的温度），在玻璃液表面张力和火焰的向心吹力作用下生成瓶底，瓶底厚度与火焰烧熔玻璃管侧壁的宽度有关。如瓶底厚度与管壁厚度相同，则管壁烧熔宽度B与玻璃管直径D关系为：$B=0.25D$。

预灌封玻璃件通常用急冷法截断。即使用尖锐的火焰在玻璃管截断处加热，而后用水冷薄钢轮对加热处急冷，利用热应力将玻璃管截断。此法关键在于加热火焰要在玻璃管形成极细封闭的环状加热区。否则截断面不平。

② 封底　管制瓶封底一般与熔封截断同步完成，但需经进一步精细加工，使瓶底平整或向内凹（根据用户要求）。绝不能向外凸。外凸底无法直立。在灌装机上无法使用。平整瓶底的温度控制在 T_6，即 10^6 dPa·s 所对应的温度。

③ 拉丝　管制瓶最经典产品为安瓿。其瓶口为拉丝后形成。拉丝关键在于瓶身直径 D 与丝直径 d 的比值及丝的长度 h，这三个参数决定了火焰加工玻璃管长度 H。即 $H = h \times d / D$。实际生产中火焰加工长度会随火焰扩散程度略有变化。此时拉丝温度控制在 T_8，即 10^8 dPa·s 所对应的温度。

④ 成口　管制瓶口部成形一般需使用模具，温度在 T_7，即 10^7 dPa·s 所对应的温度。此时需要口部平整，尺寸准确。否则漏液、漏气会使药液变质。其关键在于模具设计和设备精度。

（2）耐水质量的影响因素　为了提高管制瓶生产效率，提高机速是通常的做法。由于天然气广泛使用和制氧成本的降低。使用天然气加氧可大幅度提高加工火焰温度，使制瓶速度显著提高。但是这会使管制瓶内表面耐水性能降低，脱片大量增加。20 世纪 70 年代，西欧开始使用天然气代替焦炉煤气时，曾发生大量安瓿脱片。经研究采取减少氧气加入量和将天然气热值调到 4000kcal/m³ 以降低火焰温度、降低机速，使安瓿内表面耐水稳定在一级，脱片问题也随之解决。

21 世纪初，国内管制注射剂瓶也曾出现大量内表面耐水级别下降问题。即使采用国际著名厂家中硼硅玻璃管也很难制成内表面耐水一级管制瓶，详见图 7-4。后经管制瓶企业反复研究，采取三项措施，基本解决：第一，采用颗粒法耐水一级（ISO 720）耗酸量 < 0.8mL/g 的中硼硅和低硼硅玻璃；第二，降低机速（同时减少氧气用量、降低火焰温度）；第三，使用玻璃管上端封口，防止硼挥发在玻璃管内壁冷凝。

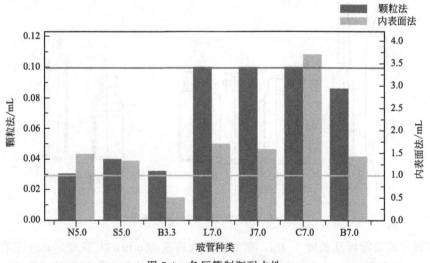

图 7-4　各厂管制瓶耐水性

为证实强火焰加工会造成管制瓶表面法耐水性能下降，使用相同燃烧器加工中硼硅玻璃管，此燃烧器的火力分别为天然气强火焰时用量为弱火焰时的 1.4 倍，而氧气量为 1.3 倍。加工成同样规格的管制瓶，其后测定内表面耐水性能。其碱金属氧化物析出量强火焰加工瓶为弱火焰加工瓶的 1.75 倍。足以证明高燃气量加高氧气量的强火焰，是造成管制瓶耐水性变坏的关键。

① 火焰温度　当火焰温度达到或超过 T_2 温度，玻璃处于熔融状态，玻璃产生显著的挥

发，对于硼硅玻璃而言，火焰加工时表面容易产生碱金属氧化物、氧化硼、硼酸盐，大部分变质玻璃和冷凝物聚集在火焰加工区的周围。对于低硼硅玻璃、中硼硅玻璃、高硼硅玻璃，T_2温度分别为 1583℃±20℃、1747℃±20℃、1837℃±20℃。图 7-5 为玻璃管在火焰加工时，随着火焰加工时间延长和玻璃管表面温度升高，玻璃表面处火焰中的钠离子浓度变化趋势，当玻璃表面温度达到 1600℃时，作用时间超过 11s，钠离子浓度出现快速增长趋势，因此控制火焰实际燃烧温度显得尤为重要。

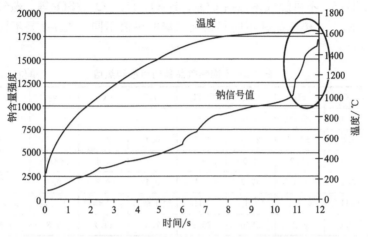

图 7-5 火焰加热温度和时间对中硼硅玻璃钠离子挥发的影响

另外，对于颗粒法满足耐水一级要求的玻璃管，由于使用的火焰加热温度不当，同样会造成玻璃表面耐水一级（GB/T12416.1—1990《药用玻璃容器耐水性的试验方法和分级》）不达标的情况发生，见图 7-4。结果表明，即使颗粒一级的中硼硅玻璃管，也会存在因火焰加工不当导致的内表面耐水不合格，只是低硼发生的风险更大而已，因此加强火焰加工管理与控制是十分重要的质量环节。

② 挥发物冷凝 硼砂沸点为 1575℃，在高温下硼硅玻璃中氧化硼和氧化钠会相伴挥发，这些挥发物会在玻璃管内壁冷凝、聚集和凝结，如图 7-6 所示。冷凝的碱金属氧化物会与所装药物发生反应，造成药物变质，严重时会生成絮状物，在管制瓶内表面耐水性检测时，加热挥发的碱金属氧化物会溶解，因此造成内表面耐水性能下降。

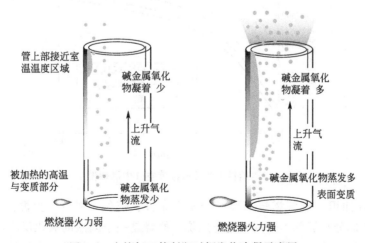

图 7-6 火焰加工管制瓶时挥发物冷凝示意图

③ 多次或长时间退火　多次或长时间退火会导致玻璃分相，进而使玻璃的耐水性变差，其原理参见 4.1.3 章节，在此不再赘述。

（3）燃气与调节

① 燃气基本知识　气体燃料包括天然气和人造煤气，简称燃气。天然气主要由油田和煤田地层溢出，是一种洁净燃料；人造煤气包括石油气、焦炉煤气、高炉煤气、水煤气、发生炉煤气、城市煤气。燃气中包括可燃气体和不可燃气体，可燃气体包括 CO、H_2、CH_4、$C_m H_n$（烃类）、H_2S，不可燃气体包括 CO_2、H_2O、N_2、O_2、SO_2 等。燃气中的气体组成一般体积分数表示，%，燃气品种不同其完全燃烧的热值不同，表 7-2 是不同燃气品种的组成和热值。

表 7-2　不同燃气品种的组成和热值　　　　　　　　单位:% (体积分数)

燃气种类	CO	H_2	CH_4	$C_m H_n$	H_2S	CO_2	N_2	O_2	热值/(MJ/m³)
高炉煤气	27.0	2.0	1.0	—					3.99
焦炉煤气	6.8	57.0	22.3	2.7	0.4	2.3	7.7	0.8	17.52
发生炉煤气	30.6	13.2	4.0	—		3.4	48.8		6.75
天然气	0.1	0.1	97.7	1.1	0.1	0.2	0.7	—	35.99
液化石油气	C_3H_6	C_3H_8	C_4H_{10}	C_4H_8	顺丁烯-2	反丁烯-2	丁二烯	C_5H_n类	111.00
	14.6	8.2	28.0	25.2	7.5	11.2	0.8	4.5	

燃气燃烧时释放热量，使燃烧产物的温度升高，燃烧产物的温度称为燃烧温度。燃烧温度分为实际燃烧温度和理论燃烧温度，理论温度可以根据燃料组成计算获得，两者除了概念不同，数值也相差较大，取决于高温系数 K（K＝实际燃烧温度/理论燃烧温度），K 值一般为 0.7～0.8，理论燃烧温度可以通过理论计算获得，发生炉煤气理论燃烧温度为 1686℃，焦炉煤气理论燃烧温度 2140℃，天然气理论燃烧温度 2300℃、石油气理论燃烧温度 2727℃。如果取燃烧系数 K＝0.8，则发生炉煤气、焦炉煤气、天然气、石油气实际燃烧温度分别为 1349℃、1712℃、1840℃、2182℃。图 7-7 中可清楚看到增加氧浓度对提高燃烧温度的作用。

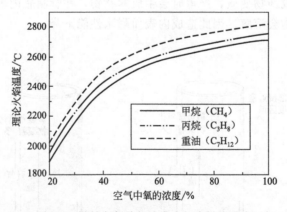

图 7-7　燃料在各种氧浓度空气中燃烧温度

② 燃气燃烧知识　燃气燃烧需要三个基本条件：燃气、氧气、火源。在火源作用下，燃气中可燃气体成分与氧气不断混合进行燃烧。燃烧是一个剧烈的氧化反应过程，伴随发光和发热。燃气燃烧包括正常燃烧和爆炸燃烧，一般正常工业加热是采用正常燃烧方式，实现

热量释放。燃烧存在"着火"和"燃烧"两个过程，着火是缓慢氧化转变到剧烈氧化，转变点对应的温度称为"着火温度"，不同的燃气品种的着火温度不同，见表7-3，乙炔（C_2H_2）着火温度仅有335~500℃，其次氢气（H_2）着火温度530~590℃，因此使用两种气体燃料要注意安全。

表 7-3　不同的燃气品种的着火温度

燃气品种	H_2	CO	CH_4	C_2H_6	C_2H_2	C_6H_6
着火温度/℃	530~590	610~658	645~685	530~594	335~500	720~770

烧气燃烧只有在一定燃气和氧气浓度条件下才会发生，这一浓度范围称作着火浓度范围，也叫着火浓度极限。如果燃气和氧气在一密闭容器中时，满足着火浓度极限，且遇到火源时，将发生爆炸，因此着火浓度极限，又称为爆炸极限，这是燃气使用人员必须了解的常识。

一般氧气通过空气提供，基于燃气与空气所形成混合气体的爆炸极限，不同燃气品种爆炸极限存在上限和下限，见表7-4。从表7-4中可以看出，焦炉煤气和天然气的爆炸极限很低，在室内外环境中出现较少的泄露即可产生爆炸风险，为了安全，在需要使用燃气的场所加装燃气泄漏报警装置。

表 7-4　不同燃气品种爆炸极限的上限值和下限值

燃气种类	燃气/(燃气＋空气)/%	
	下限	上限
发生炉煤气	21	74
焦炉煤气	6	31
天然气	4	15

燃气的燃烧过程包括着火、燃烧两个阶段，混合速度和混合完全程度对燃烧速度和燃烧完全程度取决定性作用，稳定的着火源是保障稳定燃烧的必要条件。火焰是燃烧的具体表现形式，按火焰形态可将燃烧分为三类：扩散火焰燃烧（非预混燃烧）、短火焰燃烧（半预混燃烧）、无焰燃烧（预混燃烧）。扩散火焰燃烧是指燃气与氧气/空气在燃烧器之外相遇，依靠扩散作用燃烧，火焰较长；短火焰是指燃气与部分（占化学当量30%~70%）氧气/空气在燃烧器内相遇并混合，另外一部分在燃烧器外部相遇并燃烧，火焰长度明显变短，例如家庭用燃气灶具燃烧；无焰燃烧是指燃气与100%化学当量的氧气/空气在燃烧器内相遇并混合，在燃烧器出口处立即燃烧，几乎看不到火焰。

③ 燃气热值调节　在管制瓶加工过程中，燃气燃烧最高温度只要略高于 T_3 温度即可，对于低硼硅玻璃、中硼硅玻璃、高硼硅玻璃的 T_3 温度分别为1277℃±20℃、1376℃±20℃、1488℃±20℃。从燃气品种选择来看，只有焦炉煤气、天然气、石油气可满足三种玻璃火焰加工，但是这三种燃气的实际燃烧温度高于 T_3 温度值30%~60%之多，直接使用会使玻璃表面化学成分发生改变，造成玻璃结构弱化、性质变坏。

通过燃气热值调节，可以改变燃气的实际燃烧温度。燃气热值调节是通过往燃气中按一定比例添加不燃气体成分来实现的，一般为氮气、氧气、空气。由于空气是廉价易得气体，因此将空气作为燃气热值调节主要物质，在燃气热值调节中，一定注意爆炸极限参数。

以天然气为例,天然气体原来热值为 35.99MJ/m³,如果将热值调整为 50% (18.00MJ/m³),需要在原有燃气中按 1：1 添加空气即可,燃气占混合气体 50%,不在爆炸极限浓度范围(4%~15%),符合技术要求。此时理论燃烧温度为 1863℃,实际燃烧温度(取 $K=0.8$)为 1491℃。如果空气占 60%时,理论燃烧温度为 1790℃,实际燃烧温度(取 $K=0.8$)为 1432℃。如果空气占 70%时,理论燃烧温度为 1691℃,实际燃烧温度(取 $K=0.8$)为 1353℃。按天然气热值调整计算来看,加工低硼硅玻璃管,可将天然气与空气按 3：7 配比;加工中硼硅玻璃管,可将天然气与空气按 4：6 配比;加工高硼硅玻璃管,可将天然气与空气按 5：5 配比。

④ 燃烧器与火焰控制 根据火焰燃烧的三种状态,可将燃烧器分为非预混燃烧器、半预混燃烧器、预混燃烧器。对于玻璃管制瓶加工而言三种燃烧器都会用到,根据制瓶工位要求的温度和火焰软硬,分别选择相应类型的燃烧器即可。实际上燃烧器外观形态差别不大,甚至包括连接在燃烧器的管路差别也不大,几乎每个燃烧器都连接燃气、氧气、空气。只是根据工位选择燃气、氧气、空气三者的合理配比而已。

用于玻璃管加工的燃烧器多以黄铜作为材料,其质地相对较软,容易打孔,燃烧器为板状成排小孔,有一排和多排之分,小孔直径 0.6~1.2mm 不等,可根据流量和加热温度选择,小孔间距为空直径 1~2 倍,可确保一个小孔被点燃后可以自动扩展点燃烧其它小孔。小孔直径的设计和选择满足不"回火"的要求,回火即火焰传播速度大于燃气或混合燃气的喷出速度。"回火"将造成管路爆燃,甚至更大爆炸危险,天然气燃烧速度为 0.6~0.7m/s,属于火焰传播速度较慢的燃气品种。当混合气/燃气流速过快时,燃烧器容易造成"脱火",火根不稳,燃烧器火焰很容易受脱火影响而熄灭,造成燃气泄漏到车间,产生潜在安全风险,为了避免"脱火"一般在燃烧器的小孔前端钻出凹窝,在火焰根部产生涡流,形成持续的火焰点火功能。

燃烧器的调节主要包括燃气、氧气、空气三者的调节,根据工位火焰特性(温度、强度、气氛)等决定的,手工操控使用针型阀即可,为了实现稳定数值化调节,可配备小型流量计量,也可多台机组同一工位使用统一调节器然后分路输送,但是管路相对复杂。火焰控制关键指标主要包括燃气热值稳定、压力稳定、能够精细调节、火焰温度有测量手段。

(4)玻璃管质量要求

① 成分性能 对于玻璃管应满足表 5-1 四种典型医药玻璃化学组成与特征黏度点温度值,另外硼硅玻璃管满足颗粒法耐水一级要求(GB/T12416.2—1990《玻璃颗粒在 121℃耐水性的试验和分级》)。

② 尺寸精度 玻璃管尺寸精度包括直径、壁厚、直线度等参数,圆度、壁厚偏差越小越好,直线度也是越小越好。对于满足现代制瓶机械要求的直径 10~28mm 玻璃管而言,一般要求外径偏差<±0.2mm,优选<±0.15mm;壁厚偏差<±0.05mm,优选<±0.03mm;直线度偏差<0.15%,优选<0.10%;这些参数将直接影响玻璃管制瓶生产效率、产品良率、产品应用性能。

以玻璃管尺寸精度对产品应用性能举例说明,玻璃管壁厚不均匀,将会导致安瓿的折断力具有很大的分散性,力值较大时,不易折断,甚至扎伤医护人员;力值较小时,在药厂清洁和灌装时,发生"掉头"的情况。因为尺寸精度差,在管制瓶生产中,操作人员为了保障生产效率,不得不将加工火焰温度开的最大,确保壁厚大、不圆玻璃管能够被截断和封底,由于过强火焰加工,自然导致玻璃管被火焰加工部位性能劣化,当药用管制小瓶经过冻干工艺时，将会出现底部脱落现象，俗称"掉底"。

③ 环切均匀性 在玻璃管上截取长度 10mm，两端平行的环状玻璃试样，利用正交偏振光透过玻璃试样的端面，观测玻璃试样内所存在热应力和因化学组成不均匀导致的结构应力严重程度及所处位置，以不同级别/档别来评价其均匀性，总计有 12 个等级，分别为 HQ1、HQ2…HQ12，对于药用玻璃管小于 HQ5 为合格，优选 HQ3，测量方法参考 GB/T 29159—2012。

环切均匀性影响拉管尺寸精度、玻璃安瓿折断力以及折断断面的平整性。

④ 表面清洁性 玻璃管表面清洁性包括内表面和外表面，玻璃管表面清洁性将影响加工后的管制瓶质量。玻璃管内表面清洁性的危害主要是颗粒。颗粒来源有三方面：一是来自玻璃管拉管时吹气不洁净，含有微尘，需加气源强过滤；二是来自玻璃截断时产生的玻璃屑，着落在玻璃管内表面，黏附在内表面，需加强吹扫风作用；三是来自后处理线和包装线环境的洁净度不足，需要独立设置空间，环境达到万级标准。

7.1.4 管制注射剂瓶生产设备

管制注射剂瓶制造设备按形式和运行方式划分，按形式可分为立式机和卧式机，按运行方式可分为间歇式和连续式。管制注射剂瓶生产设备以立式机为主，间歇式立式机以国产 ZP-18 系列机器为主，高档生产设备为连续式立式机，连续式立式机主要包括：意大利 O 公司的 FLA-35 制瓶机和 FLA-24 制瓶机，日本 N 公司生产的 V-18 型制瓶机，以及意大利 S 公司生产的 3BS-24 型制瓶机。

目前，管制注射剂瓶成套设备主要包括自动上管机、制瓶机、自动排瓶机构、退火炉、自动检测与包装。卧式管制瓶生产线因操作难度较大，国内现已很少使用。

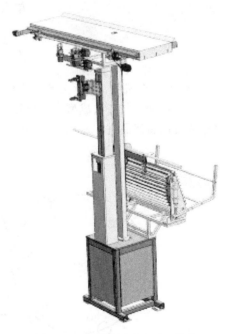

图 7-8 QZD-W 型全自动上管机

（1）自动上管机 2011 年，QZD-W 全自动上管机在中国研制成功，自动上管机的应用可取代人工上管，大幅度降低操作员工的劳动强度，同时也节约了人力成本，减少了操作人员用量，提高了生产效率，插管直径范围为 10～30mm，适合玻璃管长度范围 1700～2000mm，该机主要用于配套 ZP-18 型立式制瓶机使用，QZD-W 型全自动上管机见图 7-8。

（2）制瓶机 目前，中国管制瓶生产企业广泛使用的是 ZP-18 型立式制瓶机，该设备是参照中国 20 世纪 50 年代从国外引进管制瓶生产设备进行研制开发的，经过改进与完善，已经发展成为系列管制瓶生产设备，其中包括：WZPA16-B10 型 16 机位双卡头全数控制瓶机、ZP18CW 型 12 机位制瓶机、ZP30-32W 型 16 机位双夹头制瓶机、ZP65-40 型 18 机位卡头立转卧式制瓶机。中国管制瓶生产设备主要技术参数一览见表 7-5。

表 7-5   中国管制瓶生产设备主要技术参数一览表

项目	设备型号	WZPA16-B10 16 机位双夹具制瓶机	ZP18CW 12 机位制瓶机	ZP30-32W 16 机位双夹具制瓶机	ZP65-40 18 机位立转卧式制瓶机
生产能力/(支/小时)		1350～1500	＞1200	＞1200	450～600
制瓶规格 /mm	瓶身外径	16～32	13～32	8～32	40～65
	口内径	6～20	6～20	6～20	12～35
	瓶全高	25～80	25～80	25～80	60～180
	瓶口外径	12～28	12～28	12～28	20～40

ZP-18 型制瓶机的命名方式包括两部分：第一部分以大写汉语拼音字母表示，如 Z（zhi，制）、P（ping，瓶）；第二部分以阿拉伯数字表示制瓶机的夹具数量或机位，例如 18，

即有 18 个夹具。ZP-18 型立式制瓶机由 A 部及 B 部组成，属于 18 机位管制瓶专用设备，如图 7-9 所示。ZP-18 型制瓶机可以制造直口、锥口、螺纹口等多种规格的药用小瓶，ZP-18 型制瓶机是目前中国生产管制注射剂瓶的主要机型。ZP-18 型制瓶机主要特点：体积小、结构简单、便于维修、设备寿命长；立式间歇运行，便于工装调整，易于操作使用；上下夹具为直径可调式夹头，玻管定心精度高，可确保玻璃瓶稳定成型；设备热稳定好；性价比高；该机器配备自动上管设备可以实现单人操作多台制瓶机。

ZP-18 型制瓶机是我国注射剂瓶主要机型，本章给予重点介绍和讲解。

图 7-9   ZP-18 型制瓶机

ZP-18 型管制瓶机主要由 A 部和 B 部两部分组成，其中 A 部为 12 个机位，B 部为 6 个机位，总计 18 个机位。A 部主要是制造瓶口部分，通过不同机位的热加工与二次成型，完成瓶口的加工；B 部主要是完成瓶底的制作成型，最后形成完整的玻璃瓶产品进入退火炉。ZP-18 型管制瓶机各个机位分布见图 7-10 所示。

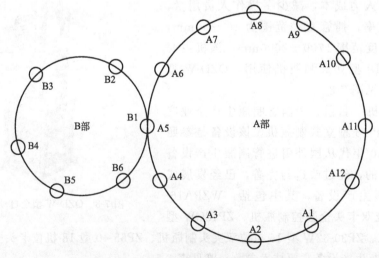

图 7-10   ZP-18 型制瓶机的机位示意图

① A 部和 B 部机位功能　为了简单明了地介绍 ZP-18 型制瓶机各机位的功能,将其罗列于表 7-6。

表 7-6　ZP-18 型制瓶机 A 部和 B 部机位功能一览表

A 部		B 部	
机位	内容	机位	内容
A1	瓶口部降温,卸废料	B1	切割制底
A2	人工上管、产品定长	B2	切割后第一瓶底火焰烤底抛光
A3	玻管切割前第一预热	B3	瓶底部火焰烤底抛光最终成型
A4	玻管切割前第二预热	B4	烤底后保温(消除应力)
A5	玻管切割	B5	自然冷却降温
A6	火焰吹穿	B6	保温落瓶
A7	制颈前第一加热(侧重肩部)		
A8	制颈前第二加热(侧重颈部)		
A9	制颈前第三加热(侧重口部)		
A10	玻璃瓶口部颈部初成型		
A11	瓶口瓶颈精成型前加热		
A12	玻璃瓶口部颈部精成型		

② ZP-18 型制瓶机生产操作　生产不同规格的管制瓶产品,需要选用不同的模具、工卡具,以下结合 ZP-18 型制瓶机机位图(图 7-10)来讲解制瓶机生产调试方法,为了使说明更加清晰明了,将各机位调试方法列于表 7-7。

表 7-7　ZP-18 型制瓶机 A 部和 B 部机位调试方法一览表

A 部	
机位	内　　容
A1	此机位为是实现玻璃管头卸除。观察(目检)是否存在扁口、歪头等一些质量问题,还可以在此机位更换夹具,校正夹具等,此机位有一个与玻管成 45°角的风管对玻璃管内壁吹风,可除去潮气在玻管内壁产生的水雾和模具润滑油燃烧后产生的碳化物等,风量还可对夹具降温,从而起到减少炸管和保护设备的作用,可通过开关或将吹风管口与瓶口的距离拉大来调节风量,风量不宜过大,否则易产生破口、破瓶
A2	此机位为人工插管、定长。接料盘应与瓶口中心对准。为避免瓶口擦伤,当接料盘升至最高处时,盘面与瓶口距离应保持在 1～3mm 之内,避免瓶口碎破、造成炸口或导致瓶脖、瓶肩变形,因此,它的高度应随着 A12 机位钳子高低的变化而变化,定长机构的调节:玻璃管从 A1 到 A2 机位定位的同时,接料盘升至最高点,然后手柄凸轮工作,手柄上升,夹具打开,待接料器和玻璃管平稳落至最低点时,手柄凸轮运转,手柄下落到位,锁紧玻璃管定位后,大盘开始移动
A3	此机位为切割玻璃管前预热。燃烧器与玻璃管间距离保持在 5～10mm,喷出的火焰与玻管呈 90°,高低位置应根据瓶高而定。此机位温度不宜过高,氧气调节保留一定加大的余地,以适应插管后第一圈加热。A3 机位燃烧器应与 A4、A5 机位燃烧器保持在同一水平线上,焰芯长短一致,火孔通畅。此机位加热温度以玻璃管不变色为宜,如偶尔有炸管,说明此火焰温度已达最高值。加热燃烧器下有一个空气喷嘴对玻璃管进行冷却
A4	此机位为瓶底切割前加热,燃烧器与玻管距离保持在 4～6mm。火焰与玻璃管呈 90°,位置视瓶高而定,温度比 A3 机位略高,以见到玻管有一圈明显加热宽度的红色为宜,便于 A5 机位切割。玻管的加热宽度根据瓶底厚度而定。加热燃烧器下有一个空气喷嘴对玻璃管进行冷却

A 部	
机位	内 容
A5	此机位用于瓶底切割,将直接影响瓶口和瓶底的质量。燃烧器距玻璃管表面垂直距离 3~5mm,火焰与玻璃管呈垂直作用。此机位的燃烧器位置高低是整个制瓶的基本参考点,钳子、B 部、接料盘、瓶子高矮、瓶口质量等直接受其影响。因此,此机位燃烧器的位置应固定牢固,火焰温度适宜,切割时,玻璃管应轻易分离且温度不宜过高。温度过高易造成拉小辫,影响瓶底质量;温度过低,造成无规律矮瓶。B 部移至此机位时,B 部夹具顶端应比瓶口低 2~5mm,以保证在升至最高点最大限度地夹住切割后的玻璃管,避免造成斜底
A6	此机位燃烧器是唯一向上燃烧的,其作用为吹(烧)穿玻璃管在 A5 位形成的熔膜,火焰呈利剑形,距熔膜 5~10mm,与玻管中心线对正,火力大小视熔膜厚度而定,吹(烧)穿速度应适宜,过快易造成炸管,过慢易造成瓶口毛刺。同时保持气孔畅通,氧气不宜过大,以免造成熄火
A7	此机位为制口前第一次预热,燃烧器距玻璃管 5~8mm 处,火焰与玻璃管垂直,火焰长度以包住玻璃管为宜,温度过高易造成溜肩,温度过低造成肩部过大和炸肩,此机位燃烧器位置应视产品规格和瓶肩而定,但火焰不能烧到 A 部夹具,以免造成炸管
A8	此机位为制口前第二次预热,燃烧器距玻璃管 3~5mm。火焰与玻璃管垂直,火焰水平中线应与玻管下沿保持水平(视规格而定),燃烧面积和温度应严格控制,天然气与氧气的配比应适当,保证天然气充分燃烧,所烧的料形应与瓶口用料保持一致或略大,此机位燃烧器的位置和火焰的温度,与瓶口的质量有直接关系
A9	此机位为制颈制口前预热,燃烧器距玻璃管 8~10mm。火焰对准 A8 机位所烧的位置进行加热,保持火焰平吹,以保证对瓶口、瓶肩部加热。A7、A8、A9 不允许燃烧器倾斜,向上烧易导致火焰窜入玻璃管内壁,易造成内表面耐水性变差
A10	此机位为瓶口瓶肩部初成型,此机位两模轮平面与芯子底台平面应保持平行,且两模轮高度一致。模轮表面应保持光滑、干净。芯子与模具表面要加注润滑油,便于瓶口与模具分离。润滑油在高温燃烧后会形成碳灰层,模具各表面不能有过厚的碳灰层,以免造成瓶子口部缺陷
A11	此机位为瓶口精成型前加热,燃烧器与瓶口距离 3~7mm,火焰对准瓶口部平烧,不允许火焰吹至瓶口内壁,氧气用量不宜过大。温度过高时会造成扁口,温度过低不利于瓶口成型
A12	此机位对瓶口精成型,对瓶的肩、颈部质量起着重要作用,产品的很多缺陷都是在此机位产生的,因此调整时应格外细心,钳子的高度应与 A10 机位保持一致,芯子的高矮和模轮的松紧根据瓶口部的规格尺寸和外观要求,适当调整。模具内表面应进行必要的润滑与降温,模具必须保持一定的光洁度,否则易造成瓶口部的尺寸和外观缺陷,同时模轮应转动顺畅。此机位的模具润滑与模具温度控制是成型的关键

B 部	
机位	内 容
B1	此机位与 A5 机位配合对玻璃管进行分底切割,B 部夹具顶端与瓶口应保持 2~5mm,在此机位 B 部夹具与 A 部夹具中心应重合,B 部夹具在此机位升到最高点时进行火焰切割,夹具随即关闭,但不能关闭过猛,否则易造成玻管夹碎。关闭过早或过晚易造成料型不匀或高矮瓶
B2	此机位为切割后第一制底机位,火焰宜向下倾角烧瓶底,不宜烧至瓶身,温度不宜过高,燃烧器距瓶底 5~10mm
B3	此机位为底部成型抛光,火焰比 B2 略大,火焰与瓶底持平
B4	此机位为保温退火,温度过高易造成粘底或瓶底变形
B5	此机位为自然降温
B6	此机位为落料(卸瓶),落料槽应保持干燥、清洁,否则易造成黑点、铁锈、脏瓶等,接瓶处应加聚四氟乙烯板,以避免发生破口及瓶体划伤

③ 生产缺陷与解决方法 管制瓶生产缺陷妨碍和影响生产效益和产品质量,制瓶机是导致玻璃瓶生产缺陷的最主要因素,为了更加清晰地表述生产缺陷,管制瓶缺陷与生产工艺中各机位的参数相关,下面以 Z-18 制瓶机生产线为例,将缺陷归纳为 25 类,并且提供了与

之对应的缺陷产生原因和解决方法，见表 7-8。

表 7-8 管制瓶缺陷产生原因和解决方法

序号	缺陷名称	缺陷产生原因	解决方法
1	瓶口外径大	料多,温度低,模轮太松,钳子高,芯子高	降芯子,升温,换玻管,紧模轮,降钳子
2	瓶口外径小	料少,温度高,模轮太紧,芯子低,钳子低,玻璃管外径小,壁薄	升钳子,升芯子,松模轮,降温,换玻璃管
3	瓶口内径大小	A 部大盘中心不正,芯子直径大或小,两模轮距离不同,A7、A8、A9、A11 机位温度高或低,芯子上碳保护膜太厚(内径大),内径小主要为芯子磨损	校正 A 部夹头与芯子同心度,换芯子,调整模轮,调整 A7、A8、A9、A11 机位温度,清理碳保护膜
4	口边厚薄	口边厚:料多,芯子低,模轮紧,玻管外径大,壁厚,钳子高 口边薄:料少,芯子高,模轮松,钳子低	口边厚:降钳子,升芯子,换玻管,松模轮 口边薄:升钳子,降芯子,紧模轮
5	圆口、半圆口	温度高,料少,玻璃管壁厚偏差大,夹头转速不适,A6 机位火焰调节不当	降温度,升钳子,换玻管,调节自传转速,调节 A6 机位火焰
6	椭圆口	料型长,温度低,A10 机位磨具润滑不够	升温,降低燃烧器位置,芯子、模轮抹油润滑
7	口部裂纹	A12 机位模具润滑不够,模轮紧,模具温度高,A2 接料盘位置高	润滑磨具,松模轮,A11 机位调温度,降低接料盘高度
8	扁口	A10 机位料多,芯子高,A11 机位温度高,A12 机位模轮,芯子开合关闭时间不合理	A10、A11 相应调节,调节 A12 机位模轮、降芯子行程
9	斜肩	A 部夹头歪,A7、A8、A9 机位温度高	校正 A 部夹头,调节 A7、A8、A9 机位温度
10	底薄	A3、A4 机位温度低,A5 机位温度高,氧气大,B2、B3 机位温度低、位置高,B2 机位氧气过大,A5 机位火孔不畅	调节相应的温度、位置和配比度,通火孔
11	斜底	B 部夹头歪,A7 机位置高、温度高,A3、A4 温度高	校正 B 部夹头,调节相应机位的温度和位置
12	气泡口、气泡底	玻璃管内有气泡线,A5 机位拉小辫,A6 机位温度调节不当,B2 机位温度过高,A9、A11 机位温度高	更换合格玻璃管,调节相应机位和温度
13	铁锈	有油污的手或工具接触了产品或玻璃管,A,B 部套筒内脏,B 部落料槽脏,退火炉网带脏	戴干净手套,避免用油污的手接触产品及玻璃管,及时清理 A 部、B 部套筒和 B 部落料槽,及时清理退火炉网带
14	炸身	B 部夹头与瓶身温差大,A3、A4 机位降温风位置及风量不适	调节 A3、A4 降温风位置和风量,调节 A6 机位保温火焰,减小 B 部夹头与瓶身之间的温差
15	炸底	B2、B3 机位燃烧器位置低、瓶底厚,B4、B5 机位保温温度低	调节 B2、B3 机位燃烧器位置,降低瓶底厚度,提高 B4、B5 机位保温温度
16	破口	瓶子在 B6 机位落瓶时,产生碰撞,A2 机位接料盘顶端与瓶口之间距离大(应为 2mm 左右)	在 B6 机位落料槽上加聚四氟垫板,调节 A2 接料盘高度
17	凹底	A5 机位温度高,B2、B3 机位温度高、位置低	节相应机位的温度和高度,必要时 B4 底部加一向上吹的风吹瓶底
18	螺旋底	A3、A4、A5 机位燃烧器位置不在同一水平面上,A5 机位燃烧器距玻璃管较远,切割不均匀,B2、B3 机位燃烧器距瓶身太远,温度低,氧气压力小,玻璃管壁厚不均匀	严格调整 A3、A4、A5 机位燃烧器位置在同一水平面上,调节 A5 机位燃烧器位置,调节 B2、B3 机位燃烧器位置和温度,更换合格玻璃管

续表

序号	缺陷名称	缺陷产生原因	解决方法
19	疙瘩底	A3、A4、A5 机位燃烧器不在同一水平面上或温度不当,造成交割时拉丝长,B2、B3 机位燃烧器位置温度不当	调整各机位燃烧器相应位置和温度
20	瓶底黄点	A5 机位拉丝太长或有疙瘩底,B2、B3 机位位置高,温度低,火焰无法熔化瓶底中的疙瘩,易产生黄底	调整 A3、A4、A5 机位燃烧器位置及温度,降低 B2、B3 机位燃烧器位置,提高 B2、B3 机位位置
21	瓶口窝、缺口	玻璃管交割后,玻璃膜不均匀,A6 机位火焰吹穿时产生结瘤,到 A7、A8、A9 机位制颈时结瘤均化不好,到 A12 机位成型时产生不规则的变形,易产生瓶口窝、扯裂口、缺口,成型芯子上有缺陷也能产生这种缺陷	调整 A3、A4、A5 机位火焰温度及位置,使玻璃管交割均匀,调节 A6 机位温度及位置,及时更换芯子
22	黑点	A 部、B 部套筒内脏,B 部落料槽脏,玻璃管外壁脏,用污手接触玻璃管或瓶子。A10、A12 机位芯子上碳保护膜过多,降温风使用不当,位置不适合,润滑油不干净	清理套筒和落料槽,擦拭玻璃管,清洁手或戴干净手套
23	黑底	A5 机位交割时温度低,氧气比例过大,交割后出现的疙瘩大且发黑	A4、A5 机位燃烧器火孔保持畅通,喷出的火焰要同一水平面上,A4、A5 机位增多氧气配比,玻管从 A4 到 A5 机位交割时,加温处呈暗红色,交割后的疙瘩要集中在瓶底中央,并且不易过大,且颜色发白
24	瓶口皱纹(毛口)	玻璃管在 A4、A5 机位由于燃气火焰厚,致使受热面积增大,在交割时形成玻璃膜厚,至 A6 机位烧穿时间长玻璃内部温度高,A8、A9 机位火焰温度不适宜,造成玻璃内外温差大,料性不均匀,在瓶口成型时,形成此缺陷	低 A4、A5 机位火焰温度、换小孔燃烧器,调整 A5 机位火焰距离,A8、A9 机位温度要适宜
25	高矮瓶	A3、A4、A5 机位不在同一水平面上,B 部夹头张开口不一样大,A4、A5 机位火焰位置太高或太低,瓶底厚,夹头太松或太紧,关闭杆运行不协调,B 部夹头磨损严重	调整夹头,调节 A4、A5 机位火焰温度

(3) 退火炉　随着医药玻璃瓶单机生产能力和企业生产模式的增大,退火炉从以前的集中式退火炉转变成连线退火炉,退火炉加热方式主要有电加热与燃气加热两种。电加热热风循环式退火炉是未来的发展方向,成型后的医药玻璃瓶依靠炉膛内循环热风消除其热应力。

目前,与 ZP-18 型制瓶机相配套的连续退火炉主要为山东 D 厂生产,其型号为 QTHL-200-600,其外观见图 7-11。该设备的特点在于能耗低,控制系统稳定可靠,可满足各类硼

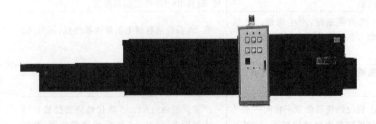

(a)侧视图

(b)主视图

图 7-11　QTHL-200-600 型退火炉外观照片

硅玻璃管制注射剂瓶的退火要求，退火炉内温差可控制在±2℃，采用 V 形网带，配备分瓶理瓶装置，确保玻璃瓶在退火网带上保持间距均匀，不碰撞、有序排列。

一台 QTHL-200-600 退火炉可配套 2～3 台 ZP-18 型制瓶机使用，可以有效节约场地和能源。

根据使用能源种类不同，QTHL-200-600 型退火炉可分为电加热退火炉（简称电退火炉）和燃气退火炉。

电退火炉主要依靠多组电热丝（棒）进行加热，在退火炉高温区的炉膛顶部和下部并排放置加热丝（棒），日耗电量约 240kW·h，其优点是加热温度稳定，波动小，不产生烟气废气，对环境污染小，控制系统简单易操作，但当退火炉启动时，升温时间相对较长。

燃气退火炉可使用天然气、液化石油气、焦炉煤气、发生炉煤气等气体燃料，通过燃烧器在加热炉内组织燃烧，依靠辐射和对流传热方式将热量传递给医药玻璃制品。燃烧所产生的烟气通过烟囱排到车间之外。为了进一步实现退火炉温度均匀性，一般采用热风搅拌系统，利用搅拌风机将燃烧器燃烧的热气进行搅拌，可以有效解决明焰加热方式炉内断面温度场不均匀性情况，热风搅拌系统可使加热温度控制在±1℃，退火炉断面温差小于5℃，可以很好地消除医药玻璃瓶的热应力，确保玻璃制品的退火质量。燃气加热系统依靠电子控制阀进行煤气流量的微量调整，窑炉升温速度快，适合于燃气源丰富地区可使用此类退火炉，天然气消耗量为 2～3m³/h。

（4）自动排瓶机构　自动排瓶机构的功能是在制瓶机生产注射剂瓶后，可将其有序地排列在退火炉的耐热金属网带上，避免玻璃制品表面磕碰、划伤，减少破碎，提高注射剂瓶的外观质量与有序，自动排瓶机构是联机退火炉的配套设备。

（5）自动检测装置　玻璃瓶自动检测装置是机器代替人眼对玻璃瓶进行测量和判断的机器视觉系统。机器视觉系统综合了光学、机械、电子、计算机等技术，涉及图像处理、模式识别、人工智能、信号处理、光机电一体化等多个学科领域。玻璃瓶自动检测装置将被检测目标转换成图像信号，传送给图像处理系统，根据像素分布、亮度、颜色等信息，转变成数字化的图像信号；图像系统对这些信号进行各种运算来抽取目标的特征，进而根据判定结果来控制现场的分选设备对产品进行质量分类。

玻璃瓶自动检测系统包括：相机、光源、传感器、图像采集、图像处理等控制单元。玻璃瓶自动检测系统中设置了四个相机单元，分别进行瓶口、瓶身、瓶肩、瓶底的检测，相机布置如图 7-12 所示，相机可以是彩色相机或者黑白相机。光源作为辅助成像器件，

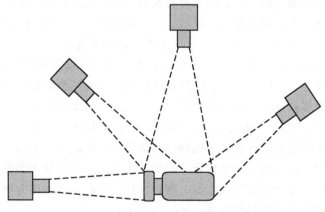

图 7-12　玻璃瓶自动检测系统相机布置

对成像质量的好坏往往能起到至关重要的作用。传感器通常选用光纤开关、接近开关，用于判断被测对象的位置和状态。图像采集卡安装在计算机扩展槽内，图像采集卡的作用是把相机采集的图像输送给计算机，计算机将来自相机的数字信号转换成一定格式的图像数据，同时它可以控制相机的一些参数，比如触发信号，曝光时间，图像增益等。图像处理软件用于完成输入的图像数据的处理，然后通过一定的运算得出结果，这个输出的结果是以 PASS/FAIL 来表示。控制单元用于完成对生产过程的控制，比如废品的识别和剔除，以及声光报警等。

自动检测设备可以最大限度地代替人工检测，实现对玻璃瓶质量的在线自动检测，避免漏检和误检。一般来说，玻璃瓶厂主要从理化性能、尺寸规格和外观质量三个方面对玻璃瓶质量进行检查和控制，自动检测设备可完成尺寸规格和外观质量检测，根据所检测的质量指标来设计检测方案，实现自动检测功能。

按照医药玻璃管制瓶产品不同，检测设备可以分为安瓿自动检测线和管制注射剂瓶自动检测线，除了进行相应产品的外观及尺寸检测以外，安瓿自动检测设备还要检测刻痕及蓝点的质量，而管制注射剂瓶自动检测设备还要进行口边厚及口内径的检测。

玻璃管制瓶自动检测系统缺陷检测包括：瓶身外观缺陷（包括气泡、杂质、褶皱、气线、横竖条纹、粘连、结石、裂纹、刻痕、擦伤及明显的油脏、手印等）；瓶底缺陷（包括瓶底凹凸不平、粘底、底刺、偏底等）；瓶肩部缺陷（包括斜肩、歪瓶）；瓶口缺陷（包括缺口、破口、毛口、瓶口圆边、圆口不齐等）。瓶子各项尺寸检测（包括瓶全高、瓶身外径、瓶口外径、瓶口内径、瓶口边厚、瓶脖外径、瓶脖高度、肩部半径等）；斜底、溜肩等外形缺陷。

目前，国内已经开发管制瓶在线检测系统，检测速度为 60～80 支/分钟，一条管制注射剂瓶生产线仅需配备一台自动检测设备。玻璃瓶自动检测线使医药玻璃瓶规格尺寸、外观缺陷得到有效地控制。

7.2 管制安瓿

7.2.1 概述

安瓿是用于灌装针剂或药粉用的细颈薄壁玻璃小瓶，也可用于封装疫苗和血清等。安瓿可分为点痕易折安瓿（有四种造型 A、B、C、D，见图 7-13 所示）、色环易折安瓿、无色透明安瓿、有色安瓿（棕色为主），有色安瓿用于贮存需避光保存的药剂。A 型为扩口曲径安瓿，有环刻和点刻两种形式，是我国安瓿主要品种；B 型为切丝曲径安瓿，有环刻和点刻两种形式，是不扩口安瓿，目前用量少；C 型安瓿是翻口安瓿，也称喇叭口安瓿，目前国内使用很少，国外使用较多；D 型安瓿是真空圆头安瓿，国内基本没有使用。

安瓿形状有曲颈、双联、直颈形式，按容积可分为 1mL、2mL、5mL、10mL、20mL 多种规格。按材质可分为中硼硅玻璃和低硼硅玻璃两种。中硼硅玻璃具有相对较好的化学稳定性和抗热震稳定性，将是医药玻璃包装容器的发展趋势，现在绝大多数国家的安瓿使用中硼硅玻璃管制造。由于安瓿具有透明度好、密封性好、价格低、使用方便、具有良好的化学稳定性，因此成为重要的医药包装容器。

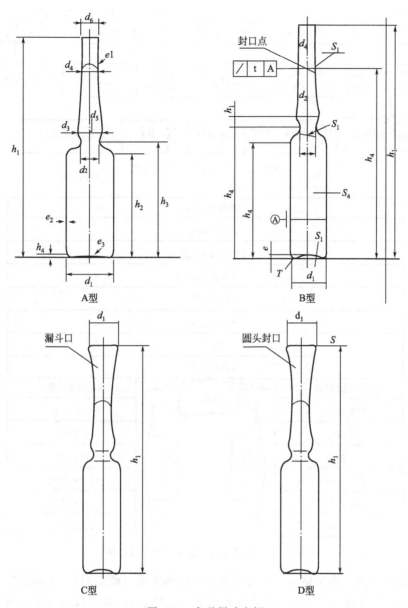

图 7-13 各种样式安瓿

7.2.2 安瓿生产工艺

WAC 系列安瓿生产线是我国安瓿主要生产设备，因此本节以 WAC 系列安瓿生产线为例，对生产工艺进行综合论述。安瓿生产工艺流程（见图 7-14）包括：上管、预热调直、颈部预热压颈、丝部预热拉丝、丝部熔断分瓶输送、排队储瓶、颈部（左右线）刻痕与打点、瓶身预热与丝部复切、丝部预热与扩口（左右）、瓶底预热分瓶、瓶底预热封瓶、瓶底冷却吹风、退火、检验装箱、抽检、合格包装入库。

图 7-15 是 13 联 WAC 横式安瓿机机位图，第 1 机位为提管上料系统；第 2 机位为玻管调直机位；第 3 机位为压颈预热机位，小规格安瓿产品使用 2 排预热火嘴（燃烧器），大规格安瓿产品使用 3 排预热火嘴（燃烧器）；第 4 机位为压颈成型，使用 28 个火嘴（燃烧器）；

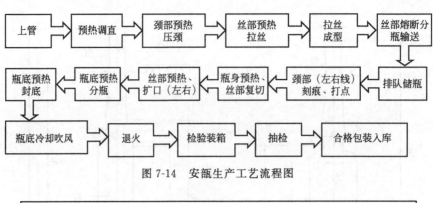

图 7-14　安瓿生产工艺流程图

图 7-15　13 联 WAC 横式安瓿机机位图

第 5 机位为拉丝预热，小规格安瓿产品使用 3 排预热火嘴（燃烧器），大规格安瓿产品使用 4 排预热火嘴（燃烧器），每排有 14 个瓦形火嘴（燃烧器）；第 6 机位为拉丝成型；第 7 机位为丝部冷却；第 8 机位为 8 熔断分瓶；第 9 机位为半成品贮存；第 10 机位为刻痕打点；第 11 机位为切丝；第 12 机位为扩口；第 13 机位为分瓶制底；第 14 机位为退火；第 15 机位为检验包装。

7.2.3　安瓿生产设备

目前，中国安瓿生产设备分为卧式安瓿生产线和立式安瓿生产线。卧式安瓿生产线是在引进日本消化吸收改进的 WAC 系列卧式安瓿机基础改进的。立式安瓿生产线主要是欧洲进口设备，如 MM30、FA-36D 安瓿生产线，立式安瓿生产线生产的玻璃瓶质量好，但对玻璃管和生产配套设施条件要求相对较高。我国安瓿生产历史中曾经使用过一字式滚筒拉丝机、直颈安瓿烘底机、ZA 系列安瓿机，由于设备的性能已经不能满足现代安瓿产品质量要求已经被淘汰，本书略去不予介绍。

(1) 国产 WAC 系列安瓿生产设备 国产 WAC 系列安瓿生产设备 (见图 7-16) 占我国安瓿生产线 80% 以上,通过 20 多年的改进和完善,此设备已经能够满足曲径点痕易折安瓿的生产,WAC 系列安瓿生产线的优点是:产能高,单机品种生产稳定,便于长期生产,质量、产量稳定,玻璃管利用率高。缺点是:操作复杂,对技术工人要求比较高,不宜进行品种的频繁更换,不适合生产 C 型安瓿,折断力控制不稳定,需要长期监控与调试。

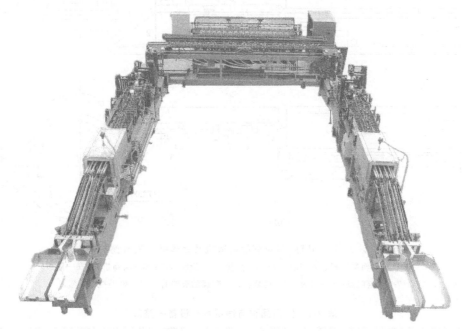

图 7-16 国产 WAC 系列安瓿生产设备

(2) 进口安瓿生产设备 进口安瓿生产设备主要以 MM30 和 M36D 为主,见图 7-17,工艺布局见图 7-18,MM30 生产线生产安瓿质量稳定,可以一机生产各种规格的安瓿,在后处理机上可以完成易折曲颈安瓿的割丝圆口、定点划痕、涂环、印字、退火、外径筛选分类等工作,有一机两线、一机一线两种类型。

德国安贝格 (AMBEG) 公司生产的 30 机位和 36 机位立式安瓿制瓶机配套意大利产的后处理装置以及"莫丹尼"自产的 30 机位立式安瓿制瓶机和后处理机都能代表当今世界曲颈安瓿生产加工的先进水平。

(3) 安瓿品种与适用生产设备 安瓿品种与适用生产设备见表 7-9,能够生产的玻璃材质包括低硼硅玻璃和中硼硅玻璃,国产的 WAC 系列安瓿生产线只能生产中低端安瓿产品,MM30 和 M36D 生产线可以生产高端安瓿产品,由此可见我国在安瓿生产设备开发方面与国外尚存在较大差距。

图 7-17 MM30 机位安瓿机及后处理机

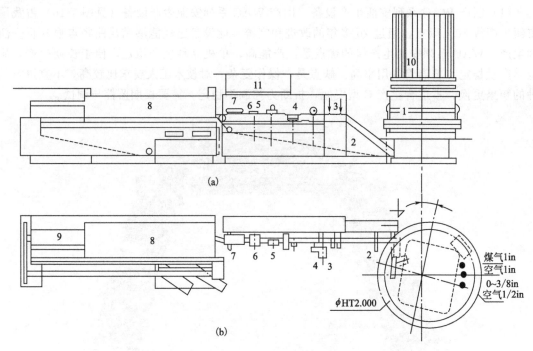

图 7-18　MM30 机位安瓿制造机及处理机工艺布置图

1—30 机位安瓿制造机；2—输送带；3—割丝；4—旋转冷却；5—涂易折环；6—压痕；

7—上定向点；8—退火；9—包装；10—贮满的玻璃管；11—电器控制装置

表 7-9　安瓿品种与适用生产设备一览表

安瓿品种	主要规格	主要生产设备
点痕易折安瓿	1～20mL	WAC 系列安瓿生产线
色环易折安瓿	1～20mL	WAC 系列安瓿生产线 MM30、M36D 安瓿生产线
C 型安瓿	1～20mL	MM30、M36D 安瓿生产线

（4）13 联 WAC 横式安瓿机生产操作　13 联 WAC 横式安瓿机各机位在生产中的注意事项，见表 7-10，主机开机前必须预热 20～30min。表 7-11 为生产调试过程中的缺陷产生原因和解决方法。

表 7-10　13 联 WAC 横式安瓿机主要操作要求与注意事项

序号	机位名称	主要操作要求与注意事项
1	提管上料系统	在操作中必须将玻璃管整齐地放置在提升机上，向定长一端靠齐，放置前必须将破损的玻璃管挑出。当主机出现故障，可以打开离合器，停止上管
2	玻管调直机位	此机位为调整玻璃的直线度，避免玻璃管在压颈时跳动。一般只有 2 组喷火燃烧器进行调直，也称玻璃管热整型
3	压颈预热机位	通常称为压颈火，空气与燃气采用化学当量预混燃烧，火焰温度较高，小于 5mL 安瓿，采用 2 排燃烧器进行预热，5～20mL 安瓿，采用 3 排燃烧器进行预热每排有 28 组燃烧器。要求压颈火的位置与压颈轮相对应
4	压颈成型	压颈机位是安瓿颈部的成型机位，通过压颈轮在预热后的玻璃管上压制成型。此机位是在压制过程中同时加热，是安瓿生产的关键部位，安瓿的主要尺寸在此机位定型

续表

序号	机位名称	主要操作要求与注意事项
5	拉丝预热	此机位小规格安瓿要求3排瓦型燃烧器、大规格安瓿要求4排瓦型燃烧器火焰加热,是对安瓿丝部成型前玻璃管的预热,通常在拉丝前调整好火焰的位置和大小,称之导丝,此机位火焰是安瓿丝、泡成型的关键(空气、燃气满足化学当量燃烧)
6	拉丝成型	将预热好的玻璃管翻至拉伸卡头内,对玻璃管进行拉制成型,安瓿的丝、泡、颈的尺寸就全部定型。在一根玻璃管上形成13个半成品
7	丝部冷却	安瓿拉丝形成后在此工序进行自然冷却,避免丝弯
8	熔断分瓶机位	将一根玻璃管上的13个半成品进行切割分开,形成独立的半成品,并分配给左右底切机进行底与口的加工。此工序的火焰是氧气与燃气满足化学当量配比
9	半成品存储	存储上工序的半成品,起到底切机与主机的连接过渡作用
10	打点、刻痕机位	此机位应注意点痕相对位置,以及刻痕刀片锋利程度,确保刻痕的形状,刻痕刀片是通过高速变频电机带动,操作工必须能够正确使用变频器、高速电机与更换调整刻痕刀的方法
11	切丝机位	此机位是对半成品丝多余部分进行切除
12	预热扩口	对复切后的半成品进行扩口,扩口前有两个火焰对丝的口部进行预热,要随时观察扩口刀的使用情况,磨损严重需要及时进行修整与更换
13	切割制底	此工序是安瓿底部成型工序,应注意分底火焰的位置、大小,分底压轮的角度与速度,分底后底部修正火焰的位置,底部成型后形成完整的安瓿
14	退火	此工序是通过明火方式对安瓿进行应力消除,并将色点烧结在玻璃上,制作色环安瓿时也是在退火炉内进行色环烧结
15	包装检验	退火后的产品经风冷降温后在线自动装盒,检验合格后装箱

表 7-11 生产调试过程中的缺陷产生原因和解决方法

序号	主要问题	缺陷产生原因	解决方法
1	丝粗或丝细	拉丝火焰温度高时丝细,温度低时丝粗	使用大头针对燃烧器的火孔进行合理地通、堵,调整火焰温度
2	颈粗或颈细	压颈火焰温度高时颈粗,温度低时颈细。压颈轮力量大小不一致	调整压颈火焰与压颈轮力量一致
3	泡大或泡小	拉丝预热火焰的温度调整不合理	相应的机位调整火焰温度
4	点痕错位	大盘错位	维修调整大盘
5	点大小不一致	打点针磨损,色釉黏稠度不好	更换打点针、色釉
6	痕形状不规范,深浅不一致	高速电机转速不合理、刻痕刀片磨损、压瓶机构不稳定	调整高速电机速度、更换刻痕刀片、调整压瓶机构
7	口大小不一致	扩口刀磨损	更换修整扩口刀
8	口带玻璃疙瘩	切丝火焰温度位置不合理	调整切丝火温度相应位置
9	口部炸裂	扩口预热火焰、扩口刀温度低,位置不合理	调整此机位火焰温度与位置
10	歪底,底不平	制底火焰调整不合理,火焰位置不合理	合理调整制底火焰位置、温度
11	炸底	底厚,底部残余应力过大	合理调整底厚,调整底部退火
12	瓶身变形	退火温度高造成瓶身、丝弯曲变形	降低退火温度

(5) 安瓿折断力控制　安瓿折断力一般应满足以下两个基本要求。

① 折断力值　医务人员在使用安瓿时应该方便易折，一般希望折断力值小一些较好。而药厂在装药及运输时希望破损率越少越好，所以希望安瓿折断力大一些较好。双方均满意的安瓿折断力在 30～80N 为佳，安瓿折断力使用精度为 0.1N 的安瓿折断力仪测量。

② 断口平整度　安瓿折断时断口越平整越好，玻璃碎屑越少越好。

安瓿折断力的控制是企业面对的一个难题，稳定的折断力值大小是生产控制的关键，折断力的控制范围是衡量生产技术水平的重要参数。影响折断力大小的因素颇多，如头颈粗细、颈部玻璃厚薄，瓶的造型，刻痕的粗细、浅深，形状等。

刻痕打点是国内常用的安瓿易折技术。其特点是在安瓿颈部用刻痕刀轮（俗称刻轮）刻划出枣核形刻痕，刻痕长度 3mm 左右。为便于使用者辨认掰断方向，在刻痕的对面颈部靠丝方向用玻璃色釉点上圆点。其折断力和折断平整度控制要求严格。实际操作中需严格控制刻痕形状和深度，并根据颈部壁厚进行调整。其中最重要的是及时更换刻痕刀轮。近年为保证折断面平整，开始采用刻环，即在颈部刻出封闭环状刻痕，但是生产难度很大。

色环所用的材料是一种低温玻璃色釉，色环是用转轮在瓶曲颈处旋转涂上一圈约 1mm 宽的低温玻璃色釉，在安瓿曲颈上形成一个封闭环状，因此称之为"色环"。由于色釉玻璃体比安瓿玻璃膨胀系数大 3%～5%，通过烧结，在瓶颈部产生一定的张应力，加上曲颈瓶本身的曲颈处与瓶身的厚薄差异，以及曲颈几何形状，可使应力集中，从而实现易折效果。色环的粗细、厚薄，色釉质量和黏度，施涂色釉时颈部的温度、环境温度、退火温度和时间等都将影响折断力的大小。上述这些因素在生产中是互相联系、互相制约，如随着颈部外径缩小，颈壁厚度将增加，这对改善断口平整度有利，但在增加颈壁厚度的同时，折断力也会增加。因此要合理调整这些因素，才能得到理想的折断力和平整的断口。相关生产企业对折断力的控制有着严格的工艺要求，确保达到用户的使用要求。

7.3　预灌封注射器

7.3.1　概述

预灌封注射器主要用于高档药物的包装贮存，并可直接用于注射或用于眼科、耳科、骨科等手术冲洗，如图 7-19 所示。预灌封注射器产品分为带注射针和不带注射针两类，带注射针的为针头嵌入式，由玻璃针管，针头护帽，活塞和推杆组成；不带针的分为锥头式和螺旋头式。锥头式由玻璃针管、锥头头护帽、活塞和推杆组成，螺旋头式由玻璃针管、螺旋头护帽、螺旋头、活塞和推杆组成。药品的灌装过程通过灌装机在玻璃针管（带有护帽）内灌装定量的药物，并将活塞压入或旋入，将药液密封，然后加装推杆，进行包装。用户使用时取出制药企业供给的预灌封注射器，去除包装后即可直接进行注射，注射方法与普通注射器相同。

卡式瓶主要用于包装胰岛素、生长激素和牙科产品的包装材料。卡式瓶可分为普通、带旁道双腔式、带针头，制药行业常用的规格是 1.5～3mL，见图 7-20 所示。

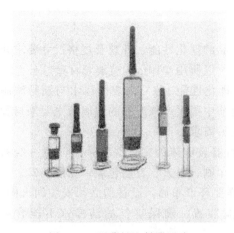

图 7-19　预灌封注射器照片

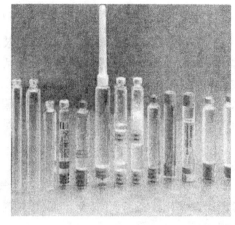

图 7-20　卡式瓶照片

7.3.2　预灌封注射器特点

预灌封注射器作为一种新型的特殊注射器注射用包装形式，具有以下一些特点。

（1）高品质的玻璃、塑料和橡胶，确保安全可靠。

（2）减少了药液从玻璃包装到针筒的转移过程，减少药物因吸附而造成的浪费，尤其适用于冻干制剂。

（3）预灌封注射器采用定量加注药液的方式，比医护人员手工灌注药液更加精确。预灌封注射器能避免药品的浪费，对于昂贵的生化制剂和不易制备的疫苗制品，具有十分重要的意义。

（4）能预防注射中的交叉感染或二次污染。

（5）可在注射容器上注明药品名称，临床上不易发生差错。

（6）操作简便，临床中比使用安瓿节省时间，特别适合急诊患者，利于抢救。

（7）战场上用于急救。

7.3.3　预灌封注射器玻璃体部分生产设备

图 7-21　AMBEG FS-16 预灌封和
卡式瓶生产设备图

中国能够全部自主生产预灌封注射器的厂家目前很少，预灌封注射器生产线基本来自国外，玻璃体的生产设备主要来自德国安贝格（AMBEG）的 FS-16，见图 7-21。FS-16 设备生产线集中了生产、检测、印刷、退火、包装等工序，具有机械化程度高、更换品种方便等特点，能够生产多种规格的预灌封注射器、卡式瓶，AMBEG FS-16 设备主要工艺参数见表 7-12。

表 7-12　AMBEG FS-16 设备主要工艺参数

项目	预灌封注射器玻璃体	卡式瓶
适用玻管直径/mm	6～23	6.85～20
生产注射器长度/mm	最大 115	35～80
生产机速/（支/小时）	1500	3000

7.3.4 预灌封注射器玻璃体部分生产加工

（1）材料要求 预灌封注射器所灌装的药品对产品的理化性能、外观及规格尺寸要求非常严格，由于注射器内径需要配合橡胶活塞的滑动，所以所用 Φ10mm 玻璃管材壁厚公差必须要达到±0.03mm、外径公差必须达到±0.1mm。理化性能 121℃内表面耐水与颗粒法耐水必须满足一级，因此必须使用高精度硼硅玻璃。目前中国生产该产品的玻璃管主要来自德国肖特，国产玻璃管质量水平尚不能满足此类产品质量需求。

（2）生产工艺布局 以 FS-16 为例，预灌封注射器玻璃体的生产线多采用三机一线布局，此生产线涵盖 FS-16 主机、传动线、自动检测、印刷、退火、自动包装，见图 7-22。

① 氧气、低压空气、高压空气、燃气管道全部需要环形布局，设备前必须安装回火阀、稳压阀，保持设备使用安全，高压空气必须有过滤装置，确保空气的洁净（不能含有水和油）。

② 包装间严格按照 10 万级洁净度的标准建造。

③ 氢气管道必须独立安装，须安装回火阀。

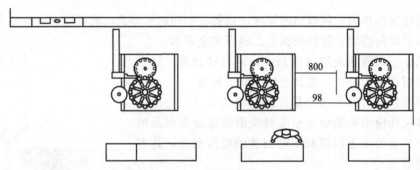

图 7-22 FS-16 型玻璃体生产工艺布局图

（3）FS-16 生产设备介绍 FS-16 型生产机位描述，该设备也同样分为 A 部分和 B 部分，见图 7-23 所示。A 部分制作注射器头部 16 个机位，B 部分制作注射器手柄部分 12 个机位。各机位内容见表 7-13。

B12 机械手下瓶后进入自动检测，一台自动检测线可以同时检测 3 台制瓶设备的产。

表 7-13 FS-16 制瓶机各机位功能一览表

A 部		B 部	
机位	内容	机位	内容
A1	定长、落瓶	B1	切断后夹注与 A5 同一机位
A2	自动绕管	B2	底部一次预热
A3	切割划痕	B3	底部一次预热双燃烧器
A4	氢氧焰燃烧	B4	底部翻边 有翻边的模具
A5	断开	B5	底部过度预热
A6	口部第一次部预热	B6	
A7	口部第二次部预热	B7	底部切割前预热
A8	口部第三次部预热	B8	底部切割有模具
A9	肩部成型	B9	底部切割后底部熔光

续表

A部		B部	
机位	内容	机位	内容
A10	过渡保温(口部)	B10	自然冷却
A11	口部第一次成型	B11	自然冷却
A12	过渡保温(口部)	B12	机械手下瓶进入自动检测
A13	A11口部第二次成型		
A14	过渡保温(口部)		
A15	口部第三次成型		
A16	产品送入自动检测线		

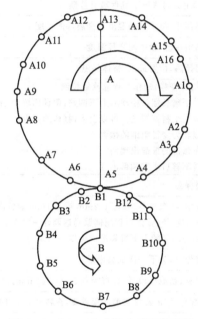

图 7-23　FS-16生产机位平面布局图

（4）生产制造要点　检查高压空气、氧气、燃气、低压空气、氢气的压力，满足生产工艺要求后方可开机。生产前必须开机预热25～30min。为了使预灌封玻璃体生产过程叙述的简单明了，下面以表格方式陈述如下，见表7-14。

表 7-14　预灌封玻璃体生产过程

A部	
机位	内　容
A1 定长、落瓶	可以上下调整瓶子的整体高度，但相对B部要上下调整，确保衔接机位料型一致性
A2 自动续管	机械手可以上下调整，注意光电开关的相对调整。上调第一个料头长，下调第一个料头短
A3 切割划痕	1. 气动马达：注意气动马达的润滑油消耗情况，使用黏度低的润滑油(电机油) 2. 切割盘：一般使用24h后研磨一次，可以根据产品口部的情况，切痕宽度不好时应及时更换切割片 3. 切割痕宽：口的好坏，口的尺寸与口面的平整。0.1～0.2mm

续表

A 部	
机位	内 容
A4 氢氧焰燃烧烧划痕的位置	1. 必须烧在玻璃管切割痕的中间,火焰尖与切割痕水平,水平高低一般不调整 2. 氢气燃烧,氧气助燃,温度太低 A5 机位中不易断开或产生里外口,温度太高断开的平面不平整,易出现裂纹和崩口 3. 氢气表压力在 4～5kPa,当低于 4kPa 时考虑更换氢气瓶,一瓶氢气一般可连续使用 20～22h,操作者必须了解氢气的调压与更换。压力过小或过大,容易造成断火,造成玻璃管断不开而出现撞车
A5 断开	1. 燃烧器的高低与远近可以调整,水与空气的大小可以调整。注意储水罐水量 2. 喷水(蒸馏水)喷在痕的位置,靠空气雾化蒸馏水来炸管,可以调水量,水量大时易出现雾化效果不好,玻管外壁易有水不利于尾部口部成型 3. 水小:不易炸断,容易撞车,把针撞弯 4. 震动在痕的上方每次三下确保玻管炸断
A6 预热	口部第一次部预热、位置最高温度最高肩部的温度
A7 预热	口部第二次部预热、位置中间变径温度
A8 预热	口部第三次部预热,位置最低、整体保温
A9 肩部成型	没针只有模轮。(变径)动作行程靠汽缸控制 1. 支架后面一个细长螺丝松动后上下调整,调量比较大,适合粗调 2. 在横板下有一个精调螺丝。可以上下调(料的多少) 3. 在横板的螺丝为变径粗细的微调 4. 压的紧易在颈部的根部出现沟 5. 压的松易料不够口小和颈部出台
A10	整体口部料型保温
A11	口部第一次成型:成型模具,有针 1.2mm 或 1.1mm 装针高 10mm。 1. 模轮与芯子的动作,整体行程用伺服马达调好一般不动。要调整必须专人操作 2. 模轮的夹紧与芯子的上下行程形成可以手动微调
A12	整体口部过渡保温,为下一次成型做准备
A13	口部第二次成型,初成型模具,针直径 0.5mm、高 8mm。口部的形状基本确定
A14	过渡保温(口部)火焰的高度与温度很重要,在料型的 1/2 处
A15	口部第三次成型,精成型模具。针直径 0.6mm、标准针高 7.5mm
A16	机械手将产品送入自动检测线
B 部	
机位	内 容
B1	切断后夹注与 A5 同一机位。没有自转
B2	制作手柄前一次预热;组合燃烧喷灯
B3	制作手柄前第二次预热双燃烧器,与 B2 共用自转系统自转要高速,在控制台进行调整
B4	制作手柄翻边,有翻边的模具
B5	初成型手柄过度预热;主要起到保温修正作用
B6	通过芯子和模轮手柄成圆形,B4、B5、B6 使用一套自传系统,速度相对料型调整
B7	手柄切割前预热燃烧器为双排自上至下烤要被切割的位置,以后机位有自转 火焰要保持整齐通畅,是保证手柄宽度的重要工序,切割成型前关键加热机位
B8	手柄宽度成型通过刀具将多余的玻璃料切割掉,形成长方圆注射器手柄。切割刀具为耐热硬质合金,一般 72h 更换一次,此处注意切割玻璃碎屑必须用强有力的负压真空将其吸走确保玻璃屑不能落入玻璃筒内。玻璃筒内的玻璃屑是产生废品的重要原因

续表

B部	
机位	内 容
B9	底部切割后底部熔光。燃烧器为双排自上之下要烤切割后的位置
B10	自然冷却
B11	自然冷却
B12	机械手下瓶后进入自动检测,一台自动检测线可以同时检测3台制瓶设备的产品

(5) 预灌封和卡式瓶的发展方向 近年来,随着制药行业的发展,注射针剂的包装形式也发生了很大变化,由原来的单一包装变为安瓿、西林瓶、卡式瓶和预充式注射器等多种包装形式。其中预充式注射器由于安全性和便捷性,使用量增长很快。疫苗、部分血制品、部分基因工程和麻醉、镇痛剂、急救针剂、儿童注射针剂等中档价格的药品销量逐年增加,国外已经大量采用预充式注射器用于这些药品包装。对国内医药包装生产企业来讲,未来几年预充式注射器具有极好的发展前景。

卡式瓶主要用于包装胰岛素、生长激素和牙科产品。目前中国的卡式瓶包装发展很快,主要是由于中国成为欧洲和美国之后掌握了人工合成胰岛素技术的国家,胰岛素制剂已经在国内开始生产。中国糖尿病患者使用的进口药品会逐步被物美价廉的国产胰岛素制剂替代,而且随着国产化的加速和价格下降,越来越多的糖尿病人会采用胰岛素进行治疗,这也必将带来卡式瓶用量的增加。

7.4 管制瓶常见质量问题

7.4.1 玻璃颗粒

管制瓶灌装药液之后、包装之前,经常出现"颗粒"而形成沉淀物,这里仅就玻璃颗粒加以讨论,"颗粒"可以分为三种形式:"玻璃屑"、"鳞状脱片"、"闪烁脱片"。

(1) 玻璃屑 自从采用玻璃管制造安瓿以来,玻璃屑问题就一直存在。众所周知,玻璃颗粒的定量测量十分困难,一般玻璃颗粒尺寸在 $3\mu m$ 以下,由于机械应力的缘故,而在玻璃受到刮伤、破裂、断裂及吹裂的地方经常产生,其形式是粉末、小碎片、吹起的玻璃脱片残留物。只要这些颗粒留存在安瓿中,则总有一部分在安瓿退火而熔结在玻璃表面上,而且在药厂进行冲洗的过程中也未能被洗掉。安瓿看起来是没有颗粒,但是如果把盛有液态药剂的这种安瓿放在压热锅中处理,温度 120℃,保温 30min,那么微弱的水解侵蚀便足以使那些熔结在玻璃表面的颗粒的一部分被溶解下来,并可被辨认出来是"颗粒"。这些颗粒是相当重的,通常会较快的沉淀下来,其外观呈碎片状、粉末状或粒状,因此"玻璃屑"主要归咎于机械影响。

(2) 鳞状脱片 "鳞状脱片"产生主要由于化学原因,这种"鳞片状"外观的玻璃颗粒出现在玻璃管中或用这种硼硅玻璃管制造的安瓿中。所有这类市售的玻璃特别是棕色玻璃制品,当盛有较高 pH 值的药液介质,被置于高温试验时,便会出现上述颗粒。在这种棕色安瓿中,当 pH 值超过 11 时,从玻璃内表面首先剥下一薄层,形成互相联结的"长片",然后便碎裂成大大小小的"脱片"。

无色医药玻璃制品对碱溶液的抵抗能力明显高很多，在所盛药液介质的 pH 值达 12.5 时，都观察不出有"鳞状脱片"被溶解下来；但与这些观察相反，却有另外一种情况，在 pH 值为 12 时，便明显的形成上述的脱片。经过仔细研究证明，出现这种"脱片"的安瓿在灌装时没有采取特别的安全措施，而且安瓿尖头被碱溶液浸湿，悬挂在此处的这种液滴引起很强的局部侵蚀，因此可以证明：被溶解的薄层不是产生在安瓿的瓶身部，而是出现在安瓿的头部。可以推定：这些碱溶液液滴在加热过程中蒸发，这样碱金属氧化物增多了，从而引起强烈反应，这种实验反复进行多次，并且注意使碱溶液不与安瓿口内壁接触。在经热压处理后，在 pH 值 12.5 以下的安瓿中证明没有形成脱片。为了进一步了解在不同 pH 值溶液中的硅酸量，通过分析测定总的 SiO_2 浓度，这时在没有脱片的安瓿中存在有化学溶解的 SiO_2，这种 SiO_2 在脱片形成时被悬浮的脱片的 SiO_2 含量所覆盖。为了测定目的，改进了温特（WINTER）提出的氢氟酸法。将二批无色玻璃安瓿进行热压处理：一批安瓿的内表面先进过腐蚀，借以排除所谓的"加热影响"；一批安瓿仅仅先加以冲洗。在测量精确度的范围内，在被腐蚀过的安瓿和仅仅冲洗过的安瓿中的浸出溶液之间，SiO_2 含量方面没有太大的差别。硅酸的平均值（以 $\mu g\ SiO_2/mL$ 浸取液表示）与 KOH 溶液的当量浓度的关系，如图 7-24 所示。随着 KOH 溶液的当量浓度提高，硅酸的平均值浓度指数级增加，增加幅度巨大。图 7-24 的实验条件为无色玻璃安瓿，依据 KOH 浓度换算成 pH 值为 10.5、11.0、11.5、12.3、13.0 的溶液中的 SiO_2 含量，浸取溶液 KOH 灌注容积为 2mL，于 121℃，加热 30min。

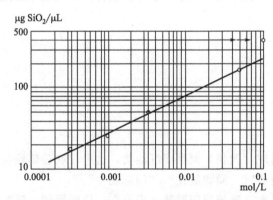

图 7-24　KOH 溶液对玻璃瓶表面浸出硅酸浓度的增加

（3）闪烁脱片　"闪烁脱片"很早以来就有此种现象。玻璃安瓿成型过程中的热应力对于安瓿内表面的化学性质有很大关系。这种热应力在安瓿底部成型时最强，以及在用于烧断玻璃管的燃烧器的作用范围内亦是如此。导致这种热应力的影响因素有：火焰温度，火焰中的停留时间，玻璃管的壁厚，以及燃烧器距玻璃管的距离。后三个因素是有办法加以测量的（如在火焰中的停留时间可根据安瓿自动成型机的转速加以测定），而最重要的一个因素——火焰温度的测量确实是十分困难的，与之密切相关的还有所谓的"火焰特性"，是指火焰的形状及其中的能量分布，它是由以下几个因素决定的：燃烧器头部形状，燃气种类，燃气成分，以及燃烧分压。不同种类的燃气，与之相配的燃烧条件也不尽相同，此外在使用上述燃烧器时，在很热的火焰情况下，可能形成非常不利的火焰特性，所产生的火焰小而尖，这些火焰以其总的热能集中作用在一个很窄的局部点，从而导致特别高的玻璃温度。如果一个老式的燃烧器太热的工作并且以一种不利的火焰特性过分加热一个窄的区域，那么蒸发的碱量不会是很高的（其值在 1 级耐水值限度内），因为产生碱量的面积仅仅是很小的。如果将一个按此方法生产出来的安瓿冲洗后，注灌蒸馏水，并用热压法进行处理（30min，121℃），于是从靠近底部上方的内壁便会溶解下一条大约 0.4～0.6mm 宽的带状而类似薄皮的表面层，这一表面层在摇动或其它振动（包括热震荡）后，便会分离，从而产生那种称之为"闪烁脱片"的现象，也称为"闪点"。试验证明，这种由于过热所导致的脱片是所有市售药用硼硅玻璃都容易发生的现象。

从理论上说，可以用这样的假设来解释脱片现象：安瓿底部以上剧烈加热过的窄小区域（底部本身由于熔烧的原因再次达到均匀化）（称为相 a），在表面层中已失去了所有可蒸发的组分，也就是说，实际上它留下来就是无氧化钠和无氧化硼的（称为相 b），被蒸发出来的组分凝聚在附近的表面层上，并且在退火时部分再次被熔入，这时的表面层成为第三个富硼酸钠相（称为相 c），在这最后的表面层上再次形成正常的不变化的玻璃相（称为相 d），由于这四个相的化学组成不同，在相边界处肯定是应力存在，显然在相 b 的边界处应力是最大，在加热处理时会溶解而形成几乎为"硅玻璃状的"表面层。由于硼酸钠（相 c）是可溶的，所以这个相就优先进入溶液，并且代表着溶液中可测量的碱含量的主要成分。扫描电镜的能谱分析和 X 射线衍射分析结果表明：这些"闪烁脱片"不再含有碱金属离子，而几乎完全是由硅酸组成的，这些"闪烁脱片"形成的原因主要与制造条件密切相关。原则上说，所有这种在底部受到热应力影响的安瓿，都可以看做是被损害的，加热的过热程度决定闪烁脱片产生的倾向。如果过热程度很大，则闪烁脱片的产生就不是所灌装的药液 pH 值作用所致；它在蒸馏水中和酸溶液中都会产生。如果过热程度较小，则归咎于一般的碱性侵蚀，这种侵蚀不言而喻的，随着 pH 值的增高而增大。统计结果表明：所灌装药液 pH 值越高，则产生闪烁脱片安瓿的数量就越大。与此相反，在 50 个正常生产出来的安瓿中，灌装 pH 值为 10 的溶液，并经过 4 次 121℃热处理，每次加热时间 30min，未能发现闪烁脱片生成。

要保证安瓿的生产情况正常，必须具备这样一个条件：通过测量方法控制生产中的各项参数，而且要对参数进行复检，一台自动成型机，它的燃烧器，转速，燃烧器-玻璃管之间的距离，燃气的种类，玻璃管规格（特别是厚度）应是稳定的，而且是可以测量的，从这里出发，就可以解决一个最为关键的问题——火焰温度。虽然直接测量火焰温度是很费事的，但可以间接掌握燃气的组成。建立最有利的工作条件并严格保持这些条件，就可以从根本上解决安瓿的化学表面性质的问题。一般要尽可能地控制火焰温度，以解决碱析出问题的同时解决闪烁脱片生成的问题。

7.4.2　生产工艺对化学稳定性的影响

玻璃管制成玻璃瓶的过程包括了加热-冷却过程，火焰强度和状态对玻璃管内外表面状态产生较大影响，进而影响到玻璃表面成分、结构和性能变化，管制瓶工艺过程中影响化学稳定性的主要因素有以下几点。

（1）燃烧器　在生产不同瓶身直径、不同口径的产品时要使用不同规格型号的燃烧器，且所用燃气种类必须与其匹配。燃烧器是组织燃气燃烧的重要装置，满足火焰形状和燃烧温度要求，根据所用玻璃管的壁厚、外径尺寸以及玻璃瓶规格尺寸来选择燃烧器的孔直径和孔的数量，制瓶机不同机位燃烧器应采取不同的规格型号的燃烧器。在燃烧器使用过程中，保持燃烧器孔的通透，堵塞时及时清理，使火焰形状及加热温度保持最佳状态。

（2）火焰　火焰调整需要考虑以下几方面因素：火焰形状、火焰温度、氧气与燃气配比、压力稳定。

① 火焰形状　燃烧器孔排布方式、孔径大小、孔加工精度、孔的数量将直接影响火焰形状，燃烧器的火焰形状多为扁平形状，燃烧器孔有 1 排、2 排和 3 排之分。另外火焰形状还受燃气和空气或氧气配比有关，如果满足燃气和氧气的化学当量配比，火焰呈短而尖锐，火焰刚硬，焰头明亮。当燃气量高于化学当量比，火焰软而长，火焰发软，焰头红色。当氧气量高于化学当量比，火焰硬而短，火焰发软，焰头黄色。

② **火焰温度** 对于制瓶机每个机位对应不同加工要求。玻璃瓶的规格尺寸不同，玻璃管壁厚不同，燃烧器所对应的加工部位、所需温度也不同。火焰温度的控制与所选择的燃烧器有关，也与燃烧调节有关，不同燃料使用不同类型的燃烧器。目前，常用气体燃料种类有：天然气、焦炉煤气、液化石油气等。这些气体燃料的成分、热值、需氧量、火焰形状、火焰黑度（辐射能力）不同，因此实际操作时要做相应调整和改变。必须保障气体燃料压力稳定和热值稳定，高热值气体燃料应进行热值调整，即将天然气和液化石油气的热值调节到 $4000kCal/m^3$，除将燃气热值稳定，变化小于 0.5%，还可降低火焰温度，减少玻璃管表面火焰加工时所产生挥发物质，燃气压力和热值波动要小于 1%，为了实现各机位火焰的精确调节，使用可精细调节的 μ 阀，可实现燃气与氧气精确调节，是确保管制瓶产品理化性能的关键。

③ **氧燃比** 燃烧过程需要燃料和氧气配合使用，氧燃比（即氧气与燃气配比或比例）是燃烧调节的关键，需要操作者能够辨识不同氧燃比火焰状况，当氧燃比达到化学当量配比时，例如 $1mol\ CH_4$（甲烷）需要 $2mol\ O_2$ 才能充分燃烧，此时火焰温度达到最高，当火焰作用于玻璃表面，将产生大量的 B_2O_3 和 R_2O 挥发物，这些挥发物将凝结在加工区域附近的玻璃表面，导致玻璃瓶耐水性能变差。国外先进的制瓶机调节火焰时，燃气和氧气阀门开度可转换成电信号，在电子屏上进行数字式定量调节，可以很方便地根据不同机位需要进行氧燃比调整。而 ZP-18 型制瓶机以及改进机型，氧燃比仍以手动调节为主，还不能做到燃气和氧气定量化控制，火焰调节完全依赖工人经验，在管制瓶生产过程中难以做到不同机器同一机位火焰的一致性和同一台机器同一机位火焰的重现性，所以经常出现不同制瓶机、不同操作人、不同时期所生产出来的管制瓶耐水性能测试数据有较大波动。

④ **压力稳定** 氧气、燃气压力稳定是实现管制造瓶生产工艺稳定的前提条件。一般生产车间内氧气管路设置有环形式和直通式两种。环形式管路有一定的稳压功能，当一台或几台设备调节或开机、停机时，对其它制瓶机设备影响较小，而直通式管路上各设备间的相互影响较大，必须安装减压稳压装置。一般来讲，常规管制瓶的氧气压力控制在 $2.5\sim3.5kPa$，特殊大规格管制瓶产品可适当增加氧气压力。

（3）**空气吹扫** 在管制瓶生产过程中，因火焰加工作用会产生 H_2O、B_2O_3 和 R_2O 挥发物，挥发物容易凝结在玻璃瓶内壁和外壁，形成视觉上"白霜"物质，上述挥发物质会导致玻璃瓶内表面耐水性能变差。为了减少火焰加工过程中挥发物在玻璃瓶表面凝结和降低夹具与玻璃表面温差，空气吹扫是一种简便易行的方案，空气吹扫风可以设置在相应机位。在制瓶过程中，设备的某些部位如模具、夹具、套筒等直接接触玻璃管，玻璃管-火焰-设备之间存在温差，超过一定范围后会造成玻璃制品炸裂，此时可以给温度低的部位加热，也可以对温度高的部位吹空气降温。为避免升高温度对耐水性能造成不利影响，应优选降温措施。空气的使用与季节和环境温度有关，具体的使用部位、吹出角度、压力大小、流量大小应根据生产工艺实际情况来选择，并通过实际效果而定。

（4）**空气在燃烧器中应用** 目前，国内对空气在燃烧中的应用还没有得到广泛重视，空气可起到助燃作用，相对氧气而言，火焰强度和温度相对较低，可减少玻璃表面加工挥发物产生，但是是以牺牲加工速率为代价的。对于火焰强度和温度要求不高的机位可适当的加入空气减少氧气用量，对管制瓶产品的理化性能会有很大的益处。

（5）**关键机位** 关键机位属于火焰最强机位，该机位主要用于完成切底或切丝加工，即完成玻璃管火焰切断，在表面张力作用下切断部位完成玻璃封堵，形成玻璃瓶的底部，俗称"切底加工"，切底加工的火焰温度要求达到玻璃黏度 $10^3\ dPa\cdot s$ 所对应温度，即 T_3 温度。不

同医药玻璃品种 T_3 温度是不同的，高硼硅玻璃 $T_3=1486℃$、中硼硅玻璃 $T_3=1402℃$、低硼硅玻璃 $T_3=1270℃$、钠钙玻璃 $T_3=1223℃$。关键机位火焰温度对生产效率和制品耐水性影响很大，但是两者是一对矛盾。当火焰温度提高，机速增加了，提高生产效率，但是玻璃表面产生大量的 B_2O_3 和 R_2O 挥发凝结物，因此导致玻璃瓶表面耐水性降低。为了保障产品质量，只能适当降低生产机速，降低关键机位的火焰温度，使火焰温度接近所加工玻璃品种的 T_3 温度。为了解决关键机位的玻璃瓶表面挥发物凝结问题，可在关键燃烧器下方增加一个空气喷嘴，利用空气压力和流量给关键机位火焰设置一道空气屏障，阻挡火焰向下铺展，同时给瓶身部位玻璃管降温，可有效地改善玻璃瓶内表面的耐水性能。

（6）燃烧器位置　不同机位的火焰长度是不同的，燃烧器与玻璃管的距离要求不同。通常火焰喷出速度较大时，焰心较短，燃烧器与玻璃管间的距离较近，反之亦然。燃烧器角度的调整应避免火焰进入玻璃管内部。加热面积过大或火焰进入玻璃管内壁，会直接影响管制瓶产品的内表面耐水性能。

（7）机速　制瓶机的机速是制瓶过程中的重要工艺参数。机速取决于产品规格、玻管壁厚、设备机位数、燃料种类、玻璃组成、耐水等级等因素。机速快慢实际上反映了温度-时间这两个参数的辩证关系。制瓶机机速快，则加热时间短，所需温度会相应提高，对管制瓶耐水性能不利。反之，为了避免温度过高而降低火焰温度，就必须降低机速来延长加热时间，降低生产效率，这样才能保障产品内表面耐水性能。

控制机速也就是控制加热过程中的温度-时间参数。一般要求机速适中为佳，兼顾加热与冷却两个过程，机速有最佳范围。对于 ZP-18 型制瓶机，采用低硼硅玻璃制作常用规格玻璃瓶时，机速为 24 位/分钟比较合适，对于不同玻璃管壁厚、产品规格，可根据此机速进行调整。

制瓶机氧燃比、机速、燃烧器是很重要的三要素，实践证明，即使以中硼硅玻璃管为原料，如不严格控制机速和火焰参数，也很难生产出符合内表面耐水一级玻璃瓶。

（8）玻璃管清洗　玻璃管清洗也会对玻璃瓶内表面耐水性提高有利，对中硼硅玻璃管清洗后制瓶与不清洗制瓶进行对比，见表 7-15 所示。从表 7-15 可知，玻璃管清洗后制瓶内表面 pH 会较小，玻璃管不清洗制瓶后则内表面 pH 增加较为明显，说明玻璃管经过清洗后，内表面的浮尘、玻屑、杂物已被大量清洗掉了，在玻璃管火焰加工中可减少表面凝结，所以清洗后的玻璃管制瓶后 pH 增加不大。

表 7-15　中硼硅医药玻璃管清洗对 pH 值的影响

处理方式 清洗与否	蒸馏水	加压灭菌前	加压灭菌后
玻璃管清洗	5.66	5.81	6.28
玻璃管不清洗	5.66	6.13	7.09

注：加压灭菌条件为 121℃,60min;清洗适用蒸馏水,清洗两次。

7.4.3　退火工艺对化学稳定性的影响

退火炉所使用的加热源包括燃气加热和电辐射加热，由于玻璃的热导率相对较低，仅有 $0.8\sim1.0W/(m\cdot K)$，传热能力差，加之退火温度属于中低温，热量传递以传导为主。为了实现加热炉断面温度场均匀和玻璃瓶快速热传递，推荐和优选电加热热风循环系统的退火炉。

　　低硼硅玻璃的退火工艺相对复杂，低硼硅玻璃中含有 $10\%\sim12\%$ 的碱金属氧化物，玻璃料性相对较硬，因此管制瓶火焰加工温度必须相应提高。为了能有效地松弛和消除管制瓶的热应力，所需退火温度也会相对提高。在生产过程中要严格控制玻璃中碱金属氧化物的析出，关键是要控制好火焰温度-加工时间关系。低硼硅玻璃消除应力和保证化学稳定性是矛盾的，消除应力需要较高的退火温度和一定的退火时间，要避免玻璃中的 Na^+ 过多地迁移至玻璃表面造成化学稳定性下降，退火时间应尽量缩短。

　　目前，大多数管制瓶生产企业采用两台 ZP-18 型制瓶机与一台连线式退火炉配合使用。由于退火炉的保温状况、燃烧器的布置、炉内温度分布及产品规格品种等都不同，因此退火炉的所设置的工艺参数很难做到统一，因此在生产管理方面，尽量做到退火炉所对应的制瓶机生产同一材质、同一规格的玻璃瓶产品是解决玻璃退火质量的关键。

　　当耐水性能检测出现不合格时，应首先排除玻璃组分波动的原因，然后从制瓶和退火两方面查找原因。根据经验，退火后与退火前相比，按 GB 12416.1—1990 标准，每 100mL 浸取液耗用 0.01mol/L 盐酸溶液大约会增加 $0.2\sim0.3$mL，可依据退火前后的耗酸量来判断质量改进的主要方向。

　　当钠钙玻璃瓶在燃气加热退火炉中退火时，其化学稳定性随着退火时间延长和退火温度的提高而增加。这是因为钠钙玻璃瓶在退火时，玻璃中的碱性氧化物迁移到玻璃表面上，被烟气中的酸性气体（主要是 SO_2 或 CO_2）所中和，形成"白霜"（其主要成分为硫酸钠或碳酸钠），此工艺即为通常所说的"硫霜化"。因白霜易被除去而降低玻璃表面碱性氧化物的含量，从而可提高玻璃的化学稳定性。相反，如果在电加热退火炉中进行退火，将引起碱金属氧化物在玻璃表面富集，从而降低玻璃表面的化学稳定性。

　　对于硼硅医药玻璃瓶而言，延长退火时间会使玻璃耐水性能变差。对硼硅医药玻璃管端头封口和玻璃瓶退火状态进行了内表面耐水性测试，结果见表 7-16，结果发现，退火和玻璃管端头不封口的玻璃瓶内表面耐水指标变差，这是由于硼硅玻璃在退火过程中发生分相所导致的，以及玻璃管端头不封口导致火焰加工时挥发物上浮凝结所致。硼硅玻璃在退火过程中会生成富硅氧相和富钠硼相。玻璃分相后形成孤岛滴球状结构，钠硼相被 SiO_2 相所包围，使之免受介质的侵蚀，因此提高玻璃化学稳定性。相反，如果钠硼相与硅氧相形成互相连接的铰链结构，将大大降低玻璃化学稳定性，这是因为易溶的钠硼相暴露于侵蚀介质中所致。因此管制瓶不可反复多次退火，退火保温累计时间不可超过 10min，最高退火温度不可超过产品的退火上限温度。

表 7-16　低硼硅玻璃管端头封口与否和退火与否对玻璃瓶内表面耐水性影响

玻璃瓶规格	退火状态	封口状态	耐水指标/(μg/mL)
15mL	未退火	封口	0.39
15mL	已退火	封口	0.65
15mL	未退火	未封口	0.61
15mL	已退火	未封口	0.80

　　目前，中国的管制瓶连线退火设备在温度控制、速度控制、退火温区控制方面已经达到很高水平，可以根据生产的产品对退火工艺参数进行相应调整。成型加工条件与退火温度对内表面耐水性能影响见表 7-17 所示，退火时间均为 30min，测试条件为加压灭菌 121℃，30min。表 7-17 表明，随着退火温度的提高，耐水性指标逐步变差。通过加工条件对比，发

现凡是使用强火焰状态，加工条件1和加工条件5均导致耐水性性能大幅变差，加工条件2、加工条件3、加工条件4导致耐水性指标大幅变好，说明火焰强度大，不利于耐水性指标。

表7-17 管制瓶成型条件与退火温度对内表面耐水的影响 单位：$\mu g/mL$

加工条件 退火条件	条件1	条件2	条件3	条件4	条件5
不退火	1.59	0.46	0.57	0.65	2.11
540℃	1.75	0.50	0.63	0.70	2.23
600℃	2.06	0.55	0.69	0.77	2.75
630℃	2.23	0.59	0.75	0.87	3.35

注：条件1：通常操作条件下，使用正常的氧气及燃气；

条件2：采用减少氧气，用较大范围的火焰及较弱的火进行加热，玻璃成分不出现挥发；

条件3：增大火焰与玻璃管的距离，采用通常的氧气及燃气加热，玻璃成分不出现挥发；

条件4：将瓶底部的火焰调的很弱，采取预热的火焰加热，玻璃成分不出现挥发；

条件5：将底部燃烧器调成强氧化火焰，不使用空气，只使用氧气，无预热火焰，玻璃成分呈雾状挥发。

参考文献

[1] 王承遇，陈建华，陈敏. 玻璃制造工艺 [M]. 北京：化学工业出版社，2006：170-178.

[2] 王承遇，陶瑛. 玻璃材料手册 [M]. 北京：化学工业出版社，2007：208-218，220-223，366-373.

[3] 田英良，孙诗兵. 新编玻璃工艺学 [M]. 北京：中国轻工业出版社，2011：383-387.

[4] [日] 作花济夫，境野照雄，高桥克明. 玻璃手册 [M]. 蒋国栋等译. 北京：中国建筑工业出版社，1985：424-425.

[5] 卜小勇. 浅谈管制瓶化学稳定性的影响因素 [J]. 医药 & 包装，2012，3：18-20.

[6] 陈树祥. 垂直引上拉制玻璃管工艺设计的探讨 [J]. 上海硅酸盐，1992，4：235-240.

[7] 梁志兴. 小容量注射剂卡式瓶包装生产工艺研究 [J]. 医药工程设计，2008，29 (6)：29-31.

[8] 前苏联基泰戈罗茨基编. 玻璃生产手册 [M]. 郑庆海，张后尘，范垂德等合译. 北京：中国轻工业出版社，1996：539，563-565，788-797.

[9] 姜恒. 管制玻璃瓶——狼来了. 中国医药报，2006年1月24日第B05版.

[10] Antonio Roberto Carraretto, Erick FreitasCuri. Glass Ampoules：Risks and Benefits [J]. Rev Bras Anestesiol61 (2011) 513-521.

[11] Russell SH. Glass ampules-another approach [J]. AnesthAnalg，1994；78：816.

[12] Stewart PC. A persistent problem with glass ampoules [J]. Anaesthesia，1997；52：509-510.

[13] Gallacher BP. Glass ampules [J]. AnesthAnalg，1993；77：399-400.

[14] 武汉建材工业学院编. 硅酸盐工业热工过程及设备 [M]. 北京：中国建筑工业出版社，1980.

第**8**章

>>>

医药玻璃模制瓶生产

医药玻璃瓶是医药产品的重要包装容器，医药玻璃瓶生产方式分为管制瓶和模制瓶，本章围绕模制瓶生产工艺和生产设备进行论述。

8.1 概述

1929 年，第一支抗生素药品"盘尼西林"（即青霉素）在欧洲问世，用于盛装这类药品的玻璃瓶被称为"西林瓶"，"西林瓶"是采用模制成型工艺制造而成的。抗生素药品的发明为人类社会的文明进步做出了巨大贡献，作为包装容器的"西林瓶"同样功不可没。

随着制药行业的高速发展及科学技术的不断进步，"西林瓶"的制造技术、装备水平、标准质量、生产规模及应用领域都得到了较大发展。

目前，模制玻璃瓶已成为一种重要的药用玻璃包装容器，其应用领域涵盖注射剂、大输液、口服制剂、生物制剂、血液制品、疫苗等医药药品，在药品包装领域具有重要地位。

药用玻璃模制瓶的主要性能指标包括化学稳定性（耐水性、耐酸性、耐碱性）、热稳定性和机械强度（耐内压力和内应力）。另外，为满足药品包装要求，对模制瓶的规格尺寸和外观质量也有具体规定和要求。药用玻璃模制瓶的类型及应用领域见表 8-1 所示。

表 8-1 药用玻璃模制瓶产品主要性能及应用领域

产品名称	主要性能				主要应用领域
	平均线热膨胀系数 /($\times10^6$/℃)	121℃颗粒法耐水	耐酸性	耐碱性	
钠钙玻璃模制注射剂瓶	约8.2	2级或3级	1～2级	2级	抗生素类粉针注射剂
中硼硅玻璃模制注射剂瓶	约5.0	1级	1级	2级	生物制剂、血液制品、水针注射剂、冻干剂、疫苗等
钠钙玻璃输液瓶	约8.2	2级	1～2级	2级	普通大输液制剂
中硼硅玻璃输液瓶	约5.0	1级	1级	2级	高档输液剂、生物制剂等
钠钙玻璃药瓶	约9.0	3级	2级	2级	口服液、片剂、胶囊、外用制剂

模制瓶的生产工艺与日用玻璃瓶罐生产大致相同，包括原料选择控制、配方设计与计

算、配合料制备、玻璃熔化、成型工艺与设备、退火与检验包装。本章重点阐述模制瓶生产成型及后续工艺过程。

药用玻璃模制瓶广泛采用行列式制瓶机生产制造，按工业工程学来看，这种生产工艺属于连续工业生产体系，因此，应以系统工程学理念进行生产管理。

模制瓶的生产工艺具有连续性和间隙性特点，总体而言是连续的，对于成型而言属于间歇的。玻璃瓶的模制成型已经有一百年历史，行列式模制瓶生产工艺流程设备不断完善，已经近乎完美，很难对现有的行列式模制成型工艺和设备进行颠覆性革新，只能做工艺制度的精细调整。

8.1.1 模制瓶稳定生产要求

模制瓶稳定生产要求如下。

① 生产工艺和设备的稳定是稳定生产的前提。其要求是维持产品质量和生产效率。

② 生产工艺的全过程必须做到具有可控性。要求控制点合理设置，控制系统要求具有高度智能化的数据处理与数据传输、信息共享等功能。

③ 工艺和设备管理制度细化并执行到位。这些制度是保障系统稳定的重要条件，执行到位与否是关键，主要在于员工的责任心。

稳定生产要求生产工艺和设备能够长期重复不间断的稳定重复性工作。这依靠以下三个要素来保障。

① 硬件　即系统设备，必须满足工艺要求，并以此作为生产的基本保障。要求系统设备合理匹配和优化配置。这是生产操作的良好前提条件和基础，因此对硬件条件的认知非常重要。

② 软件　包括技术（包含"成熟实用技术"和"适用成熟技术"）和管理两个方面。这两个方面各自都涵盖有如下三项基本要素：作业标准、作业流程、操作规范。软件是长期生产实践的积累，是工艺系统精细化管理和良好操作行为所形成的制度。

③ 活件　即人力资源管理（Human Resources Management）。以精英蓝领素质来定位。人力资源需要通过系统的职业技能培训，使管理者和操作者的思维观念得到更新和提高。并在培训中培养职工以高尚的职业道德为基础，建立起创新意识、团队意识、独立思考的能力。

模制瓶生产应建立一个工业化生产系统的整体概念，具有系统工程特征。因此，要以系统工程的思维观念，把模制瓶生产全过程的每个工序和环节，视为一个"单元系统工程"（Unit system engineering -stem），应避免使用单纯技术观点去分析问题。管理者和操作者必须以生产理念为指导。这种系统工程理念的灌输有利于实现生产稳定，当生产出现问题比较容易查找到原因，缩短了排除问题的时间。

美国 O-I 公司的模制瓶生产核心理念为"横向均匀，纵向稳定"（Uniformity Transverse，Stabilization Lengthways），既要求设备和工艺的一致性，又要求系统的稳定性，被全世界瓶罐玻璃行业普遍认为行之有效的生产管理理念。

8.1.2 模制瓶成型关键因素

模制瓶的成型工艺有两个必须把握的关键因素：料性和重热。

(1) 料性　料性是指玻璃在成型温度范围内黏度随温度变化特性。在黏度 $10^4 \sim 10^8$ dPa·s范围所对应的温度,是模制成型最佳温度范围,玻璃黏度随温度变化特性在成型过程中具有决定性作用。成型黏度范围所对应温差是用来判定玻璃料性长短的主要依据,成型温差大,凝结时间相对长,称为"料性长",成型温差小,凝结时间短,称为"料性短"。一般可通过改变玻璃化学组成来调节玻璃料性长短或凝结时间的快慢,以满足成型速度变化要求。

(2) 重热　在模制瓶成型过程中,当玻璃料滴落入模具,与模具内表面相接触时,由于玻璃比热比模具小,玻璃料滴表面温度降低多,模具内表面温度增加少。另外,由于玻璃导热系数小,玻璃料滴的降温仅限于其极薄的表面层,玻璃表层的快速冷却使其收缩并在短时间脱离模具表面,但玻璃料滴内部温度还较高,因此玻璃料滴出现明显的内外温差,玻璃液内部的热量将重新加热玻璃料滴表层使之膨胀而再次与模具相接触,如此反复,最终实现玻璃料滴的冷却与硬化,这种现象称为"重热",因此,重热是模制瓶成型工艺的重要特征。

8.1.3　模制瓶发展趋势

目前,国内外医药模制瓶发展趋势包括如下三方面。

① 一窑多线的大型化窑炉和多组式成型机(10组、12组乃至串联机的16组、20组、24组)、多模腔(三滴腔、四滴腔和多滴腔)。

② 大幅精减操作人员。这是由于高速成型和玻璃瓶轻量化;工艺过程的智能化控制;精细化的系统管理;自动设备等技术发展所致。

③ 药用模制瓶的检验采用非接触机器视觉实现高速检验。包装工段则由洁净化向无菌包装发展。这些发展都给模制瓶生产提出了更高的管理和技术要求。

8.2　模制瓶生产系统

玻璃成型是熔融的玻璃液滴转变为具有一定几何形状制品的过程。模制成型是一种重要的成型方法,成型工艺是模制瓶最重要的生产环节,需要玻璃料滴、模具、成型机来保障。模制成型可分为初型和定型两个阶段,第一阶段是赋予制品初始的几何形状,第二阶段是把制品的形状固定下来。模制瓶的成型过程按装备可分为供料系统和制瓶系统两大部分。

8.2.1　供料系统

传统的供料系统是由钢壳和耐火材料构成的供料道、供料机和耐火材料附件三部分构成。

(1) 供料道 (Forehearth)　现代高速模制成型机(行列机)的生产,需要玻璃料滴温度更加稳定,因此玻璃液在流经料道至供料机的过程中须得到良好的控制,使玻璃料滴的温度、重量、形状均匀稳定,这是提高玻璃瓶产品质量的关键。

供料道处于玻璃熔制工艺过程结束和成型工艺过程开始的位置,在整个生产过程中起着承上启下的作用。供料道一般由冷却段和调节段所组成,冷却段的作用是使玻璃液达到适合玻璃瓶成型所需的供料温度。调节段的作用是使玻璃液温度分布更加均匀。当机速或玻璃瓶重量改变时，就必须依靠供料道的冷却段和调节段对玻璃液温度进行调整，通常是在供料道上安装加热装置和机械搅拌装置来实现。

供料道有三种基本类型，分别为 KW-1 型、K36 型、K48 型。每种供料道类型有各自优化的长度和宽度，长度方向所用耐火材料是以 24 英寸为模数，供料道宽度为 KW-1 型、K36 型、K48 型的规定值。对于供料道类型的选择要综合考虑玻璃品种、料性、产品规格、工艺布置因素。

药用模制瓶一般选用 KW-1 型，该型号近似于中国的 D41-66 型，其属于出料量相对较小的供料道。

国际上典型的现代供料道如图 8-1 和图 8-2 所示。

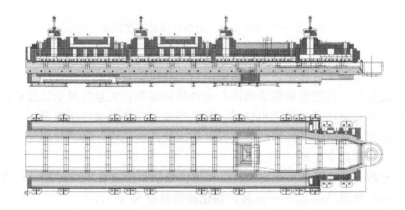

图 8-1　国外供料道的典型案例图

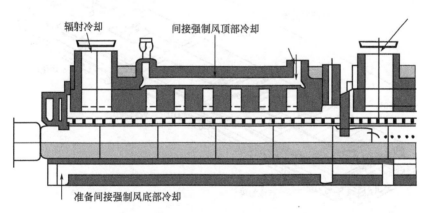

图 8-2　冷却段底部强制通风局部放大示意图

对于单只重量小于 200g 的药用玻璃模制瓶生产，由于单条供料道的玻璃液流量相对较小，供料道内的玻璃液热量散失相对较大，需要从供料道顶部给玻璃液进行热量补充，因此玻璃液上部温度高于玻璃液下部温度。另外，为了实现玻璃液调节和控制以及生产成型需要，对于钠钙医药玻璃瓶而言，供料道的玻璃液温度需采用先降温然后升温的控制方式，KW-1 型小型供料道的温度制度见图 8-3。

供料道是由钢结构支撑的，密闭式槽形耐火材料连接窑炉工作池出料口与供料机料盆，其作用是为玻璃成型提供温度适宜，且重量和形状均一的玻璃料滴，供料道作用有以下

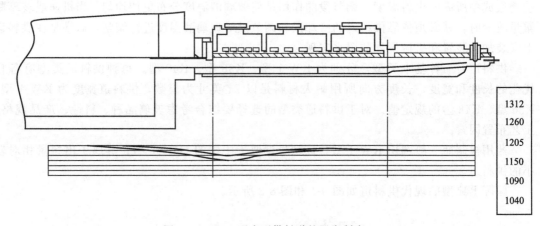

图 8-3　KW-1 型小型供料道的温度制度

三点。

①通道作用。将玻璃液从窑炉工作池输送到供料机的料盆。

②热交换器作用。温度很高的玻璃液在通过供料道时，大量的热量通过辐射、对流和传导的方式散失，当玻璃液到达料道出口时，其平均温度应接近成型所需温度。

③匀化器作用。料道可以提高玻璃液温度和成分的均匀性，其均化作用主要通过供料道中的热作用和机械作用来实现。

供料道热量散失关系如图 8-4 所示，供料道热量散失主要在后冷却段，约占热量散失的 $60\%\sim65\%$；前冷却段约占 $30\%\sim35\%$；均化段热量散失 $0\sim10\%$。

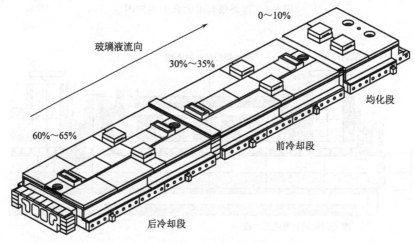

图 8-4　供料道热量散失图

随着模制瓶多滴料、高机速工艺的发展，需要供料道提供更多的玻璃液，以及轻量瓶生产对玻璃液高均匀性要求，供料道也逐渐地向更宽更长的方向发展。

（2）耐火材料附件　供料机耐火材料附件有料盆、料碗、冲头、匀料筒、料盆盖等，主要由高铝质（或含锆质）耐火材料制成。

① 料盆和料碗　经过供料道温度调节的玻璃液进入供料盆。料盆是一个整块耐火黏土制件，其轮廓为圆形，以便得到均匀玻璃液而不产生死角，料盆安放在供料机的铁锅里。由于耐火材料尺寸的误差，应在料盆与铁锅之间填上耐火纤维以保证耐火件与铁件的贴合紧

密，料盆的开口端应与供料道很好地连接。料盆是易损件，为了便于更换，可将料盆喷嘴砖、料盆前后盖等直接放在料盆上。

料碗为耐火黏土或耐火高铝质，其主要作用是控制料滴直径，根据生产的玻璃瓶规格，可在多种不同孔径的料碗中选用。根据一次成型的料滴个数不同，有单孔料碗和多孔料碗，以适应供料机的单滴料或多滴料使用。料碗安装时放在一个特制的铁碗里，铁碗由一个可活动的支撑架固定，料碗和铁碗的间隙可用石英砂或耐火纤维填实，表面用特制耐火泥料抹平，当需要更换料碗时，连同铁碗一起取下。

② 冲头和匀料筒　冲头是棒状耐火材料制件，可上下运动，用来冲压玻璃液。冲头的端部形状一般有标准形、球形和锥形三种，根据生产的玻璃瓶不同可选用不同直径和端部形状的冲头。

匀料筒是一个空心圆柱形的耐火材料筒，悬挂在供料盆中，其作用是均化玻璃液和启闭供料，并可在必要时停止料碗出料。

冲头、料碗和匀料筒都是易损件，在生产过程中经常需要更换，为防止更换时的意外炸裂，在实际生产中，往往将这些制件放在供料道的盖板砖上进行预热。

对于料盆保温国际上已经广泛采用现场注入型的半胶体保温材料，极大地提高了料盆的保温效果。国外供料道广泛采取天然气加热，供料机料盆入口的截面上使用三支热电偶进行温度检测，甚至使用九支热电偶来监测玻璃液温度均匀性，对于单滴、双滴供料和小口压-吹法（NNP-B）成型，料盆入口的玻璃液温度均匀性必须达到 92％、94％、96％。如图 8-5～图 8-7 所示。

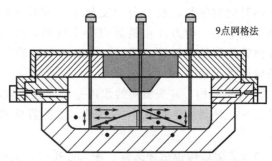

图 8-5　9 点测温效率测算示意图

（3）供料机　供料机与供料道和耐火材料附件相互配合形成一个完整的料道系统，供料机是实现稳定供料的机构，供料机包括传动系统、剪刀机构、冲头机构、匀料筒机构、喷水装置等。

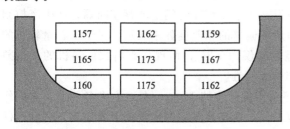

图 8-6　供料道 9 点温度测量案例

① 传动系统　传动系统由冲头、剪刀传动系统和匀料筒传动系统组成。

冲头、剪刀传动系统是由调速电机带动三角皮带轮驱动涡轮减速器，减速器输出联结冲头凸轮、剪刀凸轮，控制玻璃液的冲料和剪料。供料机的机速是利用一对变速轮和调速电机通过三角皮带传动达到无级调速，新型供料机的传动系统大多采用直流变频电机完成同步传动。

匀料筒传动系统由涡轮减速箱、电动机支架、压紧滚轮等组成，压紧滚轮装在涡轮减速箱背面的支架上，滚轮受拉力弹簧的作用，紧紧压在链条上，使链条处于张紧状态，保证匀料筒的正常运转。新型供料机中，匀料筒传动系统采用齿轮传动代替方框链条传动，其优点是结构坚固、使用寿命长、匀料筒转动平稳。

② 剪刀机构　剪刀机构是把落料孔中挤出的玻璃液剪断，使之成为一个或几个料滴。

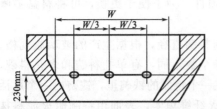 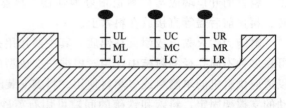

图 8-7　三点或九点式热电偶插入位置图

剪刀机构由摇臂和剪料两部分组成。

摇臂部分由摇臂、滚轮、牵动剪刀支架的连杆、撑头和掣爪等组成。

剪料部分主要由炉头铁锅，剪刀支承座，左、右剪刀支架，剪刀片，剪刀柄，托料臂，拉动弹簧等组成。剪刀片和剪刀柄、剪刀柄和剪刀支架采用螺钉连接，剪刀片的安装方向是左剪刀片刀刃向上，右剪刀片刀刃向下，为防止剪料时剪切产生的惯性力使料滴下落时向右偏移，在右剪刀支架下安装托料臂，臂的前端有托料块挡住料滴，以保证料滴垂直下落。剪刀片用钝后应拆下精磨，并校正平直度，新型供料机的剪刀机构采用空气弹簧代替拉力弹簧，用来加大滚轮与凸轮的封闭力，保证在较高机速下滚轮能始终沿凸轮曲线运动。

③ 冲头机构　冲头机构的作用是使冲头在供料盆内做上下往复运动，将玻璃液按一定重量、一定周期从落料孔中挤出来，以备剪成料滴，它包括冲头支架结构和冲头驱动两部分。

冲头支架结构包括冲头臂、冲头臂托架、空心轴及定位支轴等。

冲头驱动部分主要由连杆机构组成，冲头的上下运动通过冲头机构的凸轮和连杆机构实现。

④ 匀料筒机构　匀料筒机构由匀料筒支承托臂架、匀料筒上弹子碗，方框链轮、平衡配重及匀料筒升降机构等组成。匀料筒高度的调节范围为 0～63mm，正常运转时，不要把料筒调到极限位置，若需降下料筒以闸住玻璃液，必须先停止匀料筒转动，启动时须提升匀料筒，并检查玻璃液的温度是否达到作业温度。

冲料和剪刀的相位差是指冲头从高位向下冲压，将玻璃液挤出料碗形成料滴，冲头开始上提时，剪刀马上进行料滴剪切，冲头和剪刀这两个动作在时间上的存在间隔，在生产控制上，是通过冲头和剪刀两个凸轮工作点转动角度偏移的相差度数来表示。对于出料量较小的国外 144D 型和国产 D41-66 供料机，相位差角度仅为 ±24°，而现代滴料式供料机的相位差均为 360°，这就极大地增加了料滴调节操作的灵活性。

⑤ 喷水装置　喷水装置安装在剪刀片停留位置下方约 100mm 处，左右各一套，它的作用是将水喷成雾状用于剪刀片冷却，避免剪刀片长期在高温下产生热变形或退火，有利于保持剪刀片刃部的锋利。

现代高速多滴料供料机，已经广泛采用全伺服平行剪切机构，极大地提高了成型料滴垂直落料的稳定性；对于多滴供料机的极高剪切机速，已经有专用剪刀冷却润滑系统的成套设备——储罐式集中泵站，可选用 300∶1（GLASSCUT）～1250∶1（KLEEMKT 2050）等多种不同型号的专用剪刀润滑油。

剪刀片冷却和润滑会产生一些废水，应收集后进行无害化处理或循环利用，避免其造成环境污染。

20 世纪 90 年代，国外供料机制造商为了满足节能及高速灵活生产需要，开发出全伺服供料机,包括伺服冲料、伺服剪切、伺服分料等,技术已经非常成熟。不但替代了传统的机械供料,而且实现了一体化的灵活控制,操作简单、运行可靠。全伺服供料机已经被国内企业广泛应用于钠钙玻璃模制注射剂瓶和钠钙玻璃药瓶的生产,比较有代表性的机构有双电机伺服剪切、料滴重量自动控制、可变料滴重量控制机构等。通过不断改革与创新,可实现一台行列机同时生产多种规格玻璃产品,降低了制瓶生产成本。

21世纪初,国内制造商也已经逐步掌握了伺服供料机的生产制造,大大地降低了玻璃制造厂的供料设备采购成本。国产的BLDSF型全伺服供料机包括电子伺服冲料、电子伺服平行剪切、电子伺服匀料。此类型供料机通过电脑智能控制,用电子凸轮代替机械凸轮,用滚珠丝杠传动代替蜗轮箱传动,以平行剪切机构代替连杆角度剪切机构。冲料、剪料、匀料相互协调运行,实现高精度的冲料和多滴料的平行剪切,通过准确地调整匀料速度和匀料筒高度,达到精确的料滴质量控制。最高供料机速为200次/min,最高剪切机速200次/min,剪切曲线16条,冲料曲线48条。

BLDSF型全伺服供料机操作方便,运行可靠,控制精确,换品种、调机速、调组数均很方便。常用的供料机有BLD660型机械式供料机,535型、555型、565型伺服供料机等。

(4)供料原理 通过供料机冲头将料盆内的熔融玻璃液从料碗中挤压出来,然后被剪刀机构剪断形成料滴。料滴进入成型机的初型模,供料过程如图8-8所示。

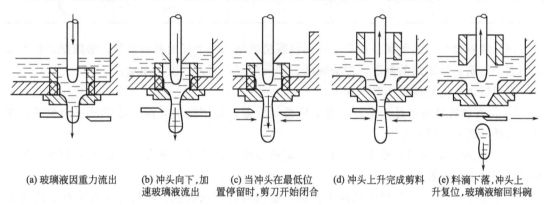

(a) 玻璃液因重力流出　　(b) 冲头向下,加　　(c) 当冲头在最低位　　(d) 冲头上升完成剪料　　(e) 料滴下落,冲头上
　　　　　　　　　速玻璃液流出　　置停留时,剪刀开始闭合　　　　　　　　　　　升复位,玻璃液缩回料碗

图8-8 玻璃料滴的供料过程示意图

影响料滴形状和重量的因素较多,包括玻璃液温度,料筒位置,冲头直径与形状,冲压高度,机速等。

如果料滴较长、较重、呈狗骨形,原因是套筒高度上升、冲头高度上升、机速减慢、玻璃液温度升高等因素所致。当然,相反的影响因素就会使料滴较短、较轻、呈尖形并有肩胛。

如果料滴较短、较轻、较粗,一般是由于机速过快、玻璃液温度下降所致。或者料碗碗底孔径大、玻璃液流出量多的缘故。

如果料滴较长、较细时,一般是由于料碗碗底孔径小,为了达到同样的料重,必须提高料温。

如果料滴具有圆端头部并切割光滑时,是因为剪刀装在最高位置。如果料滴具有长颈形并切割不光滑时,是因为剪刀装在了最低位置。

(5)成型温度与玻璃黏度 钠钙玻璃模制注射剂瓶及中性硼硅玻璃模制注射剂瓶,钠钙玻璃输液瓶、中性硼硅玻璃输液瓶,钠钙玻璃药瓶等由于对玻璃材质和化学稳定性的要求较高，因此玻璃液的熔制及成型难度较大，这体现在玻璃成型区间内的温度与黏度之间的对照上，黏度相同的情况下温度越高成型的难度越大。行列机制瓶需要的黏度区间为 $10^4 \sim 10^{7.6}$ dPa·s。部分典型的玻璃成型温度-黏度对照表，见表 8-2 所示。

表 8-2 玻璃成型温度-黏度对照表　　　　　　　单位：℃

黏度值 lgη/dPa·s	普通瓶罐	钠钙玻璃 模制注射剂瓶	钠钙玻璃 模制输液瓶	中硼硅玻璃 模制注射剂瓶
3.0	1212	1223	1234	1414
3.5	1118	1129	1136	1287
4.0	1040	1052	1057	1185
4.5	976	988	990	1100
5.0	921	933	934	1028
5.5	874	886	886	968
6.0	833	845	845	915
6.5	797	809	809	869
6.6	790	802	802	861
7.0	765	777	777	829

（6）供料操作　为了制备适合于行列制瓶机成型的一个好的料滴形状，必须把握供料操作的五个要素：玻璃液的温度、冲头高度、冲头冲程、剪刀高度、差动。

供料机运行的具体操作要求如下。

① 检查各机件位置是否正常，紧固件必须拧紧，再用盘动无级变速轮的三角胶带，检查各部件运转是否轻便。

② 开机前，匀料筒和冲头要上升到一定的高度，将控制冲料和剪切的手柄板下，使冲头和剪刀处于停止状态。

③ 开机时，先启动匀料驱动的电动机，使匀料筒转动起来，然后开动传动凸轮的电动机，一般先使冲头动作，后使剪刀动作。

④ 匀料筒和料盆周围的玻璃液温度必须均匀，才能供料。

⑤ 匀料筒和冲头的中心必须一致，才能保证良好的滴料。

⑥ 油杯、油嘴必须加注润滑油，两只齿箱内的润滑油应保持在油面线上。运转中各滑动部分不能失油。

⑦ 在剪刀张开时即开始喷水，喷水要对准刀刃，喷出的水要成雾状。

⑧ 停机时要做到以下几点：先将排料槽抬起，呈淌料状态；板下扣闩手柄，使冲头停止在最高位置；板下手柄，使摇臂停止摆动、剪料停止、剪刀张开；先停传动凸轮的电动机，后停匀料驱动的电动机；停机后，应使玻璃液保持工作温度。

⑨ 部件的更换要在停机后进行，冲头、匀料筒、料碗等耐火材料部件须预热，以防炸裂。

（7）其它附属系统　其它附属系统包括排料机构，分料器和机台下控制装置。

① 排料机构　排料机构的作用是当玻璃液不适合制作产品或行列机停机不需要料滴时，把玻璃液导入废玻璃池中，一般有固定排料槽和活动排料槽两种。

② 分料器　分料器的作用是将供料机剪下的料滴，分配给行列机成型机理，它主要由分配阀、分料气缸、料斗、流料槽等组成。按照成型装备的功能，通常也将它列入制瓶机部分。

③ 机台下控制装置　供料机的机台位于行列机的上层，为避免操作人员往返上下两层的不便，将一部分调节把手用万向轴连接至行列机附近，方便供料机的调节。

8.2.2　制瓶系统

模制瓶的机械化生产是通过制瓶机来完成的。1905 年 Owens（欧文斯）发明了第一台完全自动化的真空吸料式制瓶机，行列式制瓶机至今成为使用最为广泛的制瓶机，其发展历史已有 100 多年。

1924 年，第一台行列式制瓶机在美国诞生，为了纪念两位发明者 Ingle 和 Smith，以他们的首字母命名为 I.S 制瓶机。其工作台固定不动，模具可以自动完成开合动作，玻璃料滴通过初型模和成型模完成玻璃瓶制造，玻璃瓶从初型模到成型模通过自动翻转机构来实现的，由于制瓶机的模具在工作台上为两列，分别为初型模和成型模，因此称为"行列机"。

1930 年，将初型模的顶芯改为锥形冲头，于是发明了压-吹法制瓶工艺。

20 世纪 60 年代德国海叶（Heye）公司，将滴料方式从单滴料发展到双滴料和三滴料，于是玻璃瓶生产效率大幅提高。

1967 年，中国设计制造了第一台 QD4 型行列式制瓶机。

目前，药用玻璃模制瓶生产采用行列式制瓶机，还包括输瓶机构和附属系统。

（1）行列式制瓶机　行列式制瓶机简称行列机，是由多个功能完全相同的机组排列而成，每个机组都是独立的制瓶机构，既可以单独操作，又可以整体协调操作。

行列机的机组数有 4 组、6 组、8 组、10 组、12 组等，料滴有单滴料、双滴料、三滴料、四滴料等多种形式，伴随着玻璃窑炉的大型化发展，行列机逐步向多组、多滴料方向发展。

（2）行列机特点

① 行列机是由完全相同的机组组成，每个机组都有自己的定时控制机构，可以单独启动和停机，不影响其它机组，不仅便于更换模具和维修，而且当出料量减少时，减少运转的生产机组即可。

② 模具不转动，每个机组都有自己的接料系统或共用一个分料器。

③ 生产范围广，可以用吹-吹法生产小口瓶，也可以用压-吹法生产大口瓶，在产品重量和机速相同、料性接近时，各机组可以分别生产不同形状和尺寸的产品。

④ 成型的玻璃瓶具有均匀的壁厚，尤其是用压-吹法，玻璃瓶壁厚更均匀，是实现玻璃瓶轻量化主要成型工艺。

⑤ 操作机构不转动，机器动作平稳。行列机主要由机械转动系统，控制机构、接料机构和流料槽系统、漏斗机构、扑气机构、初型模夹具及开关机构、成型模夹具及开关机构、口钳夹具及口钳翻转机构、正吹气机构、钳移器和钳瓶夹具等组成。

（3）行列机成型方法　现代行列式制瓶机按成型方法可分为：吹-吹法（B-B）、压-吹法（P-B）、小口压-吹法（NNP-B）和初型模高速辅助真空（LPBB）成型，常用的成型方法有吹-吹法、压-吹法和小口压-吹法。

① 吹-吹法　吹-吹法的基本原理是先在带有口模的初型模中吹入压缩空气制成玻璃瓶口部和吹成初型（称为初型料泡），再将初型料泡翻转，移入成型模，向成型模中吹入压缩空气，最后生产出玻璃瓶初型和制品，见图 8-9。因为"初型"由压缩空气吹制而成，"成型"

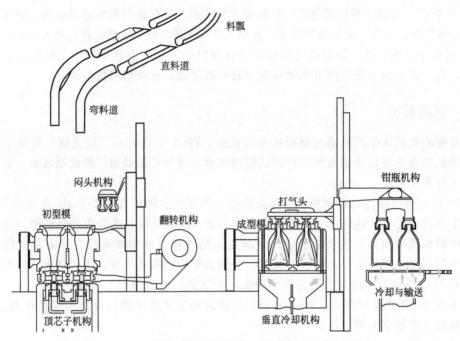

图 8-9　吹-吹法成型工艺原理图

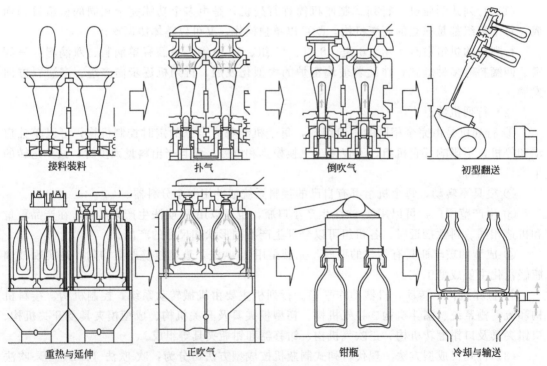

图 8-10　吹-吹法成型操作示意图

也由压缩空气吹制而成，因此称为吹-吹法。

　　小口瓶生产大都采用吹-吹法，成型操作示意见图 8-10。

　　a. 装料　供料机供给的玻璃料滴经接料机构、流料槽系统、漏斗进入初型模中。

装料前，口模返回初型模下方，初型模关闭，芯子上升插入口模，套筒上升进入工作位置，漏斗落在初型模上，为了装料方便，将初型模倒置，瓶口在下，瓶底在上，上部开口大，料滴易于装入，实际操作时，料滴形状应与初型模内腔轮廓相适应，特别是料滴的头部形状应与初型模的肩部轮廓相适应，以便料滴易于进入口模，形成玻璃瓶头部。

b. 扑气　料滴进入初型模后，扑气头立刻落到漏斗上扑气，压缩空气通入初型模，迫使料滴压入口模中，并充满口模，形成瓶头和气穴。

气穴是制造玻璃瓶空腔吹气的气路入口，要求气穴位于瓶口的正中央，且玻璃壁厚均匀，否则会引起玻璃瓶壁厚不均。

扑气必须在装料后立即进行，否则会使玻璃料滴过冷而硬化，难以充满口模，会造成瓶口缺陷。在保证料滴充满口模的前提下，扑气时间越短越好，如果扑气时间过长，会使初型模下部的料滴表面过冷，造成初型表面皱纹或瓶身中部壁薄。

c. 倒吹气　扑气结束后，芯子立即退出口模，以使料泡头部气穴表面重热。芯子退出给倒吹气让出了通路，同时扑气头离开漏斗，漏斗离开初型模复位，扑气头再次下降落在初型模上封底，压缩空气立即由芯子和套筒的间隙进入气穴，将玻璃料滴吹制成初型。

提早倒吹气有助于减少瓶身上的皱纹，适当延长倒吹气时间，可以增加玻璃料在初型模中的散热量，缩短玻璃在成型模中的冷却时间，有利于提高机速。

倒吹气气压大小要与玻璃瓶重量及玻璃瓶尺寸相适应，玻璃瓶越重、容量越大、倒吹气压力越大。

d. 初型翻送　玻璃瓶初型完成后，初型模打开，玻璃瓶头部被口钳钳住，口钳在翻转机构作用下垂直平面内翻转180℃，将玻璃瓶初型送入正在闭合的成型模中，并将玻璃瓶初型从倒置状态转为正立状态，成型模完全闭合，口模打开，并返回初型模下方原来的位置，重新开始下一个工作周期。

翻送速度必须适中，过慢，延伸量过度，下坠变形；过快，则受离心力作用使玻璃向初型的底部集中并伸长，形成厚底薄肩，上述两种偏向均能破坏玻璃的合理分布，致使玻璃瓶壁厚不均。翻送速度要根据初型的重量、黏度和形状来决定。

e. 重热与延伸　重热与延伸主要指倒吹气以后和正吹气之前这段时间。玻璃重热能使其表面重新软化，有助于壁厚均匀分布，同时有助于消除表面皱纹，提高光洁度。由于重热是一个纯工艺过程，不含特定的机械动作，因此，这个十分重要的过程极易被忽视。

从重热的角度来看，提早退出芯子，初型模早开，推迟正吹气都是有利的，但同时要注意两段时间的平衡及延伸量的平衡，防止玻璃料滴伸长过度。

f. 正吹气　重热和延伸后，吹气头移到成型模上，通入压缩空气，将初型吹成玻璃瓶，并使其充分冷却。

正吹气压力的大小、时间的长短，必须与料性的长短，玻璃瓶重量、延伸量相适应，压力过大，吹气过猛会产生冷爆现象。

g. 钳瓶　玻璃瓶在成型模内获得足够的冷却后，成型模打开，钳移器驱动钳瓶夹具到成型模上方将瓶钳住，送至输瓶机风板上，至此，成型模一个工作周期结束，待模具冷却后，重新开始下一个工作周期。

h. 玻璃瓶冷却及输送　输瓶机链板有许多孔眼，冷却风通过孔眼对上面的玻璃瓶进行再冷却，主要是冷却玻璃瓶的下部和底部，然后由拨瓶器推到输瓶的网带上，送往退火炉进行退火。

② 压-吹法　压-吹（P-B）法是先将落入初型模的料滴用金属冲头压制成制品的口部和

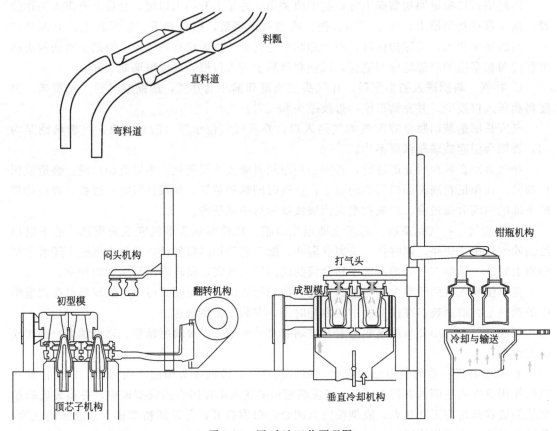

图 8-11　压-吹法工艺原理图

初型，再移入成型模吹制成形状完整的玻璃制品。初型是通过压制完成的，终型是通过吹制完成的，因此称为压-吹法，图 8-11 为压-吹法工艺原理图。

生产大口瓶一般采用压-吹法，压-吹法与吹-吹法原理基本相同，不同的是，吹-吹法的初型是通过扑气和封底小芯子，将玻璃料滴顶出小气穴后，通过吹气吹出瓶口部位，而压-吹法的初型是通过闷头封底后直接用锥形冲头压出来的。压-吹（P-B）法包括接料装料、冲头上、初型翻送、重热与延伸、正吹气、钳瓶、冷却与输送等步骤，后续的五个成型步骤与吹-吹法操作相同。这里仅介绍装料和冲头上。

a. 装料　工艺动作基本同吹-吹法，初型模倒置，装料前冲头上升插入口模适当位置，使落入初型模的料滴保持在口模以上、封线以下。

b. 冲头上　料滴落入初型模后，扑气头立即下降至初型模上进行封底，冲头随即上升，插入玻璃料滴内，使玻璃料滴受挤压而形成瓶口，当冲头处于最高位置时，基本形成了玻璃瓶的上部形态（简称瓶头），即初型已完成。

初型模装料后应立即进行压制，这时玻璃料温较高，玻璃黏度相对较小，压制阻力小，可以将驱动冲头上升的压缩空气的压力调至较小，防止瓶口和初型产生裂纹和印痕。

压-吹法工艺操作示意见图 8-12。

③ 小口压-吹法（NNP-B）　与大口压-吹法（P-B）和吹-吹法（B-B）相比，小口压-吹法（NNP-B）成型工艺对料滴的温度、均匀性料要求极高，其次是料坯的重热过程很重要。小口压-吹法（NNP-B）与吹-吹法（B-B）成型工艺的时间大致分配如图 8-13 所示。

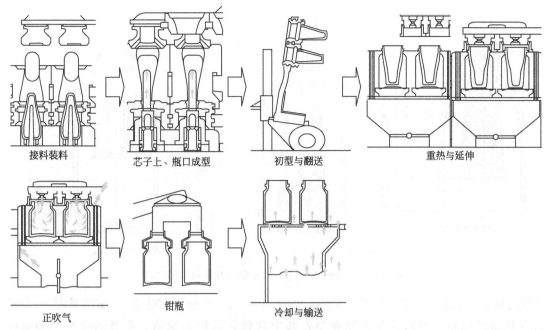

接料装料　　　　芯子上、瓶口成型　　　　初型与翻送　　　　重热与延伸

正吹气　　　　钳瓶　　　　冷却与输送

图 8-12　压-吹法工艺操作示意图

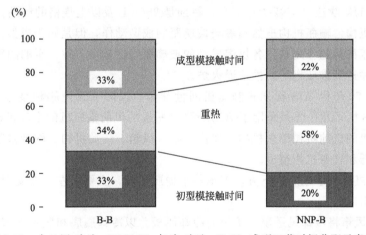

图 8-13　小口压-吹法（NNP-B）与吹-吹法（B-B）成型工艺时间分配示意图

小口压-吹法（NNPB）与吹-吹法（B-B）成型的初坯剖面比较如图 8-14 所示。

小口压-吹法（NNPB）模具设计比其它两种成型方法（吹-吹法和压-吹法）的要求更为严格，要求设计准确性更高。料滴进入初模后，首先形成雏型底部，靠冲头的挤压形成初型头部。冲压过程中冲头、初模与玻璃之间会产生热传导，而冲头的材质是热的良导体，冲压过程会带走大量热量，这就要求料滴的温度要高一些；冲头与初模之间的间隙大小决定了玻璃液的黏度，当使用小口压-吹法（NNP-B）时，冲头与初模间的间隙会很小，所以要求料滴的黏度要小，在玻璃成分已确定的前提条件下，要求供料料滴的温度高一些。

当今世界上对行列制瓶机的压-吹的冲头机构和供料机的冲料机构，采用高精度的电子传感器，极大地提高了小口压-吹法（NNP-B）的工艺精准度和技术水平。小口压-吹法（NNP-B）采用特种合金冲头，可大大提高了产品合格率。

药用玻璃模制瓶以小口瓶居多，所以大部分采用吹-吹（B-B）法生产。实际生产中，为

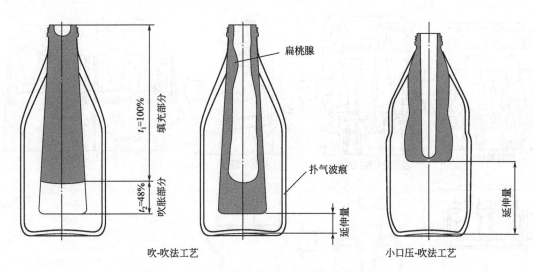

图 8-14   吹-吹法与小口压-吹法的初坯纵向剖面比较

了提高瓶壁均匀度以及降低瓶重等需求，也采用小口压-吹法（NNP-B）。德国早在 20 世纪 80 年代就已经强令推行轻量薄壁瓶型，其中就包含药用玻璃瓶，主要是依托德国海叶（Heye）玻璃厂的小口压吹法（NNP-B）技术。目前，国际市场的钠钙玻璃 A 型输液瓶全部要求使用小口压-吹法（NNP-B）生产，特别是 250mL 及以上规格的产品。

（4）输瓶机构   输瓶机构虽然不参与玻璃瓶的成型动作，但是属于成型工艺过程的一个组成部分。输瓶机构的作用是将各机组成型的玻璃瓶经冷却后，按一定的间距排列，以一定的速度连续地输送到推瓶机前，推往退火炉。

自 20 世纪 70 年代 AIS 行列式制瓶机问世开始，国际上无论哪种型号（含国产的单、双滴机）的 I.S 机，几乎都是采用了 AIS 行列制瓶机的机前输瓶机的全部机械结构。

行列制瓶机的机前机械输瓶机构主要由机架、风箱、传动机构、网带张紧装置、拨瓶机构、拨瓶制动器和转弯机构组成。

① 机架   机架位于输瓶机下方，支承整个输瓶机构，主要由左、右支架，悬臂，滚筒，支柱及升降机组成。

② 风箱   风箱将冷却风送至各机组的冷却风板，以冷却瓶底和瓶身下部，主要由箱体、空气管、风板组成。

③ 传动机构   传动机构的作用是将来自转鼓长轴的动力传递给输瓶机构，驱动输瓶网带、拨瓶机构以及转盘运转，调节玻璃瓶在冷却风板上的停留时间，控制输瓶机构的启动和停机。传动机构主要由圆锥齿轮、万向轴、传动箱、链轮、输瓶网带前轮、转弯机构传动部分、拨瓶机构传动部分等组成。

④ 网带张紧装置   输瓶网带的尾轮即张紧轮装在一个浮动支架上，可松紧输瓶网带，保证网带正常运转。

⑤ 拨瓶机构   拨瓶机构主要由拨瓶长轴、凸轮、滚轮、拉簧、拨叉及支架等组成，其作用是将冷却风板上的玻璃瓶按一定次序拨动到输瓶网带上。

⑥ 拨瓶制动器   制动器主要由制动轮和制动带组成，其作用是给拨瓶轴一个恒定的摩擦力，完成平稳拨瓶的动作。

⑦ 转弯机   转弯机是专门针对高机速生产产品平滑转弯而设计的，平滑的拨爪与剖面

组合设计，能减轻玻璃瓶高速进入转弯机时的冲击力度，同时能够使玻璃瓶在横向网带上排布均匀，最终使玻璃瓶进入退火炉后位置固定，达到整齐划一的效果。

（5）附属系统　附属系统包括压缩空气系统，冷却风系统和润滑系统。

① 压缩空气系统　压缩空气分低压和高压两种，低压约为 0.2MPa，高压约为 0.28～0.35MPa，所有压缩空气均需净化除水后方可进入机器各部位。

在高压气系统中，正吹气用气、扑气用气、冲头冷却用气要求压缩空气压力适当降低。为保持压力稳定，一般在高气压管上装有减压阀，压力大小可根据需要调整。

② 冷却风系统　合理地向初型模、成型模及输瓶机冷却风板提供冷却风，以冷却模具和玻璃瓶，对提高产量和质量有重要作用。冷却风的风压和风量与温度、玻璃瓶品种、重量及机速等因素有关，一般风压稍高，风量稍大为好。风量大小可由机组冷却风闸板、风嘴闸板及风板处闸板进行调节。

随着行列式制瓶机的多组段、多模腔和成型的高机速，其冷却风已经不单纯是对模具冷却的作用。在当今世界上成型模几乎全部采用了垂直冷却，初型模也大多采取了垂直冷却。行列式制瓶机高速生产小规格轻量瓶时，其模具外侧的冷却风嘴的组合结构，已经突破了机段单一冷却方式，并且颠覆了传统冷却方式与风机相匹配的概念。高速生产的行列式制瓶机的拨瓶台和机前输瓶机，都是单独的专用冷却风机，而且两者的进风通道又是各自分开的。为了降低行列式制瓶机冷却风的电能消耗，更加注重不同部位的冷却风量的需求差异。当今世界上较先进模制瓶企业，对冷却风系统的合理匹配以及性能优化已经上升到相当高的水平。

③ 润滑系统　为了减少机件磨损，延长设备使用寿命，使设备正常运转，一般采用下列几种润滑方式。

a. 气流带油润滑：有利于滴油杯将高压油箱的油引至压缩空气管内，气流将油雾化后进行润滑。

b. 压力加油润滑：将高压油箱的油定期、有节制地引入各部位进行润滑。

c. 喷油润滑：将低压油箱供给的低压油引入喷油装置，控制压缩空气定时驱动喷油装置，将油喷成雾状进行润滑。

d. 油管润滑：各组漏斗、扑气和正吹气机构的长槽凸轮浸在油箱中，输瓶机传动箱、转鼓长轴一端的齿轮箱及差动机构箱体中灌有润滑油。

e. 油枪注油润滑：对于高压油难以达到的部位，用油枪定期进行人工注油，如扑气机构气缸上的轴套、初型模开关机构液链轴、输瓶机转轴等。

f. 润滑脂润滑：在机器安装和维修时，对零部件涂抹黄油进行润滑，如滚动轴承、万向轴承接头、外部齿轮齿条等部位。

（6）行列机发展趋势　从 20 世纪末开始，行列式制瓶机已经逐步向伺服控制、高速、灵活、多机组、多滴料、制瓶轻量化的方向上发展，在国际上有代表性的设备厂家主要有EMHART、BDF、保太罗、海叶等，比较有代表性的机构有双电机拨瓶、伺服翻转机构、伺服钳瓶机构、比例阀控制顶芯子机构、高速串联机等，见图 8-15 所示。在钠钙玻璃模制注射剂瓶、钠钙玻璃药瓶的生产上已经实现了单组机机速 16r/min 以上，80％以上的产品实现了轻量化、准轻量化生产。同时可以实现钠钙玻璃模制注射剂瓶等产品的高钙玻璃成分生产，可大幅提高生产率，降低制瓶厂的生产成本，提高玻璃制品的强度。

当今世界上的行列制瓶机，不完全是机械结构。部分（钳瓶、拨瓶、翻转）伺服机构已经是标准配置。自上世纪 EMHART 推出的 NIS 全伺服行列制瓶机以来，其它制瓶机的制

图 8-15　2 台 10 组全伺服串联行列式制瓶机

造商也相继推出了不同结构配置的全伺服行列制瓶机。虽然制瓶行业尚未普及，但这必定是制瓶机的发展方向。

对制瓶冷却风机已经从传统的单台风机匹配，20 世纪末走向以美国 O-I、德国 GPS 公司为代表，各自推出的不同供风形式的两台风机匹配模式。发展到现在每单台行列制瓶机匹配 3 台风机，分别供给冷却风的匹配形式。

国外早在 20 世纪 80 年代，就开始采用两台行列式制瓶机（例如，荷兰 MOERDIJK 的 2 台 10 段双滴机）串联成一条线的串联行列式制瓶机，而且已经有 2 台 12 组段的串联机在正常运转。极大提高了生产效率并减少岗位操作人员。

8.2.3　成型模具

模具是药用玻璃模制瓶成型工艺的一个重要组成部分，模具的质量直接影响着产品的质量、产量及生产成本，而模具的质量主要取决于模具的材质、设计、加工以及模具的使用和维护。

模具在使用过程中内腔质量决定玻璃制品的表面质量，因此要求模腔表面有较高的精度和光洁度。由于模具频繁地与 700～1100℃ 的熔融玻璃接触，承受氧化及热疲劳等作用，同时，模具的接触面由于与玻璃制品的摩擦而被磨损，因此要求模具材料具有良好的耐热、耐磨、耐腐蚀、抗热冲击、抗氧化、抗热疲劳性能，其中抗氧化性能是最主要的性能指标。此外，还要求模具材质致密、易于加工、导热性好、热膨胀系数小。

（1）模具材料性能要求　模具直接与玻璃料液接触，是玻璃热量的传递介质，要求模具材料具有以下性能。

① 导热性好，应有良好的导热率和高的比热容。

② 抗氧化能力强、化学稳定性好，模具材料应具有一定的抗氧化能力，使模具在高温时不易出现脱皮和起鳞现象。

③ 良好的耐热性和热稳定性，这是由于成型过程中，一般玻璃液的入模温度在 900～1000℃ 之间，出模温度在 500～600℃ 之间。

④ 热膨胀系数小，抗裂性能好。

⑤ 具有一定的机械强度，耐磨、耐冲击。

⑥ 具有较高的黏合温度。即在成型过程中，不能与玻璃液黏连。

⑦ 材料结构致密均匀。

⑧ 材料应耐用且价格相对低廉。

（2）模具材质成分 模具的加工材料可根据玻璃种类、玻璃成分、模具的最高使用温度以及模具的加工工艺等条件进行选择，常用的模具材料主要为低合金铸铁。

低合金铸铁在普通铸铁中加入镍、铬、钼、钛、钒、铜等合金元素可以显著地改善铸铁的性能。镍可以提高铸铁密度和体积稳定性，并且容易加工和抛光。铬可以提高耐热性和耐磨性，抗氧化性和硬度。钼可以提高铸铁抗氧化性和热稳定性。钛可以提高铸铁强度，使组织均匀、致密。钒可以提高铸铁强度，增强耐侵蚀、耐热性、降低体积膨胀。加入少量铜有助于形成石墨，能够改善铸铁体积稳定性，而且不降低强度。

选择适宜的合金铸铁材料，能够使模具的使用寿命大大提高并且对产品质量负面影响较小。

（3）模具设计 行列式制瓶机所用模具包括初型模、成型模、口模及其夹钳、芯子、冲头、扑气头、吹气头、闷头、漏斗和钳爪，见图 8-16 所示。模具设计主要是初型模内腔、成型模内腔、口模内腔、芯子或冲头成型部位的形状以及闷头、漏斗、气头结构、外形、尺寸的设计和选择。

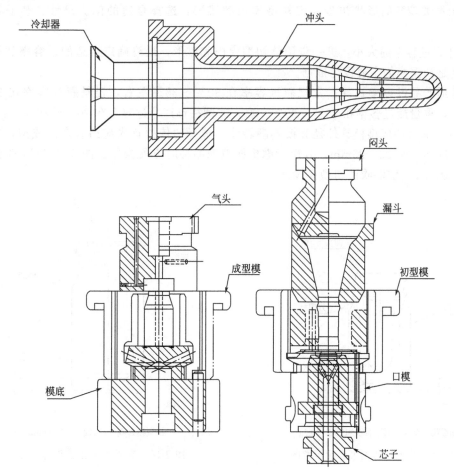

图 8-16　模具组装图结构示意图

模具设计一般应考虑以下因素。

a. 根据玻璃瓶形状、瓶壁厚度和玻璃瓶重量选择适合成型的方法。吹-吹法一般用于生产瓶口尺寸大于 18mm 的产品，小口压-吹法（NNP-B）一般用于生产瓶口内径小于 18mm 的产品。

b. 根据成型方法选择合适的成型工艺参数和料滴温度。

c. 根据料滴的形状和尺寸，考虑料碗直径的大小和剪刀片的高低。

d. 模具型腔设计和冷却系统设计、选择。

e. 模具外形和结构设计、选择。

① 初型模设计

初型模的作用是使玻璃料得到初步、合理的分布，是最终成型的过渡阶段，初模的形状设计直接影响瓶壁均匀度、瓶身光洁度，是模具设计最关键的一环。

a. 对于吹-吹法工艺，初型模设计应根据产品的料重、容量，对于压-吹法工艺，初型模设计去除了扑气装置，根据冲头尺寸和料重设计初模容积。

b. 根据成型方法的不同确定料胎在成型模中的的延伸长度，即延伸量。延伸量理论计算方法如下：对于压-吹法，口模线至瓶底弧顶点的距离／延伸量＝3.9。对于吹-吹法，（口模线至瓶底弧顶点的距离-初模腔长＋闷头窝深)/(初模腔长＋闷头窝深)＝3.1。

c. 根据玻璃瓶的形状初步确定初型模内腔雏形，选择合适的闷头尺寸、芯子和冲头形状。

d. 计算过容率的大小，进一步调整初型模内腔雏形，最终确定合适的过容率和初型模容积，这是初型模的主要设计依据。

圆柱形产品过容率选择：常规瓶过容率在 30％～35％左右，轻量瓶过容率在 35％～50％左右，重量瓶过容率在 25％～30％左右；非圆柱形产品过容率在 20％～25％左右。

e. 选择适合的成型模具外径和模具翻转值，选择的依据首先应适合产品成型，要求模具单边厚度不小于 20～25mm，其次考虑更换玻璃品种时方便操作。图 8-17 为压-吹法初型模设计，图 8-18 为吹-吹法初型模设计。

初型模含闷头+口模-冲头=12mL 30.5g

图 8-17　压-吹法初型模设计示意图

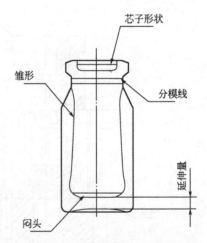

初型模含闷头+口模-芯子=8.6mL 28.3g

图 8-18　吹-吹法初型模设计示意图

② 成型模设计

a. 成型模内腔形状同玻璃瓶形状应完全一致，同时设计时还应考虑玻璃的冷缩量对产

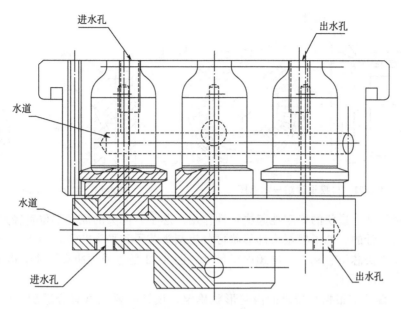

图 8-19 水冷模结构示意图

品身外径、瓶全高的影响，一般情况下高度、身外径放量为 1.005 倍。

　　b. 成型模设计的关键是其冷却系统的设计，成型模各部位的温度必须合理。温度过高，玻璃瓶脱模后易变形或粘连；温度过低，易产生冷斑、裂纹、表面皱纹及合缝线明显、瓶底薄等缺陷。图 8-19 是水冷模结构示意图，图 8-20 是气冷模结构示意图。

　　③ 口模设计　瓶口部位是整个产品最敏感的部位，也是最关键的部位，生产产品要与客户的瓶盖配合得当，同时要适应机械高速灌装的使用要求，设计时要注意保证瓶口的稳定性，图 8-21 是口模设计结构示意图。

　　a. 瓶口有内塞要求的要考虑瓶口成型后的收缩量。瓶口外径、螺纹外径设计时注意比瓶口标准尺寸放大 0.1～0.2mm，以免造成瓶口尺寸超标。

　　b. 合理设计瓶口部位形状，瓶口内径处的分模线俗称眼睫毛，要求不能掉屑、不能刮伤内塞。

　　c. 参照瓶口标准尺寸确定螺纹的形状，设计时防止产生瓶口裂纹，要求哈夫线不能掉屑、拧盖顺畅。

　　④ 芯子、冲头设计　芯子、冲头形

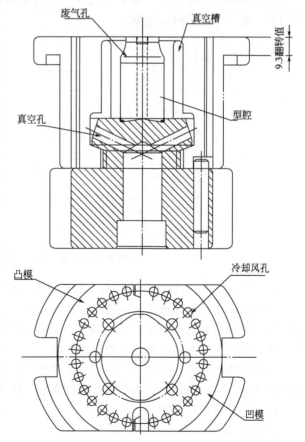

图 8-20 气冷模结构示意图

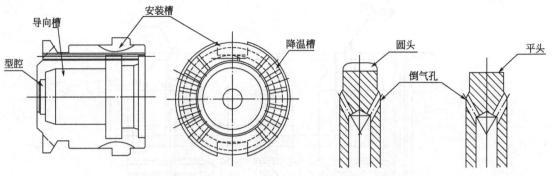

图 8-21　口模设计结构示意图　　　　图 8-22　芯子、冲头设计结构示意图

状对瓶口内径尺寸、形状的稳定性起决定性作用。芯子、冲头的成型部位直径是按照玻璃瓶口内径尺寸来设计的。芯子根据头部形状可分为圆头芯子和平头芯子，圆头芯子有利于控制瓶底均匀度，平头芯子有利于控制颈内径尺寸，图 8-22 是芯子、冲头设计结构示意图。

⑤ 闷头、漏斗设计

a. 闷头、漏斗应根据初型模的内腔形状确定，设计时要注意有合适配合间隙，要求有利于产品成型、适合行列机高速运转。

漏斗的作用是辅助料滴进入初型模，因此漏斗的内孔尺寸要小于初模上口 1～2mm。

b. 闷头的作用：一是扑气辅助瓶口成型；二是倒吹气时防止倒吹气吹破雏形，使雏形充分延伸分布，因此闷头与初型模配合部位要求紧密，配合间隙在 0.05mm 左右。图 8-23 是闷头、漏斗设计结构示意图。

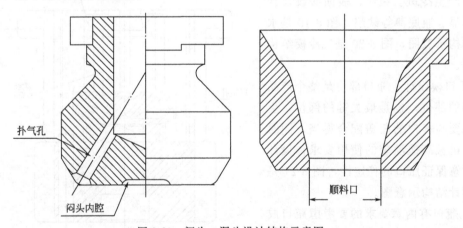

图 8-23　闷头、漏斗设计结构示意图

⑥ 吹气头、钳爪设计　吹气头、钳爪应根据产品瓶口尺寸来设计。

吹气头的作用是保证吹气顺利进入雏形内部，通过气压保证产品最终成型，并对瓶口进行冷却。要求气头内腔深度比瓶头高 1mm，内腔直径比瓶口最大尺寸单边大 5～6mm，目的是防止压破瓶口和保证瓶口有充分的空间。

钳爪的作用是产品成型后把产品从成型模中拿出放到冷却风板上，要求钳爪宽度比产品径外径大 0.4～0.6mm，目的是防止瓶口变形。图 8-24 是吹气头、钳爪设计结构示意图。

（4）模具使用与维护

① 模具使用要求

a. 模具使用前需认真检查规格、型号是否与生产的产品对应，模具状态及各部件配合

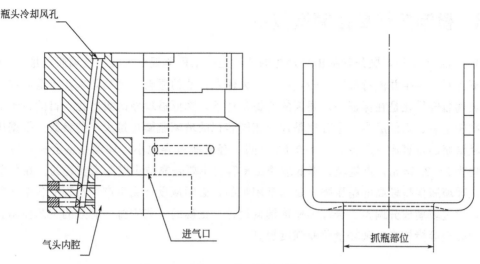

图 8-24 吹气头、钳爪设计结构示意图

是否良好，经预热后使用。

b. 使用时正确安装，在使用过程中应合理的润滑和冷却。

c. 换下的模具要缓慢冷却，严禁模具骤冷，防止模具变形。

d. 新模具及使用过模具应涂油防锈蚀，对每付模具进行编号并保证模具编号的唯一性。

e. 定期更换模具，并对模具质量状况进行评估。

f. 安装、调试、搬运时要防止模具撞击，避免损伤。

② 模具的冷却 模具太热或太冷及温度不均匀都会严重影响玻璃瓶质量、产量及模具的使用寿命，因此应对模具要进行合理的冷却。一般 10mL 以下的产品模具温度相对较低，根据机型的配置选择水冷方式冷却；10mL 以上的产品模具温度相对较高，根据机型的配置选择风冷的方式冷却。不管用何种冷却方式必须保证模具温度适合产品成型。

③ 模具的润滑 常使用脱模剂对玻璃模具进行润滑，脱模剂一般由石墨、矿物油、添加剂组成，脱模剂可以在模具表面形成一层均匀的油膜，阻止玻璃料与模具直接接触，便于料胎或玻璃瓶脱模，提高玻璃瓶光洁度和成型速度。

模具的润滑在现代高速行列制瓶机的生产作业操作是十分重要的。不同产品要选用不同牌号的模具润滑油，脱模剂涂覆的精准和细腻，也是非常重要的。

④ 模具的清洗与修理 模具清洗的目的是去除油污、氧化层和碳化沉积物，清洗的方法有干粉喷砂机清理和化学试剂清洗两种方法。

清洗后的模具应认真检查，没有缺陷的模具经抛光后可再次使用，有缺陷的模具需要用喷焊、加衬、铆接等办法进行修补和处理。

⑤ 模具喷焊 模具材料主要为铸铁，根据玻璃的料性选择不同成分的铸铁材料。不管是何种成分的模具材质，在玻璃成型过程中因模具受热膨胀和玻璃液的腐蚀性会造成材质脱落黏附在产品上形成色点，因此需要对模具表面进行处理。目前采用的工艺主要为喷焊，喷焊的材质为镍基合金粉，经过高温熔化后均匀的黏附在模具表面，形成一层密度大、硬度高、光洁度好的喷焊层，厚度约为 2mm，喷焊层在玻璃成型过程中可有效地减少色点的产生，并提高模具的使用寿命。

8.3 模制瓶轻量化制造技术

早在 20 世纪初，国外就提出"理想的节约是以工程学观点来减轻玻璃瓶重量"，于是轻量瓶概念开始诞生并流行起来。轻量瓶有三大优点：节约原料，提高效率，降低成本。

玻璃瓶轻量化是在保证一定强度的前提条件下，降低玻璃瓶的重容比，目的在于节约原料、减轻重量、降低成本。重容比是评价相同容积的玻璃瓶罐重量大小的参数。根据用途不同，轻量瓶的重容比一般在 0.15～0.80 之间，轻量瓶重容比小，玻璃瓶壁会相对较薄，壁厚平均为 2～2.5mm，重量轻。降低玻璃瓶重容比主要是靠减小壁厚来实现的。在薄壁状态下要使玻璃瓶保持较高的耐压强度是非常困难的，必须从设计到生产全过程的各个环节加以控制，通过玻璃成分调整、合理的瓶形结构设计、正确的工艺安排、有效的工艺控制、较好的表面处理等措施来实现轻量化瓶强度提高。

8.3.1 原料与配合料

原料及配合料制备过程配方设计、原料成分、粒度、水分、配合料均匀度、碎玻璃的质量及加入均匀性都对产品质量有直接影响。做好配料工作必须执行稳定的配方、制定和严格执行原料标准、配合料制备工艺制度化。国内高档轻量瓶生产都特别重视该环节，生产的称量与精度上，配料系统采用先进的计算机控制电子称量设备，动态精度应达到 1/500，确保配料质量。混料均匀性和防止配合料输送过程分层十分重要，切不可忽视。

8.3.2 熔制工艺

玻璃熔制过程大致可分为硅酸盐形成、玻璃形成、澄清、均化、冷却五个阶段。熔制过程采用连续作业，这五个阶段是在熔炉的不同部位进行的，以便分段控制准确的熔制温度。窑炉运行工艺指标的稳定性至关重要。一般要求熔化温度波动不超过 10℃，液面波动不超过 0.5mm，窑压波动不超过 2Pa，防止窑炉空间冒火，从而防止结石、条纹、外观、强度差等质量问题。高档轻量瓶生产中对分配料道温度和玻璃液面的波动精度要求非常高，有的分别控制在 ±2℃ 及 ±0.2mm 以内。

当然，要保证高精度的生产工艺指标，必须推广燃油或天然气窑炉，改进窑型、对窑炉实行全保温、炉底鼓泡、电助熔、窑坎、热工参数使用微机控制、供料道优化设计等一系列措施，使熔化率达到 1.5～2.0t/(m²·d)，熔化质量明显提高。当然优质耐火材料的使用极为重要，但需特别谨慎。

8.3.3 成型控制

玻璃液形成玻璃制品的过程可以分为成型和定型两个阶段。成型和定型是连续进行的，成型过程中，需要控制玻璃的黏度、温度，以及通过模具向周围介质的热传递。玻璃容器通常从三个特征温度值来控制成型操作：软化温度、退火温度和应变点。不同产品，通过试验确定合理的参数是关键，先进的制瓶、供料及加热系统采用先进的成型工艺是获得均匀壁厚、实现轻量化的根本保证。

8.4 模制瓶成型缺陷及原因

模制瓶在成型过程中，由于机械、设备、模具、操作及环境等因素导致玻璃瓶产生各类表面缺陷，常见的成型缺陷按其产生的部位可分为瓶口部缺陷、瓶颈部缺陷、瓶肩部缺陷、瓶身部缺陷、瓶底部缺陷和其它缺陷，按其对玻璃瓶质量的影响程度可分为重缺陷和轻缺陷。常见缺陷及其产生原因见表8-3～表8-8。

表 8-3 瓶口部缺陷及其产生的原因

序号	缺陷名称	产生的原因
1	裂口（炸口、爆口）、瓶口部有纵向裂纹	a. 料滴温度太低 b. 料滴头部太粗 c. 芯子过冷或与玻璃接触时间太长，芯子太脏 d. 扑气时间过长 e. 芯子上得过猛，落的不顺妥 f. 正吹气头太浅，中心不正，吹气压力太大或压缩空气带水 g. 冷却风使用不当，在成型模一方吹到瓶口
2	口部裂纹：在瓶口或口部螺纹处有浅裂纹	a. 料滴过冷，料头太尖 b. 剪切不良（剪刀刃大或剪料带毛刺） c. 初型模与口模配合不当，口模开的不稳，开初型模时带动口模 d. 扑气头落的太猛，扑气压力过大或扑气时间过长 e. 翻转机构终点缓冲不当 f. 芯子套筒太高或太低
3	瓶口不足：瓶口密封处或螺纹处玻璃不足	a. 料滴温度过高或过低，料滴头部太尖或太粗，中心不正 b. 扑气时间和压力不足，扑气头堵眼或漏气 c. 初型模喷油不足，初型模内有油或水，妨碍玻璃料进入口模 d. 口模、芯子过脏，口模内有杂物，口模过热，口模设计不合理 e. 料轻
4	瓶口不圆：瓶口偏或畸形	a. 料滴温度过高 b. 倒吹气不足或时间太短 c. 芯子接触时间太短或扑气时间太短 d. 口模太热，瓶口冷却不良 e. 口钳直径太小或口钳中心不一致 f. 正吹气头压得过紧或正吹气压力过大
5	小口：瓶口内径小	a. 料滴温度过高，头部形状太尖 b. 芯子与玻璃料接触时间太长，芯子温度不合适 c. 芯子设计不合理 d. 初型模和口模的冷却风使用不当 e. 正吹气压力小 f. 倒吹气开得太迟 g. 瓶钳内径过小

表 8-4 瓶颈部缺陷及其产生的原因

序号	缺陷名称	产生的原因
1	歪头:瓶颈部弯曲歪斜	a. 料滴温度过高 b. 口模太热 c. 正吹气头不平或偏离成型模中心 d. 正吹气时间太短或压力不够 e. 瓶钳与成型模不同心 f. 瓶钳不水平或钳瓶出模太猛 g. 成型模太热或成型模打开不稳
2	瓶颈毛刺:在瓶瓶与瓶瓶口缝处有尖锐的玻璃毛刺	a. 料滴温度过高 b. 口模与初型模配合不当,磨损过大 c. 初型模关闭不严

表 8-5 瓶肩部缺陷及其产生的原因

序号	缺陷名称	产生的原因
1	肩部裂纹:瓶肩部有表面裂纹,通常呈波浪形	a. 料滴温度太高或太低 b. 模底高低不当,模底和成型模间隙不足 c. 正吹气压力过高,成型模过热
2	瓶肩不足(塌肩):肩部没有完全成型	a. 料滴温度过低,料滴形状不良,料轻 b. 倒吹气时间过长,使初型过硬 c. 初型在成型模内重热时间过短 d. 正吹气压力不足,吹气头和成型模不同心 e. 模具冷却风位置不当 f. 机速过慢
3	肩部薄:瓶肩局部或全部较薄	a. 料滴温度不均匀 b. 料滴形状不良 c. 料滴落入初型模时不同心 d. 初型模润滑不良 e. 正吹气过迟,延伸过度 f. 初型模过热

表 8-6 瓶身部缺陷及其产生的原因

序号	缺陷名称	产生的原因
1	瓶身炸裂纹:瓶体上有深入瓶壁的裂纹	a. 料滴温度过高或过低 b. 初型重热时间不足 c. 正吹气压力过大或正吹气时成型模过早打开 d. 冷却不合适,初型模过冷,成型模过冷或过热
2	瓶身歪斜:瓶体向一侧歪斜	a. 料滴温度过高或不均匀 b. 料滴过重,料形不好或落料不顺 c. 初型模太热或倒吹气不足,使初型太软 d. 正吹气时间太短或压力不足 e. 玻璃瓶底部太厚或瓶体不均匀 f. 玻璃瓶在瓶钳上停留时间太短或风板冷风不足 g. 输送带不平

序号	缺陷名称	产生的原因
3	瓶身皱纹:瓶体表面波纹状皱褶	a. 供料道温度不合适,造成料滴温度不均匀,料性过粗或过长 b. 料滴未落到初型模中心,转向料槽安装位置不当,流料槽润滑不佳 c. 初型模设计不合适,初型模过热或过冷 d. 模具缺陷
4	壁厚不均:瓶壁厚度不均匀	a. 料滴温度不均匀,料形不合适 b. 料滴在料道上摩擦过多 c. 初型模冷却不均匀,初型模设计不佳 d. 倒吹气不适宜,初型过软或过硬 e. 重热时间不足

表 8-7　瓶底部缺陷及其产生的原因

序号	缺陷名称	产生的原因
1	炸底:瓶底裂纹	a. 料滴温度过低 b. 模底高低不当,模底过冷或过热 c. 正吹气压力过大
2	底薄	a. 料滴温度过低、料轻、温度不均匀 b. 初型模设计不当及初型模过冷 c. 芯子与玻璃接触时间和倒吹气时间配合不当 d. 重热时间短,延伸量不足
3	底厚	a. 料滴温度过高、料重 b. 重热时间过长,延伸过量 c. 初型模底过大,初型过软 d. 倒吹气压力过小,芯子过冷
4	偏底:瓶底厚薄不均匀或一边厚一边薄	a. 料滴温度不均匀 b. 落料不正,料滴在料道上摩擦太多 c. 口钳翻转速度不合适 d. 初型模过短,温度过多,倒吹气不足 e. 重热时间过长
5	闷头印偏移:闷头印从瓶底中心向一边偏移	a. 料滴温度过高或不均匀 b. 初型模设计不合理 c. 初型模冷却不均匀,温度分布不当 d. 口钳翻转速度不合适 e. 两扇口钳不在同一平面上 f. 倒吹气不正

表 8-8　其它缺陷及其产生的原因

序号	缺陷名称	产生的原因
1	大气泡:成型过程中出现的气泡供料道以后产生的	a. 供料道燃烧状态不良 b. 供料道或料盆内有异物(如耐火砖、铁质等) c. 料碗、匀料筒、料盆等有裂损 d. 冲头与匀料筒不同心 e. 匀料筒转速过快

续表

序号	缺陷名称	产生的原因
2	剪刀刃:瓶口、瓶底或瓶身上呈羽毛状的印痕	a. 料滴温度过低或料滴形状不良 b. 剪刀调节不当,剪刀片太钝或剪切中心不正 c. 剪刀支架未校正好 d. 剪刀片上油垢太多 e. 剪刀喷水不良
3	冷斑:玻璃瓶表面不光滑、呈鳞片状	a. 料滴过重,脱初型模慢 b. 初型模、成型模温度过低
4	黑点:玻璃瓶内部或外表面上的黑色斑点	a. 料盆下有由于剪刀喷水形成的污垢 b. 流料槽装置内表面脏 c. 芯子过热氧化起皮 d. 模具脏 e. 正吹气气孔有脏物,通气不畅 f. 脱模剂选用不当
5	容量过大或不足	a. 成型模模腔与标准尺寸不符或使用时间过长,磨损过度变大 b. 设计容量偏高或偏低 c. 玻璃瓶变形外凸 d. 瓶肩部没有吹足
6	合缝线过粗、过尖	a. 合缝线配合不好 b. 模具旧,磨损严重 c. 模具没关紧或合缝线处有积垢 d. 初型模与成型模轴线不对或错位
7	瓶身不光洁	a. 模具使用过长,表面氧化脱皮 b. 模腔润滑油,润滑涂料积灰
8	瓶身厚薄不均	a. 初型模模腔和冲头设计不合理(压-吹法) b. 延伸量过长或过短 c. 机速过快或过慢

8.5　模制瓶退火

　　玻璃瓶在成型工艺过程中,玻璃经受了剧烈的、不均匀的温度变化,导致玻璃内部质点发生不均匀的变化,因此产生热应力,这种应力会降低玻璃的强度和抗热震性。退火就是消除或减小玻璃热应力至允许值的热处理过程。

8.5.1　应力类型及成因

　　玻璃中的应力按其形成的原因可分为热应力、结构应力和机械应力三类。

(1) 热应力 热应力与玻璃的冷却过程及温度变化情况有关，它是因玻璃内部存在温度差而产生的，根据热应力形成的过程和存在的特点，又可分为暂时应力和永久应力。

① 暂时应力 当处于弹性状态（已固化）的玻璃加热或冷却时，由于玻璃不是良好的导热体，在玻璃的内层与外表层之间就会产生温度差（或称为温度梯度）。

在弹性状态下，无论是加热还是冷却玻璃，都将产生暂时应力，暂时应力的大小取决于玻璃内的温度差和玻璃的热膨胀系数，当暂时应力超过玻璃的强度极限时，玻璃就会炸裂。当温度均衡，温度差消失后，玻璃中的暂时应力也随之消失。

② 永久应力 当玻璃内温度差消失，暂时应力随之消失时，高温时处于塑性状态下的玻璃内部质点因没有充分的时间进行调整排列，就出现了不可消除的残余应力，这种热应力称为永久应力，也称为内应力。

永久应力产生是由于玻璃在退火区域内，质点调整松弛的结果，质点调整松弛越完全，则应力越小，应力松弛的程度即永久应力的大小取决于玻璃在退火区域的冷却速度、温度梯度、黏度及玻璃瓶厚度等。

(2) 结构应力 结构应力是玻璃内部的化学组成不均匀而造成的。配合料混合时成分不均匀，熔制时玻璃液均化不良，以及耐火材料侵蚀脱落产生的条纹、结石等缺陷，这些缺陷局部的化学组成与主体玻璃不同，热膨胀系数也不同，产生结构应力。结构应力是退火工艺无法消除的，也是容易引起玻璃瓶爆裂的隐患。所以，应从稳定和改善配料、熔制工艺来预防和解决。

(3) 机械应力 机械应力是指外力在玻璃中引起的应力，外力除去时，机械应力随之消失。在成型工艺过程中，若对玻璃瓶施加了过大的机械力，会使其破裂。

8.5.2 退火工艺原理

玻璃退火就是设法消除或减小玻璃内的永久应力。玻璃退火由两个过程组成：其一是应力的减小或消失；其二是控制永久应力在允许值的范围内。针对永久应力形成的原因，将玻璃重新加热到其内部质点可以移动的温度，利用质点的位移使应力松弛，以达到消减应力的目的。

玻璃没有固定的熔点，在加热和冷却过程中其黏度是逐渐变化的。当玻璃从高温冷却到一个特殊的温度区域时，玻璃由典型的液态物质变成固态物质，这个温度区域称为转变温度区域，它的上限称为软化温度，转变温度区域的下限称为转变温度。当温度处于转变温度以下时，玻璃处于的黏度相当大的弹性体状态，玻璃的内部质点仍然可以进行移动，其外形几乎无变化，这是进行退火的最佳区域，也称为退火区域。

一般以保温 3min 能消除 95% 的应力的温度为退火温度的上限（或称最高退火温度），以保持 15min 只能消除 5% 的应力温度为退火温度的下限（或称最低退火温度）。高于退火温度上限时，玻璃会软化变形，低于退火温度下限时，玻璃内部质点已固定，不能进行松弛移动，无法消减应力，其永久应力就不能随加热或冷却而变化。

玻璃瓶在退火区域内保温一段时间，使原有的永久应力消除后，要以适宜的速度逐步冷却到退火温度下限，以保证不再产生新的永久应力（也称为二次应力）。因此，玻璃退火包含两个内容：一是要消除原有的永久应力；二是要防止新的永久应力的产生。

8.5.3 退火工艺制度

(1) 退火工艺的四个阶段 根据玻璃退火原理，可将退火工艺过程分为四个阶段，即加

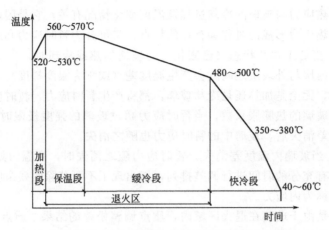

图 8-25　典型的退火温度曲线

热段、保温段、缓冷段和快冷段，也称为退火温度曲线，典型的退火温度曲线见图 8-25。

① 加热段　成型后的玻璃瓶经输瓶机网带输送至退火炉时已冷却，需将玻璃瓶加热至退火温度范围内，加热阶段的目的就是将玻璃瓶温度重新上升到可调整质点、松弛应力的程度。这一阶段的主要工艺参数是加热温度和升温速率。

② 保温段　保温段阶段的主要目的是消除玻璃瓶快速加热时所产生的温度差，并消除固有的内应力。这一阶段的主要工艺参数是均热（保温）温度和在此温度下的保温时间。

③ 缓冷段　在玻璃中原有应力消除后，必须防止降温过程中由于温度差而产生的二次应力。主要是通过严格控制冷却速率来实现，也就是说，要把玻璃瓶慢冷到其内部结构完全固定下来，不会产生新的应力。

④ 快冷段　从最低退火温度开始，可以快速冷却，一直到出退火炉达到常温为止，因为此时玻璃结构已固化，不会产生新的永久应力。

（2）退火温度控制　不同规格和品种的玻璃瓶退火温度制度略有不同，退火制度应根据玻璃的化学组成、产品规格、瓶重及壁厚度等来确定，同时要考虑产品对退火质量的要求以及选择的退火炉类型、结构和所用燃料特性等，常用的退火工艺参数应包括退火温度、保温时间、加热速度、冷却速度及传动速度等。

为保证玻璃瓶退火质量，还需保证退火炉横断面温差小于±5℃。这就要求退火炉装有横向搅拌风机。在退火炉高温区一般安装 4 台或更多搅拌风机，即可满足高质量退火要求。

一般通过在退火炉炉体配置热电偶对退火温度区域内的温度进行测量和控制。温度检测点的选择应考虑退火炉的类型、结构、燃料特性以及检测元件的选用和安装情况等，一般沿退火炉炉长方向配备 10 个或更多测温点，可将检测元件按垂直方向从炉顶插入炉腔，具体装置应根据退火工艺要求来确定。配套的电气控制部分、内置精确计量电度表、温度显示仪、传动控制器等设施。

常用的退火炉根据其燃料和加热方式不同，可分为燃气退火炉（以冷煤气或天然气为燃料）、燃油退火炉（以重油为燃料）以及电加热退火炉。电加热退火炉以其无污染、噪声小等特点得到大量的应用。退火炉的选用可根据玻璃材质，产品的表面处理方式、产品的规格、重量及制瓶机的机速等相关因素综合考虑，一般需要进行硫化处理的产品选择燃气退火炉，非硫化处理或进行表面喷涂的产品大都选择电加热退火炉。普通退火炉的结构示意图见图 8-26 所示。

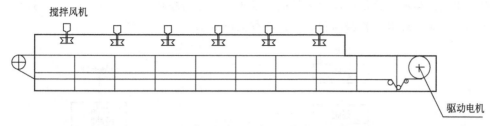

搅拌风机

驱动电机

图 8-26 普通退火炉的结构示意图

8.5.4 退火缺陷及原因

退火工艺过程的目的是消除玻璃瓶的应力，另外，对需要进行表面硫化处理的输液瓶、模制注射剂瓶进行表面脱碱处理。退火工艺过程对玻璃瓶造成的缺陷可分两类：一类是退火应力未达到规定的允许值；另外一类是经表面硫化的玻璃瓶内表面耐水性处理未达到规定的允许值。

（1）退火应力不达标　产生退火应力不达标的主要原因有以下几种。

① 退火温度曲线设定的不合理，退火温度偏低。

② 退火温度制度未得到严格执行，温度波动大。

③ 退火速度过快，未能使玻璃瓶中的应力完全松弛。

④ 同一退火炉中的产品规格玻璃瓶壁厚差异过大，为防止小规格产品和玻璃瓶壁薄的产品产生变形，退火温度上限达不到要求。

⑤ 慢冷阶段退火曲线设定不合理，降温过程过快，由于温度梯度变化产生的"二次应力"。

（2）内表面耐水不达标　普通钠钙玻璃输液瓶、钠钙玻璃模制注射剂瓶一般需通过退火工艺过程进行"硫化"处理，以提高表面耐水性，使其符合标准要求。

在退火过程中，由于"硫化"处理导致产品内表面耐水性不达标的主要原因有以下几种。

① 硫化物加入量不足，导致酸性气体未能与玻璃瓶表面碱性物质充分反应。

② 硫化物加入量不均衡，造成局部酸性气体不足。

③ 退火温度制度不合理，退火温度过低或退火速率过快，退火炉中的酸性气体未完全挥发反应。

药用玻璃模制瓶在退火工艺时常用的表面处理方式有内表面霜化处理，以及外表面的热端和冷端喷涂处理，具体内容见第 9 章"医药玻璃表面处理"。

8.6　检验与包装

8.6.1　检验与包装工艺流程

玻璃制品经过退火以后，通过理瓶系统单行排列进入洁净厂房内，通过人工灯检、检验机自动检测、再次人工灯检、现场质检人员抽检合格后再进行热缩包装、自动码垛或装箱等流程。为保证玻璃产品的洁净度要求，玻璃瓶整理至热缩包装的环节必须在洁净厂房内进行，对于中间产生的不合格或需要复检的产品也必须在洁净环境下组织复检，不得对产品造成二次污染，医药玻璃瓶检验与包装工艺流程见图 8-27。

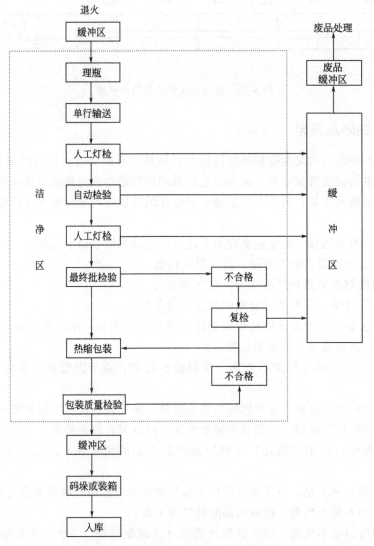

图 8-27　医药玻璃瓶检验与包装工艺流程

8.6.2　自动检验设备

传统的模制瓶生产线冷端检验包装工序主要采用人工方式，劳动强度大。一方面，劳动力成本逐年上升；另一方面，客户对模制瓶产品质量要求与过程控制逐步提高，对人工检验标准随意性纷纷质疑，医药玻璃企业开始寻求替代人工的检验包装设备。近年来，以计算机、微电子、数码照相为核心的机器视觉检测技术日趋完善，而且国内配套设备供应商迅速发展，企业逐步摆脱检测设备与技术全部依赖进口的局面，降低了设备成本。上述多方面的原因促使自动化检验包装设备在模制瓶生产线上迅速推广。

模制瓶生产线检验设备借鉴国外成熟的配置，由瓶口综合检验机（图 8-28）、瓶身照相检验机、瓶底照相检验机组成一条完整的在线产品检验流水线，能适应生产 250 瓶/分钟以

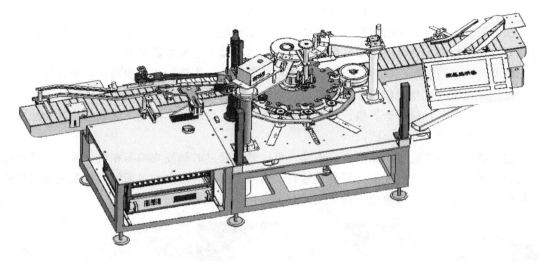

图 8-28　瓶口综合检验机

下的行列机机速，超过此速度，产品从退温炉后端排瓶机分流，形成两条检验线，检验完成后再合并进行包装。

瓶口综合检验机工作原理是：分度机构带动星盘间歇运动，通过固定检测位置，自转轮带动玻璃瓶自转实现瓶口部位多种缺陷检测，其中裂纹检测通过光电检测探头实现。瓶口综合检验机能够检测瓶口部位各种裂纹缺陷、瓶口内外径尺寸缺陷及瓶口平整性（气密性），另外通过固定位置的自转实现瓶身椭圆、瓶壁薄厚检验、模具号识别等检验功能，部分设备厂家还在固定位置嫁接了照相检验功能，检测瓶口或瓶肩部缺陷。

瓶口综合检验机核心技术是光电检测调制解调应用，微裂纹反射的光束通过光电探头采集信号，通过调制解调处理并锁存有效信号，通过工控机剔除缺陷产品并保存记录。

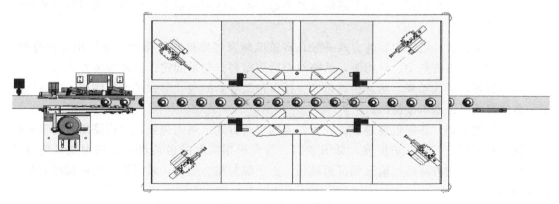

图 8-29　瓶身照相检验机

瓶身照相检验机是基于 PC 的机器视觉检测系统，见图 8-29，首先通过高速数字 CCD相机采集玻璃瓶的图像，然后在高性能工业计算机上采用专用软件对图像进行分析处理，检测出玻璃瓶的高度、瓶身外径、瓶口外径、瓶颈外径以及瓶身气泡、黑点、结石、褶皱、裂纹等缺陷，再通过和预设数据进行对比分析，来判断玻璃瓶的质量，并给出剔除信号，控制剔除装置将废瓶剔出生产线，同时记录并在显示器上实时显示出处理结果。

检测系统在两个工位安装四台 CCD 摄像机，四台摄像机呈 90°角安装，顺序拍照，对每一个玻璃瓶拍摄 4 张图片进行处理分析，保证对整个玻璃瓶 360°的检测。该检测系统为实时在线检测系统，具有方便的参数调节功能，可以根据使用环境随时进行设置。对摄像机的参数设置可以进行保存，再次使用时可直接调用，可存储上千组参数设置。

随着光源、高速照相机等核心组件的价格持续降低，为进一步减少盲区检验区域，目前 8 相机、12 相机的瓶身照相检验机逐步应用在新上或改造的生产检验线上，使缺陷检验能力进一步得到提升。目前，计算机、照相机对图像处理速度较快，玻璃产品缺陷检验为非接触式，检验速度超过 300 瓶/分钟。

瓶底照相检验机通过夹瓶同步带传输，瓶底悬空通过时触发光源与相机，相机通过瓶口拍摄瓶底照片，检验瓶底气泡、黑点、结石、褶皱、裂纹等缺陷。目前新一代瓶底照相检验机附带瓶口照相功能，可检验上口平面质量缺陷，见图 8-30。

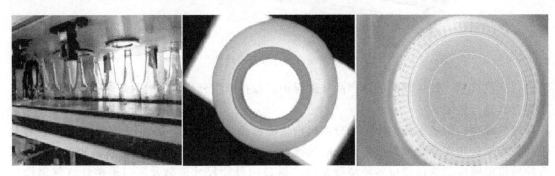

图 8-30　瓶底照相检验机

8.6.3　包装

玻璃瓶属于易碎品，其包装的主要功能是防止在贮运过程中的破碎。另外，作为药用玻璃在包装材料和包装方式的选用上还应重点考虑产品清洁度的要求，目前，常用的包装方式有以下几种。

（1）纸箱包装　纸箱包装的方式一般是将玻璃瓶直接排列在纸箱中，每层用垫板分隔，纸箱内衬塑料膜以防灰尘、异物等，纸箱封合后用塑料打包带固定。这种包装方式适宜于小规格的模制瓶，近几年来，随着热缩包装、托盘包装等新的包装形式的大量应用，单纯用纸箱包装的方式已经基本被淘汰。

（2）热缩包装　热缩包装是目前较为普遍的包装方式，热缩包装机结构简单，由理瓶机构、覆膜封切机构、热缩炉组成，见图 8-31。首先根据需要的包装尺寸调整理瓶机构行数与列数，形成行列方阵后，输送到覆膜机构，上下膜封粘、切割，最后通过热风循环炉热缩形成包装。

热缩包装与纸箱包装相比较，具有以下优点。

① 由于热缩膜具有较高的收缩性，从而保证每个包装单元具有良好的稳定性，玻璃瓶在包装件中不松散、不滑动，减少在贮运过程中的破损现象。

② 热收缩膜具有防潮、防污染等保护作用，对贮运过程及玻璃瓶的清洁度能起到很好的保护作用。

（3）托盘包装　托盘包装是目前应用最广泛的一种形式。目前有两种方式：一种是将每个热缩包装单元码放在托盘垫板上，用塑料膜热合密封后形成托盘包装件，一般小规格瓶大多采用这类方式；另一种是用机械方式将玻璃瓶直接码放在托盘垫板上，每层加盖板后用塑

图 8-31　热缩包装机成套设备组成示意图

料膜或缠绕膜封合。一般大规格玻璃瓶和自动包装采用这种方式。

8.6.4　码垛

　　码垛是将包装进行规则摆放和堆垛，分为人工和机械码垛，机械码垛可极大地提高劳动生产率，节约人力资源，机械码垛生产线将成为药用玻璃模制瓶包装改进的主要发展方向。

　　机械码垛通过机械手（图 8-32）可实现包装抓取、垫板和顶框抓取。垫板和顶框抓取采用真空吸取方式，并且二者合用一套机构。包装抓取是一套夹具，由伺服电机驱动调节夹具的开合程度和伸缩距离，以适应包装尺寸的变化。而控制伺服电机运行距离的方式有硬件最终距离检测手段和软件参数设定相结合，根据不同的包装尺寸选择相应的控制参数（编程时完成参数设定，只需对应规格选择而不需现场输入），由软件完成伺服电机的运行控制，终端限位（包括起始位和停止位）检测开关即可以提供更精确的定位以弥补软件控制的过冲，又可以起到机械故障检测、报警和控制的功能。这样机械手的夹具就是一套多功能复合夹具，其控制由主控器完成，主控器和机器人控制柜之间有一定的状态检测和运动协调机

图 8-32　码垛机械手

制共同完成一系列的抓取放置动作，智能化程度和可靠程度都比较高，非常适合多产品和规格的变化需要。并且机器人作为通用的自动化设备能够很容易利用到其它需自动化完成的工作中，对于机器人的投资实际上是可以永久发挥效益的，并且其代表未来的发展方向。另外机器人码垛速度快，码垛结构形式灵活，根据目前生产机速可同时码垛三条生产线的包装产品，并且码垛形式、数量、垛型随意调整。

8.6.5　检验与包装环境要求

对药品安全性控制逐步由原来对药企的控制向直接接触药品的药包材企业延伸，这对药包材企业提出了更高的要求，达到各类产品的标准要求已经成为产品进入市场的最低要求，满足药品生产企业的要求也成为药包材企业的终极目标。

随着人们对药品安全性关注程度的增加，药品生产企业对影响药品安全性的包装材料更加关注，同时随着 ISO 15378《药品初包装材料 ISO 9001：2008 应用的专用要求，包含生产质量管理规范（GMP）》的逐步推行，药品生产企业对药包材的检验、包装环境洁净化要求，成为审计的一项重要内容，并将逐步成为一种常态。

（1）检验与包装洁净化要求　对于玻璃瓶的检验、包装环境必须满足洁净化，最低要求满足 D 级标准。检验与包装环境设计要遵循生产工艺、人流、物流原则，并满足消防、安全要求。

（2）洁净化厂房运行及管理

① 严格按照更衣程序进出净化厂房区域，并执行卫生管理制度中的关门、着装、洗手、消毒要求。窗明、壁净见本色，包括天花板、进风口、回风口，无污染、无霉斑、无不清洁的死角。地面清洁、无积水、无杂物，设备、电机、工作台无粉尘和油污。

② 洁净室内生产操作用设备、物料、容器具等控制在最低限度，且所用设备应不产尘或少产尘，所用器具的材料最好选用不锈钢或其它发尘少的材料制作，记事、记录最好用圆珠笔，不要采用粉笔、告示板和记事板；清洁工具（如拖把、揩布、毛刷等），使用后用洗涤剂清洗干净，放置在指定处自然晾干。

③ 洁净鞋、洁净服、手套满足洁净厂房要求，同时要完好，无油污，按照清洁频次进行清洗。

④ 生产过程中，皮肤不能和产品直接接触，废品要存放在废品筐内，通过输送系统周转到废品处理处；废品筐要做好不合格标识，对废品筐及时保洁。

⑤ 在生产线停产或更换品种时，利用停产时间对洁净厂房进行集中彻底清理、消毒，并做好清场工作，防止不同产品、不同批次产品的混淆。

⑥ 对净化厂房要按照消毒制度及时消毒，并确保消毒设施、工具专区存放，不得有污染。洁净室内人员不得化妆。不得有个人物品带入洁净室内，如首饰、化妆品、钱包、食品、手机等。

⑦ 洁净区内的压差、温湿度要符合工作环境要求。

⑧ 高效过滤器安装前应进行合格情况的检查，安装后对密封部位仍需要再检查，如油槽密封较好即可启用，此后需每半年检查一次使用情况。对空调系统进行定期维护，初效、中效、终效过滤器定期清洁、更换。

⑨ 必须定期进行相关指标的检测，并满足 D 级要求。

（3）洁净室的监测

① 洁净室的正压测定 对洁净室内压差每日测定一次，空气洁净级别不同的相邻房间的静压差应大于5Pa，洁净室（区）与室外大气的静压差应大于10Pa。

② 洁净室的风速、风量的测定 洁净室的风速、风量的测定频率为每季度一次，测定采用风速仪进行，高效滤器的风口测试风量与设计风量之差应在设计风量的±15％内。

③ 洁净室内温湿度的测定 洁净室内温度控制在18～26℃，相对湿度控制在45％～65％之间；温度和相对湿度测定仪表应根据温度和相对湿度的波动范围进行选择，一般采用壁挂式干湿温度计。

④ 洁净室的洁净度监测：

a. 悬浮粒子测定：测定方法依据《洁净室（区）悬浮粒子的测试规程》进行，测定仪器采用尘埃粒子计数器，测定频次一般为每季度一次。另外，为了保证测定结果的准确性，尘埃粒子计数器应每年由厂家标定一次；微生物测定：测定方法依据《洁净室（区）沉降菌的测试规程》，采用平板（培养皿）测定，测定频次为每月一次。

洁净级别及要求参照药品生产质量管理规范（2010年版），见表8-9、表8-10所示。

表8-9 各级别空气悬浮粒子的标准规定

洁净度级别	悬浮粒子最大允许数/m³			
	静态		动态	
	≥0.5μm	≥5.0μm	≥0.5μm	≥5.0μm
A级	3520	20	3520	20
B级	3520	29	352000	2900
C级	352000	2900	3520000	29000
D级	3520000	29000	不作规定	不作规定

表8-10 洁净区微生物监测的动态标准规定

洁净度级别	浮游菌 /(cfu/m³)	沉降菌(φ90mm) /(cfu/4h)	表面微生物	
			接触(φ55mm) /(cfu/碟)	5指手套 /(cfu/手套)
A级	<1	<1	<1	<1
B级	10	5	5	5
C级	100	50	25	—
D级	200	100	50	—

b. 洁净室（区）的换气次数：B级不小于60次/小时；C级不小于30次/小时；D级不小于20次/小时，单向流截面风速应达0.36～0.54m/s（指导值）。

c. 洁净室（区）的压差：洁净区与非洁净区之间、不同级别洁净区之间的压差应当不小于10Pa。应当在压差相邻级别区之间安装压差表。

参考文献

[1] 王承遇，陈建华，陈敏. 玻璃制造工艺 [M]. 北京：化学工业出版社，2006：170-178.

[2] 王承遇，陶瑛. 玻璃材料手册 [M]. 北京：化学工业出版社，2007：208-218，220-223.

[3] 李小林，弭桂生. 行列机出模温度及其控制 [J]. 玻璃，2014，3：21-24.

[4] 刘健. 行列机模制瓶的缺陷与控制 [J]. 建筑玻璃与工业玻璃，2012：47-49.

[5] 田英良，孙诗兵.新编玻璃工艺学 [M].北京：中国轻工业出版社，2011：383-387.

[6] 作花济夫，境野照雄，高桥克明，蒋国栋等译.玻璃手册 [M].中国建筑工业出版社，1985：424-425.

[7] 王承遇，陶瑛.玻璃材料手册 [M].北京：化学工业出版社，2008：366-373.

[8] 前苏联基泰戈罗茨基编，郑庆海，张后尘，范垂德等合译.玻璃生产手册 [M].北京：轻工业出版社，1996：539，563-565，788-797.

[9] 西北轻工业学院主编.玻璃工艺学 [M].北京：中国轻工业出版社，2007.

[10] 李永安.药品包装实用手册 [M].北京：化学工业出版社，2003.

第 **9** 章

医药玻璃表面处理

医药玻璃表面处理方法很多，本章就应用药品包装玻璃的表面处理方法进行论述。药品包装玻璃表面处理分三大类。第一类，内表面处理，包括提高玻璃瓶内表面耐水性能的霜化处理和改进使用性能的硅化处理；第二类，外表面处理，提高药瓶强度，防止表面划伤的冷端涂层和热端涂层；第三类，表面印刷，使用油墨通过印刷方式，将产品信息、商标、企业信息印刷在医药玻璃容器表面。表面处理以其成本低，可显著提高使用性能，近年来表面处理已在药用玻璃行业得到应用和发展。

9.1 内表面处理

药用玻璃瓶内表面处理是指在特定的温度和工艺条件下，通过在瓶内添加某种物质用于改善和提高玻璃瓶内表面性能，以适应盛装药品要求。药用玻璃瓶常用内表面处理方法有霜化处理和硅化处理。

9.1.1 霜化处理

目前，药用玻璃瓶耐水性能测定和分级是按国际标准 ISO 4802.1《玻璃制瓶—玻璃容器内表面的耐水性 第一部分：滴定法和分级》，该标准的耐水性分级 HC1 级和 HC2 级的耗酸量限值是相同的，区别在于 HC1 级适用于使用高度耐腐蚀的硼硅酸盐制成的玻璃容器，HC2 级适用于使用钠钙玻璃制成的，且内表面经过霜化处理的玻璃容器。

我国 YBB 标准对药用玻璃按材质分为高硼硅玻璃、中硼硅玻璃、低硼硅玻璃和钠钙玻璃四类。用于盛装注射剂和输液剂的钠钙玻璃瓶及部分低硼硅玻璃瓶内表面达不到耐水HC1 级或 HC2 级碱析出量要求，必须通过内表面霜化处理才能提高内表面耐水性能。

9.1.1.1 霜化处理机理及霜化剂特点

常用的霜化处理有两种方式：一种是在退火炉炉膛内定时定量加入工业硫黄，使硫黄在一定的温度下充分受热氧化而挥发，形成的 SO_2 酸性气体充满退火炉空间及产品周围，SO_2 酸性气体与玻璃瓶表面的碱性物质产生中和反应，降低玻璃瓶表面的碱离子浓度，达到提高玻璃瓶表面耐水性的目的，这种表面处理方式也称"硫霜化"处理或"脱碱"处理，其反应机理如下：

$$Na_2O + SO_2 \longrightarrow Na_2SO_3$$
$$Na_2O + SO_3 \longrightarrow Na_2SO_4$$

这种处理方式适用于机速高、产量大的小规格注射剂瓶。

另外一种方式是在玻璃瓶进入退火炉之前，在传输带上增加投硫装置，当玻璃瓶通过投硫装置时，自动投硫装置通过瓶口向玻璃瓶内投入霜化物，一般为片状或粉状的硫酸铵，当玻璃瓶进入退火炉后，玻璃瓶内的霜化物遇热分解、挥发，形成硫酸根离子与玻璃瓶内表面的碱性物质发生中和反应，达到玻璃瓶内表面"脱碱"的目的，降低玻璃瓶表面碱离子浓度，提高表面耐水性，其反应机理如下：

$$>100℃ \quad (NH_4)_2SO_4 \longrightarrow NH_4HSO_4 + NH_3$$
$$500\sim600℃ \quad NH_4HSO_4 + Na_2O \longrightarrow Na_2SO_4 + NH_3 + H_2O$$

投硫霜化方式适用于制瓶机速相对较慢，瓶口相对较大的大规格输液瓶。对于规格小于200mL医药玻璃瓶很难采用。

虽然这两种表面霜化处理形式不同，但基本原理和目的是一样的，利用酸性物质与玻璃表面的碱性物质发生反应，达到玻璃表面"脱碱"目的，同时在玻璃内表面形成较稳定的"富硅层"，以提高玻璃表面的耐水性能，由于生成的"白霜"（硫酸钠）极易溶于水，在药品灌装前需清洗除去。

在进行玻璃瓶表面霜化处理时，如产生的酸性气体不足，会造成"脱碱"不充分，达不到提高玻璃表面耐水性的目的，反之，如产生的酸性气体过量，易产生"脱碱"过度，出现玻璃瓶内壁挂水珠、瓶壁不易清洗等问题。

有资料显示，国外使用二氟乙烷（DFE）进行玻璃表面处理，这种处理方式能够非常有效地降低玻璃瓶表面碱金属离子的富集，提高玻璃瓶耐水性能，其化学反应式如下：

$$CH_3CHF_2 + Na_2O \longrightarrow 2NaF + CH_3CHO$$

该处理反应后玻璃表面生成无色的氟化钠，瓶壁不会有可见的残留物，从而使玻璃瓶更易清洗、灌装，具体工艺过程为：按一定的比例混合空气和DFE，用传感器通过控制装置把混合气体引入传送带上的热玻璃瓶中，在控制装置中有两个DFE材料桶，即使有一个桶压力不足，也能实现自动切换，不间断地供DFE气送入需处理的玻璃瓶中。

常用的霜化剂有硫酸铵、硫黄或气体SO_2，它们各有特点、各有所长。

（1）采用SO_2气体作霜化剂 用液化SO_2对输液瓶等小口药用玻璃容器进行喷雾处理，一般每个玻璃瓶投放SO_2为$0.1\sim0.2g$，SO_2从玻璃瓶口吹入其内部时，由于温度升高、压力下降，SO_2气化成高浓度气体。为确保无误，每条线最少安装两个吹气口。气体霜化剂解决了粉剂、片剂投放分布不均匀、造成玻璃瓶壁内表面沉积物难以清洗去除的问题。

（2）采用硫黄粉作霜化剂 硫黄粉多用于抗生素小瓶的表面处理，操作简单，不需将硫黄粉加入每只瓶中，而是要将一定量的硫黄粉在退火炉喷火区加热生成SO_2气体，使SO_2气体进入退火炉上部空间与玻璃瓶接触，在退火温度条件下，SO_2气体与玻璃表面发生化学反应，在玻璃表面生成Na_2SO_3或Na_2SO_4。硫黄粉的添加量按每隔20min加0.5kg。天气不好时，遇有雾、有风时，特别是春秋季时间，投放时间间隔要短些，因为风会带走部分SO_2气体。残余气体在负压的作用下从烟囱抽出，并使用脱硫装置处置剩余的二氧化硫气体，以减少对环境的污染。由于霜化剂利用率低，对设备和环境污染大，现已经基本被淘汰。

（3）采用硫酸铵作霜化剂 硫酸铵可以是片状，也可以是粉状，硫酸铵霜化剂常用于输液瓶等较大容器的硫霜化处理。玻璃瓶成型后，在输瓶网带的适当位置设置投片（粉）机，投片过程靠光电系统控制,在每条生产线上最少要安装两台,以确保投片(粉)的可靠性。

霜化剂在玻璃瓶内的传热分解过程可延续1~2min,因此,投粉(片)机所在的网带位置应离退火炉入口处较近处(2m左右),玻璃瓶的内壁及底部具有适宜的温度范围。为了保证硫酸铵粉(片)顺畅下落,使用前必须对其进行干燥和过筛。硫酸铵的投入剂量大约为0.3g/瓶。

9.1.1.2 霜化处理不良原因及对策

玻璃瓶霜化失败有三种情况,主要表现为挂霜不足、挂霜过度、挂霜不均匀。在实验室可检测其内表面钠析出量和脱片情况,并找出霜化失败情况和分析值的相关性,采取对应方案进行解决。特别需说明的是,玻璃成分对霜化有特定要求,不是所有的玻璃瓶都可进行霜化。如颗粒法测试玻璃耐水级别在HC3级以下,则不具备霜化条件,即便霜化处理后,其表面耐水性能和使用过程中的脱片也难于符合盛装液态药物要求。

霜化效果主要与温度有关。当霜化处理温度偏高,虽然脱碱作用加强,但霜化层较厚,给洗瓶带来了困难,玻璃瓶内表面产生挂水现象。当处理温度较低时,霜化效果很差,霜化层不均匀,玻璃瓶内壁残留明显的片剂痕迹,使内表面的碱离子消耗不充分,达不到硫霜化的效果。因此,一定要选择合理的硫霜化处理温度和适量的霜化剂,来达到较佳的硫霜化处理效果。

近年,大量霜化处理的钠钙玻璃瓶盛装液态药物时产生严重脱片现象。甚至对于一些药品,直接使用钠钙玻璃瓶,比使用霜化处理的钠钙玻璃瓶(测内表面耐水性时耗酸数据可达HC 1水平)脱片更少。因此业界公认,霜化处理只能改善钠钙玻璃内表面耐水性能,而对玻璃脱片产生会有不良作用。

美国药典 USP<1660>《玻璃容器内表面耐受性评估》提出,影响玻璃容器内表面耐久性的因素包含硫酸盐处理,低表面碱度值可通过硫酸铵处理来实现,但是处理本身可能会降低玻璃瓶内表面的耐久性。

玻璃瓶内表面霜化处理虽然能改善玻璃瓶的表面性质,起到提高玻璃表面耐水性的作用,但是,霜化处理会给生产环境及产区周边环境带来很大影响,造成极大的环境污染,特别是退火炉空间投硫的霜化工艺对环境的危害更大,所以,生产企业应采用排烟脱硫装置等措施来消除或减少对环境的危害和影响。

目前,国际上采用霜化处理的钠钙玻璃瓶越来越少,且仅限于少量的盛装液体注射剂,而盛装固体注射剂的钠钙玻璃瓶,已经淘汰和不用霜化处理,这也是目前国际与国内同类钠钙玻璃产品生产重要区别,表9-1是国际钠钙医药玻璃瓶内表面耐水性的检测数据及耐水性级别。

表 9-1　国际钠钙医药玻璃瓶内表面耐水性的检测数据及耐水性级别

生产国家/厂家	瓶形	规格/mL	内表面耐水性耗酸量/分级/(mL/分级)	YBB HC2 及耗酸量最大值/mL	YBB HC3 及耗酸量最大值/mL
意大利/波米利	A	10	5.9/HC3	0.8	9.1
意大利/波米利	A	7	6.7/HC3	1.0	10.2
印度/NEUTBAL	A	20	2.0/HC3	0.6	6.1
印度/古籍拉特	A	30	1.9/HC3	0.6	6.1
法国/圣戈班	A	10	2.6mL/HC3	0.8	9.1
法国/圣戈班	A	20	3.1/HC3	0.6	6.1
法国/圣戈班	A	25	2.6/HC3	0.6	6.1

在国内医药包装市场中，钠钙玻璃模制瓶大部分用于盛装固体注射剂，也有少量用于盛装液体注射剂和冻干剂。YBB标准《钠钙玻璃模制注射剂瓶》对这类产品的使用范围给出了明确范围："本标准适用于盛装注射用无菌粉末医药产品"，这些超出产品适用范围的应用，只有通过延长霜化时间，增大霜化剂用量，才能满足玻璃瓶内表面耐水性能要求。我国医药企业在选用霜化处理的钠钙玻璃药瓶盛装药液后，很快出现药液浑浊和脱片现象，原因就在于过度霜化处理和选择不适用的医药包装产品于此。

国际医药企业，对于固体注射剂基本采用未经霜化处理的Ⅲ类瓶。出口产品的相关资料显示，未经霜化处理的Ⅲ类瓶应用涵盖了盘尼西林、氨苄西林、苯唑西林、头孢吡肟、磷霉素、苯偶酰、万古霉素等各种系列的粉针注射剂，包括诺华制药在内的国际知名制药企业在欧美、印度、东南亚等医药市场广泛采用Ⅲ类瓶。表9-2列出了中国出口的钠钙玻璃瓶内表面耐水性检测和分级。

表9-2 中国出口的钠钙玻璃瓶内表面耐水性检测和分级

规格	内表面耐水性耗酸量/分级/(mL/等级)	YBB HC2 及耗酸量最大值/mL	YBB HC3 及耗酸量最大值/mL
5mL	6.8/HC3	1.0	10.2
8mL	5.7/HC3	1.0	10.2
15mL	4.5/HC3	0.8	9.1

注：表中的酸为盐酸，浓度为 0.01mol/L。

通过表9-2看出，中国生产的出口钠钙模制注射剂瓶大部分都是经过霜化处理的Ⅲ类瓶，其内表面耐水性耗酸量检测数据与国际上生产的同规格的产品基本一致。

欧洲药典对Ⅲ类瓶应用范围的界定为：Ⅲ类玻璃容器（Ⅲ类瓶）一般适合于非水溶性注射剂或者粉针（冻干剂除外）或者非注射药物。

钠钙玻璃Ⅲ类瓶在国际市场的大量应用，也从实践中证实了钠钙模制注射剂瓶在限定应用范围后，将改变或取消霜化处理的可行性。

9.1.2 硅化处理

医药玻璃硅化处理主要是利用有机硅的憎水性，减少注射器或玻璃瓶内表面药剂附着性。对预灌封注射器玻璃套筒内表面进行硅化处理，除了具有上述作用外，还可以减少玻璃筒与推杆的摩擦阻力，使注射推药更加平稳，但有机硅与玻璃结合属于异相结合，易于脱落，其抗碱性差，其主要用于贮存生物制剂的预灌封注射器。

9.1.2.1 聚硅氧烷概述

最常见的有机硅产品有三甲基硅氧基（trimethylsiloxy）封端的聚二甲基硅氧烷，其结构式如下：

$$Me-\underset{\underset{Me}{|}}{\overset{\overset{Me}{|}}{Si}}-O-(\underset{\underset{Me}{|}}{\overset{\overset{Me}{|}}{Si}}-O)_n-\underset{\underset{Me}{|}}{\overset{\overset{Me}{|}}{Si}}-Me \quad 或 \quad Me_3SiO(SiMe_2O)_nSiMe_3 \qquad \begin{array}{l} n=0,1\cdots \\ Me=CH_3 \end{array}$$

即使 n 值很大，它仍是线型聚合物液体。其主链链节单位—（$SiMe_2O$）—常可缩写为字母 D，这是因为硅原子和两个氧原子相连。在聚合物内，这个链节可在两个方向上延伸。依此类推，可相应定义 M，T 和 Q 链节：

$$\underset{\underset{\displaystyle Me}{|}}{\overset{\overset{\displaystyle Me}{|}}{Me-Si-O-}} \qquad \underset{\underset{\displaystyle O}{|}}{\overset{\overset{\displaystyle Me}{|}}{-O-Si-O-}} \qquad \underset{\underset{\displaystyle O}{|}}{\overset{\overset{\displaystyle O}{|}}{-O-Si-O-}} \qquad \underset{\underset{\displaystyle Me}{|}}{\overset{\overset{\displaystyle Me}{|}}{-O-Si-O-}}$$

M   T   Q   D

$Me_3SiO_{1/2}$　　　　$MeSiO_{3/2}$　　　　$SiO_{4/2}$　　　　$MeSiO_{2/2}$

上面的聚合物同样可表示为：$MD_n M$。也可以将复杂的结构简化表示，如以 $(Me_3SiO)_4Si$ 表示的四（三甲基硅氧基）硅烷，也可简略表示为 M_4Q（有时也用上标表示甲基以外的其他基团）。

有机硅具有低表面张力、憎水性、低摩擦系数、生物兼容性好、化学稳定性强，在医药玻璃中主要用于器械和药玻包装瓶内表面。

9.1.2.2　医疗用具内表面硅化处理

方法一：①将一批新的盖玻片散开，在通风条件下于 0.1mol/L 的盐酸中煮 20min，等其冷却后，倒掉盐酸；②用去离子水漂洗盖玻片，竖放在架子上自然干燥；③硅化盖玻片：通风条件下，将单片的盖玻片在二甲二氯硅烷（dimethyldichorsilane，DMDC）液中浸几次，竖放在架子上干燥；④收集干燥的盖玻片放于可耐热盘（或培养皿）中，用去离子水漂洗数次，彻底清洗；⑤用铝箔将装有盖玻片的培养皿包好，于 180℃烘烤 4h，取出待冷至室温后，即可进行后续处理（附：2%DMDC 配制：按比例两者充分混匀，静止待气泡消失即可使用。用途：硅化玻片、载玻片、盖玻片均可）。

方法二：将经过洗净的盖玻片分散放在一金属网中，并将金属网放入接有真空泵的干燥器中。同时，在干燥器中放一盛有约 1mL 二甲二氯硅烷（dimethyldiorosilane，DMDC）的小烧杯。盖好干燥器（确保密闭），抽真空约 5min，然后让空气冲入。取出盛有盖片的金属网架，用锡箔纸包埋，于 250℃以上烘烤 4h 以上，最好过夜，冷却后备用。本法可用于玻璃及塑料器皿的硅化处理，但塑料器皿只能于 60℃烘干。

方法三：①49mL 氯仿与 1mg 二甲二氯硅烷（DMDC）配液；②倒入拟硅化的试管或离心管中，浸泡 5min 后用乙醇或二次蒸馏水冲洗；③玻璃器皿使用前位于 180℃以上烘烤 2h 以上，塑料器皿应于 60℃烘烤过夜。

注意：DMDC 有毒且易挥发，应于通风环境中操作并戴口罩、手套，避免接触皮肤或吸入。利用对圆底玻璃烧瓶进行硅化处理时，先将玻璃容器进行泡酸处理，然后冲干，二次蒸馏水及去离子水冲洗干净，烤干或晾干后，加入少量硅油（5%二氯二甲硅烷的氯仿），缓慢旋转玻璃容器，使得硅油都能够接触到玻璃容器内壁。最后冲洗晾干就可以用了。如果大量制备，将玻璃容器浸泡于 5%二氯二甲硅烷的氯仿溶液中 1min，室温干燥后蒸馏水冲洗，再干燥备用。

9.1.2.3　实验室玻璃仪器硅化方法

先配制 2%二甲基二氯硅烷（DMDC）（DMDC 2mL，三氯乙烷 98 mL，按比例两者充分混匀，静止待气泡消失即可使用）。取 2%的 DMDC 5～10 mL，加入经过洗净处理的玻璃培养皿中，转动培养皿使内壁均匀地涂上溶液，倒去多余的 2%的 DMDC 用于下一个培养皿的涂布。涂好的玻璃培养皿 40℃烤干，再用锡箔纸包裹，于 180～250℃烘烤 4h 以上，最好过夜，冷却后备用。塑料器皿用锡箔纸包裹于 60℃干燥 24h 备用。整个处理过程均要戴消毒手套进行操作。

也可用 2% 氨丙基三乙氧基硅烷（aminopropyltriethoxysilane，APES）丙酮液处理培养皿。清洗玻璃瓶的清洁液常用重铬酸钾、浓硫酸、蒸馏水来配置，其中三者的配比为（g/mL/mL）：强清洗液 63∶1000∶200；次强清洗液 120∶200∶1000；弱清洁液 100∶100∶1000。

9.1.2.4　卡式瓶内表面硅化处理

卡式瓶内表面硅化处理使用二甲硅油乳浊剂作为成膜剂。为了工艺和保存需要，二甲硅油乳浊剂中含有聚二甲基硅氧烷非离子表面活性剂（Tween 20、辛基酚聚醚）和防腐剂（苯甲酸钠、对羟基苯酸甲酯和对羟基苯酸丙酯）。经检测少量添加剂在装药中均未检出残留量。

聚二甲基硅氧烷（PDMS）是当前最普遍用于非肠道给药包装材料的表面处理材料。PDMS 应用于玻璃瓶内壁，通过降低玻璃表面张力来促进产品的同质性，以及防止药液浸透容器的表面。PDMS 在玻璃瓶和橡胶塞表面沉积成一层硅油薄膜，薄的硅油涂层应用于各种规格玻璃瓶表面，可满足一次性使用的卡式玻璃注射器的润滑。

玻璃瓶表面硅化处理是使用低浓度硅油，通过喷洒，涂膜或蘸的方式，黏附在洁净、干燥的玻璃瓶表面。硅油薄膜可以在高温下风干或"烘干"，以增强薄膜在玻璃表面的附着性。用于非肠道给药的玻璃包装容器的硅油，应当达到一定的质量标准，且不能对药物的安全性、质量、纯度等方面产生其它有害影响。

目前，有三种不同种类的硅油产品可用于包装材料润滑，包括惰性的硅油液体，惰性的硅油乳浊液，可固化的硅油液体。

（1）惰性的硅油液体　二甲基硅油液体（如：道康宁 360 医药级液体和 Q7-9120 液体）是一种透明无色的、可以有多个黏度标准的材料。从化学成分上讲，此种液体是线性聚合物，在分子结构（聚二甲基硅氧烷）上包含重复的聚合物单元。

$$\left[\begin{array}{c} CH_3 \\ | \\ Si \\ | \\ CH_3 \end{array} O \right]_x$$

该线性单元是以三甲基硅氧烷单元为"结束"的。二甲基硅氧烷液体结构能够被一个双三甲酯硅氧聚二甲基硅氧烷代替，且理论上被替代后为以下结构：

$$H_3C \begin{array}{c} H_3C \\ | \\ Si \\ | \\ H_3C \end{array} O \left[\begin{array}{c} CH_3 \\ | \\ Si \\ | \\ CH_3 \end{array} O\right]_x \begin{array}{c} CH_3 \\ | \\ Si \\ | \\ CH_3 \end{array} CH_3$$

最终液体的黏度与主链的长度直接相关。

例如，以上结构的平均值为"x"，主要是由生产过程中的三甲基硅氧烷基及二甲基硅氧烷基的比率决定。不同的硅油液体的平均分子量能够通过凝胶色谱法比较出来。不同黏度硅油液体的平均分子量见表 9-3 所示。

表 9-3　聚二甲基硅氧烷液体的粘度和不同主链长度分子量的比较

聚二甲基硅氧烷液体的黏度/(mm²/s)	分子量(平均)M_n	$Me_3SiO(Me_2SiO)_xSiMe_3$
20	1960	26
100	5800	78

续表

聚二甲基硅氧烷液体的黏度/(mm²/s)	分子量(平均)M_n	$Me_3SiO(Me_2SiO)_xSiMe_3$
350	9500	128
1000	17300	234
12500	37300	504

一些以三甲基硅氧烷基为结尾的聚二甲基硅氧烷液体的生产、检测、包装、和鉴定，要符合不同黏度的非注射二甲基硅油法国药典、二甲基硅油欧洲药典或者用于润滑的硅油欧洲药典。用于非肠道给药的包装材料的硅油的包装首先要去热原，这些以三甲基硅氧烷基为结尾的二甲基硅氧烷液体聚合物，通常以聚二甲基硅氧烷，二甲基硅油表示。

以三甲基硅氧烷基为结尾的聚二甲基硅氧烷液体的最常见的使用方式是喷洒，然而，某些类型物品是在使用浸在硅油溶液中方法的同时，另外是用海绵或其它蘸浸材料进行蘸浸处理。

不管用什么方法，最关键的是表面要有足够的硅油，在达到要求的光滑度的同时，多余的硅油能够以微粒/杂质的形式除去。

通过烘烤除去表面多余的水分，使硅油紧密地结合在表面，另外高温下硅油可能会发生氧化和交联作用，这些能够增强表面涂层的耐用性。

由于表面的物理吸附作用，用于表面的第一层硅油更持久。加热可以使硅油小液滴在基质表面分散并形成一个更加均匀的表面。如果对物品进行烘干处理，则建议在温度不超过250℃（可以减少甲醛的生成），至少烘干2个小时，温度越高则时间相对较短。

使用相对高黏度的硅油，可以提高涂层的持久性或降低流动性，但是高黏度的硅油不能快速流过整个表面，同时也不能以微粒形式轻易的脱落。

在低于150℃下，以三甲基硅氧烷基为结尾的二甲基硅氧烷液体，具有典型的化学惰性和抗分解能力，然而，在高温或者存在某些金属的情况下，会使其发生反应和分解，另外，聚二甲基硅氧烷液体具有低的表面张力、防水性能，且是良好的用于玻璃、橡胶、塑料的润滑剂，非常薄的聚二甲基硅氧烷膜用于玻璃和塑料注射器的套筒表面，以保证在操作柱塞时的光滑度，同时形成一个疏水的表面，以减少药品润湿；同样的，这些液体也能够被用于皮下注射器针头上，以使穿刺皮肤时更容易。毒理学研究表明这些材料是低毒性的。

（2）惰性的硅油乳浊液　一种水稀释的惰性含有非离子乳化剂，二甲基硅氧烷液体乳浊液通常做各种在水稀释系统中有利于润滑硅油的扩散。在室温条件下，符合标准的二甲基硅油乳浊液外观是清洁、白色、低黏度的液体，并完全混合于水溶液中，然而在储存过程中会发生分离，因此在使用前需要混匀。

最广泛的使用方法是喷洒稀释的乳浊液，在一些物品的应用上也可以浸渍一些浓度较小的乳浊液，同时也可以通过海绵或其它合适的浸渍材料来进行擦拭处理。

不管使用哪种处理方式，考虑到用于物品的乳浊液中硅油的含量，以及过量的硅油（除此之外要保证润滑）可能从物品上脱落，例如在硅化的注射器中，药液中会形成杂质。和惰性硅油溶液一样，用硅油乳浊液制成的薄膜也可以在处理过后通过烘烤使其持久。

（3）活性的硅油分散剂　具有氨基功能团的聚合硅油，分散在50%的由85%的脂肪烃溶液和15%异丙醇的混合溶剂中，在非肠道给药包装材料的硅化也能显示出是有效的。

氨基功能团聚合物在聚合物链末端含有少量活性基团，这些基团能够交联或者"附着"

在待处理物的表面。固化的过程需要一定湿度，以达到最佳的特性。固化工序从化学上描述为以下反应过程：

在一定的湿度下，甲氧基基团水解出羟基基团，羟基基团非常活泼，易同物体表面的其它基团或同聚合硅油表面的羟基基团发生反应（形成高分子聚合物）。缩聚反应是由硅油聚合物上的氨基基团进行催化的，因此聚合硅油能够附着在活性表面上，且使氨基基团不发生转移，而是同网状聚合物交联。

这种分散剂能够在室温下就可进行附着薄层；具有能够将薄层吸附在极性表面（金属及一些塑料）上的化学功能；比纯的二甲基硅氧烷液体覆的更紧实；皮下注射用针头通常用此涂层来润滑。

9.1.2.5　管制注射剂瓶内表面硅化处理

管制注射剂瓶用于盛装易于黏附瓶壁的混悬剂药液及特殊药液时容易出现药液挂壁现象，造成药液残留，约占总药液的 $2\%\sim5\%$，管制瓶硅化处理一般采用有机硅溶剂，经过工艺处理后在瓶内壁形成硅化膜层，使玻璃瓶的内表面具有疏水性，可有效地解决药液的黏附、挂壁问题，从而保障药剂剂量的准确性。由于玻璃表面活性对血液有凝结作用，经过硅化处理的玻璃瓶可阻止这一倾向发生。

9.2　外表面处理

玻璃在新生态时有很高的机械强度，但玻璃表面存在的微裂纹使玻璃强度降低到其理论值的 1/3。加上生产过程中玻璃瓶与设备以及玻璃瓶间接触造成表面划伤，就会使玻璃瓶强度下降。在玻璃瓶进入退火炉之前可通过火抛光将微裂纹和轻微划伤烧熔，但出退火炉以后的输送、包装、搬运、拆包、灌装和运输储存还会造成划伤，使玻璃瓶破损。

药用玻璃瓶用来盛装液体药物时，现代高速灌装线每小时可灌装上万支瓶，灌装线上玻璃瓶破损将对生产造成很大影响。不仅会造成药液损失，甚至需要停机清理，费时费力，而且易对药液产生污染，造成医药质量风险。

为防止药用玻璃瓶破损，药用玻璃瓶广泛采用冷热端喷涂工艺，目的在于提高玻璃瓶强度，降低玻璃瓶上机破损率。一般要求药瓶上机破损率控制在百万分之四以下。

9.2.1　热端喷涂

热端涂层是将从制瓶机上成型出来的玻璃瓶通过一段隧道室，在 $500\sim700℃$ 下通过化学气相沉积法（CVD）对玻璃瓶表面进行热喷涂，该工艺称为热端喷涂，热端喷涂能显著地提高玻璃瓶的抗内压强度。

常用热端喷涂材料有四氯化锡（$SnCl_4$）、四氯化钛（$TiCl_4$）、二甲基二氯化锡 $[(CH_3)_2SnCl_2]$（Glahard）、丁基三氯化锡（$C_4H_9SnCl_3$），而对于药用玻璃瓶常用丁基三氯化锡，它是一种无色清亮透明液体或浅黄色透明液体，溶于水和大多数有机溶剂。对药用玻璃瓶表面进行喷涂处理后，热端喷涂材料中的金属氧化物被均匀地涂布到瓶壁表面，填充和弥补了玻璃瓶表面的微裂纹，起到防止玻璃瓶表面微裂纹的扩展，增加玻璃瓶机械强度的作用。采用 $SnCl_4$ 作为热端喷涂材料时，当涂层厚度达到 $5\sim80nm$，玻璃瓶强度可提高 30%；用 Glahard 作为热端喷涂材料时，玻璃瓶的抗内压强度提高 24%～35%，抗冲击强度提高 25% 以上。应用 Certincoat TC-100，其由丁基三氯化锡 $C_4H_9SnCl_3$（98% 以上）以及稳定剂组成，密度 $1.79g/cm^3$，在 $60\sim200℃$ 均呈液态，在任何季节都可用泵输送喷涂，不存在结晶问题，不会堵塞管道及泵。TC-100 涂料蒸气压很低，开启储罐时挥发很小，受高湿度的影响比较小，夏季的使用量不必增加，且喷涂材料在喷涂机内可循环使用，提高生产效率，降低生产成本。

国产 BLRT 型循环式热端蒸涂机，主机安装在输瓶延长架上，控制盘安装在退火窑一侧，距离主机不超过 15m。热端蒸涂机的内循环速度约 12m/s，外循环速度约 5m/s，空气流量 $100\sim850L/h$，空气压力 0.14MPa，涂料泵电机功率 0.1kW，涂料泵流量 0.285L/h。采用的涂料以 Certincoat TC-100 为佳。

热端喷涂系统包括热端喷涂机、计量泵、储罐支架、喷涂机控制柜、吸收装置几部分。喷涂机利用 CVD 法将 TC-100 涂料均匀喷涂在玻璃表面上形成 SnO_2 薄膜，而控制柜可自动控制喷涂机的状态，包括喷涂机的温度、冷却、加热、TC-100 涂料的定量加料、涂料的消耗量、涂料储柜内液量低水平时发出警告。吸收装置可净化喷涂机的废气，达到德国有关排放锡和 HCl 的新规定（空气中 $\rho_{Sn}\leqslant5mg/m^3$ 和 $\rho_{HCl}\leqslant30mg/m^3$）。TC-100 对人的皮肤、眼睛、鼻子和呼吸道黏膜有严重的刺激性和腐蚀作用，避免吸入其蒸气或直接接触、防止入口，操作者要戴聚丙烯或橡胶的耐酸手套，佩戴耐化学腐蚀的护目镜或面罩，同时穿长袖工作服。

热端喷涂是冷端喷涂的基础，热端喷涂后使冷端喷涂易于固化和附着，热端喷涂常见的问题是瓶身喷涂不均和瓶口喷涂过量。

9.2.2 冷端喷涂

冷端喷涂能提高玻璃瓶的抗冲击强度和抗摩擦、防划伤能力。冷端涂层是在玻璃瓶离开退火窑时进行的。当温度为 $60\sim150℃$ 时，通过压缩空气将聚合物喷涂在玻璃瓶的外表面，形成一层很薄的涂层，一般厚度为 $20\sim50nm$，以增加玻璃玻璃瓶表面的润滑性和抗划伤能力，使玻璃玻璃瓶在检验、运输与灌装时不致因碰撞而损伤表面和影响外观，从而保持玻璃玻璃瓶的强度。

冷端涂层材料不仅应具有良好润滑性，而且不应污染包装的药剂和影响商标粘贴。常用的冷端涂层材料的性能见表 9-4 所示。

表 9-4　冷端涂层材料的性能

涂　料	亲水性	憎水性	发泡性
聚乙烯悬浮液	一般	强	一般
聚氧乙烯硬脂酸酯	强	一般	强
乳化脂肪酸	一般	一般	弱
纯脂肪酸混合物	一般	强	弱
聚乙烯醇脂肪酸酯	一般	一般	弱
脂肪醇聚酯	强	一般	不确定
聚硅氧烷	弱	强	弱

选择冷端涂层材料时必须考虑到玻璃瓶粘贴商标时所用的胶水，当玻璃瓶采用普通的水基商标胶水时，不宜使用硅酮作为冷端涂层材料，虽然其润滑性能好，但硅酮处理的表面是憎水性的，难以用水基胶水在玻璃玻璃瓶表面粘贴商标。

在常用的冷端涂层材料中，聚氧乙烯硬脂酸酯和聚乙烯醇脂肪酸酯既能满足满足盛放食品和药品卫生要求，具有很强的亲水性，属于食品与药物管理局（FDA）批准使用的冷端涂层材料。

目前，玻璃瓶冷端涂层均采用移动喷涂法来实现的。当玻璃瓶从退火炉出来，玻璃瓶站立在金属网带上，玻璃瓶表面温度为 80～120℃，喷涂装置横架在玻璃瓶上方，驱动装置带动喷枪系统左右移动，喷枪将雾化的冷端涂层材料喷涂在玻璃瓶外表面上。为了防止在玻璃瓶上部喷涂时污染玻璃瓶内部，喷头安装的高度低于瓶口，并且使喷头在两排玻璃瓶中间运动。由于退火网带与玻璃瓶是向前运动的，喷头运动的轨迹应为一条斜线。为了保证喷涂质量，要使玻璃瓶在网带上排列整齐，如果排列不整齐，会碰坏喷头，因此必须安装一个检测系统，以保证喷头运动方向上不存在障碍。当玻璃瓶的下部或底部也需要处理时，可以在网带下部安装喷头。

国产 BLLT 型冷端喷涂装置适合安装在 1.5～3.6m 宽的网带式退火窑上，能迅速更换可调式喷枪，采用可编程控制器和红外光测系统，喷枪最大移动速度 2m/s，气源压力0.4～0.6MPa，冷端涂层材料的泵送流量为 1.6m³/h。

国外 TEGOGLAS　RP 40 冷端涂层材料与热端涂层 Certincoat 材料相匹配。RP 40 冷端涂层材料为改性聚乙烯水溶液，涂层具有较高的光泽，优良的抗干摩擦性和抗湿摩擦性，可延长对热端涂层的保护，经过碱性溶液多次处理后，仍然保持优良的润滑性能，经过灭菌和消毒后，仍然保持优良的润滑性能，具有优秀的玻璃瓶表面保护性能，在灌装和运输过程中可降低玻璃瓶的表面刮伤和破损率。

RP 40 作为冷端涂层材料可适用于薄壁轻量化玻璃瓶，可用于热灌装然后冷却玻璃瓶，也可用于经过灭菌和消毒或其它灌装前后操作中易受磨损的玻璃瓶。

采用冷端涂层材料能提高玻璃的抗划伤能力，可达到未施涂层玻璃瓶强度的 3 倍，如与热端涂层结合使用，效果会更好，表 9-5 为热端和冷端涂层的抗刻痕能力。

表 9-5　施加涂层后的玻璃瓶玻璃表面抗刻痕能力

涂　层	表面抗刻痕能力/kg	涂　层	表面抗刻痕能力/kg
未喷涂玻璃瓶	0.5	喷涂冷端涂层	1.5
喷涂热端涂层	0.7	喷涂热端涂层和冷端涂层	5.0

医药玻璃管制冷端涂层也是十分重要，已经成为药用玻璃管生产的标准工艺。喷涂位置

选择在拉管牵引机前 3～5m 处，温度为 220～250℃时。在拉管跑道上设一喷涂室，使用 2 个喷嘴来雾化冷端涂层材料，雾化的冷端涂层材料凝结附着在玻璃管上，厚度达 20～50nm，其涂膜可有效防止玻璃管在其后加工和运输中不被划伤，可降低管制瓶破损率。

玻璃管的冷端涂层材料使用聚氧化乙烯（20）-山梨聚糖-单油酸混合制成。其外观为透明黄色黏性液体，是一种带有亲水特性的 O/W 类型的非离子乳化剂。可以通过和亲脂性山梨聚糖脂结合而得到特别稳定的乳剂。技术数据如表 9-6 所示。

表 9-6 玻璃管冷端喷涂液及技术参数

品种 比较项目	DISPONIL SMO 120 已改名 AGNIQUE SMO-20 F	TEGOGLAS RP 40	リボノックス-TL 40
颜色	淡黄	乳白	透明
活性物质	约 100%	改性聚乙烯	特殊非离子
酸值	最大 2		毒性 小
皂化点	45～55		对酸碱 稳定
羟值	65～80		毒性极小（LD 25～50g/kg）
密度(25℃)/(g/cm³)	约 1.08	1.0（20℃）	
pH 值 25℃(5%)	5～8	约 9	约 7
HLB 值	15	约 23%	

用量：小于 2kg/日玻璃管喷涂液浓度和水的混合比率应该在 0.5% 和 1.0% 之间。浓度和用量可以根据涂层厚薄而有变化。其厚薄以产品涂层后不粘手来简单判断。

冷端涂层原液保存在 6～30℃环境，可保存期半年。混合好喷涂液保存期为 5 天。配制是需使用纯净水或蒸馏水。

9.2.3 喷涂质量与检验

为了提高玻璃瓶的强度和抗摩擦性，玻璃冷热端喷涂技术已经在医药玻璃中广泛应用。通过检测涂层厚度，达到控制涂层质量的目的，曲面制品涂层厚度测量尚未得以很好解决，成为医药玻璃化验室新的检测课题。目前，有美国 AGR 研制的热端涂层测量系统（HECMS）BRT-03 玻璃瓶热端涂层测量仪，该仪器是一款自动台式检测仪器，用于监控和管理生产过程中喷涂在瓶体的喷涂量，国内也有类似仪器生产。

热端涂层测量系统（HECMS）是一款自动台式检测仪器，设计用于协助玻璃容器生产商监控和管理生产过程中喷涂在瓶体的锡或钛的喷涂量。HECMS 利用反射光技术精确测量涂在瓶体或容器体的涂层量。HECMS 的设计经过优化，以测量高达 100 CTU 的涂层厚度。此设备具有自动转位模式，可预编程以测量和记录侧壁上的多个位置，让操作人员能够确认涂层厚度的变化该仪器能够在瓶身的垂直和水平位置测量多点的涂层厚度，报告涂层的最小值、最大值和平均值，以及评估涂层涂抹的效率。

该系统的测量单位为涂层厚度单位（CTU），测量范围可高达 100CTU。

9.3 表面印刷

9.3.1 表面印刷定义

药用玻璃瓶表面印刷是将药物名称、生产商、商标、刻度等内容通过印刷方式印刷在在管制玻璃瓶、安瓿、注射器的外表面上，主要用于显示药物信息、生产信息、容量信息等内容。在医药玻璃行业通常将安瓿表面印刷称为印字或烤字。

9.3.2 表面印刷分类

玻璃瓶表面印刷可分为药液灌装前印刷和药液罐装后印刷。药液灌装前印刷一般使用低温或高温玻璃油墨作为印刷介质，使用丝网印刷工艺将相关信息或内容印刷在玻璃瓶表面，通过加热炉对高温玻璃油墨进行烧结处理，烧结温度为560~620℃，使玻璃色釉中的有机黏结物质挥发，将低熔点玻璃和色素烧结固化在玻璃瓶表面，此工艺一般俗称烤字，灌装前印刷主要在医药玻璃制瓶厂完成。药液罐装后印刷一般使用有机油墨作为印刷介质，通过胶印快干印刷技术或喷码技术将所需信息内容印刷在玻璃瓶表面，经过低温烘烤固化，固化温度在180~260℃，此工艺一般在药厂内完成，通常药厂将此生产工艺过程俗称为印标。

9.3.3 印刷油墨介绍

9.3.3.1 低温玻璃油墨

低温玻璃油墨具有丰富的颜色表现力，低温玻璃油墨烘烤温度为120~180℃，用于医药玻璃制品的低温玻璃油墨颜色以蓝色和白色为主。有机油墨的关键特性在于油墨与玻璃表面的附着力，医药玻璃制品在使用过程中，不产生墨层脱落或溶出现象，这就要求油墨本身有良好的物理化学性能和耐久性。

低温玻璃油墨一般使用环氧树脂或丙烯酸树脂，添加有机颜料或染料，以及适当的固化剂，在加热条件下发生化学反应，使它们聚合后硬化并附着在承印的玻璃表面上。

9.3.3.2 高温玻璃油墨

到目前为止，医药玻璃制品表面印刷应用较多的是高温玻璃油墨，其烧结固化温度在560~620℃之间。高温玻璃油墨是在低熔点玻璃粉中添加无机颜料，使用合成树脂和有机溶剂来调整油墨的黏度，使其适用丝网印刷工艺要求。高温玻璃油墨颜色品种相对较少，没有中间色，使用时应加以注意。另外要求高温玻璃油墨与承印的医药玻璃制品性能相接近，主要考虑热膨胀系数之间的匹配性，以及烧结温度低于玻璃膨胀软化点温度，因此根据承印的医药玻璃性能指标合理选用高温玻璃油墨是十分重要的工作。

高温玻璃油墨在加热烧结处理时，如果加热到医药玻璃的软化温度以上就会导致较大变形，从而降低玻璃制品的商用价值，因此要求高温玻璃油墨烧结温度必须小于玻璃软化点，接近玻璃退火点为最佳。

高温玻璃油墨中重要连接物质为合成树脂和有机溶剂，对于连接物质的基本要求是能在低温下可完成挥发、升华，避免在低温玻璃粉熔蜩时产生连接物质的残留物，否则，医药玻璃制品印刷表面就会产生发泡现象而失去平滑性。高温玻璃油墨一般采用的连接物质包括乙基纤维素、丙烯系合成树脂、硝化纤维素等，一般适用丁基二甘醇-乙醚、二甘醇-乙醚、醋酸酯、松节油等进行溶解，可实现油墨黏度的调整。

高温玻璃油墨一般为热塑性油墨，简称热墨，一般会在高温玻璃油墨的连接料中加入热塑性树脂或石蜡，提高高温玻璃油墨的热塑性，在使用过程中，需要对高温玻璃油墨一边加热，一边进行印刷使用，使油墨保持流动性。热固型油墨加热温度为80~120℃，一般采用不锈钢丝网施以低电压，即在不锈钢网版上直接对油墨加热。

9.3.4 玻璃瓶烤字加工

玻璃瓶烤字加工一般需要使用高温玻璃油墨。

9.3.4.1 生产流程

① 药厂将印刷内容告知医药包装瓶生产企业,主要包括药品的名称、容量、生产日期、批号、商标等;

② 印刷内容按照所用玻璃瓶的直径尺寸制成胶片;

③ 制成胶片后同药厂进行印刷内容的确认校对,校对合格后方可制版;

④ 制版,目前主要材料是丝网版;

⑤ 根据客户要求调制印刷色釉的颜色,主要为松油醇与色粉按一定比例进行搅拌研磨后使用;

⑥ 印刷小样制作后同印刷原稿进行确认一致后方可批量印刷;

⑦ 按照印刷作业指导书进行操作,主要涵盖印刷颜色、速度、烧结温度、印刷数量,不同的烧结炉与不同规格与颜色需要不同的烧结温度。

图 9-1 医药玻璃瓶烧结(烤字)印刷机

9.3.4.2 印刷设备

医药玻璃瓶烧结(烤字)印刷机,见图 9-1 所示,包括储瓶器、整理器、分配器,传输皮带、印刷部、加热定型、烧结固化、冷却、包装等工位。玻璃瓶烧结印刷机是特别适合 1mL、2mL、5mL、10mL、20mL 及非国标玻璃瓶瓶身表面的色釉印刷、印刷、烧结的字,字迹清晰、色釉光泽、烧结牢固、颜色鲜艳。符合 GMP 对安瓿印刷的要求,能满足国内外用户对玻璃瓶印刷的需要。

9.3.5 玻璃瓶印标加工

玻璃瓶印标加工一般需要使用低温玻璃油墨。

目前,我国玻璃瓶表面的低温玻璃油墨印刷主要使用的胶印快干印刷技术。例如在灌装熔封后的安瓿表面印刷 药品的名称、容量、生产日期、批号、商标等信息。

胶印快干印刷机是十分高效低温玻璃油墨印刷设备,胶印快干印字机是针对凸版印字机的印字质量差、油墨干燥慢等问题,把印刷行业胶印印刷技术、UV 油墨光照快干技术移植到本机上,用胶印机作为印字头来实现印字的高清晰度,用 UV 油墨作为印字油墨,配上

UV 光固化灯实现油墨快速干燥，解决现有印字机存在的问题。

UV 油墨就是在 UV 光的照射下，发生交联聚合反应，瞬间固化成膜的油墨。它主要由光聚合性预聚物、感光性单体、光聚引发剂、有机颜料及添加剂等组成。

安瓿是医药包装中应用广泛的一种包装容器，其表面的文字信息包含药品名称、容量、生产日期、批号等信息，这些信息关乎使用者的生命安全，其重要性不言而喻。胶印快干印刷机很好地解决了安瓿瓶表面印刷质量。

安瓿胶印快干印刷机（见图 9-2 所示）采用了一系列先进的印刷技术，解决了现有凸版安瓿印刷机存在的一系列问题，在性能上较凸版安瓿印刷机有了质的飞跃，其特点如下。

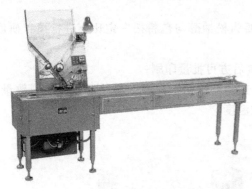

图 9-2 安瓿胶印快干印刷机

① 胶印技术在印刷行业已相当普及，其技术成熟，工艺简单，清晰度高。安瓿胶印快干印刷机采用胶印技术在安瓿上印刷，保证印刷的高清晰度。

② 油墨快干安瓿胶印快干印刷机采用 UV 光固油墨印刷，UV 光源光照固化油墨，在 UV 光的照射下油墨发生交联聚合反应，瞬间固化成膜。

③ 可印任何文字、图案。安瓿胶印快干印刷机字板是胶印 PS 板，胶印 PS 板由电脑排版，照相制版而成，再复杂的图案和文字都可在电脑上轻松完成。

④ 制版速度快，成本低。在电脑上排好版后用激光打印机把图案文字打印到硫酸纸上，再经过晒版、冲版、修版几道工序，一张 PS 版 5～6min 即可完成。制成一块 90mm × 280mm PS 版成本只要 0.6 元。

⑤ 生产速度高。2mL 安瓿印刷速度可达 42000 支/h。

⑥ 经济、环保。UV 油墨不含有机溶剂不会有溶剂侵蚀破坏印刷物，不会污染人体及环境。UV 油墨在无 UV 光照的情况下不会干掉，油墨消耗量少。

参考文献

[1] 崔利淳. 用 SO_2 气化霜化 II 型输液瓶技术探讨 [J]. 玻璃与搪瓷，2008，5；(36) 20-22.

[2] 师立军. 卡式瓶硅化及硅油含量的确定方法 [J]. 医药工程设计，2010，2；(31) 40-43.

[3] 李双喜. 硅化镀膜玻璃瓶膜层的安全性研究. 海南省药学会 2009 年学术会议论文集；

[4] 孙垂华. 有机硅化学的发展与现状 [J]. 自然杂质，1993，Z1；20-23.

[5] Andre Colas, JasonSiang, KathyUlman, 刘梅玲，刘海洪等译. 硅油在医药行业中的应用——第5部分：非肠道给药包装材料的硅化. 医药与包装，2013 (6)：30-33.

[6] LechlerGmbH. Precision Spray Nozzles and Accessories. 2004.

[7] 陈德山. 玻璃制品的装饰方法 [J]. 丝网印刷，2006，(1)：2-5.

[8] 黄秀玲，孙洪福. 玻璃印刷概述 [J]. 网印工业，2004，(3)：23-25.

[9] 王宝康. II 型输液瓶硫霜化技术的探讨 [J]. 玻璃与搪瓷，1999，3；(28) 37-40.

[10] 田靓，卢军. 玻璃印刷面面观 [J]. 印刷工业，2008，(3)：32-37.

[11] 张伟，楼关林. 硫霜化处理提高玻璃瓶化学稳定性 [J]. 玻璃与搪瓷，1996，5；(24) 12-15.

[12] 王承遇，陶瑛. 玻璃表面和表面处理 [M]. 北京：中国建材工业出版社，1993；241-244.

[13] 王承遇，陶瑛. 玻璃材料手册 [M]. 北京：化学工业出版社，2008；218.

[14] 作花济夫，境野照雄，高桥克明编. 玻璃手册 [M]. 蒋国栋等译. 北京：中国建筑工业出版社，1985.

[15]　吴柏城，巫羲琴 . 玻璃制造技术［M］. 北京：中国轻工业出版社，2008：394-397.

[16]　李瑾瑜 . 安瓿瓶胶印快干印字机印刷原理与特点［J］. 机电信息，2011（5）：35-37.

[17]　Sebastian Schweiger，ChristophNeubauer，Thomas Klein. Coating of glass substrates to prevent alkali ion diffusion intopharmaceuticalsolutions［J］. Surface & Coatings Technology.

[18]　3. 2. 1 Glass containers for pharmaceutical use，European Pharmacopoeia 5. 0，2005.

[19]　M. R. Yang，K. S. Chen，S. T. Hsu，T. Z. Wu，Surf. Coat Technol. 123（2000）204-209.

第 10 章

药用玻璃质量管理与控制

10.1 药用玻璃生产现代管理

药用玻璃关乎药品质量，这就要求其必须为"零缺陷"产品，即绝对保证用药安全。同时药厂所使用高速灌装设备，也对玻璃璃容器相关标准提出了更高的要求。为此药用玻璃质量控制显得尤为突出。

国际标准 ISO 15378 对此提出了基本要求，另外，我国卫生部 79 号令《药品生产质量管理规范（2010 年修订）》和药监局 13 号令《直接接触药品的包装材料和容器的管理办法》中的附件 6《药包材生产现场考核通则》即药包材 GMP，都对药用玻璃生产管理提出了要求。

本章以 ISO 15378 为基础，列出了药用玻璃生产其所需的规程、标准以及管理基础，并概述了质量管理控制的数学基础，即概率论和统计学的一些理论，其后列举了质量控制工具、解决问题的步骤。药用玻璃生产中特殊的质量控制方法以及相关规范和标准也在本章中进行介绍，为了保证药用玻璃产品质量，工艺管理和设备管理至关重要，在本章有专门小节进行介绍。这里主要介绍药用玻璃生产相关法规和标准。

卫生部 79 号令明确了"与药品直接接触的包装材料和印刷包装材料的管理和控制要求与原辅料相同"。药监局 13 号令的附件 6《药包材生产现场考核通则》即药包材 GMP，是药用玻璃企业制定了相关管理体系（GMP）的基础，通过贯彻执行，已经取得了稳定生产、提高质量、降低成本的良好效果。

工艺规程、安全规程、操作规程和质量标准是我国药用玻璃厂最早的技术管理文件，也是现场管理的基础性文件。20 世纪 70 年代之后，一系列现代管理制度、方法、规范、标准相继在药用玻璃企业实施。其与质量紧密相关的有关方法和标准包括：5S 管理法、4M1E 管理法、全面质量管理（TQC）、全面设备管理（TMS）、ISO 9000、ISO 14000、ISO 18000、ISO 15378 等，其中 ISO 15378 是当今药用玻璃企业质量管理控制的经典。

10.1.1 ISO 15378 基本架构和要求

ISO 15378 是国际标准化组织（ISO）中的"医疗和制药用输液、灌输和注射设备技术委员会"（TC76）于 2006 年发布的国际标准，德国和法国标准机构参与了该标准的制定。

这为医药包装供应商提供了进一步发展的方法。其关键点是：风险分析和危机程度（FMEA Failure Mode and Effects Analysis）；制造工具和计算机系统的/检查/有效/批准；污染风险和清洁度控制；可追溯性；变更控制；操作者 GMP 实际培训。

很多药用玻璃企业成立专门机构推动 ISO 15378 标准执行，质量成为企业全体员工的共识，即企业每一个人都对产品的安全负责，其具体包括如下三点：①对顾客而言质量是最优先之事，这包括病人的安全、医务人员的安全和符合法定机构的认证；②与药品直接接触的包装物符合药品国际有关标准（欧盟药典、美国药典或日本药局标准），其质量系统纳入GMP；③为药品提供最好的保护。该标准实际上是 ISO 9000 与药包材生产 GMP 的混合体。在质量管理中大量引入了 6σ 质量管理的概念和方法，比 ISO 9000 有了很大提高。

（1）风险管理　风险管理是美国 FDA 和欧盟都在推动和实施的一种全新理念，新版药品 GMP 引入了质量风险管理概念，并相应增加了一系列新制度。如供应商的审计和批准、变更控制、偏差管理、超标（OOS）调查、纠正和预防措施（CAPA）、持续稳定性考察计划、产品质量回顾分析等。这些制度分别从原辅料采购、生产工艺变更、操作中的偏差处理、发现问题的调查和纠正、上市后药品质量的持续监控等方面，对各个环节可能出现的风险进行管理和控制。促使生产企业建立相应的制度，及时发现影响药品质量的不安全因素，主动防范质量事故的发生。

故障模式影响及危害性分析（Failure Mode，Effects and Criticality Analysis，简记为FMECA）是故障模式影响分析（FMEA）和危害性分析（Criticality Analysis，CA）的组合分析方法，我国为此制定专门的标准 GJB 1391-2006《故障模式影响及危害性分析程序》。故障模式影响分析（FMEA）包括故障模式分析、故障原因分析和故障影响分析。FMEA的实施一般通过填写 FMEA 表格来进行分析。为了划分不同故障模式所产生的最终影响的严重程度，在进行故障影响分析之前，一般对最终影响的严重后果等级进行预定。最终影响的严重程度等级又称为严酷度（指故障模式所产生后果的严重程度）类别，见表 10-1。

表 10-1　故障所引起的严重程度等级分类

严酷度类别	严重程度定义	发生指数
Ⅰ级（灾难的）	这是一种会引起人员死亡或系统毁坏的故障	1
Ⅱ级（致命的）	这种故障会引起人员的严重伤害、重大经济损失或导致任务失败的系统严重损坏	29
Ⅲ级（临界的）	这种故障会引起人员的轻度伤害，一定的经济损失或导致任务延误或降级的系统轻度损坏	300
Ⅳ级（轻度的）	这是一种不足以导致人员伤害、没有一定的经济损失或系统损坏的故障，但它会导致非计划性维护或被忽视	10^9

危害性分析（CA）的目的是按每一故障模式的严重程度及该故障模式发生概率的综合影响对系统中的产品进行分类，以便全面评价系统中各种可能出现的产品故障的影响。CA是 FMEA 的补充或扩展，只有在进行 FMEA 的基础上才能进行 CA，CA 常用的方法有两种，即风险优先数法（Risk Priority Number，RPN）和危害矩阵法，前者主要用于汽车等民用工业领域，后者主要用于航空、航天等军用领域。

（2）对设备和计算机进行检查、有效性和确认　本部分内容可见 TPM（全面生产管理）GAMP（自动化生产质量管理规范）指南，在此不做详述。

10.1.2　与 ISO 15378 相关的几个标准

（1）质量管理体系 ISO 9001：2008　国内各药用玻璃企业推行 ISO 9000 族标准已有多年，多数药用玻璃企业完成以 ISO 9000 族标准为基础的质量体系咨询和认证。国务院《质量振兴纲要》的颁布，引起广大企业和质量工作者对 ISO 9000 族标准的关心和重视。

根据 ISO 9000-1 给出的定义，ISO 9000 族是指由 ISO/TC176 技术委员会制定的所有国际标准。对于 ISO 已正式颁布的 ISO 9000 族中的 19 项标准，我国已全部将其等同转化为我国国家标准，其中包括：ISO 9000：2000 基础和术语、ISO 9001：2008 要求、ISO 9004：2000 业绩改进指南、ISO 19011：2002 体系审核指南。

在执行 ISO 9000 标准时要做倒"七个凡事"：凡事有标准、凡事有章可循、凡事有人负责、凡事有监督、凡事有案可查、凡事有改进、凡事需互利。对于药用玻璃企业在贯彻 ISO 9000 时要特别注意：通过认证机构认证，取得证书后，不但证明企业有能力保证质量，而且会持续改进。决不可取得证书后停滞不前，甚至除了挂在墙上向用户证明自己有能力保证质量外，实际并未坚持执行，更没有持续改进。

（2）环境管理体系 ISO 14000　20 世纪 80 年代起，美国和欧洲的一些企业为提高公众形象，减少环境污染，率先建立起自己的环境管理，这就是环境管理体系的雏形。1992 年，在巴西里约热内卢召开的"环境与发展大会"，183 个国家和 70 多个国际组织出席了此次大会，会议通过了"21 世纪议程"等文件，标志着在全球开始建立清洁生产，减少污染，谋求可持续发展的环境管理体系，也是 ISO 14000 环境管理标准得到广泛推广的基础。

ISO 14000 环境管理体系标准是由 ISO/TC 207（国际环境管理技术委员会）负责制定的一个国际通行的环境管理体系，它包括环境管理体系、环境审核、环境标志、生命周期分析等国际环境管理领域内的许多焦点问题。其目的在于指导各类组织（企业、公司）取得正确的环境行为，但不包括制定污染物试验方法标准、污染物及污水极限值标准及产品标准等。该标准不仅适用于制造业和加工业，还适用于建筑、运输、废弃物管理、维修及咨询等服务业。该标准共预留 100 个标准号，共分 7 个系列，其编号为 ISO 14000～14100。

ISO 14000 的核心是在识别和分析工艺过程中，确定其中的环境因素，重要环境因素为水、气、声、渣四个方面，并针对环境因素建立控制措施和应急预案，尤其考虑法律法规的要求。

ISO 14000 系列标准是为促进全球环境质量的改善而制定的。力求通过一套环境管理的框架文件来加强组织（公司、企业）的环境意识、管理能力和保障措施，从而达到改善环境质量的目的。ISO 14000 是组织（公司、企业）自愿采用的标准属于组织（公司、企业）的自觉行为。在我国是采取第三方独立认证来验证组织（公司、企业）所生产的产品是否符合要求。

ISO 14000 的目标是通过建立符合各国的环境保护法律、法规要求的国际标准，在全球范围内推广 ISO 14000 系列标准，达到改善全球环境质量，促进世界贸易，消除贸易壁垒的最终目标。

生命周期思想贯穿整个 ISO 14000 系列标准的主题里，要求组织（公司、企业）对产品设计、生产、使用、报废和回收全过程中影响环境的因素加以控制。ISO 14000 基于"环境方针"，体现生命周期思想和理念。TC 207 专门成立了生命周期评估技术委员会，用以评价产品在每个生产阶段对环境影响的大小，使组织（公司、企业）能够加以分析改进。

（3）职业健康安全管理体系 OHSAS 18001　英国健康与安全局（Health and safety Executive）研究报告显示，工厂伤害、职业病和可被防止的非伤害性意外事故所造成的损失，约占英国企业获利的 5%～10%。

各国对职业安全卫生方面的法规日趋严格，日益强调人员安全的保护，有关的配套措施相继展开，各相关方对工作场所及工作条件的要求相继提升。

对企业而言，职业安全卫生是应尽的社会义务和法律责任。各类企业组织日益关心如何控制其作业活动、产品或服务对员工所造成的各种危害风险，并考虑将对职工安全卫生的管理纳入企业日常管理活动中。

基于以上因素，英国标准化组织在全球率先制定了职业健康安全管理体系指南（BS 8800：1996），许多企业将该指南作为纲要，来建立职业健康安全管理体系。

1999 年，国际上 13 家知名认证组织联合制定并发布了 OHSAS 18001《职业健康安全管理体系规范》。职业健康安全管理体系一般涉及的管理内容包括：消防管理、生产设备管理、劳防用品管理、机动车管理、办公条件管理、保健管理。

职业健康安全管理体系的工作要点：通过自我评估了解职业健康安全损失与风险，针对重要职业健康安全损失与风险制定管理规定与改进计划；执行职业健康安全管理规定与计划；评估职业健康安全规定与计划；持续改进职业健康安全表现；承诺符合法令规章及其它相关要求。通俗地讲就是：想到的要说到（反复贯彻），说到的要做到，做到的要有证据。

建立职业健康安全管理体系对企业的益处在于提升公司的企业形象，增强公司的凝聚力，减少企业经营的职业健康安全风险，达到企业永续经营，完善内部管理，避免职业健康安全问题所造成的直接/间接损失，完善企业的国际/社会责任，适应国际贸易的新潮流。

10.1.3　ISO 15378 标准实施的管理基础

① 5S+1S　"5S" 活动起源于日本，"5S" 的含义为：整理（Structurise）、整顿（Systemise）、清扫（Systemise）、清洁（Standardise）、素养（Self discpline），五个单词英文字头皆为 "S"，为了便于记忆将其称为 "5S"，其具体含义见表 10-2，它相当于我国企业开展的文明生产活动。"5S" 活动对象是现场的 "环境"，它对生产现场环境全局进行综合考虑，并制定切实可行的计划与措施，从而达到规范化管理。"5S" 活动的核心和精髓是修身，如果没有职工队伍思想的提高，"5S" 活动就难以开展和坚持下去。日本企业将 "5S" 活动作为管理工作的基础，第二次世界大战之后，日本生产的产品品质得以迅速地提升，奠定了经济大国的地位，而在丰田公司的倡导和推行下，"5S" 对于塑造企业的形象、降低成本、准时交货、安全生产、高度标准化、创造舒适的工作场所、现场改善等方面发挥了巨大作用，逐渐被各国的管理界所认识。随着世界经济的发展，"5S" 已经成为工厂管理的一股新潮流。

表 10-2　"5S" 字面含义推荐用语

推荐用语	英　文	其它中文译意
整理	Structurise,Sort, Organisation	清除,整理,常组织
整顿	Systemise, Straighten, Neatness	整理,常整顿
清扫	Sanitise, Shine, Cleaning	每时每刻清扫干净
清洁	Standardise, Standardize	清洁,标准化,规范化,常规范
素养	Self discpline,Sustain, Discipline and Training	培训与自律,修养,常自律

　　根据企业进一步发展的需要，有的企业在原来"5S"的基础上又增加了安全（Safety），即形成了"6S"（表10-3）；有的企业再增加了节约（Save），形成了"7S"；也有的企业加上习惯化（Shiukanka）、服务（Service）及坚持（Shikoku），形成了"10S"，有的企业甚至推行"12S"，但是万变不离其宗，都是从"5S"中衍生出来的，例如在整理中要求清除无用的东西或物品，这在某些意义上来说，就能涉及节约和安全，具体一点例如横在安全通道中无用的垃圾，这就是安全应该关注的内容。

　　推行"5S"的作用：提高企业形象；提高生产效率；提高库存周转率；减少故障，保障品质；加强安全，减少安全隐患；养成节约的习惯，降低生产成本；缩短作业周期，保证交货；改善企业精神面貌，形成良好的企业文化。

表10-3　"6S"简要点及实施要点

要　素	要　义	实　施　要　点
整理	清理现场空间和物品	丢掉无用的，留下有用的（可按 ABC 分类法处置）
整顿	整顿现场次序、状态	1. 按照规划安顿好现场的每一样物品，令其各得其所 2. 做好必要的标识，令所有人都感觉清楚明白
清扫	进行清洁、打扫	在清理、整顿基础上，清洁场地、设备、物品，形成干净、卫生的工作环境
清洁	形成规范与制度，保持、维护上述四项行动的方法与结果	1. 检查、总结，持续改进 2. 将好的方法与要求纳入管理制度与规范，明确责任，由突击运动转化为常规行动
素养	建立习惯与意识，从根本上提升人员的素养	通过宣传、培训、激励等方法，将外在的管理要求转化为员工自身的习惯、意识，使上述各项活动成为发自内心的自觉行动
安全	采取系统的措施保证人员、设备、场地、物品等安全	系统地建立防伤病、防污、防火、防水、防盗、防损等保安措施

　　② 现场管理五大要素（4M1E）　"4M1E"法指 Man（人），Machine（机器），Material（物料），Method（方法），Environments（环境）合称 4M1E 法，简称人、机、料、法、环。因此人、机、料、法、环称为现场管理五大要素。

　　人（Man），是指在现场的所有人员，包括主管、司机、生产员工、搬运工等一切存在的人。

　　机（Machine），是指生产中所使用的设备、工具等辅助生产用具。设备的是否正常运作、工具的好坏都影响生产进度，产品质量的又一要素。

　　物（Material），是指物料，半成品、配件、原料等产品用料。现代工业产品的生产，分工细化，一般都有几种几十种配件或部件，由几个部门同时运作。

　　法（Method），顾名思义是方法或技术。指生产过程中所需遵循的规章制度。它包括：工艺指导书，标准工序指引，生产图纸，生产计划表，产品作业标准，检验标准，各种操作规程等。

　　环（Environments），指环境。对于某些产品（电脑、高科技产品）对环境的要求很高，环境也会影响产品的质量。生产现场的环境，有可能对员工的安全造成威胁所以环境是生产现场管理中不可忽略的一环。

　　"4M1E"是一套全面管理方法，对于药用玻璃生产而言无论任何质量问题、效率问题、安全问题，都可用它来分析产生的原因和寻找解决办法。

　　③ 看板管理　看板管理是把希望管理的项目，通过各类管理板显示出来，实现管理状况众人皆知。看板管理是一流现场管理的重要组成部分，能提高客户信心及在企业内部营造竞争氛围，是提高管理透明度非常重要的手段。

管理看板的作用有传递情报，统一认识；一目了然，帮助管理，防微杜渐；强势宣导，形成改善意识；褒优贬劣，营造竞争的氛围；加强客户印象，树立良好的企业形象。

现场所有的墙壁都可以作为看板管理的场所。下列的信息应张贴在墙上及工作本上，让每一个人知道 QCD 的现状：质量的信息，每日、每周及每月的不合格品数值和趋势图，以及改善目标，不合格品的实物应当陈列出来，给所有的员工看（这些实物，有时称之为"曝光台"）；成本的信息，生产能力数值、趋势图及目标。交货期的信息：每日生产图表，机器故障数值、趋势及目标；设备综合效率（Overall Equipment Efficiency，OEE），提案建议件数。品管部门的活动包括看板制作的要求：设计合理，容易维护；动态管理，一目了然；内容丰富，引人注目。

④ 目视管理　现场目视管理基本原理是把潜在的信息显现化，做到员工能够信息共享，尽快掌握工作要点，一眼就能发现问题，做到谁来看都能发现，到底正不正常，有没有问题，改善之后效果如何，通过这样逐步减少问题的出现，提高大家的意识和能力，目视管理的方法其实也是注意式防错的重要手段。

例如某一个企业的管道上的相关仪表，仪表正常值范围用蓝颜色，不正常值用红颜色，指针所指示区域一看就能判断目前管道的压力值、流量值、各种值是不是在所需要的范围之内，这就是利用了目视管理的方法，做到谁来都能够判断，都能够一目了然，方便进行管理和控制。

目视管理也叫可视化管理、看得见的管理、一目了然的管理，利用这种方法很容易展现标准，出现一些警告信息，提醒员工，让员工得到及时的提示，员工很容易去遵守、调整、比较、判断、区分，也方便相关干部和职能人员对现场作业状况进行监督，也便于对大家进行培训。实施这个方法的时候要注重四大要素，就是要做到谁来看都能看见，而且对要求的理解都是一致的，要求状态容易把握，过程看得见，结果看得见。

很多企业要求保洁员定期进行洗手间的清洁，清洁之后要有人去检查，并在门背后的表格上做个记录，记上清洁时间和检查人，这也是一个目视管理。消防器材上面贴上标签，标明何时进行交验，保质期多长，下一次检验时间，标签也是目视化管理的运用。

目视管理是以视觉信息显示作为一个基本手段，通过信息的显现化、公开化、透明化让谁来都能看得见，明白无误的去理解它的意图，这样来确保做到位。企业经常用到的一些目视管理的形式包括横幅、实物的展示、颜色的运用、文字的描述、线条的运用，做现场 6S 也经常用到照片、牌匾、文档、看板，这些都是目视管理的运用形式。

10.2　生产质量控制

10.2.1　质量管理的数学基础

数学是质量管理的基础，分为概率论和统计学两大部分。

10.2.1.1　概率论的基本知识

（1）简单概率及其基本定理

① 古典概率计算公式

在一些可能发生的事件中，某一特定事件发生的概率是发生情形数与可能情形数的比值，即式（10-1）所示。

$$P(E) = \frac{N_E}{N_E + N_{E'}} = \frac{N_E}{N} \tag{10-1}$$

式中　$P(E)$——某一事件 E 发生的概率；

　　　　N——可能事件总数；

　　　　N_E——E 发生的情形数；

　　　　$N_{E'}$——E 不发生的情形数；

　　　　E'——E 的对立事件；

由式（10-1）进一步推导，得出式（10-2）。

$$P(E') = \frac{N_{E'}}{N_E + N_{E'}} = \frac{N_{E'}}{N} = 1 - P(E) \tag{10-2}$$

式中　$P(E')$——事件 E 不发生的概率

由上述式（10-1）和式（10-2）可以看出，若 E 不可能发生，则 $N_E = 0$，从而 $P(E) = 0$；若 E 必定发生，则 $N_E = N$，从而 $P(E) = 1$；因此可以知道，$0 \leqslant P(E) \leqslant 1$。

在实际中经常会出现无法确定总数 N 的情况，此时引入下列定义：在某给定试验的一次试验中，事件 E 发生的概率等于试验次数趋于无穷时 E 的相对频率的极限，其数学表达式为式（10-3）所示：

$$P = \lim_{n \to \infty} \frac{N_E}{N} \tag{10-3}$$

② 概率的合成定律　对于任意两个事件 E_1 与 E_2 同时发生的概率 $P(E_1 E_2)$ 等于概率 $P(E_1)$ 与在 E_1 发生的条件下 E_2 发生的概率 $P(E_2 | E_1)$ 之积，即式（10-4）所示。

$$P(E_1 E_2) = P(E_1) P(E_2 | E_1) \tag{10-4}$$

③ 概率的加法定律　等于两个互斥事件中至少有一个事件发生的概率 $P(E_1 + E_2)$ 等于两者概率之和。即：

$$P(E_1 + E_2) = P(E_1) + P(E_2) \tag{10-5}$$

当这两个事件是非互斥时，则有：

$$P(E_1 + E_2) = P(E_1) + P(E_2) - P(E_1 E_2) \tag{10-6}$$

④ 贝叶斯定律

贝叶斯定律表述了在 E 发生的条件下 e_i 的概率与在 e_i 发生的条件下 E 的概率两者之间的关系。

$$即: P(e_i | E) = \frac{P(E | e_i) P(e_i)}{P(E)} = \frac{P(E | e_i) P(e_i)}{\sum P(E | e_i) P(e_i)} \tag{10-7}$$

⑤ 排列组合

n 个元素的全排列：$P_n = A_n^n = n!$ \hfill (10-8)

从 n 个元素取 r 个元素的排列：

$$A_n^r = n(n-1)(n-2) \cdots (n-r+1) = \frac{n!}{(n-r)!} \tag{10-9}$$

从 n 个元素取 r 个元素的组合：$C_n^r = \dfrac{A_n^r}{r!} = \dfrac{n!}{r!\,(n-r)!}$ \hfill (10-10)

（2）概率分布　表 10-4 概括了主要概率分布类型及其函数和应用。

表 10-4 主要概率分布类型及其函数和应用

分布类型	形　态	概　率　函　数	应　用　范　围
正态分布		$y=\dfrac{1}{\sigma\sqrt{2\pi}}e^{-\frac{(x-\mu)^2}{2\sigma^2}}$ μ——平均值; σ——标准差	各观察值集中在平均值周围而其出现在平均值之上和之下的数目相同。各观察值的偏差是由许多细小原因造成的
指数分布		$y=\begin{cases}\dfrac{1}{\mu}e^{-\frac{x}{\mu}}, & x\geq 0\\ 0, & x>0\end{cases}$	适用于各观察值出现在平均值之下比出现于平均值之上多时
泊松分布		$y=\dfrac{(nP)^r e^{-nP}}{r!}$ n——试验次数; r——出现次数; P——出现概率	特别适用于某一事件有很多出现机会,但试验时出现的概率都很小时(<0.1)
二项式分布		$y=\dfrac{n!}{r!\,(n-r)!}P^r q^{n-r}$ n——试验次数; r——出现次数; P——出现概率; q——$1-P$	适用于定义某一事件在 n 次试验中出现 r 次的概率,已知该事件在单独一次试验中出现的概率为 P
χ^2 分布		$y=\begin{cases}\dfrac{1}{2^{\frac{n}{2}}\Gamma\left(\frac{n}{2}\right)x^{\frac{n}{2}-1}}e^{\frac{x}{2}} & x\geq 0\\ 0 & x<0\end{cases}$	利用此分布可从数据来检定母集团的分数 σ^2 是否与假定值 σ_0^2 相等
t 分布	 t分布(自由度m)曲线		未知母平均偏差时,利用数据推测和检定母平均 μ 利用此分布
F 分布			利用此分布可检定两个正态分布的分散是否相同

10.2.1.2 统计学

（1）集中趋势和能变趋势的测定

收集了大量数据后，要了解这些数据的规律必须了解其集中趋势和能变趋势，也就是说要了解其中心值和离散性。

① 集中趋势的测定　一组数值集中趋势有如下表示方法：

算术平均值：
$$\overline{X} = \frac{\sum X_i}{n} \tag{10-11}$$

均方根平均值：
$$\widetilde{X} = \sqrt{\frac{\sum X_i^2}{n}} \tag{10-12}$$

中位数：一组数据按大小顺序排列后，位于最中间的数值称为中位数。

众数：一组数据的众数是出现次数最多的数值。

几何平均数：
$$\sqrt[n]{X_1 \cdot X_2 \cdots X_n} \tag{10-13}$$

② 能变性的测定　这是指描述数据离散程度大小的统计量。可用下列各种方法表示。

a. 级差

一组数据中最大值与最小值之差称为级差。
$$R = X_{\max} - X_{\min} \tag{10-14}$$

b. 总体标准差
$$\sigma = \sqrt{\frac{\sum (X_i - \overline{X})^2}{n}} \qquad i = 1, 2, 3, \cdots, n \tag{10-15}$$

c. 样本标准差
$$S = \sqrt{\frac{\sum (X_i - \overline{X})^2}{n-1}} \qquad i = 1, 2, 3, \cdots, n \tag{10-16}$$

(2) 由样本估计总体平均数　从任何无限大的总体中抽取容量为 n 的样本，则样本平均数等于总体平均数。如该总体具有有限方差 σ^2，则样本平均数的方差 $\overline{\sigma^2}$ 等于总体方差除以 n，即：
$$\overline{\sigma^2} = \frac{\sigma^2}{n} \tag{10-17}$$

由此可以得出中心值定理，即：若一总体，不论其分布如何，其具有有限方差 σ^2 和平均数 μ。则从中抽取容量为 n 的样本平均数的分布。随着 n 的增大而趋向正态分布，其平均数为 μ，方差为 $\dfrac{\sigma^2}{n}$。

此时，如总体分布越接近正态分布，则为使样本正态分布的平均值接近总体平均数所需取的 n 值也就越小，但在通常情况下 n 值不应小于 30。

应用此定理可先从样本估计总体平均数。如：随机抽取一批玻璃管，测得其外径数据 100 个。其平均数为 18.80mm，方差为 5.0。若使准确率为 95%，求这种玻璃管外径在什么范围之内。由于样本 n 值足够大，可以认为样本的平均值接近总体平均数，同时样本方差可以看成总体方差，则 $\overline{\sigma} = \sqrt{\dfrac{5}{100}} = 0.224$。由表 10-5 可知，在正态分布中概率为 95% 时，$|X - \overline{X}|$ 不超过 1.96σ。因此，这批玻璃管的外径以 95% 的准确率在下列范围之内。即 $18.80 \pm 1.96 \times 0.224 = 18.80 \pm 0.44$。

表 10-5 正态分布中 $\frac{|X-\overline{X}|}{\sigma}$ 不超过某数的概率

$\frac{|X-\overline{X}|}{\sigma}$ 标准比差	Γ 概率/ %	$\frac{|X-\overline{X}|}{\sigma}$ 标准比差	Γ 概率/ %
1.00	68.26	2.33	98
1.28	80	2.58	99
1.64	90	3.29	99.9
1.96	95		

(3) 置信区间与置信水平　上述例子说明了统计学中所得出的结论带有一定程度的不确定性。例中管子外径所确立的范围称为置信区间。而外径不越出该范围的概率称为置信水平或置信系数。写成数学式则为：

$$P(t_1 \leqslant \theta \leqslant t_2) = \Gamma \tag{10-18}$$

式中　Γ——对应于 t_1，t_2 之间的 θ 值概率称为置信水平；

t_1，t_2——置信限；

θ——置信区间 t_1，t_2 之间全部数值的集合。

作为置信区间应用的一个例子如下。供料机的料滴重量为 1kg。根据大量统计资料，确定料滴重量标准差为 $\sigma=0.04$ 的正态分布。为控制料滴重量，必须定期调整供料机。如随机抽取 9 个料滴，平均重量为 1.05kg。试问机器是否需要调整。要求判断的准确性为 95%，即置信水平为 95%。如料滴重量在置信区间的内侧不用调整供料机，否则必须调整。因此问题在于求出置信区间。由式 (10-17) 可知 $\overline{\sigma}=\frac{0.04}{\sqrt{9}}=0.0133$，由表 10-5 查出置信水平 $\Gamma=95\%$ 时，标准比差为 $\pm1.96\sigma$。则置信区间为 1.0 ± 0.026。因 $1.05 > 1.026$，所以可以认为机器应调整。这一结论错误的概率小于 5%。

(4) 显著性的检验　显著性的检验（可靠性检验）称为统计推断，此法是建立在大量观测值基础上，建立了数学模型，例如玻璃料滴重量应服从正态分布，但实际情况往往无法预先建立数学模型。因此就必须作出假设，而后用显著性检验的方法来比较理论与观测结果。

在显著性检验中，首先假设样本取自所述的总体，也就是说样本统计量与总体参数统计量没有差别，这称之为零假设，数学式如下：

$$H_0 : O = E \tag{10-19}$$

式中　O——观测值或计算值；

E——期望值或给出值。

而后就要区别 O 值是落在哪一个区域，如落在拒绝区域，就可以否定原假设。如落在不定区域，则不否定原假设，但也不能肯定原假设。此时会犯两个错误：

① 把一个正确的假设否定了。这称为第一类错误，又称为显著性水平，此值以 α 表示。

$$\alpha = 1 - \Gamma \tag{10-20}$$

式中　Γ——置信水平。

② 把一个错误的假设接受了。这称为第二类错误，以 β 表示。

在实际应用中，如显著性水平取得很低，则发生第一种错误的概率就小，但发生第二类错误的概率就大。一般取 $\alpha=1\% \sim 5\%$，则两种错误的概率都较小。

显著性检验的方法很多，最常用的有 χ^2 检验和 t 检验。

(5) 回归分析　统计学上常会遇到要求确定两个或多个变量是否相关的情况。如果相关则应确定其关系。即求出一条通过或接近一组数据的曲线，以显示这些点的总趋向。这一过程称为回归分析或曲线拟合。该曲线的方程称为回归方程。有两个变量时称为一元回归，两个以上变量时称为多元回归。

① 回归分析的作用　回归分析的用途很多。主要有如下几种：进行预测和预报；定量地表达某一变量与另一变量间的关系；在函数之间进行插值；确定重要的自变量；确定最佳操作条件；估算回归系统。

② 回归分析的方法　此处只讨论工程上应用较多的一元回归分析，其步骤如下。

a. 确定研究目的，决定自变量和因变量。

b. 收集数据。

c. 画出数据的散布图。此时可采用坐标变换技术。

d. 根据散布图作出数学模型。

当数据如图 10-1（a）所示时，则数学模型为直线方程：$y = ax + b$。

当数据如图 10-1（b）所求时，则数学模型为二次曲线方程：$y = ax^2 + bx + c$。

当数据如图 10-1（c）所示时，则数学模型为三次曲线方程：$y = ax^3 + bx^2 + cx + d$。

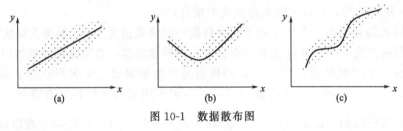

图 10-1　数据散布图

③ 计算回归方程

一元回归方程分析，主要使用最小二乘法，此法的实质是找出一条曲线，使其对于各个变量的离差之平方和最小。

在实际使用中，通常可采用近似方法求出回归方程，即首先把数据分为若干组，而后分别求出各组数据横纵坐标的算术平均值，然后联结各点。此时如数学模型为 n 次，则数据应分为 $n+1$ 组。

要作出最佳回归方程则比较复杂。对于 n 个数据的直线回归方程为 $y = mx + b$ 时，解下列方程组可求出回归方程的截距 b 和斜率 m。其中斜率 m 又称为回归系数。

$$m \sum x_i + nb = \sum y_i \tag{10-21}$$

$$m \sum x_i^2 + b \sum x_i = \sum x_i y_i \tag{10-22}$$

统计学中利用相关系数衡量两个变量间相关的密切程度。相关系数用 Γ 表示。

$$\Gamma = \frac{\sigma_{xy}^2}{\sigma_x \sigma_y} = \frac{\sum x_i y_i - n \, \overline{xy}}{n \sigma_x \sigma_y} \tag{10-23}$$

式中，σ_{xy}^2 称为协方差，σ_x，σ_y 为标准差。

当数据点密集地分布在一直线附近时，如 $\Gamma > 0$ 为正相关，$\Gamma < 0$ 为负相关，$\Gamma = 0$ 为不相关。

由相关系数 Γ 可求出回归方程：

$$y = \Gamma \frac{\sigma_x}{\sigma_y}(x - \overline{x}) + \overline{y} \tag{10-24}$$

用此方程可估计对应于某一 x 的 y 值的可能值。这可能值的估计的标准误差是：

$$S_y = \sigma_y \sqrt{1 - \Gamma^2} \tag{10-25}$$

10.2.2 质量控制

质量控制主要使用排列图、因果图、直方图、分层、控制图、散布图和统计分析表七种工具。这些工具是使用简单的图表把概率论和统计方法等复杂数学计算表现出来，以便于简明地分析生产过程中的问题，以进行质量管理和控制。

（1）排列图 排列图（巴氏图）主要用于计数值。在玻璃厂内主要用于分析各种废品的个数或百分数，如图10-2所示。

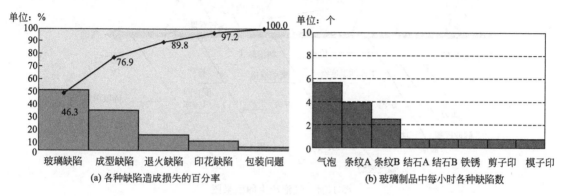

图 10-2 玻璃缺陷排列图

使用排列图可以立刻从产生缺陷的很多原因中找出最主要的两三个原因，一般这几个最主要原因占总缺陷数的70%～80%。针对这几个缺陷采取相应的对策，可使废品率大幅度降低。

（2）因果图 影响产品质量的因素很多，为了便于分析原因，需要画出因果图，如图10-3所示。

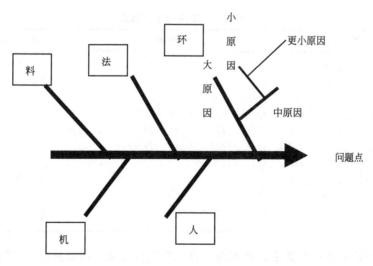

图 10-3 因果图

画因果图应注意以下几点：要分清主次；应尽可能将一切原因都列入；要有丰富的经验和收集尽可能多的资料。

图10-4是分析玻璃产品中气泡出现问题的因果图。

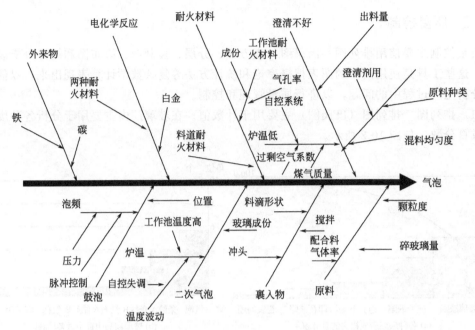

图 10-4 气泡产生的因果图

（3）直方图　直方图是应用很广的统计工具，从直方图中可看出数据分布情况，从而判断生产过程是否稳定、预测生产中的废品率。在玻璃工业中用来研究成型机的工程能力、玻璃制品的尺寸、重量、容量、条纹、结石以及破损数等，也用来研究玻璃原料的料度分布，配合料的均匀性及熔化过程。

表 10-6 中列出了某厂一个月内玻璃容量变化情况，这称为频数表，根据此表可画出直方图（图 10-5）。

表 10-6　玻璃瓶容量频数表

分级	级的界限	中心值 x_i	频数分布	绝对数量	相对百分比/ %
1	81.55～82.55	82.05	/	1	0.99
2	82.55～83.55	83.05	//	2	1.8
3	83.55～84.55	84.05	///// ///// /	11	10.0
4	84.55～85.55	85.05	///// ///// ///// ///// ///	23	20.9
5	85.55～86.55	86.05	///// ///// ///// ///// ///// ///// /////	35	31.8
6	86.55～87.55	87.05	///// ///// ///// ///// //////	26	23.6
7	87.55～88.55	88.05	///// ///	8	7.3
8	88.55～89.55	89.05	///	3	2.7
9	89.55～90.55	90.55	/	1	0.9
总计				110	99.9

作直方图前应先作出频数表。作表时，首先要进行分级，即根据测量值的最大值和最小值之差将其分为若干级。一般分为九级，即每一级的级差是上述差值的十分之一。为便于计算级差应为整数。如上例中最大值为 90.55，最小值为 81.55。分为九级后其每一级差值为 1。为使直方图能反映真实情况，所取数据应在 100 个左右，最低也不能少于 50 个，而且分级数应在 10 个左右，作出图 10-5 所示直方图。

直方图作出后会出现如图 10-6 所示的各种情况。当图形如图中（d）形时，表示收集数

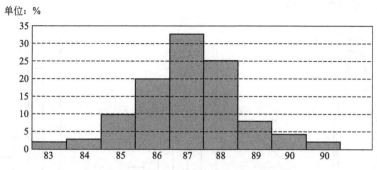

图 10-5 某厂一个月中玻璃瓶容量直方图

据是正态分布。正态分布图形随着数据集中趋势的不同还会出现图 10-7 所示情况。对于正态分布的数据，使用专用小型电子计算器可以方便地求出其中心值 $\bar{x}$ 和散差 σ。

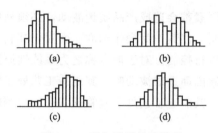

图 10-6 直方图的各种类型

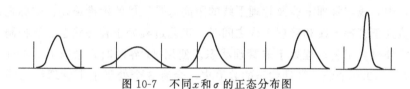

图 10-7 不同 $\bar{x}$ 和 σ 的正态分布图

（4）分层 分层就是将数据按照不同情况进行分类比较，以便分析问题找出原因。

在玻璃工厂中通常按下列原则进行分层。

① 按不同时间分层。如不同期，不同班次。

② 按不同设备分层。如不同成型机号或不同类型的成型机等。

③ 按不同操作参数分层。如不同温度、不同压力、不同机速等。

④ 按不同检测手段分层。如不同测试方法、不同测试仪表等。

⑤ 按不同操作工人分层。如新员工、老员工、女工、男工等。

例如某厂一批瓶子其外观缺陷情况如图 10-8 所示，缺陷种类分别以 A、B、C、D、E、F、G、H 代表，由于这批瓶子是两台成型机生产的。则分别作出 1♯ 机器和 2♯ 机器缺陷图，如图 10-9。则可明显地看出缺陷主要产生于二号机。再具体比较两台机器操作上的差别，就能很快找到原因。

（5）控制图 控制图是质量控制所使用的各种统计方法中最主要的方法。由于玻璃生产使用天然原料，又要经过粉碎、混合、熔化、成型等各种工序，因此玻璃制品比金属加工制品的各种外形尺寸和理化性能测定值的分散程度要大很多，所以在玻璃生产中根据各有关因素找出分散产生原因的难度较大。为此工程技术人员不仅需要熟练掌握玻璃工艺过程，而且要了解测量各种参数所使用的方法、仪器及误差产生原因，并能熟练使用各种控制图，才能很好地进行工艺过程和质量管理。

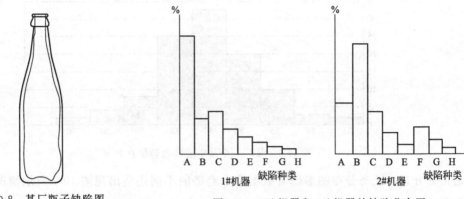

图 10-8　某厂瓶子缺陷图　　　　图 10-9　1♯机器和 2♯机器的缺陷分布图

在生产过程中无限多的因素都会造成产品质量波动，必须从中找出对质量影响最大的原因，并在一定范围内加以控制，以其作为操作标准。而对于其它大量原因，则由于现有技术水平无法达到或不经济而不进行控制。对于前者称之为系统性原因，对于后者称之为偶然原因。当产品质量由于偶然性原因面造成波动时，其制造工艺处于管理状态。当产品质量由于系统性原因造成较大波动时，其制造工艺处于非管理状态。而判断工艺是否处于管理状态的工具就是管理图。

管理图中共有三条管理线，即中心线（CL）、管理上线（UCL）及管理下线（LCL）。一般情况下，中心线与管理上线及管理下线的距离都是三倍的标准偏差。这称之为 3σ 界限。当被控制数值处于管理上线和管理下线之间时，工艺过程处于管理状态。被控制数值如处于上线和下线之外时，工艺过程处于非管理状态。使用 3σ 界限时，会有 0.3％的数值出现第一种误差。即每 1000 个处于管理状态的数值中，会有 3 个处于上下管理线之外，被错误地认为处于管理状态。由于出现这种错误的几率很小，因此用 3σ 界限有管理图控制生产的可靠性很高。

在制作管理图时，可以对最终产品的各项性能作出管理图。由于最终缺陷的各项性能是整个生产工艺过程的反映，因此根据管理图可以看出整个生产过程是否正常。由于最终产品经历的生产过程很多，到底哪一个环节出了问题，最终产品性能管理图反应不出来。因此要对每道工序进行质量控制，并划出每道工序的管理图。这样就可以及时发现生产中的问题，并立即着手解决。

一般制作控制图应遵照下列顺序。

① 选择将要控制的质量特性。

② 选择控制图的类型，表 10-7 列出了几种基本的控制图。

表 10-7　几种基本控制图的比较

控制图类型	平均数与级差图（$\bar{x}\text{-}R$） 平均数与标准差图（$\bar{x}\text{-}\sigma$） 个体值图（X 图） 累计总和图［$\sum(x\text{-}R_0)$］	不合格品百分率图（P 图） 不合格品数图（NP 图）	每个单位缺陷数图（M 图） 缺陷数图（C 图）
所需数据种类	计量值（某一特性测量值）	计数值（产品中废品数）	计数值（每单位产品缺陷数）

续表

应用范围	控制某一性质,如几何尺寸、膨胀系数、密度、化学成分、温度、压力等	控制某一工序中不合格品总百分率	控制每个单位的总缺陷数。如每100g玻璃气泡数,每个瓶子结石数等
优 点	1. 最大限度利用现有数据而得到情况 2. 能提供某一工序平均数及变差的详细情况,以便进行控制	1. 所需数据可从检验记录中获得 2. 全体人员都能看懂 3. 能对产品质量提供总的情况	1. 同 P 图 2. 能提供产品缺陷程度的质量
缺 点	1. 未经专门训练者难掌握,易于混淆控制限和公差限 2. 不能使用合格品、废品这一类数据	1. 不能提供某一性质的详细情况 2. 无法识别产品缺陷的程序	不能提供某一性质的度量

a. 决定所要使用的中心线以及计算控制限的基线。中心线可以是以前数据的平均值,也可以是标准数值。控制限可以定在 $\pm3\sigma$ 之处,也可以定在 $\pm2\sigma$ 之处,甚至在 $\pm1.5\sigma$ 之处。当工序本身没有故障,而且寻找故障的费用很低时,则可以采用前者,反之应采用后者。

b. 合理选择样组。这可以按时间、机械、班次、原料、人员等不同情况来分组和选择样组。在选择样组的组成和频数时,则应根据检验难易程度来决定。当检验很容易时,应每次抽取的数量少,但频数高,从而很快就可以发现问题。当检验很复杂时,则应抽样少,而且时间间隔长,并且将其控制线定的小一些,如 $\pm1.5\sigma$。

c. 建立收集数据制度。必须对所要控制的数据建立起专门的数据收集制度,安装仪器、制定表格、建立责任制,确保数据能够准确无误地收集起来。数据纪录必须确保清晰、明确、禁止编造和重复抄写。

d. 控制图的制作。

e. 判断被控对象是否处于可控状态。

f. 采用措施解决生产工艺中的问题。

g. 修订有关标准。

有关各种控制图中控制线的计算公式及其系数列于表 10-8 和表 10-9 中。

表 10-8　求控制线公式

控制图种类		中心线	控制线	给出标准值时
计量值控制图	$\bar{x}\text{-}R$ 图 $\bar{x}$ R	$\bar{\bar{x}}$ $\bar{R}$	$\bar{\bar{x}}\pm A_2\bar{R}$ $UCLD_4\bar{R}$ $LCLD_3\bar{R}$	$\mu^2\pm A\sigma'$ $UCL=D_2\sigma'$ $LCL=D_1\sigma'$
	X 图	$\bar{\bar{x}}$ $\bar{x}$	$\bar{\bar{x}}\pm E_2\bar{R}$ $\bar{x}\pm2.66\bar{R}$	$\mu'=3\sigma'$
计数值	$\overline{X}$图	$\overline{\bar{x}},\bar{x}$	$CL+_{3A2}R$	$\mu'=m_3 A\sigma'$
	P 图	$\overline{P}$	$\overline{P}\pm3\sqrt{\overline{P}(1-\overline{P})/n}$	$P'\pm3\sqrt{P'(1-P')/n}$
	PN 图	$\overline{PN}$	$\overline{Pn}\pm3\sqrt{\overline{Pn}(1-\overline{P})}$	$P'\pm3\sqrt{P'n(1-P')}$
	μ 图	$\bar{\mu}$	$\bar{\mu}\pm3\sqrt{\bar{\mu}/n}$	$\mu'\pm3\sqrt{\mu'/n}$
	C 图	$\overline{C}$	$\overline{C}\pm3\sqrt{\overline{C}}$	$C'\pm3\sqrt{C'}$

表 10-9　控制图系数表

试样数量 N	$\bar{x}$图			R图				x图	计算σ的系数		
	A	A_2	m_3A_2	D_3	D_4	D_1	D_2	E_2	d_2	d_3	C_1
2	2.121	1.880	1.880	—	3.27	—	3.686	2.66	1.13	0.853	0.564
3	1.732	1.023	1.187	—	2.58	—	4.358	1.77	1.69	0.888	0.724
4	1.500	0.729	0.796	—	2.28	—	4.698	1.46	2.161	0.880	0.798
5	1.342	0.577	0.691	—	2.12	—	4.918	1.29	2.33	0.864	0.801
6	1.225	0.483	0.549	—	2.00	—	5.098	1.18	2.53	0.848	0.869
7	1.134	0.419	0.509	0.076	1.92	0.205	5.203	1.11	2.70	0.833	0.888
8	1.061	0.373	0.432	0.136	1.86	0.387	5.307	1.05	2.85	0.820	0.903
9	1.000	0.337	0.412	0.184	1.82	0.546	5.394	1.01	2.97	0.808	0.914
10	0.949	0.308	0.363	0.223	1.78	0.687	5.469	0.98	3.08	0.997	0.923

　　控制图现已经广泛用于玻璃生产中，在瓶子重量、玻璃比重、玻璃管尺寸等方面使用 $\bar{x}$-R 控制图，在玻璃缺陷、玻璃管气泡数等方面使用 P 控制图。图 10-10 是某厂玻璃制品中每克玻璃中气泡读数的 $\bar{x}$-R 图。

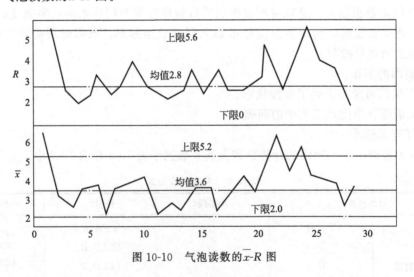

图 10-10　气泡读数的 $\bar{x}$-R 图

　　（6）散布图　散布图又称为相关图，是分析两个变量相互关系所用的统计工具。在生产过程中经常发生这种情况，即两个变量的关系很难用数学公式准确地描述出来，但这两个变量之间又有一定的关系。这种关系称为相关关系。有关相关性的原理在前一节中已经详细论述，但这个问题用统计数学方法计算十分复杂，因此在现场一般只使用散布图法来确定两个变量间的相关性。

　　在玻璃生产过程中，使用散布图主要用来解决控制对象与操作条件的关系，如料滴重量与玻璃液温度的关系、结石数量与炉温的关系、成品率与机速的关系等。当控制对象同时受到几个操作因素影响时，可分别画出散布图。以排除非相关因素，从而使生产稳定。在作散布图时，要特别注意坐标变换，采用对数坐标纸可以将指数函数的两个变量间的关系表示为简单的直线方程。

图 10-11 和图 10-12 分别是料滴重量与机速的散布图和料滴重量与料碗直径关系的散布图。

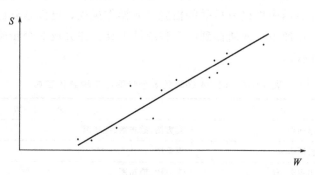

图 10-11　料滴重量（W）与机速 S 的关系

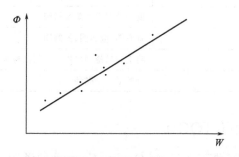

图 10-12　料滴重量（W）与料碗直径（Φ）的关系

（7）统计分析表　统计分析表是最简单的统计工具，未受过专门训练的人也能使用。统计分析表有三种类型。

① 调查缺陷产量位置的统计分析表是个平面示意图，表示缺陷部位的简图。如图 10-13 就是示显像管屏气泡产生位置的统计分析表。

由图 10-13 中可以看出气泡较多，在上部主要是内部气泡，而中下部主要是表面气泡。由此可以进一步分析产生原因，找出解决办法。

② 工序内质量特性统计分析表是某工序内质量特性状况的纪录和统计。表 10-6 是制瓶工序玻璃瓶容量分布的统计分布表，实际上此表是作直方图的第一步。

③ 不合格品原因分类统计表是将不合格品中，各种原因的不合格品数量分别列出，以全面看出问题，进一步可据此表划出排列图。

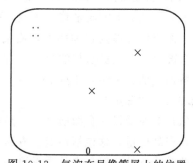

图 10-13　气泡在显像管屏上的位置
×—表面气泡；·—内部气泡；0—>Φ2mm 的气泡

（8）PDCA 循环和解决问题的步骤　PDCA 循环即计划（Plan）、实施（Do）、检查（Check）、行动（Action）。在全面质量管理中 PDCA 循环在全厂各个部门、班组执行，基本落实到每一个人。PDCA 循环有三个特点。第一，大循环套小循环。即每个工厂有一个大的 PDCA 循环，各车间科室据此定出自己的小循环，各班组又有更小的循环，每个工人又有自己的最小的循环。上一级循环是下一级循环的根据，下一级循环是上一级循环的具体化，这样就把全厂工作统一协调起来。第二，不断前进。每一级 PDCA 循环都是连接不断地向前滚动，一个循环结束了，立即开始一个新的循环，每个循环都解决一批问题，使质量提高到一个新的水平。第三，重点在于总结，总结才能提出下一步的目标进行循环，从而保证不断前进，并且在总结中把确有成效的措施订入操作规程，已经达到的水平制定成标准。

PDCA 循环不断地使用上面所提到的 7 种统计工具，并分成 8 个步骤来解决问题，其具体情况见表 10-10 所示。

表 10-10　PDCA 循环的 8 个步骤和 7 种统计工具

阶段	步　　骤	方　　　　法
P	1. 找出问题	直方图、散布图、控制图
	2. 分析原因	因果图
	3. 找出主要原因	直方图、散布图
	4. 制定计划	包括：原因、目的、时间、地点、人员、方法
D	5. 执行计划	要按计划严格落实措施
C	6. 调查效果	直方图、散布图、控制图
A	7. 巩固成绩	将上述措施列出操作规程及检查标准
	8. 提出新问题	开始下一个循环

10.2.3　全面质量管理（TQC）

全面质量管理（TQC）是英文 Total Quality Control 的译义，全面质量管理是以组织全员参与为基础的质量管理形式。全面质量管理代表了质量管理发展的新阶段，其起源于美国，后来在其它一些工业发达国家开始推行，并且在实践中不断发展，特别是日本在 20 世纪 60 年代以后推行全面质量管理并取得了丰硕的成果，引起世界各国的瞩目。

20 世纪 80 年代后期以来，全面质量管理得到了进一步的扩展和深化，逐渐由早期的 TQC（Total Quality Control）演化成为 TQM（Total Quality Management），其含义远远超出了一般意义上的质量管理领域，而成为一种综合的、全面的经营管理方式和理念。

全面质量管理内容和特点，概括起来是"三全"和"四一切"。"三全"是指对全面质量、全部过程、全员参与的管理。"四个一切"是指一切为用户着想，一切以预防为主，一切以数据说话，一切工作按 PDCA 循环进行。

10.2.3.1　"三全"

（1）全面质量　全面质量＝产品质量＋生产成本＋交货期＋服务，过去一说到质量，往往是指产品质量，这包括性能、寿命、可靠性和安全性，即所谓狭义质量概念。当然产品质量是非常重要的，但是产品质量再好，如果制造成本高，销售价格贵，用户也不欢迎。即使产品质量很好，成本也低，还必须交货及时和服务周到，才能真正受到用户欢迎。因此一个企业必须在抓好产品质量的同时，要抓成本质量、交货期质量和服务质量。这全部内容就是所谓广义的质量概念，即全面质量。质量管理必须对这种广义质量的全部内容进行管理。

（2）全部过程　产品制造是包括企业一系列活动的整个过程，这个过程包括市场调查、研究、设计、试制、工艺与工装的设计制造、原材料供应、生产制造、检验出厂和销售服务。用户的意见又反馈到企业加以改进，这整个过程可看作是一个循环过程。可见产品质量的提高依赖于整个过程中每个环节工作质量的提高，因此质量管理必须对这种全部过程的每个环节都进行管理。

（3）全员参与 产品质量的好坏是企业许多环节和工作的综合反映。每个环节的每项工作都要涉及企业的人员，每个人都与产品质量有着直接或间接的关系，每个人都应该重视产品质量，都从自己的工作中去发现与产品质量有关的因素，并加以改进，产品质量就会不断提高。只有每个人都关心质量，都对质量高度负责，产品质量才能真正地提高和获得保证，所以质量管理必须是全员参与的管理。

10. 2. 3. 2 "四个一切"

（1）一切为用户着想 一切为用户着想是树立质量第一的思想，产品生产就是为了满足用户的需要。因此，企业应把用户看作是自己服务的对象。为了保持产品的信誉，必须树立质量第一的思想，在为用户提供物美价廉产品的同时，还要及时地为用户提供技术服务。

"下道工序是用户"这个口号在企业里应大力提倡和推行。指导企业的每个部门、每个人员在工作中都有个前、后或上、下的相对关系，都有工作服务对象。工作服务对象可以看作是下道工序。在企业里，树立质量第一的思想就要体现在更好地为下道工序服务的行动中。

（2）一切以预防为主 好的产品是设计和生产出来的，用户对企业的要求，最重要的是保证质量，怎样理解保证质量呢？当前有两种片面的看法：一是认为坚决实行"三包"制度就可以保证质量；另一种看法认为只要检查从严就保证了质量。这些看法是对保证质量的误解。因为这事后检查，把保证质量的重点放在检查上是不能从根本上保证产品质量的。不解决产生不良品的问题，不良品还是照样产生，致使产品成本增高。由于质量问题不是一步形成的，也不是最后一道工序突然形成的，而是逐步形成的，因此，应该在工序中把影响生产过程的所有因素全部控制起来。这就是把过去单纯以产品检验"事后检查"的消极"把关"，改变为以"预防为主"，防检结合，采用"事前控制"的积极"预防"。显然，这样生产出来的产品自然是好的。

（3）一切用数据说话 "一切用数据说话"就是用数据和事实来判断事物，而不是凭印象来判断事物。收集数据要有明确的目的性。为了正确地说明问题，必须积累数据，建立数据档案。收集数据以后，必须进行加工，才能在庞杂的原始数据中，把包含规律性的事物提炼出来。对数据进行分析的基本方法是画出各种统计图表，例如排列图、因果图、直方图、管理图、散布图，统计分析表等。而后根据具体情况对加工整理数据分层，以便找出问题所在。分层在全面质量管理中具有特殊的重要意义，必须引起充分重视。

（4）一切工作按 PDCA 循环进行。

第一阶段是计划，包括方针、目标、活动计划、管理项目等。

第二阶段是实施，即按照计划的要求去干。

第三阶段是检查，检查是否按规定的要求去干，哪些干对了，哪些没有干对，哪些有效果，哪些没有效果，并找出异常情况的原因。

第四阶段是行动。即要把成功的经验肯定下来，变成规范或标准。以后就按照这个规程或标准去做。失败的教训也要加以总结，并纳入规范或标准，防止以后再发生。未能解决的遗留问题反映到下一个循环中去。

10.2.4 ISO 15378 质量管理的发展

随着用户要求的提高和科学技术的发展，质量管理在精细化、电子化方向发展很快。其中最有代表性的管理是六西格玛（6σ）管理法和统计学过程控制（SPC），计算机在线质量控制广泛用于药用玻璃包装领域。

10.2.4.1 六西格玛管理法

六西格玛管理法是一种能够严格、集中和高效地改善企业流程管理质量的实施原则和技术。它包含了众多管理前沿的成果，以"零缺陷"（缺陷率 3.4×10^{-6} 即 3.4ppm）的完美商业追求，带动质量成本的大幅度降低，最终实现财务成效的显著提升与企业竞争力的重大突破。六西格玛比传统质量管理控制有重大提高，其主要不同点，见表 10-11 所示。

表 10-11　六西格玛管理控制与传统质量管理控制的差别

项目＼管理方法	传统质量管理控制	六西格玛管理控制
推动者	企业内部人员	企业外部顾客
关注点	产出	过程
对缺陷态度	纠正	防止
关注范围	生产现场	业务全流程
改进内容	质量	底线
专注点	过去	未来
注重点	产品	质量指标
着重	理论和人员	方法和数据

由表 10-11 可以看出，传统质量管理控制是企业内部人员，提高产品质量，对过去的数据进行分析，以提高产品合格率。六西格玛质量管理控制则是，根据顾客的需要对业务的全流程（从接受订单到交货每一过程）以顾客满意度为底线，通过大量数据分析和运用数理统计方法制定的质量指标，以达到用户满意重点在预防。

西格玛即希腊字 σ 的译音，是统计学用语，是衡量大量数据中的分散性性而使用的数学符号。企业也可以用西格玛的级别来衡量在商业流程管理方面的表现。传统的公司一般品质要求已提升至 3σ 即产品的合格率已达至 99.73％ 的水平，只有 0.27％ 为次品。也可解释为每 1000 个产品只有 2.7 件为次品。很多人认为产品达至此水平已非常满意。可是，根据专家研究结果证明，如果产品达到 99.73％ 合格率的话，以下事件便会继续在现实中发生：每年有 20000 次配错药事件；每年将近 1.5 万个婴儿出生时会被抛落地上；每年平均有 9h 没有水、电、暖气供应；每星期有 500 宗做错手术事件；每小时有 2000 封信邮寄错误。由此可以看出，随着人们对产品质量要求的不断提高和现代生产管理流程的日益复杂化，企业越来越需要六西格玛这样的高端流程质量管理标准，以保持在激烈市场竞争中的优势地位。事实上，日本已把"6σ"作为其产品品质要求的指标。

六西格玛的管理方法重点是将所有的工作作为一种流程，采用量化的方法分析流程中影响质量的因素，找出最关键的因素加以改进从而达到更高的客户满意度。

10.2.4.2 统计过程控制

统计过程控制（Statistical Process Control，SPC）是 20 世纪 20 年代由美国休哈特首创的。SPC 就是利用统计技术对过程中的各个阶段进行监控，发现过程异常，及时警告，从而达到保证产品质量的目的。这里所述的统计技术泛指任何可以应用的数理统计方法，其中以控制图理论为主，但 SPC 具有其历史局限性，它不能告知此异常是什么因素引起的，发生于何处，即不能进行诊断，而在现场迫切需要解决诊断问题，否则即使想纠正异常，也无从下手。

这就需要对测量数据进行分析，即 MSA（Measurement System Analysis 的简称）。其使用数理统计和图表的方法对测量系统的误差进行分析，以评估测量系统对于被测量的参数来说是否合适，并确定测量系统误差的主要成分。由于数据量大，又需要及时发现问题，通常使用计算机在线进行过程控制。

10.3 工艺技术管理

在医药玻璃的生产过程中，工艺技术管理是生产管理的核心，对保证生产有序进行、产品质量、降低生产成本、减少环境污染、确保生产安全有着重要作用。

医药玻璃生产厂应结合自身产品特点，工人、技术人员的操作和技术水平情况、生产设备情况，制定适合于本厂切实可行的工艺技术管理办法。

10.3.1 工艺技术人员

工艺技术人员在医药玻璃生产过程中处于非常重要的地位，工艺工程师的技术才能和经验直接影响医药玻璃生产和产品质量。

在医药玻璃制造企业里，工艺技术人员对企业的技术进步起主导作用。工艺工程师提出技术进步方案或对现有的生产环节提出改进意见，工厂的其它专业技术人员要密切配合，参与论证和讨论，帮助完成技术进步任务，通过不断地技术进步，实现提高产品质量、降低生产成本提高、企业效益的目的。

10.3.1.1 工艺技术人员职责

工艺技术人员应该熟悉医药玻璃生产工艺、方法和生产全过程，要对玻璃产品质量、玻璃组成及玻璃生产的相关设备、设施、仪器仪表做到了如指掌，要达到上述要求，必须精通和明确如下知识和职责：

（1）会计算料方，并知道各种原料在玻璃中的作用，清楚更换料方的工作程序：谁计算、谁校核、谁批准、谁执行。

（2）熟悉工厂里由其它部门人员设计的有关图表系统。

（3）熟悉玻璃原料来源和品质。

（4）掌握碎玻璃处理情况，与混料工作人员及熔化人员保持联系及协作，研究解决生产中出现的问题。

（5）了解工艺制度的执行及操作情况，帮助解决生产中出现的问题。

（6）通过取样对玻璃缺陷进行分析，提出解决问题的方法和建议。

（7）监督化验室工作，提出化验要求及解决问题的办法。

（8）做好各项原始记录和工作日志，收集所有实验数据，定期提出分析报告。

（9）对产品质量和工艺上可能存在的问题要做出预评估，包括即将出现的新产品状况。

（10）负责熔化工艺的更新和工艺执行情况的管理。

（11）负责成形工艺管理。

（12）负责退火工艺管理。

10.3.1.2 工艺技术人员工作

（1）文字工作

① 记录来自配料和熔化的生产日报；

② 记录玻璃熔炉状况及运行情况；

③ 记录配合料中关于原料的有关信息和数据；

④ 记录料方与玻璃分析的各种成分的变化；

⑤ 记录玻璃缺陷情况。

将上述报告送达有关技术人员和管理人员。

（2）沟通与协调

① 例会　每天出席由配料人员、熔炉操作人员、玻璃技术人员、成型、质量管理人员及生产调度人员参加的生产会议。

② 临时主持会议　对于临时出现的问题要召集有关人员对近期配料、熔化、成型、质量、玻璃技术方面情况进行分析，还要研究维护及项目工程情况。定出解决办法及明确各方任务。责任由主管人员写出会议纪要，上报有关领导和部门。

（3）日常工作

① 每天对从配料房的原料包装到最终产品整个生产过程进行巡回检查；

② 配料房原料物流情况，原料储存环境状况，混料、称量设备校验及运行情况，碎玻璃和原料的库存情况，前一天配合料的库存情况（特别注意：配合料存放时间不得超过16h)，碎玻璃的比率变动情况；

③ 熔炉整体运行情况观察，熔炉加料情况，料面稳定情况，熔炉温度正常与否，熔炉附属设备运行状况，其它设计参数变动情况；

④ 料道、料盆及马弗炉温度稳定情况；

⑤ 玻璃管成型的稳定性情况及流量；

⑥ 生产合格率及生产产品装箱数情况；

⑦ 玻璃缺陷情况：节瘤、气线、结石、楞线、脱片、楞条；占百分比情况；

⑧ 超标规格尺寸（外径、壁厚、椭圆度、弯曲度等）所占百分比情况；这些缺陷的发展趋向预测；有必要时将缺陷样品封样；

⑨ 玻璃管的应力情况，有条件时做环切进行级别评定；

⑩ 制瓶工艺变化和制瓶设备运行情况；

⑪ 退火工艺及退火质量有无变化；

⑫ 质量管理要求的其它检测；

⑬ 所有质量问题要用数据或图表表述清楚；

⑭ 将质量问题列出表来，告知有关操作人员，并随时进行讨论，找出原因和解决问题的方法，这些工作应该尽快做出；

⑮ 工艺技术人员是玻璃性质控制的责任人，分析玻璃性质的时候必须要有"定性"和"定量"的概念，现在的技术和装备水平的提高和发展，能够精确的测量，使每天都可以得到高精度数据，找出其中的相关点和要素，指导工艺指标调整，消除玻璃缺陷，使生产良好运行，在工厂中真正做到科学控制玻璃质量。

10.3.2　化验室职责

10.3.2.1　原料

每批原料在进入车间前，应该进行取样分析，每批袋装和散装原料都要由人工进行取样、分析测试（包括原料性状、色泽、化学组成和颗粒度等），分析测试结果按本厂原料质量标准评价，结论是"合格"或"不合格"，向工艺技术员和有关库管人员出示分析化验单，合格原料入库，可进行配料使用，对于所测试样品需要保存2个月时间，以便化验室进行复检使用。对于不合格原料，化验员要及时报告主管领导和工艺技术人员。

10.3.2.2 玻璃分析检验

玻璃分析检验包括：玻璃化学组成分析（简称玻璃全分析）；理化性能检验；玻璃缺陷分析；环切均匀性分析；工艺性能分析等。其分析结果要有化验单、检验报告和分析报告，包括以下信息：生产日期、批次、检验时间、样品编号，报告要有分析人、审核人签字。

10.3.2.3 玻璃缺陷分析

（1）固体夹杂物（结石） 未熔的原料；耐火材料粒；失透玻璃；异物；熔炉上部耐火材料熔滴；成型工艺方面的异物。

（2）气体夹杂物（气泡、气线） 澄清不完全；电解产生；污染；密封不严，不适当的加温造成的二次气泡，节瘤，擦伤等。

分析以上产生缺陷的可能原因。以及产生部位：熔炉、料道、料盆、溢流、碹顶、原料（包括碎玻璃）、成分、颗粒度、污染。

10.3.2.4 具体操作

以上分析可以帮助找出配合料熔解中造成玻璃缺陷的问题和原因，找出解决问题的办法。为了确保产品质量，减少不必要的损失，医药玻璃生产企业的化验室需要定期对产品的各项性能指标进行检测，检测项目和检测周期与频次要求建议按表10-12执行。

表10-12 建议化验室对分析项目的分析测试周期

检测项目	周一	周二	周三	周四	周五
软化点			√		
退火点			根据情况和条件定		
膨胀系数	√	√	√	√	√
密度	√	√	√	√	√
环切均匀性			每天1次		
混料均匀度			每天6次（每4h测量1次）		
玻璃全分析			每周2次		
工艺性能			每周1次		

以上检测仅作参考，具体可根据医药玻璃企业实际情况而定，表10-12是正常生产情况的测试周期与频次要求，可以满足医药玻璃产品质量控制，对于新投产窑炉初期和产品不正常时，应缩短检测周期。

（1）原料分析

① 颗粒度：符合质量标准，不能结块，防止吸水。

② 组成：主要化学组成和微量元素，原料组成要符合原料质量标准。

③ 污染物：外来的原料污染对玻璃质量的影响要引起足够重视，主要是金属、油脂、粉尘、塑料等，要认真处理，不要将污染物扔到原料中。

本书以石英砂进行举例说明，表10-13某批次石英砂成分分析，其它原料以此类推。

表 10-13 某批次石英砂成分分析

批号 （年-月-日-序号）	企业标准要求/%	检测结果/%
SiO_2	98.50～99.05	99.80
Al_2O_3	0.17～0.18	0.16
Fe_2O_3	0.02～0.11	0.05

（2）料方计算与投料 当原料批次变化时，要根据玻璃百分组成控制玻璃特性在设计范围内，重新计算原料投入量，这些由工艺技术人员完成，还需要由另一技术人员校核，确定无误后由工艺主管批准，将原料和碎玻璃重量列表通知配料人员执行。

（3）料方格式 所设计的表中可以看出各种原料化验结果，各种原料使用量，碎玻璃使用比例，气体率，每付配合料重量，投入的熔炉号，投入时间等，留档备查。

（4）小料预混 小料指除石英砂、长石、硼砂、纯碱外的其它原料，用石英砂或长石做载体，加入小料进行预混，然后经过计算每付料投入量，再和大料共混。

（5）完成料方变化 料方计算完成经校对和批准后要以表格通知。

① 通知：哪些人应该知道料方变化；

② 日期：具体到小时，加入炉号；

③ 配合料批号；

④ 碎玻璃比率，碎玻璃加入总量，将碎玻璃比率用括号添加到表里；

⑤ 审查：料方计算、审核、批准人 签名。

（6）料方变化操作

① 玻璃化学组成变化：根据玻璃熔化、澄清、成型、性能等综合要求进行的玻璃组成调整，工艺技术人员结合原料批次分析结果，进行料方的重新计算与调整。

② 玻璃化学组成不变：玻璃生产正常，产品性能符合用户或标准要求，由于原料或原料批次发生改变，工艺技术人员进行料方调整。

10.3.3 碎玻璃管理与控制

10.3.3.1 碎玻璃来源

碎玻璃来源有两种：以种为企业自身生产所产生的碎玻璃，另外为企业外购的碎玻璃。企业自身生产所产生的碎玻璃，包括生产中残次不合格玻璃产品，池炉底放料、料道底放料和溢流等产生的碎玻璃，这些碎玻璃成分与本企业的玻璃成分一致，并且相对洁净；另一种为外购的碎玻璃，对于外购的同类碎玻璃可能存在与企业玻璃成分不同的风险。由于管制药用玻璃产品为轻薄产品，回厂再造经济性不足，目前很少有企业外购，如果需要外购碎玻璃进行回厂再造，应加强碎玻璃处理，包括杂质去除、破碎、清洗，然后进行回收碎玻璃全分析，然后将其作为一种原料，计算料方使用。

10.3.3.2 投入碎玻璃的比例

根据回收碎玻璃比例决定投入比例，但不要频繁变化比例率，全电炉尤为重要，要最小范围变动，碎玻璃总量保持较小变化。

10.3.3.3 碎玻璃处理和储存

① 处理 碎玻璃收集来后经过挑拣（去除异物）、除铁、破碎、清洗、干燥、储存，使颗粒度符合质量标准要求，方可进入配料系统；碎玻璃储存时间过长或受污染，还需要再进行挑拣、清洗、干燥等处理。

② 储存 每日都要检查碎玻璃储存情况，碎玻璃不能受到污染，如金属、耐火材料、杂物、油脂等，尤其在修炉期间更要注意。

③ 外部收购的玻璃被污染的可能性会更大，储存时要标明玻璃牌号、来源、收购日期，使用经处理过的外购碎玻璃必须进行玻璃成分全分析并得到主管技术人员同意，严格控制碎玻璃比例，在 7 天时间周期内变化不大于 2.5%，加入碎玻璃后对产品质量要有监测与评估。

10.3.4 玻璃化学组成管理

① 玻璃产品特性是由玻璃化学组成所决定的。

② 由于原料变化和生产工艺变化；生产过程中产生操作错误；使玻璃在产品制造中组分发生紊乱，操作过程中人和设备都有可能发生错误，尤其玻璃组分发生变化后，产品规格就会发生变化，产品质量达不到质量标准。

③ 玻璃外观变化：颜色发生变化；出现结石、气线、节瘤等缺陷。

④ 出现问题要认真分析原因，通过检查要加强对生产设备，原材料的管理；认真分析玻璃的样品资料，然后对熔化工艺参数、配合料等要做相应调整，纠正操作错误。

10.3.5 技术报告

定期写技术报告，报告包括以下基本内容。

① 生产情况，出现哪些问题，如何解决的。

② 尚未解决的遗留问题。

③ 工艺做何调整变化，主要设备有无更新与维修。

④ 针对存在问题下一步的处理方案。

10.3.6 工艺流程和主要控制点

药用玻璃生产工艺流程主要包括原料、配料、混合、熔化、供料、拉管、切割、后处理、包装、运输等，见图 10-14。在药用玻璃生产过程中，为了实现质量控制和生产管理，需要在以下几个方面进行质量监控，包括入厂原料的水分、粒度、成分检测；配合料的称量准确性；配合料混合均匀性；成型的稳定性；玻璃管尺寸控制、玻璃管精切圆口、包装规格与数量等（图 10-15）。

药用玻璃管生产过程主要质量控制点包括 10 项内容，参见图 10-16，主要包括：数字传

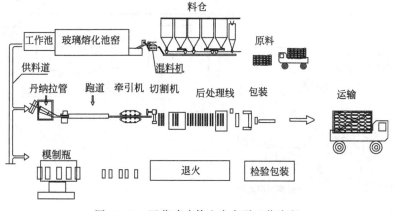

图 10-14　医药玻璃管生产主要工艺流程

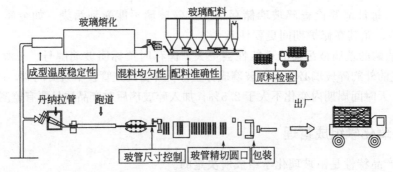

图 10-15　玻璃管生产主要控制点

输电子秤，配合料均匀度检测，折射率检测，光谱透过率和紫外光截止检测，CCD 气泡检测，密度检测，尺寸检测，膨胀系数检测，环切均匀性检测，应力检测。另外原料入场检验和玻璃化学检测，玻璃制品在线监控，窑炉温度及电气检测和控制也是十分重要的环节。

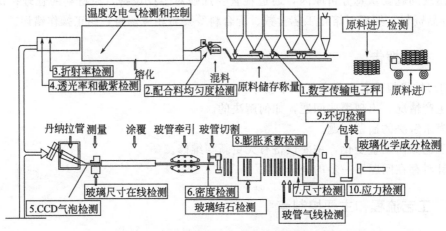

图 10-16　药用玻璃管生产关键质量控制点

对于管制瓶生产主要质量控制点包括制瓶初选检测、易折安瓿刻痕色点或色环检测、退火后外观检测、规格尺寸检测、洁净环境控制，见图 10-17。

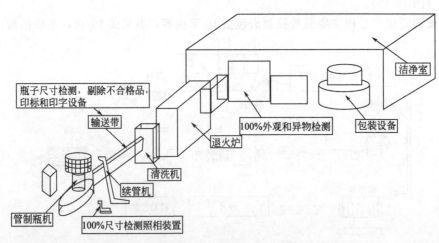

图 10-17　管制瓶生产工艺与质量控制点示意图

10.4 生产设备管理

10.4.1 生产设备管理重要性

设备是医药玻璃企业稳定生产、保证质量、确保安全的关键，设备长期稳定运行是企业产品质量的基本保障。医药玻璃企业设备管理经历了三个阶段。第一阶段为事后修理时期，在这一时期，设备管理最显著的特点是坏了再修、不坏不修，以事后修理模式为主。这种设备管理制度在西方发达工业国家一直持续到 20 世纪 20~30 年代。我国医药用玻璃企业直到 20 世纪 60 年代还是这种维修模式。第二阶段为预防维修。随着机器设备的日益复杂，修理所占用的时间已成为影响生产的一个重要因素。20 世纪 50 年代，为了尽量减少设备修理对生产的影响，美国、前苏联等国提出了预防维修的概念，开始由事后维修向定期预防维修转变，强调采用适当的方法和组织措施，尽可能早地发现设备的隐患，预防和修理相结合，保证设备的正常运行。这时美国提出了预防维修制度，苏联提出了计划预修制度，我国直到 70 年代以后才采用计划维修。第三阶段为综合管理。这一时期开始于 20 世纪 70 年代。"设备综合工程学"和"全员生产维修制度"的产生使设备管理进入了综合管理的新阶段。我国先进药用玻璃企业在 20 世纪 80 年代末开始了这种设备维修体制，取得了良好效果。

关于设备管理我国发布了《工业交通企业设备设备管理条例》。设备综合管理是以提高设备综合效益和实现设备寿命周期费用最小为目标的一种设备管理模式。设备管理作为企业生产管理的一部分，其制度健全与否，实施好坏直接关系到企业的生存与发展。在我国很多药用玻璃企业对设备管理认识不够，管理制度不规范，管理模式简单粗放，影响和制约了企业的发展。贯彻 ISO 15378 需对医药用玻璃企业的设备管理进行再造。

10.4.2 医药玻璃生产特点

现代化医药用玻璃厂具备较高的机械化、自动化水平。玻璃生产是工艺复杂、技术难度较大的生产过程。药用玻璃厂以熔化池炉为生产中心的生产线，生产环节繁多，其生产工艺技术控制精度要求较高。医药玻璃生产工艺需要配置的生产设备及附属设备相对较多。由于熔化是连续性极强的生产过程，其相关设备精度、耐用度和配套的能源设施等，均须保证熔化池炉生产需要。生产中配料系统、上料系统、熔化系统、成型系统为流程型生产模式，而二次加工生产系统属摊位型生产模式。附属能源供应等设备，在整个生产系统中各个节点上均不能出现设备故障和事故，任何一个工艺节点或部位出现问题，都会不同程度地影响整条生产线产品的质量、产量，总体生产损失相对较大。为保障产品质量、提高企业经济效益，除技术上的提高外，对于生产设备硬件系统更应给予足够重视。

玻璃产品质量的提高、数量的增长、成本的降低、新产品的试制，在很大程度上取决于设备良好的技术性能及状态。因此，妥善地使用、维护、检修和管理设备，保持设备应有的精度与效能，对保证设备的安全运行、充分发挥生产能力，从使生产正常发展到提高经济效益、提高产品质量都具有特别重要的意义。

10.4.3 设备管理主要责任目标

设备管理主要技术经济指标应作为企业管理者任期内的责任目标。

主要设备完好率≥95％，一般设备完好率≥90％；主要生产设备利用率≥60％；设备新度系数保持≥0.5；主要生产设备故障率≤0.17％；设备闲置率（按原值计）不超过1％。

结合企业内的实际情况，增加、细化其内容，作为更加有效的管理手段。

10.4.4　现代化医药玻璃厂必须建立设备管理体系

设备管理体系一般应采用三级分工负责制，即企业生产管理者领导下的厂级（职能人员）管理、生产车间管理、生产班组管理。管理人员应根据本企业的具体情况，制定本企业的设备管理制度细则及经济责任制考核办法，更有效地发挥各级管理、操作人员职能及管理积极性。

现代化药用玻璃企业设备管理制度体现设备全过程管理，即从研发或申请购置→进厂验收安装→生产使用→设备的维护、保养及维修，最终直到报废，贯穿设备"从生到死"的全过程。

（1）设备全过程管理内容　设备全过程管理可分为设备的静态管理和设备的动态管理两大部分。

设备的静态管理：主要对设备技术档案管理，对机电设备进行分类、编号，逐项建账、建卡，账卡物相符，以及对设备的原始资料和设备运行资料等管理工作。

设备的动态管理：设备在生产现场生产运行管理而建立设备的使用与维护、保养等方面的制度。其中主要的基本制度如下。

① 设备交接班制度。

② 凡多班次生产的设备，操作者必须执行设备交接班手续，并建立交接班的记录簿。

③ 交接班记录簿的内容：设备运转情况及故障排除情况；设备清洁情况及润滑情况；设备运行中是否存在潜在问题；场地环境清扫干净、物料摆放整齐；公用的仪器仪表及工具等齐全。

④ 交班操作者应做好的工作。

在接班者未到岗之前或还没做好交接班工作，当班者不得离岗，应继续盯岗，待做好交接班工作后方可离开。

下班前必须把当班设备操作中发现的异常现象特别是隐患征兆详细记录在交接记录本上，便于接班人员及专业管理人员了解设备状况。

交班前要对设备进行擦拭、清扫，设备周围物品要摆放整齐。

如停车交班时，务必将运动部件、手柄等放在安全位置上，以免再开机时发生故障。

⑤ 接班操作者应做好的工作　接班人员必须认真检查设备各部位情况，停车接班时必须检查各运动部件的停放位置，必要时，可进行空试运转。如因检查不周，隐患未查出来而造成设备事故，应由接班人员承担责任。

发现设备有故障和不符合交接班内容，应立即提出意见，必要时可拒绝接班，并向有关人员汇报处理。

（2）设备的使用和维护

① 使用设备应实行专人负责，公用设备要指定人员负责。

② 操作人员在使用设备前必须进行上岗培训，学习有关设备结构、性能、维护保养、操作规程及技术安全等方面知识，并掌握设备的实际操作技术，经考核合格后发给操作证，

实行定人、定机、凭证操作。

③ 操作者应严格遵守操作规程，合理使用设备，必须做到"三好"、"四会"。

三好：管好、用好、修好。

管好：爱护自己的设备，未经批准，不得他人任意操作；每日做好交接班，填好交接班记录，保管好设备附件，仪器、仪表、工卡量具放置整齐，不得丢失。

用好：严格按操作规则操作设备，杜绝事故；不超负荷使用设备；防止局部过劳损坏。

修好：懂得设备结构、性能、操作原理；能进行简单的精度调整和定期保养工作，并保证设备的整洁、润滑；能排除设备小故障并参与设备检修工作，保证检修质量。

四会：会使用、会保养、会检查、会排除故障。

会使用：熟悉工艺流程，操作熟练，会合理使用设备；设备开动前会检查和发现问题，并能排除故障。

会保养：做到熟悉设备维护保养系统，并按规定加油、换油，保证油、水、气路畅通，密封条清洁，手柄手轮运转自如；做到设备整齐，无三漏（油、气、水），漆见本色，铁见光；工作场地无杂物，物料放置整齐，做到文明生产。

会检查：通过眼观、耳听、手摸及时发现设备故障隐患；熟悉生产对设备的工艺要求，了解设备精度要求；懂得设备检查的基本知识、注意事项及检查项目。

会排除故障：会及时发现设备故障的异常现象，会判断部位和原因；熟悉自用设备状况，能采取预防措施，防止事故发生。排除故障思路清晰、动作敏捷。自己不能解决的问题要及时上报，请有关人员处理。

（3）设备的维修与保养制度 设备的维修与保养一般采用三级保养制度，包括例行保养、一级保养、二级保养。

① 例行保养（日常维护保养）：设备操作者每班进行的设备保养。即按照日常保养细则规定的内容与要求检查、润滑和拭擦设备，使设备保持整洁、润滑、安全。

② 一级保养（周保养）：设备运行一周后进行一次一级保养。以操作者为主，维修人员配合对设备进行局部解体检查，清洗所规定的部位，检查油路、气路，调整配合间隙，更换个别易损件，达到去除黄油、刷补油漆、清理内部、操作灵活、运转正常的要求。

③ 二级保养（小修保养）：设备运转到规定或者不能满足工艺要求时，对其进行二级保养，以维修人员为主，操作人员配合，对设备进行部分解体检查修理。检修、调整设备的主要精度，全部润滑系统清洗换油，检查电力及气动等系统及其它附属设备，满足工艺技术要求，做到"四无漏"等。

④认真填写各项设备保养检修记录，定期整理归档。

（4）设备巡回检查制

① 巡回检查是对设备进行预防性检查，防患于未然，减少或避免设备事故的发生。

② 绘制巡回检查路线和重点设备的巡检点，坚持定期巡检。

③ 重点设备的巡检要定人、定机分工明确，责任到底。

④ 巡回检查按规定路线进行做到"看"、"听"、"摸"、"问"。

看：设备运转及清洁情况。听：设备运转声音是否正常。摸：设备运行温度和振动情况。问：设备操作人员运行是否正常及生产情况。做到对重点设备状况心中有数，随时消除设备的跑、冒、滴、漏、堵等问题。

⑤ 巡检人员要做好巡检记录，详细记录设备运转和设备故障情况，零部件损坏及处理

情况定期汇总归档。

(5) 设备的润滑管理　正确的润滑是保证设备正常运转防止事故发生、减少机械磨损、延长使用寿命、降低功能消耗、提高生产效率和产品质量的有效措施。

设备润滑要实行五定：定人、定点、定质、定量、定时。对润滑油要有人管理。

(6) 设备事故的管理

① 事故的定义：凡因非正常原因造成设备及附件损坏或精度和性能降低，无论对生产有无影响统称为设备事故。

凡因非正常原因造成不应发生的动力供应中断或功能参数的降低而影响正常生产与使用，称为动力运行事故。

② 事故的分类：根据设备损坏程度和对生产损失和影响的大小，可分为三级，一般事故、重大事故和特大事故。根据本企业具体情况和有关规定制定相关标准及处罚办法。

③ 特殊设备管理：特殊设备系指天车、电梯、电瓶运输车、叉车、铲车等厂内运行的设备，对其应进行重点管理，目的是防止发生人身安全事故。

参考文献

[1]　卫生部 79 号令 . 药品生产质量管理规范 GMP. 2010 年修订稿 .

[2]　药品包装材料和容器生产质量管理通则 . 2006 年 02 月 14 日 .

[3]　ISO 15378：2006《药品原始包装材料国际标准》.

[4]　国家药监局局令第 13 号《直接接触药品的包装材料和容器管理办法》. 2004 年 .

[5]　药包材生产现场考核通则（药包材 GMP）. 2004 年 6 月 18 日发布 .

[6]　陈常祥 . 基于计算机视觉的玻璃瓶缺陷在线检测系统的研究与实现 . 广西师范大学硕士学位论文 . 2007 年 .

[7]　F. S. Merritt. Applied mathematics in engineering practice. Mcraw-Hill. 1970.

[8]　蒋家东，冯允成 . 统计过程控制［M］. 北京：中国质检出版社，2011.

[9]　中国质量协会主编 . 六西格玛管理（第三版）. 北京：中国人民大学出版社 . 2014.

[10]　Luca Venditti, Dario Pacciarelli, CarloMeloni. A tabu search algorithm for scheduling pharmaceutical packaging operations［J］. European Journal of Operational Research 202（2010）538-546.

[11]　Fco Javier Rodríguez, Member, IEEE, Fco Javier Meca. Monitoring and Quality Improvement ofPharmaceutical Glass Container's Manufacturing Process［J］. IEEE Transactionsoninstrumentationandmeaserment. 57（2008）

[12]　G. H. Vieira, J. W. Herrmann, E. Lin. Rescheduling manufacturing systems：Aframework of strategies, policies, and methods［J］. Journal of Scheduling 6（2003）39-62.

[13]　P. J. M. van Laarhoven, E. H. L. Aarts, J. K. Lenstra. Job shop scheduling bysimulated annealing［J］. Operations Research 40（1992）113-125.

[14]　V. T'kindt, J. C. Billaut. MulticriteriaScheduling［J］. Springer, 2006.

[15]　J. M. J. Schutten, R. A. M. Leussink, Parallel machine scheduling with releasedates, due dates and family setup times, International Journal of ProductionEconomics 46（1996）119-125.

[16]　R. Ruiz, F. S. S_ erifog, lu, T. Urlings. Modeling realistic hybrid flexible flowshopscheduling problems. Computers and Operations Research 35（2008）1151-1175.

[17]　R. K. Roy. A Primer on the Taguchi Method. Van Nostrand Reinhold, New York, 1990.

[18]　M. Pinedo. Scheduling, Theory, algorithms, and systems. Prentice-Hall, 1995.

玻璃环切分级标准图谱

级别	标准图谱	
HQ-1		
评价要点	干涉色与背景紫红色相同，无干涉条纹，无张应力和压应力	干涉色与背景紫红色相同，无干涉条纹，无张应力和压应力
HQ-2		
评价要点	干涉色与背景紫红色基本相同，玻璃断面中心有淡蓝色干涉色，无干涉条纹，外表面无张应力	干涉色与背景紫红色基本相同，无干涉条纹，外表面无明显张应力
HQ-3		
评价要点	干涉色：断面外侧为紫红色，中心为淡蓝色； 干涉条纹：断面中心有少许平行淡蓝色或淡黄色干涉条纹；玻璃环外表面无张应力	干涉色：断面外侧为紫红色，中心有明显的淡蓝色； 干涉条纹：断面中心有一条长度不大的干涉条纹；玻璃环外表面无张应力
HQ-4		
评价要点	干涉色：断面外侧为紫红色，中心为很淡的蓝色； 干涉条纹：玻璃断面中心有多条长短不均的蓝绿色干涉条纹；玻璃环外表面无张应力	干涉色：断面外侧为橙黄色，中心为淡蓝色； 干涉条纹：玻璃断面有较少的淡绿色长条纹；玻璃环外表面无张应力

级别	标准图谱	
HQ-5		
评价要点	干涉色：外表面为橙红，中心较宽蓝色干涉色； 干涉条纹：中心靠近外侧有明显多条长蓝色干涉条纹； 玻璃环外表面无张应力	干涉色：外表淡橙黄色，中心较宽蓝色干涉色； 干涉条纹：中心靠近外侧有多条连纹淡蓝色干涉条纹； 玻璃环外表面无张应力
HQ-6		
评价要点	干涉色：外表面为橙红，中心较窄浅蓝色； 干涉条纹：断面中心有明显的多条连续的蓝绿色条纹； 玻璃环外表面无张应力	干涉色：外表面为橙红，中心淡淡的浅蓝色； 干涉条纹：断面中心有一根长度不大的干涉条纹； 玻璃环外表面无张应力
HQ-7		
评价要点	干涉色：外表面为橙红，中心较宽蓝色； 干涉条纹：断面中心有明显的多条连续的短蓝绿色条纹； 玻璃环外表面无张应力	干涉色：外表面为橙红，中心淡淡的浅蓝色； 干涉条纹：断面靠外侧有宽细密的蓝色平行V形条纹； 玻璃环外表面无张应力
HQ-8		
评价要点	干涉色：外表面为橙红，中心较宽蓝色； 干涉条纹：断面中心有明显较宽的多条连续平行长条纹； 玻璃环外表面无张应力	干涉色：外表面为橙红，中心淡淡的浅蓝色； 干涉条纹：断面中心偏外有较宽蓝绿连续平行条纹； 玻璃环外表面无张应力

级别	标准图谱	
HQ-9		
评价要点	干涉色：外表面较窄明显蓝绿色，中心较淡蓝色； 干涉条纹：断面内基本没有平行细小条纹； 玻璃环外表面有张应力	干涉色：外表面为橙黄红，中心较窄浅蓝色； 干涉条纹：断面内有亮黄、淡蓝平行细密宽条纹带； 玻璃环外表面有张应力
HQ-10		
评价要点	干涉色：外表面为橙红，中心淡蓝色； 干涉条纹：V形条纹较小，但密集，短条纹亮线较多； 玻璃环外表面有张应力	干涉色：断面内有层叠V形条纹； 干涉条纹：断面内有连续平行条纹，亮线较多； 玻璃环外表面有张应力
HQ-11		
评价要点	干涉色：外表面为橙黄色，中心蓝绿色； 干涉条纹：外表连续粗蓝绿色条纹或有严重平行或V形亮线条纹；玻璃环外表面有张应力	干涉色：外表面为黄绿色，内部紫蓝色； 干涉条纹：外表面有黄绿细长条纹，内部条纹细小； 玻璃环外表面有张应力
HQ-12		
评价要点	干涉色：外表面灰蓝色或金黄色； 干涉条纹：有"套色"效应，有明显V形尖锐蓝绿色严重或明亮条纹；玻璃环外表面有张应力	干涉色：外表面为亮白色，中心紫红色过度，内为亮蓝绿色； 干涉条纹：有"外层"效应，应力条纹组合成为明亮干涉带； 玻璃环外表有面张应力